# Hadoop 3.x
## 大数据开发实战

视频教学版

张伟洋 ◎ 著

清华大学出版社
北京

## 内 容 简 介

本书以Hadoop 3.x及其周边框架为主线,介绍了整个Hadoop生态系统主流的大数据开发技术。全书共16章,第1章讲解VMware中CentOS 7操作系统的安装;第2章讲解操作系统集群环境的配置;第3~16章讲解Hadoop生态系统各框架HDFS、MapReduce、YARN、ZooKeeper、HBase、Hive、Sqoop和数据实时处理系统Flume、Kafka、Storm、Spark以及分布式搜索系统Elasticsearch等的基础知识、架构原理、集群环境搭建,同时包括常用的Shell命令、API操作、源码剖析,并通过案例演示了各个框架的实际应用。读者即使没有任何大数据基础,通过阅读本书,也可以对照书中的步骤成功搭建属于自己的大数据集群并独立完成项目开发。

本书通俗易懂,内容丰富,适合大数据开发初学者、大数据运维人员以及大数据分析与挖掘的从业者阅读,也可作为培训机构和大专院校大数据专业课程的教学用书。

本书封面贴有清华大学出版社防伪标签,无标签者不得销售。
版权所有,侵权必究。举报:010-62782989,beiqinquan@tup.tsinghua.edu.cn。

图书在版编目(CIP)数据

Hadoop 3.x大数据开发实战:视频教学版/张伟洋著. —北京:清华大学出版社,2022.9(2023.8重印)
ISBN 978-7-302-61800-3

Ⅰ. ①H… Ⅱ. ①张… Ⅲ. ①数据处理软件 Ⅳ. ①TP274

中国版本图书馆CIP数据核字(2022)第165239号

责任编辑:王金柱
封面设计:王 翔
责任校对:闫秀华
责任印制:杨 艳

出版发行:清华大学出版社
网　　址:http://www.tup.com.cn,http://www.wqbook.com
地　　址:北京清华大学学研大厦A座　　　　　邮　编:100084
社 总 机:010-83470000　　　　　　　　　　邮　购:010-62786544
投稿与读者服务:010-62776969,c-service@tup.tsinghua.edu.cn
质量反馈:010-62772015,zhiliang@tup.tsinghua.edu.cn

印 装 者:三河市铭诚印务有限公司
经　　销:全国新华书店
开　　本:190mm×260mm　　　印　张:26.5　　　字　数:715千字
版　　次:2022年10月第1版　　　　　　　　　印　次:2023年 8月第3次印刷
定　　价:99.00元

产品编号:098135-01

# 前　言

当今互联网已进入大数据时代，大数据技术已广泛应用于金融、医疗、教育、电信、政府等领域。各行各业每天都在产生大量的数据，数据计量单位已从 B、KB、MB、GB、TB 发展到 PB、EB、ZB、YB 甚至 BB、NB、DB。预计未来几年，全球数据将呈爆炸式增长。谷歌、阿里巴巴、百度、京东等互联网公司都急需掌握大数据技术的人才，而大数据相关人才却出现了供不应求的状况。

Hadoop 作为大数据生态系统中的核心框架，专为离线和大规模数据处理而设计。Hadoop 的核心组成 HDFS 为海量数据提供了分布式存储；MapReduce 则为海量数据提供了分布式计算。很多互联网公司都使用 Hadoop 来实现公司的核心业务，例如华为的云计算平台、淘宝的推荐系统等，只要和海量数据相关的领域都有 Hadoop 的身影。

本书作为 Hadoop 3.x 及其周边框架的入门书，知识面比较广，涵盖了当前整个 Hadoop 3.x 生态系统主流的大数据开发技术。内容全面，代码可读性强，以实操为主，理论为辅，一步一步手把手对常用的离线计算以及实时计算等系统进行了深入讲解。

全书共 16 章，第 1 章讲解 VMware 中 CentOS 7 操作系统的安装；第 2 章讲解大数据开发之前对操作系统集群环境的配置；第 3~16 章讲解 Hadoop 3.x 生态系统各框架 HDFS、MapReduce、YARN、ZooKeeper、HBase、Hive、Sqoop 和数据实时处理系统 Flume、Kafka、Storm、Spark 以及分布式搜索系统 Elasticsearch 等的基础知识、架构原理、集群环境搭建，同时包括常用的 Shell 命令、API 操作、源码剖析，并通过实际案例加深对各个框架的理解与应用。

本书推荐的阅读方式是按照章节顺序从头到尾完成阅读，因为后面的很多章节是以前面的章节为基础，而且这种一步一个脚印、由浅入深的方式将使你更加顺利地掌握大数据的开发技能。

学习本书时，首先根据第 1、2 章搭建好开发环境，然后依次学习第 3~16 章，学习每一章时先了解该章的基础知识和框架的架构原理，然后再进行集群环境搭建、Shell 命令操作等实操练习，这样学习效果会更好。当书中的理论和实操知识都掌握后，可以进行举一反三，自己开发一个大数据程序，或者将所学知识运用到自己的编程项目上，也可以到各种在线论坛与其他大数据爱好者进行讨论，互帮互助。

本书可作为 Hadoop 3.x 新手入门的指导书籍或者大数据开发人员的参考用书，要求读者具备一定的 Java 语言基础和 Linux 系统基础，即使没有任何大数据基础的读者，也可以对照书中的步骤成功搭建属于自己的大数据集群，是一本真正的提高读者动手能力、以实操为主的入门书籍。通过对本书的学习，读者能够对大数据相关框架迅速理解并掌握，可以熟练使用 Hadoop 3.x 集成环境进行大数据项目的开发。

为方便读者学习本书，本书提供了丰富的配套资源，包括 PPT 课件、源代码和教学视频。

可以扫码下述二维码下载 PPT 课件和源代码，如果下载有问题，请发送邮件到 booksaga@126.com，邮件主题为"Hadoop 3.x 大数据开发实战（视频教学版）"。

本书的教学视频，读者可扫描各章节二维码即可直接观看。

限于水平和时间紧迫，书中难免出现一些错误或不准确的地方，恳请读者批评指正。

2022.4.20<br />
张伟洋

# 目 录

第 1 章  VMware 中安装 CentOS ············ 1
  1.1  下载 CentOS 7 镜像文件 ············ 1
  1.2  新建虚拟机 ············ 4
  1.3  安装操作系统 ············ 6
  1.4  动手练习 ············ 11

第 2 章  CentOS 7 集群环境配置 ············ 12
  2.1  系统环境配置 ············ 12
    2.1.1  新建用户 ············ 12
    2.1.2  修改用户权限 ············ 13
    2.1.3  关闭防火墙 ············ 13
    2.1.4  设置固定 IP ············ 13
    2.1.5  修改主机名 ············ 16
    2.1.6  新建资源目录 ············ 17
  2.2  安装 JDK ············ 17
  2.3  克隆虚拟机 ············ 18
  2.4  配置主机 IP 映射 ············ 20
  2.5  动手练习 ············ 21

第 3 章  Hadoop ············ 22
  3.1  Hadoop 简介 ············ 22
    3.1.1  Hadoop 生态系统架构 ············ 22
    3.1.2  Hadoop 不同版本架构对比 ············ 24
  3.2  YARN 基本架构及组件 ············ 25
  3.3  YARN 工作流程 ············ 27
  3.4  配置集群各节点 SSH 无密钥登录 ············ 28
    3.4.1  无密钥登录原理 ············ 28
    3.4.2  无密钥登录操作步骤 ············ 29

  3.5  搭建 Hadoop 3.x 分布式集群 ············ 31
  3.6  动手练习 ············ 37

第 4 章  HDFS ············ 38
  4.1  HDFS 简介 ············ 38
    4.1.1  设计目标 ············ 38
    4.1.2  总体架构 ············ 39
    4.1.3  主要组件 ············ 40
    4.1.4  文件读写 ············ 42
  4.2  HDFS 命令行操作 ············ 43
  4.3  HDFS Web 界面操作 ············ 46
  4.4  HDFS Java API 操作 ············ 48
    4.4.1  读取数据 ············ 48
    4.4.2  创建目录 ············ 50
    4.4.3  创建文件 ············ 50
    4.4.4  删除文件 ············ 52
    4.4.5  遍历文件和目录 ············ 52
    4.4.6  获取文件或目录的元数据 ············ 53
    4.4.7  上传本地文件 ············ 54
    4.4.8  下载文件到本地 ············ 55
  4.5  动手练习 ············ 55

第 5 章  MapReduce ············ 56
  5.1  MapReduce 简介 ············ 56
    5.1.1  设计思想 ············ 56
    5.1.2  任务流程 ············ 58
    5.1.3  工作原理 ············ 59
  5.2  MapReduce 程序编写步骤 ············ 61
  5.3  案例分析:单词计数 ············ 63

| | | | | |
|---|---|---|---|---|
| 5.4 | 案例分析：数据去重 … 69 | | 7.2.2 | 搭建步骤 … 122 |
| 5.5 | 案例分析：求平均分 … 72 | 7.3 | 动手练习 … 126 | |
| 5.6 | 案例分析：二次排序 … 75 | | | |
| 5.7 | 使用 MRUnit 测试 MapReduce 程序 … 82 | **第8章** | **HBase … 127** | |
| 5.8 | 动手练习 … 84 | 8.1 | 什么是 HBase … 127 | |
| | | 8.2 | HBase 基本结构 … 128 | |
| **第6章** | **ZooKeeper … 85** | 8.3 | HBase 数据模型 … 129 | |
| 6.1 | ZooKeeper 简介 … 85 | 8.4 | HBase 集群架构 … 130 | |
| | 6.1.1 应用场景 … 85 | 8.5 | HBase 安装配置 … 132 | |
| | 6.1.2 架构原理 … 86 | | 8.5.1 单机模式 … 132 | |
| | 6.1.3 数据模型 … 86 | | 8.5.2 伪分布模式 … 134 | |
| | 6.1.4 节点类型 … 87 | | 8.5.3 集群模式 … 135 | |
| | 6.1.5 Watcher 机制 … 88 | 8.6 | HBase Shell 命令操作 … 139 | |
| | 6.1.6 分布式锁 … 89 | 8.7 | HBase Java API 操作 … 142 | |
| 6.2 | ZooKeeper 安装配置 … 90 | | 8.7.1 创建 Java 工程 … 142 | |
| | 6.2.1 单机模式 … 90 | | 8.7.2 创建表 … 143 | |
| | 6.2.2 伪分布模式 … 91 | | 8.7.3 添加数据 … 145 | |
| | 6.2.3 集群模式 … 92 | | 8.7.4 查询数据 … 147 | |
| 6.3 | ZooKeeper 命令行操作 … 95 | | 8.7.5 删除数据 … 148 | |
| 6.4 | ZooKeeper Java API 操作 … 97 | 8.8 | HBase 过滤器 … 149 | |
| | 6.4.1 创建 Java 工程 … 98 | 8.9 | 案例分析：HBase MapReduce 数据转移 … 153 | |
| | 6.4.2 创建节点 … 98 | | | |
| | 6.4.3 修改数据 … 100 | | 8.9.1 HBase 不同表间数据转移 … 153 | |
| | 6.4.4 获取数据 … 101 | | 8.9.2 HDFS 数据转移至 HBase … 158 | |
| | 6.4.5 删除节点 … 105 | 8.10 | 案例分析：HBase 数据备份与恢复 … 161 | |
| 6.5 | 案例分析：监听服务器动态上下线 … 106 | | | |
| 6.6 | 动手练习 … 110 | 8.11 | 动手练习 … 162 | |
| **第7章** | **HDFS 与 YARN HA … 111** | **第9章** | **Hive … 164** | |
| 7.1 | HDFS HA 搭建 … 111 | 9.1 | 什么是 Hive … 164 | |
| | 7.1.1 架构原理 … 111 | | 9.1.1 数据单元 … 164 | |
| | 7.1.2 搭建步骤 … 112 | | 9.1.2 数据类型 … 165 | |
| | 7.1.3 结合 ZooKeeper 进行 HDFS 自动故障转移 … 118 | 9.2 | Hive 架构体系 … 167 | |
| | | 9.3 | Hive 三种运行模式 … 168 | |
| 7.2 | YARN HA 搭建 … 121 | 9.4 | Hive 安装配置 … 169 | |
| | 7.2.1 架构原理 … 122 | | 9.4.1 内嵌模式 … 170 | |

|       | 9.4.2   | 本地模式 ················· 172 |
|-------|---------|------|
|       | 9.4.3   | 远程模式 ················· 175 |

9.5　Hive 常见属性配置 ··············· 176
9.6　Beeline CLI 的使用 ·············· 177
9.7　Hive 数据库操作 ················ 181
9.8　Hive 表操作 ··················· 184
　　9.8.1　内部表 ··················· 185
　　9.8.2　外部表 ··················· 188
　　9.8.3　分区表 ··················· 191
　　9.8.4　分桶表 ··················· 194
9.9　Hive 查询 ···················· 198
　　9.9.1　SELECT 子句查询 ········· 198
　　9.9.2　JOIN 连接查询 ··········· 204
9.10　其他 Hive 命令 ··············· 206
9.11　Hive 元数据表结构分析 ········· 208
9.12　Hive 自定义函数 ··············· 210
9.13　Hive JDBC 操作 ··············· 212
9.14　案例分析：Hive 与 HBase 整合 ····· 214
9.15　案例分析：Hive 分析搜狗用户搜索
　　　日志 ························ 218
9.16　动手练习 ····················· 222

## 第 10 章　Sqoop ···················· 224

10.1　什么是 Sqoop ················· 224
　　10.1.1　Sqoop 基本架构 ·········· 224
　　10.1.2　Sqoop 开发流程 ·········· 225
10.2　使用 Sqoop ··················· 225
10.3　数据导入工具 ················· 226
10.4　数据导出工具 ················· 231
10.5　Sqoop 安装与配置 ············· 233
10.6　案例分析：将 MySQL 表数据导入
　　　到 HDFS 中 ··················· 234
10.7　案例分析：将 HDFS 中的数据导出
　　　到 MySQL 中 ················· 236
10.8　案例分析：将 MySQL 表数据导入
　　　到 HBase 中 ·················· 237

10.9　动手练习 ····················· 238

## 第 11 章　Kafka ···················· 239

11.1　什么是 Kafka ················· 239
11.2　Kafka 架构 ··················· 240
11.3　主题与分区 ··················· 241
11.4　分区副本 ····················· 242
11.5　消费者组 ····················· 244
11.6　数据存储机制 ················· 245
11.7　Kafka 集群环境搭建 ············ 247
11.8　命令行操作 ··················· 249
　　11.8.1　创建主题 ················ 249
　　11.8.2　查询主题 ················ 250
　　11.8.3　创建生产者 ·············· 250
　　11.8.4　创建消费者 ·············· 251
11.9　Java API 操作 ················ 251
　　11.9.1　创建 Java 工程 ··········· 252
　　11.9.2　创建生产者 ·············· 252
　　11.9.3　创建消费者 ·············· 254
　　11.9.4　运行程序 ················ 255
11.10　案例分析：Kafka 生产者拦截器 ··· 257
11.11　动手练习 ···················· 262

## 第 12 章　Flume ···················· 263

12.1　什么是 Flume ················· 263
12.2　Flume 的架构原理 ············· 263
　　12.2.1　单节点架构 ·············· 263
　　12.2.2　组件介绍 ················ 264
　　12.2.3　多节点架构 ·············· 265
12.3　安装与简单使用 ··············· 267
12.4　案例分析：日志监控（一） ······ 269
12.5　案例分析：日志监控（二） ······ 272
12.6　拦截器 ······················· 273
　　12.6.1　内置拦截器 ·············· 274
　　12.6.2　自定义拦截器 ············ 277
12.7　选择器 ······················· 280

| | | |
|---|---|---|
| 12.8 | 案例分析：拦截器和选择器的应用 | 281 |
| 12.9 | 案例分析：Flume 与 Kafka 整合 | 285 |
| 12.10 | 动手练习 | 287 |

## 第 13 章 Storm ... 288

- 13.1 什么是 Storm ... 288
- 13.2 Storm Topology ... 288
- 13.3 Storm 集群架构 ... 289
- 13.4 Storm 流分组 ... 291
- 13.5 Storm 集群环境搭建 ... 292
- 13.6 案例分析：单词计数 ... 296
  - 13.6.1 设计思路 ... 296
  - 13.6.2 代码编写 ... 297
  - 13.6.3 程序运行 ... 302
- 13.7 案例分析：Storm 与 Kafka 整合 ... 305
  - 13.7.1 设计思路 ... 305
  - 13.7.2 代码编写 ... 306
  - 13.7.3 程序运行 ... 309
- 13.8 动手练习 ... 310

## 第 14 章 Elasticsearch ... 311

- 14.1 什么是 Elasticsearch ... 311
- 14.2 基本概念 ... 311
  - 14.2.1 索引、类型和文档 ... 311
  - 14.2.2 分片和副本 ... 312
  - 14.2.3 路由 ... 313
- 14.3 集群架构 ... 313
- 14.4 集群环境搭建 ... 315
- 14.5 安装 Kibana ... 321
- 14.6 REST API ... 324
  - 14.6.1 集群状态 API ... 325
  - 14.6.2 索引 API ... 325
  - 14.6.3 文档 API ... 327
  - 14.6.4 搜索 API ... 330
  - 14.6.5 Query DSL ... 332
- 14.7 Head 插件安装 ... 336
- 14.8 Java API 操作：员工信息 ... 340
- 14.9 动手练习 ... 344

## 第 15 章 Scala ... 345

- 15.1 什么是 Scala ... 345
- 15.2 安装 Scala ... 345
  - 15.2.1 Windows 中安装 Scala ... 346
  - 15.2.2 CentOS 7 中安装 Scala ... 347
- 15.3 Scala 基础 ... 347
  - 15.3.1 变量声明 ... 348
  - 15.3.2 数据类型 ... 349
  - 15.3.3 表达式 ... 350
  - 15.3.4 循环 ... 351
  - 15.3.5 方法与函数 ... 353
- 15.4 集合 ... 356
  - 15.4.1 数组 ... 356
  - 15.4.2 List ... 358
  - 15.4.3 Map 映射 ... 359
  - 15.4.4 元组 ... 360
  - 15.4.5 Set ... 361
- 15.5 类和对象 ... 362
  - 15.5.1 类的定义 ... 362
  - 15.5.2 单例对象 ... 363
  - 15.5.3 伴生对象 ... 363
  - 15.5.4 get 和 set 方法 ... 364
  - 15.5.5 构造器 ... 366
- 15.6 抽象类和特质 ... 368
  - 15.6.1 抽象类 ... 368
  - 15.6.2 特质 ... 369
- 15.7 使用 Eclipse 创建 Scala 项目 ... 371
  - 15.7.1 安装 Scala for Eclipse IDE ... 371
  - 15.7.2 创建 Scala 项目 ... 372
- 15.8 使用 IntelliJ IDEA 创建 Scala 项目 ... 372
  - 15.8.1 IDEA 中安装 Scala 插件 ... 372

15.8.2　创建 Scala 项目 ············ 374
15.9　动手练习 ······························ 375

# 第 16 章　Spark ···························· 376

16.1　Spark 概述 ····························· 376
16.2　Spark 主要组件 ···················· 377
16.3　Spark 运行时架构 ················ 378
　　16.3.1　Spark Standalone 模式 ········ 379
　　16.3.2　Spark On YARN 模式 ········ 380
16.4　Spark 集群环境搭建 ············ 382
　　16.4.1　Spark Standalone 模式 ········ 382
　　16.4.2　Spark On YARN 模式 ········ 384
16.5　Spark HA 搭建 ···················· 385
16.6　Spark 应用程序的提交 ········ 389
16.7　Spark Shell 的使用 ·············· 391
16.8　Spark RDD ··························· 393
　　16.8.1　创建 RDD ························ 393
　　16.8.2　RDD 算子 ························ 394
16.9　案例分析：使用 Spark RDD 实现单词计数 ························ 398
16.10　Spark SQL ························· 403
　　16.10.1　DataFrame 和 Dataset ······ 404
　　16.10.2　Spark SQL 基本使用 ······ 404
16.11　案例分析：使用 Spark SQL 实现单词计数 ························ 406
16.12　案例分析：Spark SQL 与 Hive 整合 ································ 408
16.13　案例分析：Spark SQL 读写 MySQL ······························· 410
16.14　动手练习 ··························· 414

# 第 1 章
# VMware 中安装 CentOS

本章讲解在 VMware Workstation（以下简称 VMware）中安装 CentOS 操作系统的步骤。使用的 VMware 版本为 12.5.2，CentOS 操作系统的版本为 7.3（1611）。

**本章学习目标**

※ 了解 CentOS 7 镜像文件的下载。
※ 掌握在 VMware 中虚拟机的创建步骤和 CentOS 7 的安装方法。

## 1.1 下载 CentOS 7 镜像文件

在VMware虚拟机中安装CentOS之前，需要先下载CentOS的镜像文件，本书以下载CentOS 7.x为例，具体步骤如下：

**01** 在浏览器中输入网址https://www.centos.org/，进入CentOS官网，单击官网主页面中的【CentOS Linux】选项，如图1-1所示。

图 1-1　CentOS 官网主页面

02 在出现的下载页面中单击【x86_64】链接,可进入目前CentOS操作系统最新版的下载链接页面,如图1-2所示。

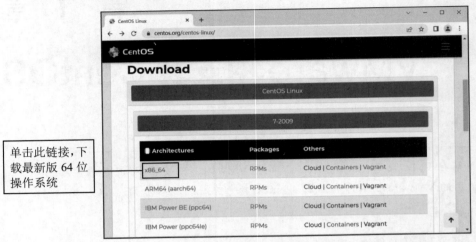

图 1-2　CentOS 操作系统下载页面（下载最新版本）

03 若想下载CentOS操作系统的历史版本,可以在浏览器中访问网址http://vault.centos.org/,然后单击对应版本所在的文件夹,此处单击【7.3.1611/】链接,如图1-3所示。

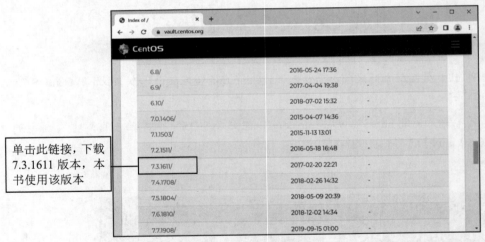

图 1-3　CentOS 操作系统下载页面（下载历史版本）

04 在出现的新页面中,单击操作系统镜像文件所在的文件夹【isos/】,如图1-4所示。

05 在出现的操作系统位数选择页面选择相应的位数版本,【x86_64】代表64位操作系统。单击文件夹【x86_64/】,如图1-5所示。

06 在出现的操作系统镜像选择页面中可以看到有不同的镜像版本,DVD为标准安装版,日常使用下载该版本即可;Everything对完整版安装盘的软件进行了补充,集成了所有软件;LiveGNOME为GNOME桌面版;LiveKDE为KDE桌面版;Minimal为最小软件安装版,只有必要的软件,自带的软件最少;NetInstall为网络安装版,启动后需要联网进行安装。此处选择DVD标准安装版即可,单击【CentOS-7-x86_64-DVD-1611.iso】链接进行下载,如图1-6所示。

图 1-4　选择操作系统镜像文件所在的文件夹

图 1-5　选择操作系统位数

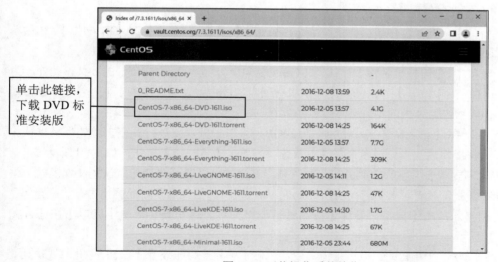

图 1-6　下载操作系统镜像

注意　随着时间的推移，官方网站的下载目录可能会有所调整，读者需要根据具体情况选择相应的版本链接进行下载。

## 1.2 新建虚拟机

本书虚拟化软件使用VMware Workstation 12 Pro。VMware软件的安装,此处不做过多讲解。在Windows系统中安装完VMware后,接下来需要在VMware中新建一个虚拟机,具体操作步骤如下:

01 在VMware中,单击菜单栏的【文件】按钮,然后选择【新建虚拟机】,在弹出的【新建虚拟机向导】窗口中,选择【典型】单选项,然后单击【下一步】按钮,如图1-7所示。

02 在新弹出的窗口中选择【稍后安装操作系统】,然后单击【下一步】按钮,如图1-8所示。

图 1-7 选择配置类型

图 1-8 选择安装来源

03 在新窗口中,选择客户机操作系统为【Linux(L)】,系统版本为【CentOS 64位】,然后单击【下一步】按钮,如图1-9所示。

04 在新窗口中,【虚拟机名称】默认为"CentOS 64位",也可以改成自己的名称,此处改为"centos01"。【位置】可以修改成虚拟机在硬盘中的位置,然后单击【下一步】按钮,如图1-10所示。

05 在新窗口中,【最大磁盘大小】默认为20GB,可以根据需要进行调整,此处保持默认。选择【将虚拟磁盘拆分成多个文件】单选项,单击【下一步】按钮,如图1-11所示。

06 新窗口中显示出了当前虚拟机的配置信息,其中的网络适配器使用默认的NAT模式(关于NAT模式,读者可自主查阅资料,此处不做讲解)。如果需要对配置(内存、硬盘等)进行调整,单击【自定义硬件】按钮进行调整即可。这里直接单击【完成】按钮,如图1-12所示。

07 配置完成后,在新建的虚拟机主窗口中,单击【编辑虚拟机设置】按钮,如图1-13所示。

图 1-9　选择操作系统

图 1-10　选择虚拟机安装位置

图 1-11　指定磁盘容量及拆分方式　　　　　图 1-12　显示虚拟机配置信息

图 1-13　编辑虚拟机设置

08 在弹出的【虚拟机设置】窗口中,选择【CD/DVD(IDE)】,然后单击右侧的【使用ISO映像文件】单选项,并单击其下方的【浏览】按钮,在浏览文件窗口中选择之前下载的CentOS 7镜像文件,最后单击【确定】按钮,如图1-14所示。

图1-14 选择操作系统镜像文件

## 1.3 安装操作系统

安装操作系统的具体安装步骤如下:

01 在虚拟机主窗口中,单击【开启此虚拟机】按钮,进行操作系统的安装,如图1-15所示。

图1-15 开启虚拟机

02 在首次出现的CentOS 7操作系统安装界面中,单击界面空白处激活键盘,按上下方向键选择【Install CentOS Linux 7】选项,然后按回车键开始安装,如图1-16所示。

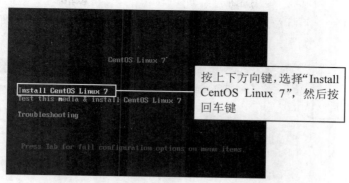

图 1-16　选择 Install CentOS Linux 7 进行安装

**03** 安装途中再次按回车键，直到出现语言选择窗口。在语言选择窗口的左侧选择下拉框的倒数第二项，即【中文】；右侧选择【简体中文（中国）】，然后单击【继续】按钮，如图1-17所示。

图 1-17　选择操作系统语言

**04** 在接下来出现的【安装信息摘要】窗口中单击【安装位置】按钮，如图1-18所示。

图 1-18　选择系统安装位置

05 在【安装目标位置】窗口中，直接单击左上角的【完成】按钮，不需要做任何更改，默认即可，如图1-19所示。

此处直接单击"完成"按钮，将自动配置分区

图1-19 系统安装目标位置

06 然后单击【软件选择】按钮，更改安装软件，如图1-20所示。

单击"软件选择"，可更改系统默认安装的软件

图1-20 系统软件选择

07 在【软件选择】窗口中，单击【GNOME桌面】单选项，右侧的附加选项可以根据需要进行勾选，也可以不选择，此处不进行勾选。然后单击【完成】按钮，如图1-21所示。

08 回到【安装信息摘要】窗口，单击【网络和主机名】按钮，查看虚拟机的IP地址，开启以太网卡，使虚拟机连接上网络。也可以不进行配置，在操作系统完成安装时手动配置，此处不进行配置，单击【开始安装】按钮进行操作系统的安装，如图1-22所示。

09 安装过程中会出现【用户设置】界面，在该界面中单击【ROOT密码】按钮，设置root用户的密码；单击【创建用户】按钮，创建一个管理员用户。此处创建管理员用户hadoop，如图1-23所示。

10 安装完成后，单击【重启】按钮，重启操作系统，如图1-24所示。

图 1-21　选择"GNOME 桌面"

图 1-22　网络和主机名配置

图 1-23　用户设置

[11] 随后出现用户登录界面，该界面中默认列出了自己创建的用户列表，如果想登录其他用户（例如，root用户），可以单击用户名下方的【未列出】超链接，填写需要登录的用户名与密码即可。由于root用户权限过高，为了防止后续出现操作安全问题，此处单击用户名【hadoop】按钮，直接使用前面创建的hadoop用户进行登录，如图1-25所示。

图 1-24 重启操作系统

**12** 在出现的用户登录界面中输入hadoop用户的密码,然后单击【登录】按钮,如图1-26所示。

图 1-25 选择登录用户　　　　　　　　图 1-26 用户登录界面

**13** 登录成功后进入操作系统桌面,单击桌面左下角的【gnome-initial-setup】初始化设置按钮,如图1-27所示。

图 1-27 桌面初始化设置

**14** 在初始化设置页面中,选择键盘输入方式,单击【汉语】按钮即可,如图1-28所示。

图 1-28　选择键盘输入方式

15. 到此，VMware中的CentOS 7操作系统就安装完成了。若想执行Shell操作命令，可在系统桌面的空白处右击，在弹出的快捷菜单中单击【打开终端】命令，即可打开终端命令窗口，如图1-29所示。

图 1-29　打开 Shell 终端命令窗口

## 1.4　动手练习

练习一：在本地电脑中安装 VMware 虚拟机软件，并新建一个虚拟机。
练习二：依照书中的操作步骤，在 VMware 虚拟机中安装 CentOS 7 操作系统。

# 第 2 章 CentOS 7 集群环境配置

在安装好操作系统后，需要对系统进行环境配置，以便后续能够轻松进行 Hadoop 集群的搭建。

本章 2.1 节和 2.2 节在第 1 章安装好的操作系统的基础上继续讲解系统集群环境的配置和 JDK 的安装；2.3 节讲解对前面配置好的系统进行克隆，克隆出其他两个节点，而不需要重新新建虚拟机和安装操作系统；2.4 节讲解对三个节点进行主机名与 IP 的映射配置，为后面集群的搭建做好准备。

**本章学习目标**

※ 了解 CentOS 7 用户的添加和权限的修改。
※ 掌握 CentOS 7 中主机名与 IP 的修改。
※ 掌握 CentOS 7 中 JDK 的安装、虚拟机的克隆和主机 IP 映射的配置。

## 2.1 系统环境配置

本节讲解在安装软件及搭建集群之前配置CentOS 7系统环境的一些操作。

### 2.1.1 新建用户

本书中使用1.3节安装操作系统时新建的hadoop用户进行后续的操作，读者若想使用其他用户，可按照下面的步骤新建用户。

例如，新建用户tom：

**01** 使用 "su -" 命令切换为root用户，然后执行以下命令：

```
$ adduser tom
```

**02** 执行以下命令，设置用户tom的密码：

```
$ passwd tom
```

到此，用户tom新建成功。

## 2.1.2 修改用户权限

为了使普通用户可以使用root权限执行相关命令（例如，系统文件的修改等），而不需要切换到root用户，可以在命令前面加入指令sudo。文件/etc/sudoers中设置了可执行sudo指令的用户，因此需要修改该文件，添加相关用户。

例如，使hadoop用户可以执行sudo指令，操作步骤如下：

**01** 使用"su -"命令切换为root用户，然后执行以下命令，修改文件sudoers：

```
$ vi /etc/sudoers
```

**02** 在文本root ALL=(ALL) ALL的下方加入以下代码，使hadoop用户可以使用sudo命令：

```
hadoop ALL=(ALL) ALL
```

**03** 执行sudo命令对系统文件进行修改时需要验证当前用户的密码，默认5分钟后密码过期，下次使用sudo需要重新输入密码。如果不想输入密码，则把上方的代码换成以下内容即可：

```
hadoop ALL=(ALL) NOPASSWD:ALL
```

**04** 执行exit命令回到hadoop用户，此时要使用root权限只需要在命令前面加入sudo即可，无须输入密码。例如，以下命令：

```
$ sudo cat /etc/sudoers
```

> **注意** 安装操作系统时创建的管理员用户hadoop，默认可以执行sudo命令，但需要验证Hadoop用户的密码。可对其按照上面的步骤操作无须密码使用sudo命令。

## 2.1.3 关闭防火墙

集群通常都是内网搭建的，如果内网开启防火墙，内网集群通信则会受到防火墙的干扰，因此需要关闭集群中所有节点的防火墙，操作步骤如下：

**01** 执行以下命令关闭防火墙：

```
$ sudo systemctl stop firewalld.service
```

**02** 然后执行以下命令，禁止防火墙开机启动：

```
$ sudo systemctl disable firewalld.service
```

**03** 若需要查看防火墙是否已经关闭，可以执行以下命令，查看防火墙的状态：

```
$ sudo firewall-cmd --state
```

**04** 此外，开启防火墙的命令如下：

```
$ sudo systemctl start firewalld.service
```

## 2.1.4 设置固定IP

为避免后续启动操作系统后，因IP地址改变，而导致集群间通信失败，节点间无法正常访问，需要将操作系统的IP状态设置为固定IP，具体操作步骤如下：

## 1. 查看 VMware 网关 IP

单击VMware菜单栏中的【编辑】|【虚拟网络编辑器】命令，在弹出的【虚拟网络编辑器】窗口的上方表格中选择最后一行，即外部连接为【NAT模式】，然后单击下方的【NAT设置】按钮，如图2-1所示。

在弹出的【NAT设置】窗口中，查看VMware分配的【网关IP】。可以看到，本例中的网关IP为192.168.170.2（网段为170，也可手动修改为其他网段，此处保持默认），如图2-2所示。

图 2-1　选择外部 NAT 模式　　　　　　图 2-2　查看 VMware 网关 IP

需要注意的是，后续为VMware中的操作系统设置IP时，网关IP应与图2-2中的网关IP保持一致。

## 2. 配置系统 IP

CentOS 7系统IP的配置方法有两种：桌面配置方式和命令行配置方式，下面分别进行讲解。

（1）桌面配置方式

单击系统桌面右上角的倒三角按钮，在弹出的窗口中单击【有线设置】选项，如图2-3所示。在弹出的窗口中单击下方的【添加配置】按钮，如图2-4所示。

图 2-3　系统有线网络设置　　　　　　图 2-4　添加网络配置

在弹出的【网络配置】窗口中，左侧单击选择【IPv4】，右侧的【地址】选择【手动】。
接着输入IP地址、网络掩码、网关和DNS服务器信息。IP地址可以自定义，范围在1~254，IP地址的网段应与网关一致，此处将IP地址设置为192.168.170.133。输入完毕后单击【添加】按钮，如图2-5所示。

图 2-5　填写网络配置信息

（2）命令行配置方式

在系统终端命令行窗口执行以下命令，修改文件ifcfg-ens33：

```
$ sudo vim /etc/sysconfig/network-scripts/ifcfg-ens33
```

完整修改后的内容如下：

```
TYPE=Ethernet
BOOTPROTO=static
DEFROUTE=yes
PEERDNS=yes
PEERROUTES=yes
IPV4_FAILURE_FATAL=no
IPV6INIT=yes
IPV6_AUTOCONF=yes
IPV6_DEFROUTE=yes
IPV6_PEERDNS=yes
IPV6_PEERROUTES=yes
IPV6_FAILURE_FATAL=no
IPV6_ADDR_GEN_MODE=stable-privacy
NAME=ens33
UUID=cd0d7046-b038-47c1-babe-6442444e9fa9
DEVICE=ens33
ONBOOT=yes
IPADDR=192.168.170.133
NETMASK=255.255.255.0
GATEWAY=192.168.170.2
```

```
DNS1=192.168.170.2
DNS2=114.114.114.114
```

上述内容中,实线框标注的是修改的内容,虚线框标注的是添加的内容。

需要修改的属性及解析如下:

- BOOTPROTO:值 static 表示静态 IP(固定 IP),默认值是 dhcp,表示动态 IP。
- ONBOOT:yes 表示开机启用本配置。

需要添加的属性及解析如下:

- IPADDR:IP 地址。
- NETMASK:子网掩码。
- GATEWAY:默认网关。虚拟机安装的话,通常是 2,即 VMnet8 的网关设置。
- DNS1:DNS 配置。虚拟机安装的话,与网关一致。若需要连接外网,需要配置 DNS。
- DNS2:网络运营商公众 DNS,此处也可省略。

修改完成后执行以下命令,重启网络服务,使修改生效:

```
$ sudo service network restart
```

重启完成后,可以通过ifconfig命令或者以下命令,查看改动后的IP:

```
$ ip addr
```

在输出的信息中,若网卡ens33对应的IP地址已显示为设置的地址,说明IP修改成功,如图2-6所示。

```
2: ens33: <BROADCAST,MULTICAST,UP,LOWER_UP> mtu 1500 qdisc pfifo_fast state UP q
len 1000
    link/ether 00:0c:29:53:3c:b6 brd ff:ff:ff:ff:ff:ff
    inet 192.168.170.133/24 brd 192.168.170.255 scope global ens33
       valid_lft forever preferred_lft forever
    inet6 fe80::d89e:a1f9:e148:730e/64 scope link
       valid_lft forever preferred_lft forever
3: virbr0: <NO-CARRIER,BROADCAST,MULTICAST,UP> mtu 1500 qdisc noqueue state DOWN
 qlen 1000
    link/ether 52:54:00:cd:88:ab brd ff:ff:ff:ff:ff:ff
    inet 192.168.122.1/24 brd 192.168.122.255 scope global virbr0
       valid_lft forever preferred_lft forever
```

图 2-6 查看系统 IP 地址

### 3. 测试本地访问

在本地Windows系统中打开cmd命令行窗口,使用ping命令访问虚拟机中操作系统的IP地址,命令如下:

```
$ ping 192.168.170.133
```

若能成功返回数据,说明从本地Windows可以成功访问虚拟机中的操作系统,便于后续从本地系统进行远程操作。

## 2.1.5 修改主机名

在分布式集群中,主机名用于区分不同的节点,方便节点之间相互访问,因此需要修改主机的主机名。具体操作步骤如下:

**01** 使用hadoop用户登录系统,进入系统的终端命令行,输入以下命令,查看主机名:

```
$ hostname
localhost.localdomain
```

从输出的信息中可以看到,当前主机的默认主机名为localhost.localdomain。

**02** 执行以下命令,设置主机名为centos01:

```
$ sudo hostname centos01
```

此时系统的主机名已修改为centos01,但是重启系统后此修改将失效,要想永久改变主机名,需要修改/etc/hostname文件。

执行以下命令,修改hostname文件,将其中的默认主机名改为centos01:

```
$ sudo vi /etc/hostname
```

**03** 执行reboot命令,重启系统使修改生效。

需要注意的是,修改主机名后需要重启操作系统才能生效。

## 2.1.6 新建资源目录

在目录/opt下创建softwares和modules两个文件夹,分别用于存放软件安装包和软件安装后的程序文件,命令如下:

```
$ sudo mkdir /opt/softwares
$ sudo mkdir /opt/modules
```

将目录/opt及其子目录中所有文件的所有者和组更改为用户hadoop和组hadoop,命令如下:

```
$ sudo chown -R hadoop:hadoop /opt/*
```

查看目录权限是否修改成功,命令及输出信息如下:

```
$ ll
总用量 0
drwxr-xr-x. 2 hadoop hadoop   6 3月   8 09:55 modules
drwxr-xr-x. 2 hadoop hadoop   6 3月  26 2015 rh
drwxr-xr-x. 2 hadoop hadoop 231 3月   8 09:07 softwares
```

## 2.2 安装 JDK

Hadoop等很多大数据框架使用Java开发,依赖于Java环境,因此在搭建Hadoop集群之前需要安装JDK。

JDK的安装步骤如下:

**01** 卸载系统自带的JDK。执行以下命令,查询系统已安装的JDK:

```
$ rpm -qa|grep java
java-1.8.0-openjdk-1.8.0.102-4.b14.el7.x86_64
javapackages-tools-3.4.1-11.el7.noarch
java-1.8.0-openjdk-headless-1.8.0.102-4.b14.el7.x86_64
tzdata-java-2016g-2.el7.noarch
```

```
python-javapackages-3.4.1-11.el7.noarch
java-1.7.0-openjdk-headless-1.7.0.111-2.6.7.8.el7.x86_64
java-1.7.0-openjdk-1.7.0.111-2.6.7.8.el7.x86_64
```

执行以下命令，卸载以上查询出的系统自带的JDK：

```
$ sudo rpm -e --nodeps java-1.8.0-openjdk-1.8.0.102-4.b14.el7.x86_64
$ sudo rpm -e --nodeps javapackages-tools-3.4.1-11.el7.noarch
$ sudo rpm -e --nodeps java-1.8.0-openjdk-headless-1.8.0.102-4.b14.el7.x86_64
$ sudo rpm -e --nodeps tzdata-java-2016g-2.el7.noarch
$ sudo rpm -e --nodeps python-javapackages-3.4.1-11.el7.noarch
$ sudo rpm -e --nodeps java-1.7.0-openjdk-headless-1.7.0.111-2.6.7.8.el7.x86_64
$ sudo rpm -e --nodeps java-1.7.0-openjdk-1.7.0.111-2.6.7.8.el7.x86_64
```

**02** 安装JDK。上传JDK安装包jdk-8u144-linux-x64.tar.gz到目录/opt/softwares中，然后进入该目录，解压jdk-8u144-linux-x64.tar.gz到目录/opt/modules中，解压命令如下：

```
$ tar -zxf jdk-8u144-linux-x64.tar.gz -C /opt/modules/
```

执行以下命令，修改文件/etc/profile，配置JDK系统环境变量：

```
$ sudo vi /etc/profile
```

在文件末尾加入以下内容：

```
export JAVA_HOME=/opt/modules/jdk1.8.0_144
export PATH=$JAVA_HOME/bin:$PATH
```

执行以下命令，刷新profile文件，使修改生效：

```
$ source /etc/profile
```

执行java -version命令，若能成功输出以下JDK版本信息，说明安装成功：

```
java version "1.8.0_144"
Java(TM) SE Runtime Environment (build 1.8.0_144-b13)
Java HotSpot(TM) 64-Bit Server VM (build 25.144-b13, mixed mode)
```

## 2.3 克隆虚拟机

由于集群环境需要多个节点，当一个节点配置完毕后，可以通过VMware的克隆功能，将配置好的节点进行完整克隆，而不需要重新新建虚拟机和安装操作系统。

接下来讲解通过克隆已经安装好JDK的centos01节点的方法，新建两个节点centos02和centos03，具体操作步骤如下。

### 1. 克隆 centos01 节点到 centos02

**01** 关闭虚拟机centos01，然后在VMware左侧的虚拟机列表中右击centos01虚拟机，选择【管理】|【克隆】命令，如图2-7所示。

**02** 在弹出的【克隆虚拟机向导】对话框中直接单击【下一步】按钮即可，如图2-8所示。

**03** 在弹出的【克隆源】窗口中，单击【虚拟机中的当前状态】单选项，然后单击【下一步】按钮，如图2-9所示。

图 2-7　选择克隆虚拟机　　　　　图 2-8　【克隆虚拟机向导】对话框

04 在弹出的【克隆类型】窗口中,单击【创建完整克隆】单选项,然后单击【下一步】按钮,如图2-10所示。

图 2-9　选择克隆状态　　　　　　图 2-10　选择克隆类型

05 在弹出的新窗口中,在【虚拟机名称】文本框中填写"centos02",并单击【浏览】按钮,修改新虚拟机的存储位置,然后单击【完成】按钮,开始进行克隆,如图2-11所示。

06 虚拟机的克隆过程如图2-12和图2-13所示。

图 2-11　填写虚拟机名称并选择虚拟机存放位置

图 2-12 虚拟机克隆进度

图 2-13 虚拟机克隆完成

### 2. 克隆 centos01 节点到 centos03 节点

centos02节点克隆完成后，再次克隆节点centos01，将克隆后的虚拟机名称改为"centos03"。克隆完成后，所有节点如图2-14左侧列表所示。

图 2-14 VMware 中的三个节点列表展示

### 3. 修改节点主机名与 IP

由于节点centos02与centos03是从centos01克隆而来，主机名和IP与centos01完全一样，因此需要修改这两个节点的主机名与IP。

本例中，分别将节点centos02和centos03的主机名修改为"centos02"和"centos03"，IP修改为固定IP 192.168.170.134和192.168.170.135，修改方法参考2.1.4节、2.1.5节，此处不再赘述。

## 2.4 配置主机 IP 映射

通过修改各节点的主机IP映射，可以方便地使用主机名访问集群中的其他主机，而不需要输入IP地址。这就好比我们通过域名访问网站一样，方便快捷。

接下来讲解配置节点centos01、centos02、centos03的主机IP映射，具体操作步骤如下：

**01** 依次启动三个节点：centos01、centos02、centos03。

**02** 使用ifconfig命令查看三个节点的IP，本例三个节点的IP分别为：

```
192.168.170.133
192.168.170.134
192.168.170.135
```

**03** 在各个节点上分别执行以下命令，修改hosts文件：

```
$ sudo vi /etc/hosts
```

在hosts文件末尾追加以下内容：

```
192.168.170.133     centos01
192.168.170.134     centos02
192.168.170.135     centos03
```

需要注意的是，主机名后面不要有空格，且每个节点的hosts文件中都要加入同样的内容，这样可以保证每个节点都可以通过主机名访问到其他节点，防止后续的集群节点间通信产生问题。

**04** 配置完后，在各节点使用ping命令检查是否配置成功，如下：

```
$ ping centos01
$ ping centos02
$ ping centos03
```

**05** 配置本地Windows系统的主机IP映射，以便后续可以在本地通过主机名直接访问集群节点资源。编辑Windows操作系统的C:\Windows\System32\drivers\etc\hosts文件，在文件末尾加入以下内容即可：

```
192.168.170.133 centos01
192.168.170.134 centos02
192.168.170.135 centos03
```

## 2.5 动手练习

练习一：依照书中的操作步骤，对CentOS 7操作系统进行环境配置，包括关闭防火墙、设置固定IP、修改主机名、克隆虚拟机等。

练习二：使用XShell软件连接搭建好的CentOS 7集群，在集群中进行常用的Shell命令操作，例如软件的安装与删除、Vim编辑器的使用、目录的创建与删除、文件的复制与移动等。

# 第 3 章 Hadoop

本章讲解 Hadoop 的基本概念与架构原理，并重点讲解 YARN 集群的架构和工作流程，最后在第 2 章搭建好的三个节点（centos01、centos02 和 centos03）的基础上继续讲解 Hadoop 集群的搭建。

**本章学习目标**

- ※ 了解 Hadoop 生态系统组成和核心架构。
- ※ 掌握 YARN 的基本架构和主要组件。
- ※ 掌握 SSH 无密钥登录的配置及 Hadoop 分布式集群的搭建方法。

## 3.1 Hadoop 简介

当今互联网发展迅速，大型网站系统的日志量呈指数级增长，而日志对于互联网公司是非常重要的，可以通过分析用户操作日志来获取用户行为，从而有针对性地对用户进行推荐，提高产品的价值。假如一天产生的日志量为300GB，则一年产生的日志量为300GB×365=107TB，这么大的数据量如何进行备份和容错？又如何进行分析呢？

Apache Hadoop是大数据开发所使用的一个核心框架，是一个允许使用简单编程模型跨计算机集群分布式处理大型数据集的系统。使用Hadoop可以方便地管理分布式集群，将海量数据分布式地存储在集群中，并使用分布式并行程序来处理这些数据。它被设计成由单个服务器扩展到数千台计算机，每台计算机都提供本地计算和存储功能。Hadoop本身的设计目的不是依靠硬件来提供高可用性，而是在应用层检测和处理故障。

### 3.1.1 Hadoop 生态系统架构

Hadoop的生态系统主要组成架构，如图3-1所示。

随着Hadoop生态系统的成长，出现了越来越多新的项目，这些项目有的需要依赖于Hadoop，有的可以独立运行，有的对Hadoop提供了很好的补充。

图 3-1　Hadoop 生态系统主要组成架构

下面对Hadoop生态系统架构中的关键技术进行简要介绍，本书后续章节将对每一项技术进行详细讲解。

Hadoop的核心主要包含以下模块：

- HDFS（Hadoop Distributed File System）：可提供高吞吐量访问的分布式文件系统。
- YARN：用于任务调度和集群资源管理的框架。
- MapReduce：基于 YARN 之上，用于大型数据集并行处理的系统。

其他Hadoop相关的系统：

- ZooKeeper：一个高性能的分布式应用程序的协调服务。
- Flume：一个日志收集系统，用于将大量日志数据从许多不同的源进行收集、聚合，最终移动到一个集中的数据中心进行存储。
- Sqoop：用于在关系数据库与 Hadoop 平台之间进行数据导入和导出的工具。
- Kafka：一个高吞吐量的分布式发布订阅消息系统。
- HBase：一个可伸缩的分布式数据库，支持大型表的结构化数据存储。底层使用 HDFS 存储数据，同时依赖 ZooKeeper 进行集群协调服务。
- Elasticsearch：一个基于 Lucene 的分布式全文搜索引擎。
- Hive：基于 Hadoop 的数据仓库工具，可以将结构化的数据文件映射为一张数据库表，并提供简单的 SQL 查询功能，可以将 SQL 语句转换为 MapReduce 任务运行。

- Storm：一个分布式的实时计算系统。
- Spark：一种快速通用的 Hadoop 数据计算引擎。Spark 提供了一个简单而有表现力的编程模型，该模型支持广泛的应用程序，包括 ETL、机器学习、流处理和图形计算。

## 3.1.2 Hadoop 不同版本架构对比

Hadoop 1.x 与 Hadoop 2.x 的架构对比如图3-2所示。

图 3-2　Hadoop 1.x 与 Hadoop 2.x 架构对比

Hadoop 1.x的主要核心组成是MapReduce和HDFS。MapReduce不仅负责数据的计算，而且负责集群作业调度和资源（内存、CPU）管理；HDFS负责数据的存储。

Hadoop 2.x在Hadoop 1.x的基础上引入了新的框架YARN（Yet Another Resource Negotiator）。YARN负责集群资源管理和统一调度，而MapReduce的功能变得单一，其运行于YARN之上，只负责数据的计算。由于YARN具有通用性，因此YARN也可以作为其他计算框架（例如，Spark、Storm等）的资源管理系统，不仅限于MapReduce。

Hadoop 3.x的组成架构与Hadoop 2.x相同，但有些功能得到了非常显著的增强。

Hadoop这种基于YARN的共享集群方式有以下优点：

- 提高了资源利用率。如果不同框架组成的集群相互独立，必然会导致资源的利用不充分，甚至出现资源紧张的情况，而共享集群的方式可以使多个框架共享集群资源，提高了资源利用率。
- 降低了运维成本。使用共享集群的方式，往往只需要少数的运维人员进行集群的统一管理，从而降低了运维成本。
- 数据可以共享。如果不同框架组成的集群相互独立，随着数据的增长，跨集群间的数据移动需要耗费更长时间，而共享集群方式通过共享集群间的数据和资源，大大节省了数据移动时间并降低了成本。

以YARN为中心的共享集群资源架构如图3-3所示。

图 3-3　以 YARN 为中心的共享集群资源

说到底，YARN其实是一个通用的资源管理系统。所谓资源管理，就是按照一定的策略将资源（内存、CPU）分配给各个应用程序使用，并且采取一定的隔离机制防止应用程序之间彼此抢占资源而相互干扰。

## 3.2 YARN 基本架构及组件

YARN集群总体上是经典的主/从（Master/Slave）架构，主要由ResourceManager、NodeManager、Task、Container和ApplicationMaster等组件构成。YARN集群架构如图3-4所示。

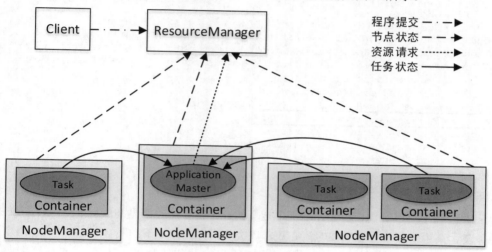

图 3-4　YARN 集群架构

各个组件的解析如下。

### 1. ResourceManager

ResourceManager以后台进程的形式运行，负责对集群资源进行统一管理和任务调度。ResourceManager的主要职责如下：

- 接收来自客户端的请求。
- 启动和管理各个应用程序的ApplicationMaster。
- 接收来自ApplicationMaster的资源申请，并为其分配Container。
- 管理NodeManager，接收来自NodeManager的资源和节点健康情况汇报。

### 2. NodeManager

NodeManager是集群中每个节点上的资源和任务管理器，以后台进程的形式运行。它会定时向ResourceManager汇报本节点上的资源（内存、CPU）使用情况和各个Container的运行状态，同时会接收并处理来自ApplicationMaster的Container启动/停止等请求。NodeManager 不会监视任务，它仅监视Container中的资源使用情况。例如，如果一个Container消耗的内存比最初分配得更多，就会结束该Container。

### 3. Task

Task 是应用程序的具体执行任务。一个应用程序可能有多个任务，如一个 MapReduce 程序可以有多个 Map 任务和多个 Reduce 任务（本书第 5 章会对 MapReduce 进行详细讲解）。

### 4. Container

Container 是 YARN 中资源分配的基本单位，是封装了 CPU 和内存资源的一个容器，相当于一个 Task 运行环境的抽象。从实现上看，Container 是一个 Java 抽象类，定义了资源信息。应用程序的 Task 将会被发布到 Container 中运行，从而限定了 Task 使用的资源量。Container 类的部分源码如下：

```java
public abstract class Container implements Comparable<Container> {
  public Container() {
  }
  public static Container newInstance(ContainerId containerId, NodeId nodeId,
String nodeHttpAddress, Resource resource, Priority priority, Token containerToken) {
    Container container = (Container)Records.newRecord(Container.class);
    container.setId(containerId);
    container.setNodeId(nodeId);
    container.setNodeHttpAddress(nodeHttpAddress);
    container.setResource(resource);
    container.setPriority(priority);
    container.setContainerToken(containerToken);
    return container;
  }
}
```

从上述代码中可以看出，Container 类中定义的一个重要属性类型是 Resource。Resource 类也是一个抽象类，其中定义了内存和 CPU 核心数，该类的部分源码如下：

```java
public abstract class Resource implements Comparable<Resource> {
  public Resource() {
  }
  public static Resource newInstance(long memory, int vCores) {
    Resource resource = (Resource)Records.newRecord(Resource.class);
    resource.setMemorySize(memory);
    resource.setVirtualCores(vCores);
    return resource;
  }
}
```

Container 的大小取决于它所包含的资源量。一个节点上的 Container 数量，由节点空闲资源总量（总 CPU 数和总内存）决定。

在 YARN 的 NodeManager 节点上有许多动态创建的 Container。NodeManager 会将计算机的 CPU 和内存的一定值抽离成虚拟的值，然后将这些虚拟的值根据配置组成多个 Container，当应用程序提出申请时，就会对其分配相应的 Container。

此外，一个应用程序所需的 Container 分为两类：运行 ApplicationMaster 的 Container 和运行各类 Task 的 Container。前者由 ResourceManager 向内部的资源调度器申请和启动，后者由 ApplicationMaster 向 ResourceManager 申请，并由 ApplicationMaster 请求 NodeManager 进行启动。

我们可以将 Container 类比成数据库连接池中的连接，需要的时候进行申请，使用完毕后进行释放，而不需要每次独自创建。

## 5. ApplicationMaster

ApplicationMaster即应用程序管理者，主要负责应用程序的管理，以后台进程的形式运行。它为应用程序向ResourceManager申请资源（CPU、内存），并将资源分配给所管理的应用程序的Task。

一个应用程序对应一个ApplicationMaster。例如，一个MapReduce应用程序会对应一个ApplicationMaster（MapReduce应用程序运行时，会在NodeManager节点上启动一个名为MRAppMaster的进程，该进程则是MapReduce的ApplicationMaster实现）；一个Spark应用程序也会对应一个ApplicationMaster。

在用户提交一个应用程序时，会启动一个ApplicationMaster实例，ApplicationMaster会启动所有需要的Task来完成它负责的应用程序，并且监视Task运行状态和运行进度、重新启动失败的Task等。应用程序完成后，ApplicationMaster会关闭并释放自己的Container，以便其他应用程序的ApplicationMaster或Task转移至该Container中运行，提高资源利用率。

ApplicationMaster自身和应用程序的Task都在Container中运行。

ApplicationMaster可在Container内运行任何类型的Task。例如，MapReduce ApplicationMaster请求一个容器来启动Map Task或Reduce Task。也可以实现一个自定义的ApplicationMaster来运行特定的Task，以便任何分布式框架都可以受到YARN的支持，只要实现了相应的ApplicationMaster即可。

总结来说，我们可以这样认为：ResourceManager管理整个集群，NodeManager管理集群中单个节点，ApplicationMaster管理单个应用程序（集群中可能同时有多个应用程序在运行，每个应用程序都有各自的ApplicationMaster）。

## 3.3 YARN 工作流程

YARN集群中应用程序的执行流程如图3-5所示，图中流程说明如下：

图3-5　YARN 应用程序执行流程

（1）客户端提交应用程序（可以是MapReduce程序、Spark程序等）到ResourceManager。

（2）ResourceManager分配用于运行ApplicationMaster的Container，然后与NodeManager通信，要求它在该Container中启动ApplicationMaster。ApplicationMaster启动后，它将负责此应用程序的整个生命周期。

（3）ApplicationMaster向ResourceManager注册（注册后可以通过ResourceManager查看应用程序的运行状态）并请求运行应用程序各个Task所需的Container（资源请求是对一些Container的请求）。如果符合条件，ResourceManager会分配给 ApplicationMaster所需的Container（表达为Container ID和主机名）。

（4）ApplicationMaster请求NodeManager使用这些Container来运行应用程序的相应Task（即将Task发布到指定的Container中运行）。

此外，各个运行中的Task会通过RPC协议向ApplicationMaster汇报自己的状态和进度，这样即使某个Task运行失败，ApplicationMaster也可以对其重新启动。当应用程序运行完成时，ApplicationMaster会向ResourceManager申请注销自己。

## 3.4　配置集群各节点 SSH 无密钥登录

Hadoop的进程间通信使用SSH（Secure Shell）方式。SSH是一种通信加密协议，使用非对称加密方式，可以避免网络窃听。为了使Hadoop各节点之间能够无密钥相互访问，使彼此之间相互信任，通信不受阻碍，在搭建Hadoop集群之前需要配置各节点的SSH无密钥登录。

### 3.4.1　无密钥登录原理

SSH无密钥登录的原理如图3-6所示。

图 3-6　SSH 无密钥登录原理

从A服务器无密钥登录到B服务器的具体流程如下：

（1）在A服务器中生成密钥对，包括公钥和私钥。
（2）将公钥复制到B服务器的授权文件（authorized_keys）中。
（3）A服务器将访问数据用私钥加密，然后发送给B服务器。
（4）B服务器接收到数据以后，到授权文件中查找A服务器的公钥，并使用该公钥将数据解密。
（5）B服务器将需要返回的数据用A服务器的公钥加密后，返回给A服务器。
（6）A服务器接收到数据后，用私钥将其解密。

总结来说，判定是否允许无密钥登录，关键在于登录节点的密钥信息是否存在于被登录节点的授权文件中，如果存在，则允许登录。

## 3.4.2 无密钥登录操作步骤

Hadoop集群需要确保在每一个节点上都能无密钥登录到其他节点。

本例在第2章的基础上继续使用hadoop用户进行操作，使用三个节点（centos01、centos02和centos03）配置无密钥登录，无密钥登录架构如图3-7所示。

具体配置方式有两种：手动复制和命令复制，下面分别进行讲解。

图3-7　无密钥登录架构

### 1．手动复制方式

手动复制方式的具体操作步骤如下：

**01** 将各节点的公钥加入到同一个授权文件中。

① 在centos01节点中，生成密钥文件，并将公钥信息加入到授权文件中，所需命令如下：

```
$ cd ~/.ssh/            # 若没有该目录，请先执行一次ssh localhost命令
$ ssh-keygen -t rsa     # 生成密钥文件，会有提示输入加密信息，都按回车键即可
$ cat ./id_rsa.pub >> ./authorized_keys   # 将密钥内容加入到授权文件中
```

其中.ssh文件夹为系统隐藏文件夹，若无此目录，可以执行一次ssh localhost命令，则会生成该目录，也可以直接手动创建该目录。

② 在centos02节点中，生成密钥文件，并将公钥文件远程复制到centos01节点的相同目录，且重命名为id_rsa.pub.centos02，相关命令如下：

```
$ cd ~/.ssh/            # 若没有该目录，请先执行一次ssh localhost命令
$ ssh-keygen -t rsa     # 生成密钥文件，会有提示输入加密信息，都按回车键即可
$ scp ~/.ssh/id_rsa.pub hadoop@centos01:~/.ssh/id_rsa.pub.centos02 #远程复制
```

③ 在centos03节点中，执行与centos02相同的操作（生成密钥文件，并将公钥文件远程复制到centos01节点的相同目录，且重命名为id_rsa.pub.centos03），相关命令如下：

```
$ cd ~/.ssh/            # 若没有该目录，请先执行一次ssh localhost命令
$ ssh-keygen -t rsa     # 生成密钥文件，会有提示输入加密信息，都按回车键即可
$ scp ~/.ssh/id_rsa.pub hadoop@centos01:~/.ssh/id_rsa.pub.centos03 #远程复制
```

④ 回到centos01节点，将centos02和centos03节点的密钥文件信息都加入到授权文件中，相关命令如下：

```
$ cat ./id_rsa.pub.centos02 >> ./authorized_keys   #将centos02的密钥加入到授权文件
$ cat ./id_rsa.pub.centos03 >> ./authorized_keys   #将centos03的密钥加入到授权文件
```

**02** 复制授权文件到各个节点。将centos01节点中的授权文件远程复制到其他节点的相同目录，命令如下：

```
$ scp ~/.ssh/authorized_keys hadoop@centos02:~/.ssh/
$ scp ~/.ssh/authorized_keys hadoop@centos03:~/.ssh/
```

**03** 测试无密钥登录。使用ssh命令测试从一个节点无密钥登录到另一个节点。例如，从centos01节点无密钥登录到centos02节点，命令如下：

```
$ ssh centos02
```

成功登录后，执行exit命令退出登录。

如果登录失败，可能的原因是授权文件authorized_keys权限分配问题，分别在每个节点上执行以下命令，更改文件权限：

```
$ chmod 700 ~/.ssh                   #只有拥有者有读、写权限
$ chmod 600 ~/.ssh/authorized_keys   #只有拥有者有读、写、执行权限
```

到此，各节点的SSH无密钥登录就配置完成了。

### 2．命令复制方式

ssh-copy-id命令可以把本地主机的公钥复制并追加到远程主机的authorized_keys文件中，该命令也会给远程主机的用户主目录（home）、~/.ssh目录和~/.ssh/authorized_keys设置合适的权限。具体操作步骤如下：

**01** 分别在三个节点中执行以下命令，生成密钥文件：

```
$ cd ~/.ssh/             # 若没有该目录，请先执行一次ssh localhost命令
$ ssh-keygen -t rsa      # 生成密钥文件，会有提示输入加密信息，都按回车键即可
```

**02** 分别在三个节点中执行以下命令，将公钥信息复制并追加到对方节点的授权文件authorized_keys中：

```
$ ssh-copy-id centos01
$ ssh-copy-id centos02
$ ssh-copy-id centos03
```

命令执行过程中需要输入当前用户的密码。

**03** 测试SSH无密钥登录。仍然使用ssh命令进行测试登录即可。具体见本节手动复制方式的步骤（3）。

> **注意** 如果不配置无密钥登录，Hadoop集群也可以正常运行，只是每次启动Hadoop都要输入密码以登录到每台计算机的DataNode（存储数据的节点）上，而一般的Hadoop集群动辄数百甚至上千台计算机，因此配置SSH无密钥登录是必要的。

## 3.5 搭建 Hadoop 3.x 分布式集群

本例的搭建思路是，在节点centos01中安装Hadoop并修改配置文件，然后将配置好的Hadoop安装文件远程复制到集群中的其他节点。集群各节点的角色分配如表3-1所示。

表 3-1　Hadoop 集群角色分配

|  | centos01 节点 | centos02 节点 | centos03 节点 |
| --- | --- | --- | --- |
| HDFS | NameNode<br>SecondaryNameNode<br>DataNode | DataNode | DataNode |
| YARN | ResourceManager<br>NodeManager | NodeManager | NodeManager |

表3-1中的角色指的是Hadoop集群各节点所启动的守护进程，其中的NameNode、SecondaryNameNode和DataNode是HDFS集群所启动的进程（HDFS将在第4章进行详细讲解）；ResourceManager和NodeManager是YARN集群所启动的进程。

Hadoop集群搭建的操作步骤如下：

### 1．上传 Hadoop 并解压

在centos01节点中，将Hadoop安装文件hadoop-3.3.1.tar.gz上传到/opt/softwares/目录，然后进入该目录，解压安装文件到/opt/modules/，命令如下：

```
$ cd /opt/softwares/
$ tar -zxf hadoop-3.3.1.tar.gz -C /opt/modules/
```

### 2．配置系统环境变量

为了可以方便地在任意目录下执行Hadoop命令，而不需要进入到Hadoop安装目录，需要配置Hadoop系统环境变量。此处只需要配置centos01节点即可。

执行以下命令，修改文件/etc/profile：

```
$ sudo vi /etc/profile
```

在文件末尾加入以下内容：

```
export HADOOP_HOME=/opt/modules/hadoop-3.3.1
export PATH=$HADOOP_HOME/bin:$HADOOP_HOME/sbin:$PATH
```

执行以下命令，刷新profile文件，使修改生效：

```
$ source /etc/profile
```

执行hadoop命令，若能成功输出以下返回信息，说明Hadoop系统变量配置成功：

```
Usage: hadoop [--config confdir] [COMMAND | CLASSNAME]
  CLASSNAME            run the class named CLASSNAME
 or
  where COMMAND is one of:
  fs                   run a generic filesystem user client
```

```
   version                     print the version
   jar <jar>                   run a jar file
```

### 3. 配置 Hadoop 环境变量

Hadoop所有的配置文件都存在于安装目录下的etc/hadoop中,进入该目录,修改以下配置文件:

```
hadoop-env.sh
mapred-env.sh
yarn-env.sh
```

三个文件分别加入JAVA_HOME环境变量,如下:

```
export JAVA_HOME=/opt/modules/jdk1.8.0_144
```

### 4. 配置 HDFS

(1) 修改配置文件core-site.xml,加入以下内容:

```xml
<configuration>
  <property>
    <name>fs.defaultFS</name>
    <value>hdfs://centos01:9000</value>
  </property>
  <property>
    <name>hadoop.tmp.dir</name>
    <value>file:/opt/modules/hadoop-3.3.1/tmp</value>
  </property>
</configuration>
```

上述配置属性解析如下:

- fs.defaultFS: HDFS 的默认访问路径,也是 NameNode 的访问地址。
- hadoop.tmp.dir: Hadoop 数据文件的存放目录。该参数如果不配置,默认指向/tmp 目录,而/tmp 目录在系统重启后会自动被清空,从而导致 Hadoop 的文件系统数据丢失。

(2) 修改配置文件hdfs-site.xml,加入以下内容:

```xml
<configuration>
  <property>
    <name>dfs.replication</name>
    <value>2</value>
  </property>
  <property><!--不检查用户权限-->
    <name>dfs.permissions.enabled</name>
    <value>false</value>
  </property>
  <property>
    <name>dfs.namenode.name.dir</name>
    <value>file:/opt/modules/hadoop-3.3.1/tmp/dfs/name</value>
  </property>
  <property>
    <name>dfs.datanode.data.dir</name>
    <value>file:/opt/modules/hadoop-3.3.1/tmp/dfs/data</value>
  </property>
</configuration>
```

上述配置属性解析如下:

- dfs.replication：文件在 HDFS 系统中的副本数。
- dfs.namenode.name.dir：NameNode 节点数据在本地文件系统的存放位置。
- dfs.datanode.data.dir：DataNode 节点数据在本地文件系统的存放位置。

（3）修改workers文件，配置DataNode节点。workers文件原本无任何内容，需要将所有DataNode节点的主机名都添加进去，每个主机名占一整行（注意不要有空格）。本例中，DataNode为三个节点，配置信息如下：

```
centos01
centos02
centos03
```

### 5. 配置 YARN

（1）修改mapred-site.xml文件，添加以下内容，指定MapReduce任务执行框架为YARN，并配置MapReduce任务的环境变量。

```xml
<configuration>
  <!--指定MapReduce任务执行框架为YARN-->
  <property>
    <name>mapreduce.framework.name</name>
    <value>yarn</value>
  </property>
  <!--为MapReduce应用程序主进程添加环境变量-->
  <property>
    <name>yarn.app.mapreduce.am.env</name>
    <value>HADOOP_MAPRED_HOME=/opt/modules/hadoop-3.3.1</value>
  </property>
  <!--为MapReduce Map任务添加环境变量-->
  <property>
    <name>mapreduce.map.env</name>
    <value>HADOOP_MAPRED_HOME=/opt/modules/hadoop-3.3.1</value>
  </property>
  <!--为MapReduce Reduce任务添加环境变量-->
  <property>
    <name>mapreduce.reduce.env</name>
    <value>HADOOP_MAPRED_HOME=/opt/modules/hadoop-3.3.1</value>
  </property>
</configuration>
```

若不配置上述环境变量，在执行MapReduce任务时可能会报"找不到或无法加载主类org.apache.hadoop.mapreduce.v2.app.MRAppMaster"等相关错误。

（2）修改yarn-site.xml文件，添加以下内容：

```xml
<configuration>
  <property>
    <name>yarn.nodemanager.aux-services</name>
    <value>mapreduce_shuffle</value>
  </property>
</configuration>
```

上述配置属性解析如下：

- yarn.nodemanager.aux-services：NodeManager 上运行的附属服务，需配置成 mapreduce_shuffle

才可运行 MapReduce 程序。YARN 提供了该配置项用于在 NodeManager 上扩展自定义服务，MapReduce 的 Shuffle 功能正是一种扩展服务。

也可以继续在yarn-site.xml文件中添加以下属性内容，指定ResourceManager所在的节点，此处指定ResourceManager运行在centos01节点：

```xml
<!--ResourceManager所在的主机名。客户端提交应用程序、ApplicationMaster申请资源、
NodeManager汇报心跳和领取任务等，都需要知道ResourceManager的位置，以便进行通信-->
<property>
    <name>yarn.resourcemanager.hostname</name>
    <value>centos01</value>
</property>
```

若不添加上述内容，ResourceManager将默认在执行YARN启动命令（start-yarn.sh）的节点上启动。

### 6. 复制 Hadoop 安装文件到其他主机

在centos01节点上，将配置好的整个Hadoop安装目录复制到其他节点（centos02和centos03），命令如下：

```
$ scp -r hadoop-3.3.1/ hadoop@centos02:/opt/modules/
$ scp -r hadoop-3.3.1/ hadoop@centos03:/opt/modules/
```

### 7. 格式化 NameNode

启动Hadoop之前，需要先格式化NameNode。格式化NameNode可以初始化HDFS文件系统的一些目录和文件，在centos01节点上执行以下命令，进行格式化操作：

```
$ hdfs namenode -format
```

若能输出以下信息，说明格式化成功：

```
Storage directory /opt/modules/hadoop-3.3.1/tmp/dfs/name has been successfully formatted.
```

格式化成功后，会在当前节点的Hadoop安装目录中生成tmp/dfs/name/current目录，该目录中则生成了用于存储HDFS文件系统元数据信息的文件fsimage（关于元数据文件将在下一章进行详细讲解），如图3-8所示。

图 3-8　格式化 NameNode 后生成的相关文件

需要注意的是，必须在NameNode所在节点上进行格式化操作。

### 8. 启动 Hadoop

在centos01节点上执行以下命令，启动Hadoop集群：

```
$ start-all.sh
```

也可以执行start-dfs.sh和start-yarn.sh分别启动HDFS集群和YARN集群。

Hadoop安装目录下的sbin目录中存放了很多启动脚本，若由于内存等原因使集群中的某个守护进程宕掉了，可以执行该目录中的脚本对相应的守护进程进行启动。常用的启动和停止脚本及说明如表3-2所示。

表 3-2　常见的 Hadoop 启动和停止脚本及说明

| 脚　　本 | 说　　明 |
| --- | --- |
| start-all.sh | 启动整个 Hadoop 集群，包括 HDFS 和 YARN |
| stop-all.sh | 停止整个 Hadoop 集群，包括 HDFS 和 YARN |
| start-dfs.sh | 启动 HDFS 集群 |
| stop-dfs.sh | 停止 HDFS 集群 |
| start-yarn.sh | 启动 YARN 集群 |
| stop-yarn.sh | 停止 YARN 集群 |
| hadoop-daemon.sh start namenode | 单独启动 NameNode 守护进程 |
| hadoop-daemon.sh stop namenode | 单独停止 NameNode 守护进程 |
| hadoop-daemon.sh start datanode | 单独启动 DataNode 守护进程 |
| hadoop-daemon.sh stop datanode | 单独停止 DataNode 守护进程 |
| hadoop-daemon.sh start secondarynamenode | 单独启动 SecondaryNameNode 守护进程 |
| hadoop-daemon.sh stop secondarynamenode | 单独停止 SecondaryNameNode 守护进程 |
| yarn-daemon.sh start resourcemanager | 单独启动 ResourceManager 守护进程 |
| yarn-daemon.sh stop resourcemanager | 单独停止 ResourceManager 守护进程 |
| yarn-daemon.sh start nodemanager | 单独启动 NodeManager 守护进程 |
| yarn-daemon.sh stop nodemanager | 单独停止 NodeManager 守护进程 |

> **注意**　①若不配置SecondaryNameNode所在的节点，将默认在执行HDFS启动命令（start-dfs.sh）的节点上启动；②若不配置ResourceManager所在的节点，将默认在执行YARN启动命令（start-yarn.sh）的节点上启动；若配置了ResourceManager所在的节点，则必须在所配置的节点启动YARN，否则在其他节点启动时将抛出异常；③NodeManager无须配置，会与DataNode在同一个节点上，以获取任务执行时的数据本地性优势，即有DataNode的节点就会有NodeManager。

### 9. 查看各节点启动进程

集群启动成功后，分别在各个节点上执行jps命令，查看启动的Java进程。可以看到，各节点的Java进程如下。

centos01节点的进程：

```
$ jps
13524 SecondaryNameNode
13813 NodeManager
13351 DataNode
13208 NameNode
13688 ResourceManager
14091 Jps
```

centos02节点的进程：

```
$ jps
7585 NodeManager
7477 DataNode
7789 Jps
```

centos03节点的进程：

```
$ jps
8308 Jps
8104 NodeManager
7996 DataNode
```

若某个进程启动失败,可查看进程所在节点的Hadoop安装主目录下的logs中生成的该进程的日志文件(每个进程都会有相应的日志文件),该文件中会记录相关错误信息。

### 10. 测试HDFS

在centos01节点中执行以下命令,在HDFS根目录创建文件夹input,并将Hadoop安装目录下的文件README.txt上传到新建的input文件夹中:

```
$ hdfs dfs -mkdir /input
$ hdfs dfs -put /opt/modules/hadoop-3.3.1/README.txt /input
```

浏览器访问网址http://centos01: 9870(需要在本地配置好域名IP映射,域名为NameNode所在节点的主机名,关于NameNode将在第4章进行详细讲解)可以查看HDFS的NameNode信息并浏览HDFS系统中的文件,如图3-9所示。

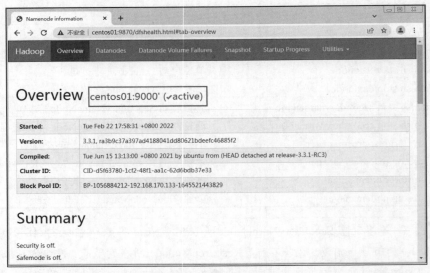

图 3-9　HDFS Web 主界面

### 11. 测试 MapReduce

在centos01节点中执行以下命令,运行Hadoop自带的MapReduce单词计数程序,统计/input文件夹中的所有文件的单词数量:

```
$ hadoop jar share/hadoop/mapreduce/hadoop-mapreduce-examples-3.3.1.jar wordcount /input /output
```

程序执行过程中,控制台输出的部分日志信息如图3-10所示。

可以看到,Map阶段和Reduce阶段的执行进度都为100%,说明程序执行成功。

图 3-10　MapReduce 任务执行过程

若Map阶段始终没有开始，此时程序可能一直处于"ACCEPTED"状态，而非正常的"RUNNING"状态（可以在YARN ResourceManager的Web界面http://centos01:8088查看程序的运行状态，具体见5.3节单词计数的程序运行）。说明程序运行可能出现了问题，可以查看NodeManager节点的日志文件，例如在centos03节点的Hadoop安装目录执行以下命令，查询NodeManager日志信息：

```
$ more logs/hadoop-hadoop-nodemanager-centos03.log
```

若报以下错误：

```
INFO org.apache.hadoop.ipc.Client: Retrying connect to server: 0.0.0.0/0.0.0.0:8031. Already tried 7 time(s); retry polic
y is RetryUpToMaximumCountWithFixedSleep(maxRetries=10, sleepTime=1000 MILLISECONDS)
```

说明ResourceManager的8031端口没有连接上，且连接地址（0.0.0.0）也不正确，此时可以修改yarn-site.xml配置文件，添加以下内容，指定ResourceManager所在的主机名：

```xml
<!--ResourceManager所在的主机名。客户端提交应用程序、ApplicationMaster申请资源、NodeManager汇报心跳和领取任务等，都需要知道ResourceManager的位置，以便进行通信-->
<property>
    <name>yarn.resourcemanager.hostname</name>
    <value>centos01</value>
</property>
```

修改完配置文件后，将其同步到其他节点，重新启动YARN集群。删除HDFS中生成的/output目录（MapReduce会自动创建该目录，若不删除，执行上述MapReduce单词计数程序时会抛出异常）：

```
$ hdfs dfs -rm -r /output
```

再次运行Hadoop自带的MapReduce单词计数程序，统计单词数量。

统计完成后，执行以下命令，查看MapReduce执行结果：

```
$ hdfs dfs -cat /output/*
```

如果以上测试没有问题，则Hadoop集群搭建成功。

本书第4、5章将对HDFS和MapReduce做详细讲解。

## 3.6 动手练习

练习一：依照书中的操作步骤，搭建 Hadoop 3.x 分布式集群。

练习二：在 Hadoop 集群中运行 MapReduce 自带的单词计数例子，并查看运行结果。

练习三：在 Hadoop 集群中运行 MapReduce 自带的计算圆周率例子，并查看运行结果。

# 第 4 章 HDFS

本章首先讲解 HDFS 的体系结构、存储架构等理论知识,然后通过具体操作讲解 HDFS 的命令行和 Java API 等知识。

**本章学习目标**

- 了解 HDFS 的体系结构。
- 掌握 HDFS 的存储架构和命令行操作。
- 掌握 HDFS 的 Web 界面操作以及 Java API 操作。

## 4.1 HDFS 简介

HDFS(Hadoop Distributed File System)是 Hadoop 项目的核心子项目,在大数据开发中通过分布式计算对海量数据进行存储与管理。它基于流数据模式访问和处理超大文件的需求而开发,可以运行在廉价的商用服务器上,为海量数据提供了不怕故障的存储方法,进而为超大数据集的应用处理带来了很多便利。

下面是 HDFS 的一些显著特征:

- HDFS 非常适合使用商用硬件进行分布式存储和分布式处理。它具有容错性、可扩展性,并且扩展极其简单。
- HDFS 具有高度可配置性。大多数情况下,需要仅针对非常大的集群调整默认配置。
- HDFS 是 Hadoop 的核心框架,而 Hadoop 是用 Java 编写的,因此可以运行于所有主流平台上。
- 支持类似 Shell 的命令直接与 HDFS 交互。
- HDFS 内置了 Web 服务器,可以轻松检查集群的当前状态。

### 4.1.1 设计目标

HDFS 的主要设计目标如下。

### 1．硬件故障的快速恢复

硬件故障是常态，而非例外。HDFS集群可能由数百或数千台服务器组成，每台服务器都存储文件系统数据的一部分，且每台服务器都有很大的故障概率。因此，故障检测和快速、自动地从故障中恢复是HDFS的核心架构目标。

### 2．流式数据访问

在HDFS上运行的应用程序需要对其数据集进行流式访问，这与运行在一般文件系统上的应用不同。HDFS更适合批量处理，而不是用户的交互使用，它更加强调数据访问的高吞吐量，而不是数据访问的低延迟。

### 3．大型数据集

HDFS是一个支持大型数据集的文件系统，一个典型的HDFS数据文件可以从千兆字节到兆兆字节不等，可以为具有数百个节点的集群提供高聚合的数据带宽和规模，同时承载千万个文件。

### 4．简单一致性模型

HDFS遵循简单一致性模型，一次写入，多次读取。即文件一旦被建立、写入、关闭，就不能被改变，更不能从文件任意位置进行修改，以此来保证数据的一致性。在Hadoop 2.x以后，支持在文件末尾追加内容。

### 5．移动计算比移动数据容易

HDFS被设计为能更好地将计算迁移到更接近数据的位置，而不是将数据移动到应用程序运行的位置，这样应用程序的计算效率会更高。HDFS为应用程序提供接口，使其更接近数据所在的位置。

### 6．平台的可移植性

HDFS被设计为可以从一个平台轻松地移植到另一个平台，从而使HDFS能够作为大型应用程序的首选平台。

## 4.1.2 总体架构

HDFS是使用Java语言构建的系统，任何支持Java的计算机都可以运行HDFS，HDFS集群的总体架构如图4-1所示。

图 4-1　HDFS 集群的总体架构

HDFS是一个典型的主/从架构的分布式系统。一个HDFS集群由一个元数据节点（称为NameNode）和一些数据节点（称为DataNode）组成。NameNode是HDFS的主节点，是一个用来管理文件元数据（文件名称、大小、存储位置等）和处理来自客户端的文件访问请求的主服务器；DataNode是HDFS的从节点，用来管理对应节点的数据存储，即实际文件数据存储于DataNode上，而DataNode中的数据则保存在本地磁盘。

当HDFS系统启动后，NameNode上会启动一个名为"NameNode"的进程，DataNode上会启动一个名为"DataNode"的进程。

典型的HDFS集群部署是有一台专用的计算机只运行NameNode进程，集群中的其他计算机都运行DataNode进程。HDFS架构并不排除在同一台计算机上运行多个DataNode进程，但在实际部署中很少出现这种情况。

HDFS集群中单个NameNode的存在极大地简化了系统的体系结构。NameNode是HDFS元数据的仲裁者和存储库。该系统的设计方式是，用户数据永远不会流经NameNode。

此外，还有一个重要组件为SecondaryNameNode，4.1.3节将对HDFS各组件进行详细讲解。

### 4.1.3 主要组件

HDFS系统的主要构成组件如下。

#### 1. 数据块

HDFS中的文件是以数据块（Block）的形式存储的，默认最基本的存储单位是128MB（Hadoop 1.x为64MB）的数据块。也就是说，存储在HDFS中的文件都会被分割成128MB一块的数据块进行存储，如果文件本身小于一个数据块的大小，则按实际大小存储，并不占用整个数据块空间。

HDFS的数据块之所以会设置这么大，其目的是减少寻址开销。数据块数量越多，寻址数据块所耗的时间就越多。当然也不会设置过大，MapReduce中的Map任务通常一次只处理一个块中的数据，如果任务数太少，作业的运行速度就会比较慢（MapReduce将在第5章讲解）。

HDFS的每一个数据块默认都有三个副本，分别存储在不同的DataNode上，以实现容错功能。因此，若数据块的某个副本丢失并不会影响对数据块的访问。数据块大小和副本数量可在配置文件中更改。HDFS数据块的存储结构如图4-2所示。

图4-2　HDFS数据块的存储结构

## 2. NameNode

NameNode是HDFS中存储元数据（文件名称、大小和位置等信息）的地方，它将所有文件和文件夹的元数据保存在一个文件系统目录树中，任何元数据信息的改变，NameNode都会记录。HDFS中的每个文件都被拆分为多个数据块存放，这种文件与数据块的对应关系也存储在文件系统目录树中，由NameNode维护。

NameNode还存储数据块到DataNode的映射信息，这种映射信息包括：数据块存放在哪些DataNode上、每个DataNode上保存了哪些数据块。

NameNode也会周期性地接收来自集群中DataNode的"心跳"和"块报告"。通过"心跳"与DataNode保持通信，监控DataNode的状态（活着还是宕机），若长时间接收不到"心跳"信息，NameNode会认为DataNode已经宕机，从而做出相应的调整策略。"块报告"包含了DataNode上所有数据块的列表信息。

## 3. DataNode

DataNode是HDFS中真正存储数据的地方。客户端可以向DataNode请求写入或读取数据块，DataNode还在来自NameNode的指令下执行块的创建、删除和复制，并且周期性地向NameNode汇报数据块信息。

## 4. SecondaryNameNode

SecondaryNameNode用于帮助NameNode管理元数据，从而使NameNode能够快速、高效地工作。它并不是第二个NameNode，仅是NameNode的一个辅助工具。

HDFS的元数据信息主要存储于两个文件中：fsimage和edits。fsimage是文件系统映射文件，主要存储文件元数据信息，其中包含文件系统所有目录、文件信息以及数据块的索引；edits是HDFS操作日志文件，HDFS对文件系统的修改日志会存储到该文件中。

当NameNode启动时，会从文件fsimage中读取HDFS的状态，也会对文件fsimage和edits进行合并，得到完整的元数据信息，随后会将新HDFS状态写入fsimage。但是在繁忙的集群中，edits文件会随着时间的推移变得非常大，这就导致NameNode下一次启动的时间会非常长。为了解决这个问题，则产生了SecondaryNameNode，SecondaryNameNode会定期协助NameNode合并fsimage和edits文件，并使edits文件的大小保持在一定的限制内。SecondaryNameNode通常与NameNode运行在不同的计算机上，因为它的内存需求与NameNode相同，这样可以减轻NameNode所在计算机的压力。

SecondaryNameNode的工作流程如图4-3所示。

（1）当SecondaryNameNode准备从NameNode上获取元数据时，会通知NameNode暂停对文件edits的写入。NameNode收到通知后，会停止写入edits文件，而将新的操作日志信息写入到一个新的文件edits.new中。

（2）SecondaryNameNode通过http get方式将NameNode的元数据文件edits和fsimage获取到本地，并将其合并为一个新的文件fsimage.ckpt。

（3）SecondaryNameNode把新的文件fsimage.ckpt通过http post方式发回NameNode。NameNode收到SecondaryNameNode发回的新文件fsimage.ckpt后，用该文件覆盖掉原来的fsimage文件，并删除原有的edits文件，同时将文件edits.new重命名为edits，将文件fsimage.ckpt重命名为fsimage。

上述操作避免了NameNode日志的无限增长，从而加速了NameNode的启动过程。

图 4-3  SecondaryNameNode 的工作流程

## 4.1.4 文件读写

如图4-4所示,当客户端需要读取文件时,首先向NameNode发起读请求,NameNode收到请求后,会将请求文件的数据块在DataNode中的具体位置(元数据信息)返回给客户端,客户端根据文件数据块的位置,直接找到相应的DataNode发起读请求。

图 4-4  HDFS 读数据流程

如图4-5所示,当客户端需要写文件时,首先向NameNode发起写请求,将需要写入的文件名、文件大小等信息告诉NameNode。NameNode会将文件信息记录到本地,同时会验证客户端的写入权限,若验证通过,会向客户端返回文件数据块能够存放在DataNode上的存储位置信息,然后客户端直接向DataNode的相应位置写入数据块。被写入数据块的DataNode也会将数据块备份到其他DataNode上。

图 4-5 HDFS 写数据流程

举个例子，我们可以把NameNode想象成是一个仓库管理员，管理仓库中的商品；把DataNode想象成是一个仓库，用于存储商品，而商品就是我们所说的数据。仓库管理员只有一个，而仓库可以有多个。当需要从仓库中获取商品时，需要先询问仓库管理员，获得仓库管理员的同意，并且得到商品所在仓库的具体位置（例如，在1号仓库的1号货架上），然后根据位置信息直接去对应的仓库中的相应货架上取得商品。当需要向仓库中存入商品时，同样需要先询问仓库管理员，获得仓库管理员的同意，并且得到仓库管理员提供的商品能够存放的具体位置，然后根据位置信息直接去对应的仓库中的相应货架上存入商品。

此外，用户可以使用多种客户端接口对HDFS发起读/写操作，包括命令行接口、代码API接口和浏览器接口，使用非常方便，而不需要考虑HDFS的内部实现。本章后续将详细讲解HDFS各种接口的使用。

## 4.2 HDFS 命令行操作

HDFS的命令行接口类似传统的Shell命令，可以通过命令行接口与HDFS系统进行交互，从而对系统中的文件进行读取、移动、创建等操作。

命令行接口的格式如下：

```
$ bin/hadoop fs -命令 文件路径
```

或者

```
$ bin/hdfs dfs -命令 文件路径
```

上述格式中的hadoop fs和hdfs dfs为命令前缀，二者使用任何一个都可。

执行hadoop fs或hdfs dfs命令可以列出所有HDFS支持的命令列表，如下：

```
$ hadoop fs
Usage: hadoop fs [generic options]
    [-appendToFile <localsrc> ... <dst>]
    [-cat [-ignoreCrc] <src> ...]
    [-checksum <src> ...]
    [-chgrp [-R] GROUP PATH...]
    [-chmod [-R] <MODE[,MODE]... | OCTALMODE> PATH...]
    [-chown [-R] [OWNER][:[GROUP]] PATH...]
```

```
[-copyFromLocal [-f] [-p] [-l] [-d] <localsrc> ... <dst>]
[-copyToLocal [-f] [-p] [-ignoreCrc] [-crc] <src> ... <localdst>]
[-count [-q] [-h] [-v] [-t [<storage type>]] [-u] [-x] <path> ...]
[-cp [-f] [-p | -p[topax]] [-d] <src> ... <dst>]
[-createSnapshot <snapshotDir> [<snapshotName>]]
[-deleteSnapshot <snapshotDir> <snapshotName>]
[-df [-h] [<path> ...]]
[-du [-s] [-h] [-x] <path> ...]
[-expunge]
[-find <path> ... <expression> ...]
[-get [-f] [-p] [-ignoreCrc] [-crc] <src> ... <localdst>]
[-getfacl [-R] <path>]
[-getfattr [-R] {-n name | -d} [-e en] <path>]
[-getmerge [-nl] [-skip-empty-file] <src> <localdst>]
[-help [cmd ...]]
[-ls [-C] [-d] [-h] [-q] [-R] [-t] [-S] [-r] [-u] [<path> ...]]
[-mkdir [-p] <path> ...]
[-moveFromLocal <localsrc> ... <dst>]
[-moveToLocal <src> <localdst>]
[-mv <src> ... <dst>]
[-put [-f] [-p] [-l] [-d] <localsrc> ... <dst>]
[-renameSnapshot <snapshotDir> <oldName> <newName>]
[-rm [-f] [-r|-R] [-skipTrash] [-safely] <src> ...]
[-rmdir [--ignore-fail-on-non-empty] <dir> ...]
[-setfacl [-R] [{-b|-k} {-m|-x <acl_spec>} <path>]|[--set <acl_spec> <path>]]
[-setfattr {-n name [-v value] | -x name} <path>]
[-setrep [-R] [-w] <rep> <path> ...]
[-stat [format] <path> ...]
[-tail [-f] <file>]
[-test -[defsz] <path>]
[-text [-ignoreCrc] <src> ...]
[-touchz <path> ...]
[-truncate [-w] <length> <path> ...]
[-usage [cmd ...]]
```

执行以下命令可以列出所有HDFS支持的命令及解析：

```
$ bin/hdfs dfs -help
```

也可以使用以下格式查看具体某一个命令的详细解析：

```
$ bin/hdfs dfs -help 命令名称
```

下面介绍一些HDFS系统的常用操作命令，若没有配置Hadoop的系统PATH变量，则需要进入到$HADOOP_HOME/bin目录中执行。

### 1. ls

使用ls命令可以查看HDFS系统中的目录和文件。例如，查看HDFS文件系统根目录下的目录和文件，命令如下：

```
$ hadoop fs -ls /
```

递归列出HDFS文件系统根目录下的所有目录和文件，命令如下：

```
$ hadoop fs -ls -R /
```

上述命令中的hadoop fs为操作HDFS系统的命令前缀，不可省略，但可以使用hdfs dfs代替。

## 2. put

使用put命令可以将本地文件上传到HDFS系统中。例如，将本地当前目录文件a.txt上传到HDFS文件系统根目录的input文件夹中，命令如下：

```
$ hadoop fs -put a.txt /input/
```

## 3. moveFromLocal

使用moveFromLocal命令可以将本地文件移动到HDFS文件系统中，可以一次移动多个文件。与put命令类似，不同的是，该命令执行后源文件将被删除。例如，将本地文件a.txt移动到HDFS根目录的input文件夹中，命令如下：

```
$ hadoop fs -moveFromLocal a.txt /input/
```

## 4. get

使用get命令可以将HDFS文件系统中的文件下载到本地，注意下载时的文件名不能与本地文件相同，否则会提示文件已经存在。下载多个文件或目录到本地时，要将本地路径设置为文件夹。例如，将HDFS根目录的input文件夹中的文件a.txt下载到本地当前目录，命令如下：

```
$ hadoop fs -get /input/a.txt a.txt
```

将HDFS根目录的input文件夹下载到本地当前目录，命令如下：

```
$ hadoop fs -get /input/ ./
```

需要注意的是，需要确保用户对当前目录有可写权限。

## 5. rm

使用rm命令可以删除HDFS系统中的文件或文件夹，每次可以删除多个文件或目录。例如，删除HDFS根目录的input文件夹中的文件a.txt，命令如下：

```
$ hadoop fs -rm /input/a.txt
```

递归删除HDFS根目录的output文件夹及该文件夹下的所有内容，命令如下：

```
$ hadoop fs -rm -r /output
```

## 6. mkdir

使用mkdir命令可以在HDFS系统中创建文件或目录。例如，在HDFS根目录下创建文件夹input，命令如下：

```
$ hadoop fs -mkdir /input/
```

也可使用-p参数创建多级目录，如果父目录不存在，则会自动创建父目录，命令如下：

```
$ hadoop fs -mkdir -p /input/file
```

## 7. cp

使用cp命令可以复制HDFS中的文件到另一个文件，相当于给文件重命名并保存，但源文件仍然存在。例如，将/input/a.txt复制到/input/b.txt，并保留a.txt，命令如下：

```
$ hadoop fs -cp /input/a.txt /input/b.txt
```

### 8. mv

使用mv命令可以移动HDFS文件到另一个文件,相当于给文件重命名并保存,源文件已不存在。例如,将/input/a.txt移动到/input/b.txt,命令如下:

```
$ hadoop fs -mv /input/a.txt /input/b.txt
```

### 9. appendToFile

使用appendToFile命令可以将单个或多个文件的内容从本地系统追加到HDFS系统的文件中。例如,将本地当前目录的文件a.txt的内容追加到HDFS系统的/input/b.txt文件中,命令如下:

```
$ hadoop fs -appendToFile a.txt /input/b.txt
```

若需要一次追加多个本地系统文件的内容,则多个文件用空格隔开。例如,将本地文件a.txt和b.txt的内容追加到HDFS系统的/input/c.txt文件中,命令如下:

```
$ hadoop fs -appendToFile a.txt b.txt /input/c.txt
```

### 10. cat

使用cat命令可以查看并输出HDFS系统中某个文件的所有内容。例如,查看HDFS系统中的文件/input/a.txt的所有内容,命令如下:

```
$ hadoop fs -cat /input/a.txt
```

也可以同时查看并输出HDFS中的多个文件的所有内容,结果会将多个文件的内容按照顺序合并输出。例如,查看HDFS中的文件/input/a.txt和文件/input/b.txt的所有内容,命令如下:

```
$ hadoop fs -cat /input/a.txt /input/b.txt
```

> **注意** 在使用HDFS命令操作文件时,HDFS中的文件或目录的路径必须写绝对路径,而本地系统的文件或目录可以写相对路径。

## 4.3 HDFS Web 界面操作

Hadoop集群启动后,可以通过浏览器Web界面查看HDFS集群的状态信息,访问IP为NameNode所在服务器的IP地址,访问端口默认为9870。例如,本书中NameNode部署在节点centos01上,IP地址为192.168.170.133,则HDFS Web界面访问地址为http://192.168.170.133: 9870。若本地Windows系统的hosts文件中配置了域名IP映射,且域名为centos01,则可以访问http://centos01: 9870,如图4-6所示。

从图4-6中可以看出,HDFS的Web界面首页中包含了很多文件系统基本信息,例如系统启动时间、Hadoop的版本号、Hadoop的源码编译时间、集群ID等,在【Summary】一栏中还包括了HDFS磁盘存储空间、已使用空间、剩余空间等信息。

HDFS Web界面还提供了浏览文件系统的功能,单击导航栏的【Utilities】按钮,在下拉菜单中单击【Browse the file system】选项,即可看到HDFS系统的文件目录结构,默认显示根目录下的所有目录和文件,并且能够显示目录和文件的权限、拥有者、文件大小、最近更新时间、副本数等信息。如果需要查看其他目录,可以在上方的文本框中输入需要查看的目录路径,按回车键即可进行查询,如图4-7所示。

第 4 章 HDFS | 47

图 4-6 HDFS Web 主界面

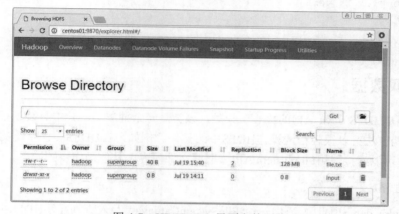

图 4-7 HDFS Web 界面文件浏览

此外，还可以从 HDFS Web 界面中直接下载文件。单击文件列表中需要下载的文件名超链接，在弹出的窗口中单击【Download】超链接，即可将文件下载到本地，如图 4-8 所示。

图 4-8 HDFS Web 界面文件下载

## 4.4　HDFS Java API 操作

使用HDFS Java API可以远程对HDFS系统中的文件进行新建、删除、读取等操作。本节主要介绍如何在Eclipse中使用HDFS Java API与HDFS文件系统进行交互。

在使用Java API之前，首先需要新建一个Hadoop项目。Hadoop项目的结构与普通的Java项目一样，只是所需的依赖包不同。

在Eclipse（或IDEA）中新建一个Maven项目"hdfs_demo"（Maven项目的搭建此处不做过多讲解），然后在该项目的pom.xml文件中添加以下代码，以引入Hadoop的Java API依赖包：

```
<dependency>
    <groupId>org.apache.hadoop</groupId>
    <artifactId>hadoop-client</artifactId>
    <version>3.3.1</version>
</dependency>
```

配置好pom.xml后，即可使用HDFS Java API进行程序的编写。

### 4.4.1　读取数据

FileSystem是HDFS Java API的核心工具类，该类是一个抽象类，其中封装了很多操作文件的方法，使用这些方法可以很轻松地操作HDFS中的文件。例如，在HDFS文件系统的根目录下有一个文件file.txt，可以直接使用FileSystem API读取该文件内容，具体操作步骤如下。

**1．编写程序**

在新建的hdfs_demo项目中新建Java类FileSystemCat.java，写入查询显示HDFS中的/file.txt文件内容的代码，代码编写步骤如下：

**01** 创建Configuration对象。

**02** 得到FileSystem对象。

**03** 进行文件操作。

完整代码如下所示：

```
import java.io.InputStream;
import org.apache.hadoop.conf.Configuration;
import org.apache.hadoop.fs.FileSystem;
import org.apache.hadoop.fs.Path;
import org.apache.hadoop.io.IOUtils;

/**
 * 查询HDFS文件内容并输出
 */
public class FileSystemCat {
    public static void main(String[] args) throws Exception {
        Configuration conf = new Configuration();❶
        //设置HDFS访问地址
        conf.set("fs.default.name", "hdfs://192.168.170.133:9000");
```

```
        //取得FileSystem文件系统实例
        FileSystem fs = FileSystem.get(conf);  ❷
        //打开文件输入流
        InputStream in=fs.open(new Path("hdfs:/file.txt"));❸
        //输出文件内容
        IOUtils.copyBytes(in, System.out, 4096,false);
        //关闭输入流
        IOUtils.closeStream(in);
    }
}
```

代码分析：

❶ 在运行HDFS程序之前，需要先初始化Configuration对象，该对象的主要作用是读取HDFS的系统配置信息，也就是安装Hadoop时候的配置文件，例如core-site.xml、hdfs-site.xml、mapred-site.xml等文件。

❷ FileSystem是一个普通的文件系统API，可以使用静态工厂方法取得FileSystem实例，并传入Configuration对象参数。FileSystem类的继承结构如图4-9所示。

```
java.lang.Object
 └─org.apache.hadoop.conf.Configured
    └─org.apache.hadoop.fs.FileSystem
```

图4-9　FileSystem类的继承结构

❸ 通过调用FileSystem对象的open()方法，取得文件的输入流。该方法实际上返回的是一个FSDataInputStream对象，而不是标准的java.io类对象。FSDataInputStream类是继承了java.io.DataInputStream类的一个特殊类，支持随机访问，因此可以从流的任意位置读取数据。FSDataInputStream类的主要作用是使用DataInputStream包装一个输入流，并且使用BufferedInputStream实现对输入的缓冲。FSDataInputStream类的部分定义源码如下：

```
public class FSDataInputStream extends DataInputStream{
}
```

FSDataInputStream类的继承结构如图4-10所示。

```
java.lang.Object
 └─java.io.InputStream
    └─java.io.FilterInputStream
       └─java.io.DataInputStream
          └─org.apache.hadoop.fs.FSDataInputStream
```

图4-10　FSDataInputStream类的继承结构

### 2. 运行程序

直接在Eclipse中右击代码空白处，选择【Run As】|【Java Application】命令运行该程序即可，若控制台中能正确输出文件file.txt的内容，说明代码编写正确。

当然，也可以将项目导出为jar包，然后上传jar包到Hadoop集群的任意一个节点上，执行以下命令运行该程序：

```
$ hadoop jar hdfs_demo.jar hdfs.demo.FileSystemCat
```

上述命令需要到$HADOOP_HOME/bin目录中执行，若配置了该目录的系统PATH变量，则可以在任意目录执行。其中的hdfs_demo.jar为项目导出的jar包名称，此处为相对路径，hdfs.demo为类FileSystemCat所在的包名。

## 4.4.2 创建目录

使用FileSystem的创建目录方法mkdirs(),可以创建未存在的父目录,就像java.io.File的mkdirs()方法一样。如果目录创建成功,它会返回true。

下面这个例子是在HDFS文件系统根目录下创建一个名为mydir的文件夹。

### 1. 编写程序

在新建的hdfs_demo项目中新建Java类CreateDir.java,该类的完整代码如下所示:

```java
import java.io.IOException;
import org.apache.hadoop.conf.Configuration;
import org.apache.hadoop.fs.FileSystem;
import org.apache.hadoop.fs.Path;
/**
 * 创建HDFS目录mydir
 */
public class CreateDir {
    public static void main(String[] args) throws IOException {
        Configuration conf = new Configuration();
        conf.set("fs.default.name", "hdfs://192.168.170.133:9000");
        FileSystem hdfs = FileSystem.get(conf);
        //创建目录
        boolean isok = hdfs.mkdirs(new Path("hdfs:/mydir"));
        if(isok){
            System.out.println("创建目录成功!");
        }else{
            System.out.println("创建目录失败! ");
        }
        hdfs.close();
    }
}
```

### 2. 运行程序

代码的运行参考4.4.1节,若控制台中能正确输出"创建目录成功!",说明代码编写正确。

## 4.4.3 创建文件

使用FileSystem的创建文件方法create(),可以在HDFS文件系统的指定路径创建一个文件,并向其写入内容。例如,在HDFS系统根目录创建一个文件newfile2.txt,并写入内容"我是文件内容",代码如下:

```java
/**
 * 定义创建文件方法
 */
public static void createFile() throws Exception {
    Configuration conf = new Configuration();
    conf.set("fs.default.name", "hdfs://192.168.170.133:9000");
    FileSystem fs = FileSystem.get(conf);
    //打开一个输出流
    FSDataOutputStream outputStream = fs.create(new
```

```
            Path("hdfs:/newfile2.txt"));
    //写入文件内容
    outputStream.write("我是文件内容".getBytes());
    outputStream.close();
    fs.close();
    System.out.println("文件创建成功！");
}
```

代码分析如下：

FileSystem实例的create()方法返回一个文件输出流对象FSDataOutputStream，该类继承了java.io.DataOutputStream类。与FSDataInputStream类不同的是，FSDataOutputStream类不支持随机访问，因此不能从文件的任意位置写入数据，只能从文件末尾追加数据。

create()方法有多个重载方法，允许指定是否强制覆盖已有文件（默认覆盖）、文件副本数量、写入文件的缓冲大小、文件块大小、文件权限许可等。create()方法的其中几个重载方法的定义源码如下：

```
public FSDataOutputStream create(Path f) throws IOException {
}
public FSDataOutputStream create(Path f, boolean overwrite)
        throws IOException {
}
public FSDataOutputStream create(Path f, short replication)
        throws IOException {
}
public FSDataOutputStream create(Path f, boolean overwrite, int bufferSize)
        throws IOException {
}
public FSDataOutputStream create(Path f, boolean overwrite, int bufferSize,
            short replication, long blockSize)
        throws IOException {
}
public FSDataOutputStream create(Path f, boolean overwrite, int bufferSize,
            short replication, long blockSize, Progressable progress)
        throws IOException {
}
```

在调用create()方法时，还可以传入一个Progressable对象，该Progressable是一个接口，其中定义了一个progress()回调方法，使用该方法可以得知数据被写入数据节点的进度。Progressable接口的源码如下：

```
public interface Progressable {
  void progress();
}
```

例如，上传文件D:/soft/test.zip到HDFS根目录，并通过在控制台打印"."显示上传进度，代码如下：

```
public static void main(String[] args) throws IOException {
    Configuration conf = new Configuration();
    conf.set("fs.default.name", "hdfs://192.168.170.133:9000");
    InputStream in=new BufferedInputStream(
            new FileInputStream("D:/soft/test.zip"));
    FileSystem fs = FileSystem.get(conf);
    //上传文件并监控上传进度
```

```
    FSDataOutputStream outputStream = fs.create(new Path("hdfs:/test.zip"),
        new Progressable() {
      @Override
      public void progress() {//回调方法显示进度
        System.out.print(".");
      }
    });
    IOUtils.copyBytes(in, outputStream, 4096, false);
  }
}
```

运行上述代码，每当上传64KB数据包到Hadoop数据节点时将调用一次progress()方法。

此外，还可以使用FileSystem的append()方法在文件末尾追加数据。这对于日志文件需要持续写入数据非常有用。append()方法的调用源码如下：

```
FSDataOutputStream outputStream = fs.append(new Path("hdfs:/newfile2.txt"));
```

### 4.4.4 删除文件

使用FileSystem的deleteOnExit()方法，可以删除HDFS文件系统中已经存在的文件。例如，删除HDFS系统根目录下的文件newfile.txt，代码如下：

```
/**
 * 定义删除文件方法
 */
public static void deleteFile() throws Exception{
    Configuration conf = new Configuration();
    conf.set("fs.default.name", "hdfs://192.168.170.133:9000");
    FileSystem fs = FileSystem.get(conf);
    Path path = new Path("hdfs:/newfile.txt");
    //删除文件
    boolean isok = fs.deleteOnExit(path);
    if(isok){
        System.out.println("删除成功！");
    }else{
        System.out.println("删除失败！");
    }
    fs.close();
}
```

### 4.4.5 遍历文件和目录

使用FileSystem的listStatus()方法，可以遍历HDFS文件系统中指定路径下的所有目录和文件。例如，递归遍历HDFS系统根目录下的所有文件和目录并输出路径信息，代码如下：

```
import org.apache.hadoop.conf.Configuration;
import org.apache.hadoop.fs.FileStatus;
import org.apache.hadoop.fs.FileSystem;
import org.apache.hadoop.fs.Path;
/**
 * 递归遍历目录和文件
 */
```

```java
public class ListStatus {
    private static FileSystem hdfs;
    public static void main(String[] args) throws Exception {
        Configuration conf = new Configuration();
        conf.set("fs.default.name", "hdfs://192.168.170.133:9000");
        hdfs = FileSystem.get(conf);
        //遍历HDFS上的文件和目录
        FileStatus[] fs = hdfs.listStatus(new Path("hdfs:/"));
        if (fs.length > 0) {
            for (FileStatus f : fs) {
                showDir(f);
            }
        }
    }
    private static void showDir(FileStatus fs) throws Exception {
        Path path = fs.getPath();
        //输出文件或目录的路径
        System.out.println(path);
        //如果是目录，则递归遍历该目录下的所有子目录或文件
        if (fs.isDirectory()) {
            FileStatus[] f = hdfs.listStatus(path);
            if (f.length > 0) {
                for (FileStatus file : f) {
                    showDir(file);
                }
            }
        }
    }
}
```

上述代码通过调用FileSystem的listStatus()方法获得指定路径下的一级子目录及文件，并将结果存储于FileStatus类型的数组中；然后循环遍历该数组，当遇到目录时，再次调用listStatus()方法取得该目录下的所有子目录及文件，从而能够递归取得指定路径下的所有目录及文件。

假设HDFS文件系统的根目录有文件夹input、文件newfile.txt，文件夹input中有文件test.txt，则上述代码的输出结果为：

```
hdfs://192.168.170.133:9000/input
hdfs://192.168.170.133:9000/input/test.txt
hdfs://192.168.170.133:9000/newfile.txt
```

## 4.4.6　获取文件或目录的元数据

使用FileSystem的getFileStatus()方法，可以获得HDFS文件系统中的文件或目录的元数据信息，包括文件路径、文件修改日期、文件上次访问日期、文件长度、文件备份数、文件大小等。getFileStatus()方法返回一个FileStatus对象，元数据信息则封装在了该对象中。

获取文件或目录元数据的代码如下：

```java
import java.sql.Timestamp;
import org.apache.hadoop.conf.Configuration;
import org.apache.hadoop.fs.FileStatus;
import org.apache.hadoop.fs.FileSystem;
import org.apache.hadoop.fs.Path;
```

```java
/**
 * 获取文件或目录的元数据信息
 */
public class FileStatusCat {
  public static void main(String[] args) throws Exception {
    //创建Configuration对象
    Configuration conf = new Configuration();
    //设置HDFS访问地址
    conf.set("fs.default.name", "hdfs://192.168.170.133:9000");
    //取得FileSystem文件系统实例
    FileSystem fs = FileSystem.get(conf);
    FileStatus fileStatus = fs.getFileStatus(new Path("hdfs:/file.txt"));
    //判断是文件夹还是文件
    if (fileStatus.isDirectory()) {
      System.out.println("这是一个文件夹");
    } else {
      System.out.println("这是一个文件");
    }
    //输出元数据信息
    System.out.println("文件路径: " + fileStatus.getPath());
    System.out.println("文件修改日期: "
        + new Timestamp(fileStatus.getModificationTime()).toString());
    System.out.println("文件上次访问日期: "
        + new Timestamp(fileStatus.getAccessTime()).toString());
    System.out.println("文件长度: " + fileStatus.getLen());
    System.out.println("文件备份数: " + fileStatus.getReplication());
    System.out.println("文件块大小: " + fileStatus.getBlockSize());
    System.out.println("文件所有者: " + fileStatus.getOwner());
    System.out.println("文件所在分组: " + fileStatus.getGroup());
    System.out.println("文件的权限: " + fileStatus.getPermission().toString());
  }
}
```

上述代码的输出结果如下:

```
这是一个文件
文件路径: hdfs://192.168.170.133:9000/file.txt
文件修改日期: 2018-07-19 15:40:13.533
文件上次访问日期: 2018-07-19 15:40:13.016
文件长度: 40
文件备份数: 2
文件块大小: 134217728
文件所有者: hadoop
文件所在分组: supergroup
文件的权限: rw-r--r--
```

### 4.4.7 上传本地文件

使用FileSystem的copyFromLocalFile()方法,可以将操作系统本地的文件上传到HDFS文件系统中,该方法需要传入两个Path类型的参数,分别代表本地目录/文件和HDFS目录/文件。

例如,将Windows系统中D盘的copy_test.txt文件上传到HDFS文件系统的根目录,代码如下:

```java
/**
 * 定义方法,上传本地文件到HDFS
```

```
     */
    public static void uploadFileToHDFS() throws Exception {
        //1.创建配置器
        Configuration conf = new Configuration();
        conf.set("fs.default.name", "hdfs://192.168.170.133:9000");
        //2.取得FileSystem文件系统实例
        FileSystem fs = FileSystem.get(conf);
        //3.创建可供hadoop使用的文件系统路径
        Path src = new Path("D:/copy_test.txt");    //本地目录/文件
        Path dst = new Path("hdfs:/");              //HDFS目录/文件
        //4.复制上传本地文件至HDFS文件系统中
        fs.copyFromLocalFile(src, dst);
        System.out.println("文件上传成功!");
    }
```

## 4.4.8 下载文件到本地

使用FileSystem的copyToLocalFile()方法，可以将HDFS文件系统中的文件下载到操作系统本地，该方法需要传入两个Path类型的参数，分别代表HDFS目录/文件和本地目录/文件。

例如，将HDFS文件系统根目录的文件newfile2.txt下载到Windows系统中D盘根目录，并重命名为new.txt，代码如下：

```
    /**
     * 定义方法，下载文件到本地
     */
    public static void downloadFileToLocal() throws Exception{
        //1.创建配置器
        Configuration conf = new Configuration();
        conf.set("fs.default.name", "hdfs://192.168.170.133:9000");
        //2.取得FileSystem文件系统实例
        FileSystem fs = FileSystem.get(conf);
        //3.创建可供hadoop使用的文件系统路径
        Path src = new Path("hdfs:/newfile2.txt");     //HDFS目录/文件
        Path dst = new Path("D:/new.txt");             //本地目录/文件
        //4.从HDFS文件系统中复制下载文件至本地
        fs.copyToLocalFile(false,src,dst,true);
        System.out.println("文件下载成功!");
    }
```

# 4.5 动手练习

练习一：依照书中的操作步骤，使用Shell命令与HDFS系统进行交互，对系统中的文件进行读取、移动、创建等操作。

练习二：上传一个超过200MB的文件到HDFS中，并在HDFS的Web界面查看该文件的权限、分块、副本等信息。

练习三：在Eclipse中编写程序，使用Java API读取HDFS中指定文件的数据，并输出到控制台。

# 第 5 章 MapReduce

本章首先讲解 MapReduce 的设计思想、任务流程和工作原理，然后讲解使用 Java 编写 MapReduce 程序的步骤，最后通过几个案例详细讲解 MapReduce 程序的编写、部署、运行。

**本章学习目标**

- 了解 MapReduce 的设计思想。
- 掌握 MapReduce 的任务流程和工作原理。
- 掌握 MapReduce 程序的编写步骤并使用 Java API 编写 MapReduce 程序。
- 了解使用 MRUnit 进行 MapReduce 程序的测试。

## 5.1 MapReduce 简介

MapReduce是Hadoop的一个核心组成框架，使用该框架编写的应用程序能够以一种可靠的、容错的方式并行处理大型集群（数千个节点）上的大量数据（TB级别以上），也可以对大数据进行加工、挖掘和优化等处理。

一个MapReduce任务主要包括两部分：Map任务和Reduce任务。Map任务负责对数据的获取、分割与处理，其核心执行方法为map()方法；Reduce任务负责对Map任务的结果进行汇总，其核心执行方法为reduce()方法。MapReduce将并行计算过程高度抽象到了map()方法和reduce()方法中，程序员只需负责这两个方法的编写工作，而并行程序中的其他复杂问题（如分布式存储、工作调度、负载均衡、容错处理等）均可由MapReduce框架代为处理。

### 5.1.1 设计思想

MapReduce的设计思想是，从HDFS中获得输入数据，将输入的一个大的数据集分割成多个小数据集，然后并行计算这些小数据集，最后将每个小数据集的结果进行汇总，得到最终的计算结果，并将结果输出到HDFS中，如图5-1所示。

在MapReduce并行计算中，对大数据集分割后的小数据集的计算，采用的是map()方法，各个map()方法对输入的数据进行并行处理，对不同的输入数据产生不同的输出结果；而对小数据集最终结果的合并，采用的是reduce()方法，各个reduce()方法也各自进行并行计算，各自负责处理不同的数据集合。但是在使用reduce()方法处理之前，必须等到map()方法处理完毕，因此在数据进入到reduce()方法前需要有一个中间阶段，负责对map()方法的输出结果进行整理，将整理后的结果输入到reduce()方法，这个中间阶段称为Shuffle阶段。

图 5-1　MapReduce 设计思想流程图

此外，在进行MapReduce计算时，有时候需要把最终的数据输出到不同的文件中。比如，按照省份划分的话，需要把同一省份的数据输出到一个文件中；按照性别划分的话，需要把同一性别的数据输出到一个文件中。我们知道，最终的输出数据来自于Reduce任务，如果要得到多个文件，意味着有同样数量的Reduce任务在运行。而Reduce任务的数据来自于Map任务，也就是说，Map任务要进行数据划分，对于不同的数据分配给不同的Reduce任务执行。Map任务划分数据的过程就称为分区（Partition，在5.1.3节的MapReduce工作原理中会详细讲解）。

从编程的角度来看，将图5-1进一步细化，可以得到图5-2所示的流程。

图 5-2　MapReduce 设计思想流程图（编程角度）

总结来说，MapReduce利用了分而治之的思想，将数据分布式并行处理，然后进行结果汇总。举个例子，有一堆扑克牌，现在需要把里面的花色都分开，而且统计每一种花色的数量。一个人清点可能耗时4分钟，如果利用MapReduce的思想，把扑克牌分成4份，每个人清点自己的那一份，4

个人都清点完成之后把各自的相同花色放到一起并汇总每种花色的数量,那么这样可能只会耗时1分钟。在这个过程中,每个人就相当于一个map()方法,把各自的相同花色放到一起的过程就是分区,最后清点每一种花色的数量的过程就是reduce()方法。

## 5.1.2 任务流程

MapReduce程序运行于YARN之上,使用YARN进行集群资源管理和调度。每个MapReduce应用程序会在YARN中产生一个名为"MRAppMaster"的进程,该进程是MapReduce的ApplicationMaster实现,它具有YARN中ApplicationMaster角色的所有功能,包括管理整个MapReduce应用程序的生命周期、任务资源申请、Container启动与释放等。

客户端将MapReduce应用程序(jar、可执行文件等)和配置信息提交给YARN集群的ResourceManager,ResourceManager负责将应用程序和配置信息分发给NodeManager、调度和监控任务、向客户端提供状态和诊断信息等。

MapReduce应用程序在YARN中的执行流程,如图5-3所示。

图 5-3　MapReduce 应用程序在 YARN 中的执行流程

MapReduce应用程序在YARN中的具体执行流程如下:

(1)客户端提交MapReduce应用程序到ResourceManager。

(2)ResourceManager分配用于运行MRAppMaster的Container,然后与NodeManager通信,要求它在该Container中启动MRAppMaster。MRAppMaster启动后,它将负责此应用程序的整个生命周期。

(3)MRAppMaster向ResourceManager注册(注册后客户端可以通过ResourceManager查看应用程序的运行状态)并请求运行应用程序各个Task所需的Container(资源请求是对一些Container的请求)。如果符合条件,ResourceManager会分配给MRAppMaster所需的Container。

（4）MRAppMaster请求NodeManager使用这些Container来运行应用程序的相应Task（即将Task发布到指定的Container中运行）。

此外，各个运行中的Task会通过RPC协议向MRAppMaster汇报自己的状态和进度，这样即使某个Task运行失败，MRAppMaster也可以对其重新启动。当应用程序运行完成时，MRAppMaster会向ResourceManager申请注销自己。

## 5.1.3 工作原理

MapReduce计算模型主要由三个阶段组成：Map阶段、Shuffle阶段、Reduce阶段，如图5-4所示。

图 5-4 MapReduce 计算模型

### 1. Map 阶段

Map阶段的工作原理如下：

将输入的多个分片（Split）由Map任务以完全并行的方式处理。每个分片由一个Map任务处理。默认情况下，输入分片的大小与HDFS中数据块的大小是相同的，即文件有多少个数据块就有多少个输入分片，也就会有多少个Map任务，从而可以通过调整HDFS数据块的大小来间接改变Map任务的数量。

每个Map任务对输入分片中的记录按照一定的规则解析成多个<key,value>对。默认将文件中的每一行文本内容解析成一个<key,value>对，key为每一行的起始位置，value为本行的文本内容，然后将解析出的所有<key,value>对分别输入到map()方法中进行处理（map()方法一次只处理一个<key,value>对）。map()方法将处理结果仍然以<key,value>对的形式进行输出。

由于频繁的磁盘I/O会降低效率，因此Map任务输出的<key,value>对会首先存储在Map任务所在节点（不同的Map任务可能运行在不同的节点）的内存缓冲区中，缓冲区默认大小为100 MB（可修改mapreduce.task.io.sort.mb属性调整）。当缓冲区中的数据量达到预先设置的阈值后（mapreduce.map.sort.spill.percent属性的值，默认0.8，即80%），便会将缓冲区中的数据溢写（Spill）到磁盘（mapreduce.cluster.local.dir属性指定的目录，默认为${hadoop.tmp.dir}/mapred/local）的临时文件。

在数据溢写到磁盘之前，会对数据进行分区。分区的数量与设置的Reduce任务的数量相同（默认Reduce任务的数量为1，可以在编写MapReduce程序时对其修改）。这样每个Reduce任务会处理一个分区的数据，可以避免有的Reduce任务分配的数据量太大，而有的Reduce任务分配的数据量太小，从而可以负载均衡，避免数据倾斜。数据分区的划分规则为：取<key,value>对中key的hashCode值，然后除以Reduce任务数量后取余数，余数则是分区编号，分区编号一致的<key,value>对则属于同一个分区。因此，key值相同的<key,value>对一定属于同一个分区，但是同一个分区中可能有多个key值不同的<key,value>对。由于默认Reduce任务的数量为1，而任何数字除以1的余数总是0，因此分区编号从0开始。

MapReduce提供的默认分区类为HashPartitioner，该类的核心代码如下：

```
public class HashPartitioner<K2, V2> implements Partitioner<K2, V2> {
  /** 获取分区编号 */
  public int getPartition(K2 key, V2 value, int numReduceTasks) {
    return (key.hashCode() & Integer.MAX_VALUE) % numReduceTasks;
  }
}
```

getPartition()方法有三个参数，前两个参数指的是<key,value>对中的key和value，第三个参数指的是Reduce任务的数量，默认值为1。由于一个Reduce任务会向HDFS中输出一个结果文件，而有时候需要根据自身的业务，将不同key值的结果数据输出到不同的文件中。例如，需要统计各个部门的年销售总额，每一个部门单独输出一个结果文件，这个时候就可以自定义分区（关于如何自定义分区，在5.6节将详细讲解）。

分区后，会对同一个分区中的<key,value>对按照key进行排序，默认升序。

### 2. Reduce 阶段

Reduce阶段的工作原理如下：

Reduce阶段首先会对Map阶段的输出结果按照分区进行再一次合并，将同一分区的<key,value>对合并到一起，然后按照key对分区中的<key,value>对进行排序。

每个分区会将排序后的<key,value>对按照key进行分组，key相同的<key,value>对将合并为<key,value-list>对，最终每个分区形成多个<key,value-list>对。例如，key中存储的是用户ID，则同一个用户的<key,value>对会合并到一起。

排序并分组后的分区数据会输入到reduce()方法中进行处理，reduce()方法一次只能处理一个<key,value-list>对。

最后，reduce()方法将处理结果仍然以<key,value>对的形式通过context.write(key,value)进行输出。

### 3. Shuffle 阶段

Shuffle阶段所处的位置是Map任务输出后，Reduce任务接收前。Shuffle阶段主要是将Map任务的无规则输出形成一定的有规则数据，以便Reduce任务进行处理。

总结来说，MapReduce的工作原理主要是：通过Map任务读取HDFS中的数据块，并以完全并行的方式处理；然后将Map任务的输出进行排序后输入到Reduce任务中；最后Reduce任务将计算的结果输出到HDFS文件系统中。

Map任务中的map()方法和Reduce任务中的reduce()方法需要用户自己实现，而其他操作MapReduce已经帮用户实现了。

通常，MapReduce计算节点和数据存储节点是同一个节点，即MapReduce框架和HDFS文件系统运行在同一组节点上。这样的配置可以使MapReduce框架在有数据的节点上高效地调度任务，避免过度消耗集群的网络带宽。

## 5.2 MapReduce 程序编写步骤

Hadoop支持多种语言开发MapReduce程序，但是对Java语言最为支持，为其提供了很多方便的Java API接口。

那么如何使用Java来编写一个MapReduce程序呢？编写一个MapReduce程序需要新建三个类：Mapper类、Reducer类、程序执行主类。当然，Mapper类和Reducer类也可以作为内部类放在程序执行主类中。

### 1. 新建 Mapper 类

新建一个自定义Mapper类MyMapper.java，该类需要继承MapReduce API提供的Mapper类并重写Mapper类中的map()方法，例如以下代码：

```java
public class MyMapper extends Mapper<LongWritable, Text, Text, IntWritable> {
 //重写map()方法
 public void map(LongWritable key, Text value, Context context)
   throws IOException, InterruptedException {
  //业务逻辑省略
 }
}
```

上述代码中的map()方法有三个参数，解析如下：

- LongWritable key：输入文件中每一行的起始位置。即从输入文件中解析出的<key,value>对中的 key 值。
- Text value：输入文件中每一行的内容。即从输入文件中解析出的<key,value>对中的 value 值。
- Context context：程序上下文。

MapReduce框架会自动调用map()方法并向其传入所需参数的值。每传入一个<key,value>对将调用一次map()方法。

Mapper是MapReduce提供的泛型类，继承Mapper需要传入四个泛型参数，前两个参数为输入key和value的数据类型，后两个参数为输出key和value的数据类型。

Mapper类的定义源码如下：

```java
public class Mapper<KEYIN, VALUEIN, KEYOUT, VALUEOUT> {}
```

## 2. 新建 Reducer 类

新建一个自定义Reducer类MyReducer.java，该类需要继承MapReduce API提供的Reducer类并重写Reducer类中的reduce()方法，例如以下代码：

```java
public class MyReducer extends Reducer<Text, IntWritable, Text, IntWritable> {
 //重写reduce()方法
 public void reduce(Text key, Iterable<IntWritable> values, Context context)
   throws IOException, InterruptedException {
  //业务逻辑省略
 }
}
```

上述代码中的reduce ()方法有三个参数，解析如下：

- Text key：Map 任务输出的 key 值。即接收到的<key,value-list>对中的 key 值。
- Iterable<IntWritable> values：Map 任务输出的 value 值的集合（相同 key 的集合）。即接收到的<key,value-list>对中的 value-list 集合。
- Context context：程序上下文。

MapReduce框架会自动调用reduce()方法并向其传入所需参数的值。每传入一个<key,value-list>对将调用一次reduce()方法。

与Mapper类似，Reducer也是MapReduce提供的泛型类，继承Reducer同样需要传入四个泛型参数，前两个参数为输入key和value的数据类型，后两个参数为输出key和value的数据类型。

Reducer类的定义源码如下：

```java
public class Reducer<KEYIN,VALUEIN,KEYOUT,VALUEOUT> {}
```

## 3. 新建程序执行主类

程序执行主类为MapReduce程序的入口类，主要用于启动一个MapReduce作业。

新建一个程序执行主类MyMRApplication.java，在该类的main()方法中添加任务的配置信息，并指定任务的自定义Mapper类和Reducer类，代码结构如下：

```java
/**程序入口类**/
public class MyMRApplication {
 public static void main(String[] args) throws Exception{
  //构建Configuration实例
  Configuration conf = new Configuration();
  //其他配置信息代码省略

  //获得Job实例
  Job job = Job.getInstance(conf, "My job name");
  //其他job配置代码省略

  //设置Mapper和Reducer处理类
  job.setMapperClass(MyMapper.class);
  job.setReducerClass(MyReducer.class);

  //设置输入和输出目录代码省略

  //提交任务代码省略

 }
}
```

### 4. 提交程序到集群

提交程序之前需要启动Hadoop集群，包括HDFS和YARN。因为HDFS存储了MapReduce程序的数据来源，而YARN则负责MapReduce任务的执行、调度以及集群的资源管理。

将包含自定义的Mapper类、Reducer类和程序执行主类的Java项目打包为jar包并上传到HDFS的NameNode节点，然后执行以下命令提交任务到Hadoop集群：

```
$ hadoop jar MyMRApplication.jar com.hadoop.mr. MyMRApplication
```

上述命令中的MyMRApplication.jar为程序打包后的jar文件，com.hadoop.mr为程序执行主类MyMRApplication.java所在的包的名称。

在5.6节的案例分析中，会对MapReduce的程序编写与任务提交进行详细讲解。

## 5.3 案例分析：单词计数

假如有这样一个例子，需要统计在过去10年间计算机论文中出现次数最多的几个单词，以分析当前的热点研究议题是什么。

这一经典的单词计数案例可以采用MapReduce处理。MapReduce中已经自带了一个单词计数程序WordCount，如同Java中的经典程序"Hello World"，WordCount是MapReduce中统计单词出现次数的Java类，是MapReduce的入门程序。

例如，输入内容如下的文件，要求计算出文件中单词的出现次数，且按照单词的字母顺序进行排序，每个单词和其出现次数占一行，单词与出现次数之间有间隔：

```
hello world
hello hadoop
bye hadoop
```

直接运行MapReduce自带的WordCount程序对上述文件内容进行计算即可，其计算结果如下：

```
bye 1
hadoop 2
hello 2
world 1
```

下面进一步对WordCount程序进行分析。

### 1. 设计思路

WordCount对于单词计数问题的解决方案为：先将文件内容切分成单词，然后将所有相同的单词聚集到一起，计算各个单词出现的次数，最后将计算结果排序输出。

根据MapReduce的工作原理可知，Map任务负责将输入数据切分成单词；Shuffle阶段负责根据单词进行分组，将相同的单词发送给同一个Reduce任务；Reduce任务负责计算单词出现的次数并输出最终结果。

由于MapReduce中传递的数据都是<key,value>对形式的，而且Shuffle的排序、聚集和分发也是按照<key,value>对进行的，因此可将map()方法的输出结果设置为以单词作为key，1作为value的形式，表示某单词出现了1次（输入map()方法的数据则采用Hadoop默认的输入格式，即以文件每一行的起始位置作为key，本行的文本内容作为value）。由于reduce()方法的输入是map()方法的输出聚集后的结果，因此格式为<key, value-list>，也就是<word, {1,1,1,1,…}>；reduce()方法的输出则可设置成与map()方法输出相同的形式，只是后面的数值不再是固定的1，而是具体计算出的某单词所对应的次数。

WordCount程序的执行流程如图5-5所示。

图 5-5　WordCount 程序的执行流程

### 2．程序源码

WordCount程序类的源代码如下：

```java
import java.io.IOException;
import java.util.StringTokenizer;
import org.apache.hadoop.conf.Configuration;
import org.apache.hadoop.fs.Path;
import org.apache.hadoop.io.IntWritable;
import org.apache.hadoop.io.Text;
import org.apache.hadoop.mapreduce.Job;
import org.apache.hadoop.mapreduce.Mapper;
import org.apache.hadoop.mapreduce.Reducer;
import org.apache.hadoop.mapreduce.lib.input.FileInputFormat;
import org.apache.hadoop.mapreduce.lib.output.FileOutputFormat;
import org.apache.hadoop.util.GenericOptionsParser;
/**
 * 单词计数类
 */
public class WordCount {
    //程序入口main()方法
    public static void main(String[] args) throws Exception {
        //初始化Configuration类
        Configuration conf = new Configuration();
        //通过实例化对象GenericOptionsParser可以获得程序执行所传入的参数
        String[] otherArgs = new GenericOptionsParser(conf, args).getRemainingArgs();
        if (otherArgs.length < 2) {
            System.err.println("Usage: wordcount <in> [<in>...] <out>");
            System.exit(2);
        }
```

```java
        //构建任务对象
        Job job = Job.getInstance(conf, "word count");
        job.setJarByClass(WordCount.class);
        job.setMapperClass(TokenizerMapper.class);
        job.setCombinerClass(IntSumReducer.class);
        job.setReducerClass(IntSumReducer.class);
        //设置输出结果的数据类型
        job.setOutputKeyClass(Text.class);
        job.setOutputValueClass(IntWritable.class);
        for (int i = 0; i < otherArgs.length - 1; i++) {
            //设置需要统计的文件的输入路径
            FileInputFormat.addInputPath(job, new Path(otherArgs[i]));
        }
        //设置统计结果的输出路径
        FileOutputFormat.setOutputPath(job, new Path(
            otherArgs[(otherArgs.length - 1)]));
        //提交任务给Hadoop集群
        System.exit(job.waitForCompletion(true) ? 0 : 1);
    }
    /**
     * 自定义Reducer内部类
     */
    public static class IntSumReducer extends
            Reducer<Text, IntWritable, Text, IntWritable> {
        private IntWritable result = new IntWritable();

        public void reduce(Text key, Iterable<IntWritable> values,
                Reducer<Text, IntWritable, Text, IntWritable>.Context context)
                throws IOException, InterruptedException {
            //统计单词总数
            int sum = 0;
            for (IntWritable val : values) {
                sum += val.get();
            }
            this.result.set(sum);
            //输出统计结果
            context.write(key, this.result);
        }
    }
    /**
     * 自定义Mapper内部类
     */
    public static class TokenizerMapper extends
            Mapper<Object, Text, Text, IntWritable> {
        private static final IntWritable one = new IntWritable(1);
        private Text word = new Text();

        public void map(Object key, Text value,
                Mapper<Object, Text, Text, IntWritable>.Context context)
                throws IOException, InterruptedException {
            //默认根据空格、制表符\t、换行符\n、回车符\r分割字符串
            StringTokenizer itr = new StringTokenizer(value.toString());
            //循环输出每个单词与数量
            while (itr.hasMoreTokens()) {
                this.word.set(itr.nextToken());
                //输出单词与数量
```

```
                context.write(this.word, one);
            }
        }
    }
```

### 3．程序解读

Hadoop本身提供了一整套可序列化传输的基本数据类型，而不是直接使用Java的内嵌类型。Hadoop的IntWritable类型相当于Java的Integer类型，LongWritable相当于Java的Long类型，TextWritable相当于Java的String类型。

TokenizerMapper是自定义的内部类，继承了MapReduce提供的Mapper类，并重写了其中的map()方法。Mapper类是一个泛型类，它有4个形参类型，分别指定map()方法的输入key、输入value、输出key、输出value的类型。本例中，输入key是一个长整数偏移量；输入value是一整行单词；输出key是单个单词；输出value是单词数量。Mapper类的核心源码如下：

```
public class Mapper<KEYIN, VALUEIN, KEYOUT, VALUEOUT> {
    /**
     * 对输入拆分后的每个<key,value>对将调用一次该方法，大多数应用程序需要重写该方法
     */
    @SuppressWarnings("unchecked")
    protected void map(KEYIN key, VALUEIN value,
                       Context context) throws IOException, InterruptedException {
        context.write((KEYOUT) key, (VALUEOUT) value);
    }
}
```

同样，IntSumReducer是自定义的内部类，继承了MapReduce提供的Reducer类，并重写了其中的reduce()方法。Reducer类与Mapper类一样，是一个泛型类，有4个形参类型，分别指定reduce()方法的输入key、输入value、输出key、输出value的类型。Reducer类的输入参数类型必须匹配Mapper类的输出类型，即Text类型和IntWritable类型。

本例中，reduce()方法的输入参数是单个单词和单词数量的集合，即<word, {1,1,1,1,…}>。reduce()方法的输出也必须与Reducer类规定的输出类型相匹配。Reducer类的核心源码如下：

```
public class Reducer<KEYIN,VALUEIN,KEYOUT,VALUEOUT> {
    /**
     * 对输入的每个<key,value-list>对将调用一次该方法，大多数应用程序需要重写该方法
     */
    @SuppressWarnings("unchecked")
    protected void reduce(KEYIN key, Iterable<VALUEIN> values, Context context
                         ) throws IOException, InterruptedException {
        for(VALUEIN value: values) {
            context.write((KEYOUT) key, (VALUEOUT) value);
        }
    }
}
```

main()方法中的Configuration类用于读取Hadoop的配置文件，例如core-site.xml、mapred-site.xml、hdfs-site.xml等。也可以使用set()方法重新设置相关配置属性，例如重新设置HDFS的访问路径而不使用配置文件中的配置，代码如下：

```
conf.set("fs.default.name", "hdfs://192.168.170.133:9000");
```

main()方法中的job.setCombinerClass(IntSumReducer.class);指定了Map任务规约的类。这里的规约的含义是，将Map任务的结果进行一次本地的reduce()操作，从而减轻远程Reduce任务的压力。例如，把两个相同的"hello"单词进行规约，由此输入给reduce()的就变成了<hello,2>。实际生产环境是由多台主机一起运行MapReduce程序的，如果加入规约操作，每一台主机会在执行Reduce任务之前对本机数据进行一次规约，然后再通过集群进行Reduce任务操作，这样就会大大节省Reduce任务的执行时间，从而加快MapReduce的处理速度。本例的Map任务规约类使用了自定义Reducer类IntSumReducer。需要注意的是，并不是所有的规约类都可以使用自定义Reducer类，需要根据实际业务使用合适的规约类，也可以自定义规约类。

#### 4．程序运行

下面以统计文本文件中的单词频数为例，讲解如何运行上述单词计数程序WordCount，操作步骤如下：

**01** 执行以下命令，在HDFS根目录下创建文件夹input：

```
$ hadoop fs -mkdir /input
```

在本地新建一个文本文件words.txt，向其写入以下单词内容：

```
hello world
hello hadoop
bye hadoop
```

执行以下命令，将words.txt上传到HDFS的/input目录中：

```
$ hadoop fs -put words.txt /input
```

**02** 进入Hadoop安装目录，执行以下命令，运行Hadoop自带的WordCount程序：

```
$ hadoop jar share/hadoop/mapreduce/hadoop-mapreduce-examples-3.3.1.jar wordcount /input /output
```

上述命令中的/input为数据来源目录，/output为结果数据存储目录。

需要注意的是，HDFS中不应存在目录/output（程序会自动创建），若存在则会抛出异常。

若控制台输出以下信息，表示程序运行正常：

```
16/09/05 22:51:27 INFO mapred.LocalJobRunner: reduce task executor complete.
16/09/05 22:51:28 INFO mapreduce.Job:  map 100% reduce 100%
16/09/05 22:51:28 INFO mapreduce.Job: Job job_local1035441982_0001 completed successfully
16/09/05 22:51:28 INFO mapreduce.Job: Counters: 35
    File System Counters
        FILE: Number of bytes read=569202
        FILE: Number of bytes written=1134222
        FILE: Number of read operations=0
        FILE: Number of large read operations=0
        FILE: Number of write operations=0
        HDFS: Number of bytes read=30858
        HDFS: Number of bytes written=8006
        HDFS: Number of read operations=13
        HDFS: Number of large read operations=0
        HDFS: Number of write operations=4
    Map-Reduce Framework
        Map input records=289
```

```
            Map output records=2157
            Map output bytes=22735
            Map output materialized bytes=10992
            Input split bytes=104
            Combine input records=2157
            Combine output records=755
            Reduce input groups=755
            Reduce shuffle bytes=10992
            Reduce input records=755
            Reduce output records=755
            Spilled Records=1510
            Shuffled Maps =1
            Failed Shuffles=0
            Merged Map outputs=1
            GC time elapsed (ms)=221
            Total committed heap usage (bytes)=242360320
        Shuffle Errors
            BAD_ID=0
            CONNECTION=0
            IO_ERROR=0
            WRONG_LENGTH=0
            WRONG_MAP=0
            WRONG_REDUCE=0
        File Input Format Counters
            Bytes Read=15429
        File Output Format Counters
            Bytes Written=8006
```

程序运行过程中也可以访问YARN ResourceManager的Web界面http://centos01:8088查看程序的运行状态，如图5-6所示。

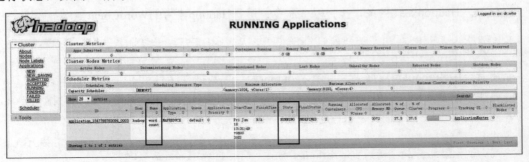

图 5-6　YARN ResourceManager 的 Web 界面

**03** 程序运行的结果以文件的形式存放在HDFS的/output目录中，执行以下命令，查看目录/output中的内容：

```
$ hadoop fs -ls /output
```

可以看到，/output目录中生成了两个文件：_SUCCESS和part-r-00000，_SUCCESS为执行状态文件，part-r-00000则存储实际的执行结果，如图5-7所示。

```
[hadoop@centos01 ~]$ hadoop fs -ls /output
Found 2 items
-rw-r--r--   2 hadoop supergroup          0 2022-02-26 13:17 /output/_SUCCESS
-rw-r--r--   2 hadoop supergroup        188 2022-02-26 13:17 /output/part-r-00000
```

图 5-7　查看结果文件

可以执行以下命令，将运行结果下载到本地查看：

```
$ hadoop fs -get /output
```

也可以执行以下命令，直接查看结果文件中的数据，如图5-8所示。

```
$ hadoop fs -cat /output/*
```

```
[hadoop@centos01 ~]$ hadoop fs -cat /output/*
bye     1
hadoop  2
hello   2
world   1
```

图5-8　查看单词计数结果数据

## 5.4　案例分析：数据去重

在大量数据中，难免存在重复数据，本例使用MapReduce对数据进行去重处理，使相同的数据在最终的输出结果中只保留一份。统计数据的种类个数、网站访问的IP数量等都会涉及数据去重操作。

已知有两个文件file1.txt和file2.txt，需要对这两个文件中的数据进行合并去重，文件中的每行是一个整体。

file1.txt的内容如下：

```
2022-3-1 a
2022-3-2 b
2022-3-3 c
2022-3-4 d
2022-3-5 a
2022-3-6 b
2022-3-7 c
2022-3-3 c
```

file2.txt的内容如下：

```
2022-3-1 b
2022-3-2 a
2022-3-3 b
2022-3-4 d
2022-3-5 a
2022-3-6 c
2022-3-7 d
2022-3-3 c
```

期望的输出结果如下：

```
2022-3-1 a
2022-3-1 b
2022-3-2 a
2022-3-2 b
2022-3-3 b
2022-3-3 c
2022-3-4 d
2022-3-5 a
2022-3-6 b
```

```
2022-3-6 c
2022-3-7 c
2022-3-7 d
```

#### 1. 设计思路

根据MapReduce的工作原理可知，MapReduce的Shuffle阶段会将Map任务的结果数据进行分区，并按照key进行分组，同一组的数据将输入到同一个Reduce任务中进行处理。而根据key分组的过程，实际上就是去重。因此，将输入的每一行数据作为key即可达到数据去重的目的。

#### 2. 编写程序

在Eclipse中新建一个Maven项目，在项目的pom.xml文件中加入Hadoop的依赖库，内容如下：

```xml
<dependency>
    <groupId>org.apache.hadoop</groupId>
    <artifactId>hadoop-client</artifactId>
    <version>3.3.1</version>
</dependency>
```

然后在Maven项目中新建数据去重类Dedup.java，完整代码如下：

```java
import java.io.IOException;
import org.apache.hadoop.conf.Configuration;
import org.apache.hadoop.fs.Path;
import org.apache.hadoop.io.Text;
import org.apache.hadoop.mapreduce.Job;
import org.apache.hadoop.mapreduce.Mapper;
import org.apache.hadoop.mapreduce.Reducer;
import org.apache.hadoop.mapreduce.lib.input.FileInputFormat;
import org.apache.hadoop.mapreduce.lib.output.FileOutputFormat;
/**
 * 数据去重类
 */
public class Dedup {
    //map()方法将输入中的value复制到输出数据的key上，并直接输出
    public static class Map extends Mapper<Object, Text, Text, Text> {
        private static Text line = new Text();// 每行数据

        //重写map()方法
        public void map(Object key, Text value, Context context)
                throws IOException, InterruptedException {
            line = value;
            context.write(line, new Text(""));
        }
    }

    //reduce()方法将输入中的key复制到输出数据的key上，并直接输出
    public static class Reduce extends Reducer<Text, Text, Text, Text> {
        //重写reduce()方法
        public void reduce(Text key, Iterable<Text> values, Context context)
                throws IOException, InterruptedException {
            context.write(key, new Text(""));
        }
    }

    public static void main(String[] args) throws Exception {
```

```
        Configuration conf = new Configuration();
        //构建任务对象
        Job job = Job.getInstance(conf, "Data Deduplication");
        job.setJarByClass(Dedup.class);

        //设置Map、Combine和Reduce处理类
        job.setMapperClass(Map.class);
        job.setCombinerClass(Reduce.class);
        job.setReducerClass(Reduce.class);

        //设置输出类型
        job.setOutputKeyClass(Text.class);
        job.setOutputValueClass(Text.class);

        //设置输入和输出目录
        FileInputFormat.addInputPath(job, new Path("/input/"));
        FileOutputFormat.setOutputPath(job, new Path("/output"));
        System.exit(job.waitForCompletion(true) ? 0 : 1);
    }
}
```

### 3．程序解读

上述程序中，map()方法将接收到的<key,value>对中的value直接作为方法输出的key，而方法输出的value则被置为空字符串；reduce()方法将接收到的<key,value>对中的key直接作为方法输出的key，而输出的value则被置为空字符串。

### 4．程序运行

该程序需要在Hadoop集群环境下运行，步骤如下：

**01** 在Eclipse中将完成的MapReduce项目导出为jar包，命名为Dedup.jar，然后上传到Hadoop服务器的相应位置。

**02** 在HDFS根目录下创建input文件夹，命令如下：

```
$ hadoop fs -mkdir /input
```

**03** 将准备好的示例文件file1.txt和file2.txt上传到HDFS中的/input目录，命令如下：

```
$ hadoop fs -put file1.txt /input
$ hadoop fs -put file2.txt /input
```

**04** 执行以下命令，运行写好的MapReduce数据去重程序：

```
$ hadoop jar Dedup.jar com.hadoop.mr.Dedup
```

上述命令中的**com.hadoop.mr**为程序所在的包名，**Dedup**为程序类名。

**05** 程序运行完毕后，会在HDFS的根目录下生成output目录，并在output目录中生成part-r-00000文件，程序执行结果即存放于该文件中。可以执行以下命令，查看程序执行结果：

```
$ hadoop fs -cat /output/*
```

如果能正确显示预期结果，则表明程序编写无误。

## 5.5 案例分析：求平均分

本例通过对输入文件中的学生的三科成绩进行计算，得出每个学生的平均成绩。输入文件中的每行内容均为一个学生的姓名和其相应的成绩，每门学科为一个文件。要求输出结果中每行有两个数据，其中第一个代表学生的姓名，第二个代表其平均成绩。

输入的三个文件内容如下：

math.txt:

```
张三    88
李四    99
王五    66
赵六    77
```

chinese.txt:

```
张三    78
李四    89
王五    96
赵六    67
```

english.txt:

```
张三    80
李四    82
王五    84
赵六    86
```

期望输出结果如下：

```
张三    82
李四    90
王五    82
赵六    76
```

### 1. 设计思路

根据MapReduce的工作原理可知，Map任务最终处理的结果对<key,value>会送到Reduce任务进行合并，具有相同key的<key,value>对会送到同一个 Reduce任务中进行处理，即Reduce任务处理的数据是key和这个key对应的所有value的一个集合（value-list）。

MapReduce经典的单词计数例子是将接收到的每一个value-list进行求和，进而得到所需的结果。而本例中，我们将Reduce任务接收到的value-list进行求平均分后，作为输出的value值即可，输出的key值仍然为接收到的key。

整个求平均分的流程如图5-9所示。

图 5-9　MapReduce 求平均分的执行流程

### 2．程序源码

项目的新建及依赖jar包的引入参见5.4节的数据去重案例，此处不再赘述。

本例完整的程序源代码如下：

```java
import java.io.IOException;
import java.util.Iterator;
import java.util.StringTokenizer;

import org.apache.hadoop.conf.Configuration;
import org.apache.hadoop.fs.Path;
import org.apache.hadoop.io.IntWritable;
import org.apache.hadoop.io.LongWritable;
import org.apache.hadoop.io.Text;
import org.apache.hadoop.mapreduce.Job;
import org.apache.hadoop.mapreduce.Mapper;
import org.apache.hadoop.mapreduce.Reducer;
import org.apache.hadoop.mapreduce.lib.input.FileInputFormat;
import org.apache.hadoop.mapreduce.lib.input.TextInputFormat;
import org.apache.hadoop.mapreduce.lib.output.FileOutputFormat;
import org.apache.hadoop.mapreduce.lib.output.TextOutputFormat;
/**
 * 求平均分例子
 */
public class Score {
 public static class Map extends Mapper<LongWritable, Text, Text, IntWritable> {
   //重写map()方法
   public void map(LongWritable key, Text value, Context context)
     throws IOException, InterruptedException {
     //将输入的一行数据转化成String
     //Hadoop默认是UTF-8编码,如果中文GBK编码的字符会出现乱码,需要以下面的方式进行转码
     String line = new String(value.getBytes(), 0, value.getLength(), "UTF-8");
     //将输入的一行数据默认按空格、制表符\t、换行符\n、回车符\r进行分割,
     //也可以加入一个参数指定分隔符
```

```java
    StringTokenizer itr = new StringTokenizer(line);
    //获取分割后的字符串
    String strName = itr.nextToken();//学生姓名部分
    String strScore = itr.nextToken();//成绩部分
    Text name = new Text(strName);
    int scoreInt = Integer.parseInt(strScore);
    //输出姓名和成绩
    context.write(name, new IntWritable(scoreInt));
  }
}

public static class Reduce extends
  Reducer<Text, IntWritable, Text, IntWritable> {
  //重写reduce()方法
  public void reduce(Text key, Iterable<IntWritable> values, Context context)
    throws IOException, InterruptedException {
   int sum = 0;
   int count = 0;
   Iterator<IntWritable> iterator = values.iterator();
   while (iterator.hasNext()) {
    sum += iterator.next().get();//计算总分
    count++;//统计总的科目数
   }

   int average = (int) sum / count;//计算平均成绩
   //输出姓名和平均成绩
   context.write(key, new IntWritable(average));
  }
}

public static void main(String[] args) throws Exception {
 Configuration conf = new Configuration();
 //设置HDFS访问路径
 conf.set("fs.default.name", "hdfs://192.168.170.133:9000");
 Job job = Job.getInstance(conf, "Score Average");
 job.setJarByClass(Score.class);

 //设置Map、Reduce处理类
 job.setMapperClass(Map.class);
 job.setReducerClass(Reduce.class);

 //设置输出类型
 job.setOutputKeyClass(Text.class);
 job.setOutputValueClass(IntWritable.class);

 //将输入的数据集分割成小数据块splites,提供一个RecordReader的实现
 job.setInputFormatClass(TextInputFormat.class);
 //提供一个RecordWriter的实现,负责数据输出
 job.setOutputFormatClass(TextOutputFormat.class);

 //设置输入和输出目录
 FileInputFormat.addInputPath(job, new Path("/input/"));
 FileOutputFormat.setOutputPath(job, new Path("/output"));
 System.exit(job.waitForCompletion(true) ? 0 : 1);
 }
}
```

需要注意的是,Hadoop在涉及编码时默认使用的是UTF-8,如果文件编码格式是其他类型(如

GBK），则会出现乱码。此时只需在map()或reduce()方法中读取Text时，进行一下转码操作，确保都是以UTF-8的编码方式在运行即可，转码的核心代码如下：

```
String line=new String(value.getBytes(),0,value.getLength(),"UTF-8");
```

#### 3．程序运行

程序的打包和运行参考前面的"单词计数"和"数据去重"案例，此处不再赘述。

执行完成后，查看HDFS的/output目录生成的结果内容，如图5-10所示。

图 5-10　查看 HDFS 结果内容

## 5.6　案例分析：二次排序

MapReduce在传递<key,value>对时默认根据key进行排序，而有时候除了key以外，还需要根据value或value中的某一个字段进行排序，基于这种需求进行的自定义排序称为"二次排序"。

例如有以下数据：

```
A 3
B 5
C 1
B 6
A 4
C 5
```

现需要对上述数据先按照第一字段进行升序排列，若第一字段相同，则按照第二字段进行降序排列，期望的输出结果如下：

```
A 4
A 3
B 6
B 5
C 5
C 1
```

#### 1．设计思路

由于MapReduce中主要是对key的比较和排序，因此可以将需要排序的两个字段组合成一个复合key，而value值不变，则组合后的<key,value>对形如<(key,value),value>。

在编程时可以自定义一个MyKeyPair类，该类中包含要排序的两个字段，然后将该类作为<key,value>对中的key（Hadoop中的任何类型都可以作为key），形如<MyKeyPair,value>，相当于自定义key的类型。由于所有的key都是可序列化并且可比较的，因此自定义的key需要实现接口WritableComparable。

与按照一个字段排序相比,本次二次排序需要自定义的地方如下:
- 自定义组合 key 类,需要实现 WritableComparable 接口。
- 自定义分区类,按照第一个字段进行分区,需要继承 Partitioner 类。
- 自定义分组类,按照第一个字段进行分组,需要继承 WritableComparator 类。

**2. 编写程序**

(1) 自定义组合 key 类

新建自定义组合 key 类 MyKeyPair.java,该类需要实现 Hadoop 提供的 org.apache.hadoop.io.WritableComparable 接口,该接口继承了 org.apache.hadoop.io.Writable 接口和 java.lang.Comparable 接口,定义源码如下:

```java
public interface WritableComparable<T> extends Writable, Comparable<T> {
}
```

然后需要实现 WritableComparable 接口中的序列化方法 write()、反序列化方法 readFields()、比较方法 compareTo()。write() 方法用于将数据写入输出流;readFields() 方法用于从输入流读取数据;compareTo() 方法用于将两个对象进行比较,以便能够进行排序。

自定义组合 key 类 MyKeyPair.java 的源码如下:

```java
import java.io.DataInput;
import java.io.DataOutput;
import java.io.IOException;
import org.apache.hadoop.io.WritableComparable;
/**
 * 自定义组合key类
 */
public class MyKeyPair implements WritableComparable<MyKeyPair> {
    //组合key属性
    private String first;//第一个排序字段
    private int second;//第二个排序字段
    /**
     * 实现该方法,反序列化对象input中的字段
     */
    public void readFields(DataInput input) throws IOException {
        this.first = input.readUTF();
        this.second = input.readInt();
    }
    /**
     * 实现该方法,序列化对象output中的字段
     */
    public void write(DataOutput output) throws IOException {
        output.writeUTF(first);
        output.writeInt(second);
    }
    /**
     * 实现比较器
     */
    public int compareTo(MyKeyPair o) {
        //默认升序排列
```

```java
    int res = this.first.compareTo(o.first);
    if (res != 0) {//若第一个字段不相等,则返回
     return res;
    } else { //若第一个字段相等,则比较第二个字段,且降序排列
     return -Integer.valueOf(this.second).compareTo(
       Integer.valueOf(o.getSecond()));
    }
  }
  /**
   * 字段的get和set方法
   */
  public int getSecond() {
   return second;
  }
  public void setSecond(int second) {
   this.second = second;
  }
  public String getFirst() {
   return first;
  }
  public void setFirst(String first) {
   this.first = first;
  }
}
```

(2)自定义分区类

新建自定义分区类MyPartitioner.java,该类需要继承Hadoop提供的org.apache.hadoop.mapreduce.Partitioner类,并实现其中的抽象方法getPartition()。Partitioner类是一个抽象泛型类,用于控制对Map任务输出结果的分区,泛型的两个参数分别表示<key,value>对中key的类型和value的类型。Partitioner类的源码如下:

```java
/**
 * 分区类Partitioner
 */
public abstract class Partitioner<KEY, VALUE> {
  /**
   * 得到分区编号
   *
   * @param key: 需要分区的<key,value>对中的key
   * @param value: 需要分区的<key,value>对中的value
   * @param numPartitions: 分区数量(与Reduce任务数量相同)
   * @return 分区编号
   */
  public abstract int getPartition(KEY key, VALUE value, int numPartitions);
}
```

关于MapReduce的分区规则可参考5.1.3节的MapReduce工作原理,此处不再赘述。
自定义分区类MyPartitioner.java的源码如下:

```java
import org.apache.hadoop.io.IntWritable;
import org.apache.hadoop.mapreduce.Partitioner;
```

```java
/**
 * 自定义分区类
 */
public class MyPartitioner extends Partitioner<MyKeyPair, IntWritable> {
    /**
     * 实现抽象方法getPartition()，自定义分区字段
     * @param myKeyPair:<key,value>对中key的类型
     * @param value:<key,value>对中value的类型
     * @param numPartitions:分区的数量（等于Reduce任务数量）
     * @return 分区编号
     */
    public int getPartition(MyKeyPair myKeyPair, IntWritable value,
      int numPartitions) {
        //将第一个字段作为分区字段
        return (myKeyPair.getFirst().hashCode() & Integer.MAX_VALUE) % numPartitions;
    }
}
```

上述代码继承Partitioner类的同时指定了<key,value>对中key的类型为MyKeyPair，value的类型为IntWritable。

（3）自定义分组类

新建自定义分组类MyGroupComparator.java，该类需要继承Hadoop提供的org.apache.hadoop.io.WritableComparator类，并重写其中的compare()方法，以实现按照指定的字段进行分组。

自定义分组类MyGroupComparator.java的源码如下：

```java
import org.apache.hadoop.io.WritableComparator;
/**
 * 自定义分组类
 */
public class MyGroupComparator extends WritableComparator {
    protected MyGroupComparator() {
        //指定分组<key,value>对中key的类型，true为创建该类型的实例，若不指定类型将报空值错误
        super(MyKeyPair.class, true);
    }

    //重写compare()方法，以第一个字段进行分组
    public int compare(MyKeyPair o1, MyKeyPair o2) {
        return o1.getFirst().compareTo(o2.getFirst());
    }
}
```

上述代码首先通过构造方法指定了<key,value>对中key的类型为MyKeyPair，由于MapReduce默认以<key,value>对中的key值进行分组，因此接下来重写了compare()方法，实现了按照MyKeyPair对象中的first字段进行对比，若值相等则会将当前<key,value>对分为一组。

（4）定义 Mapper 类

新建Mapper类MyMapper.java，将输入的数据封装为<MyKeyPair, IntWritable>形式的<key,value>对进行输出，即输出的key的类型为MyKeyPair，value的类型为IntWritable。

Mapper类MyMapper.java的源码如下：

```java
import org.apache.hadoop.io.IntWritable;
import org.apache.hadoop.io.LongWritable;
import org.apache.hadoop.io.Text;
import org.apache.hadoop.mapreduce.Mapper;
import java.io.IOException;
import java.util.StringTokenizer;
/**
 * 定义Mapper类
 */
public class MyMapper extends
  Mapper<LongWritable, Text, MyKeyPair, IntWritable> {
  /**
   * 重写map()方法
   */
  public void map(LongWritable key, Text value, Context context)
    throws IOException, InterruptedException {
    String line = value.toString();
    //将输入的一行数据默认按空格、制表符\t、换行符\n、回车符\r进行分割,也可以加入一个参数指定
      分隔符
    StringTokenizer itr = new StringTokenizer(line);

    String first = itr.nextToken();//得到第一个字段值
    String second = itr.nextToken();//得到第二个字段值

    //设置组合key和value ==> <(key,value),value>
    //设置MyKeyPair类型的输出key
    MyKeyPair outKey = new MyKeyPair();
    outKey.setFirst(first);
    outKey.setSecond(Integer.valueOf(second));
    //设置IntWritable类型的输出value
    IntWritable outValue = new IntWritable();
    outValue.set(Integer.valueOf(second));
    //输出<key,value>对
    context.write(outKey, outValue);
  }
}
```

（5）定义 Reducer 类

新建Reducer类MyReducer.java,将接收到的分组后的<key,value-list>对进行循环输出。
Reducer类MyReducer.java的源码如下:

```java
import org.apache.hadoop.io.IntWritable;
import org.apache.hadoop.io.Text;
import org.apache.hadoop.mapreduce.Reducer;
import java.io.IOException;
/**
 * 定义Reducer类
 */
public class MyReducer extends
  Reducer<MyKeyPair, IntWritable, Text, IntWritable> {
  /**
   * 重写reduce()方法
   */
  public void reduce(MyKeyPair key, Iterable<IntWritable> values, Context context)
    throws IOException, InterruptedException {
```

```java
//定义Text类型的输出key
Text outKey = new Text();
//循环输出<key,value>对
for (IntWritable value : values) {
 outKey.set(key.getFirst());
 context.write(outKey, value);
 }
 }
}
```

上述代码将MyKeyPair类型的key中的first字段值作为输出的key，输出的value从集合values中进行遍历。

（6）定义应用程序主类

新建应用程序主类MySecondSortApp.java，在该类中需要指定自定义的分区类和分组类，同时需要显式设置Map任务输出的key和value的类型。

应用程序主类MySecondSortApp.java的源码如下：

```java
import org.apache.hadoop.conf.Configuration;
import org.apache.hadoop.fs.Path;
import org.apache.hadoop.io.IntWritable;
import org.apache.hadoop.io.Text;
import org.apache.hadoop.mapreduce.Job;
import org.apache.hadoop.mapreduce.lib.input.FileInputFormat;
import org.apache.hadoop.mapreduce.lib.input.TextInputFormat;
import org.apache.hadoop.mapreduce.lib.output.FileOutputFormat;
import org.apache.hadoop.mapreduce.lib.output.TextOutputFormat;
import java.io.IOException;
/**
 * MapReduce应用程序主类
 */
public class MySecondSortApp {
 public static void main(String[] args) throws IOException,
   ClassNotFoundException, InterruptedException {

  Configuration conf = new Configuration();
  //设置HDFS访问路径
  conf.set("fs.default.name", "hdfs://192.168.170.133:9000");
  Job job = Job.getInstance(conf, "MySecondSortApp");
  job.setJarByClass(MySecondSortApp.class);

  //设置Mapper处理类
  job.setMapperClass(MyMapper.class);
  //设置自定义分区类
  job.setPartitionerClass(MyPartitioner.class);
  //设置自定义分组类
  job.setGroupingComparatorClass(MyGroupComparator.class);
  //设置Reducer处理类
  job.setReducerClass(MyReducer.class);

  //设置Map任务输出类型，与map()方法输出类型一致
  job.setMapOutputKeyClass(MyKeyPair.class);         ❶
  job.setMapOutputValueClass(IntWritable.class);

  //设置Reduce任务输出类型，与reduce()方法输出类型一致
  job.setOutputKeyClass(Text.class);                  ❷
```

```
    job.setOutputValueClass(IntWritable.class);
    //将输入的数据集分割成小数据块splites
    job.setInputFormatClass(TextInputFormat.class);    ❸
    //提供一个RecordWriter的实现,负责数据输出
    job.setOutputFormatClass(TextOutputFormat.class);
    //设置数据在HDFS中的输入和输出目录
    FileInputFormat.addInputPath(job, new Path("/input/"));
    FileOutputFormat.setOutputPath(job, new Path("/output"));
    System.exit(job.waitForCompletion(true) ? 0 : 1);
  }
}
```

上述代码解析如下:

❶ 设置map()方法输出的key和value的类型。若省略,则默认采用❷中设置的输出类型。也就是说,若map()方法和reduce()方法的输出类型一致,可以省略对map()方法输出类型的设置。若map()方法和reduce()方法实际的输出类型与此处的设置不匹配,则程序运行过程中将会报错。

在MapReduce程序运行的过程中会通过JobConf类获取map()方法的输出类型,获取map()方法输出key的类型的源码如下:

```
public Class<?> getMapOutputKeyClass() {
  Class<?> retv = this.getClass("mapreduce.map.output.key.class", (Class)null,
            Object.class);
  if (retv == null) {//没有设置map()的输出类型
    retv = this.getOutputKeyClass();
  }
  return retv;
}
```

从上述源码可以看出,当没有设置map()方法的输出类型时,会调用getOutputKeyClass()方法使用reduce()方法的输出类型。

❸ 在执行MapReduce程序时,会首先从HDFS中读取数据块,然后按行拆分成<key,value>对,这个过程是由TextInputFormat类完成的。TextInputFormat类继承了抽象类FileInputFormat<K, V>,而FileInputFormat<K, V>又继承了抽象类InputFormat<K, V>。抽象类InputFormat<K, V>中定义了两个方法:getSplits()和createRecordReader()。getSplits()方法负责将HDFS数据解析为InputSplit集合,createRecordReader()方法负责将一个InputSplit解析为一个<key,value>对记录。抽象类InputFormat<K, V>的源码如下:

```
public abstract class InputFormat<K, V> {
    public InputFormat() {
    }
    public abstract List<InputSplit> getSplits(JobContext var1) throws IOException,
        InterruptedException;
    public abstract RecordReader<K, V> createRecordReader(InputSplit var1,
        TaskAttemptContext var2) throws IOException, InterruptedException;
}
```

### 3. 程序运行

程序的打包和执行参考前面的"单词计数"和"数据去重"案例,此处不再赘述。

执行完成后，查看执行结果，如图5-11所示。

图 5-11　查看二次排序程序的执行结果

## 5.7　使用 MRUnit 测试 MapReduce 程序

MRUnit（http://incubator.apache.org/mrunit/）是Apache提供的对MapReduce程序进行测试的工具类，使用它可以对Mapper和Reducer程序分别进行测试，并且可以将已知的输入传递给Mapper或者检查Reducer的输出是否符合预期。MRUnit可以与标准的测试框架（如JUnit）一起使用。

下面讲解如何在Eclipse中使用MRUnit结合JUnit对本章"单词计数"案例中的WordCount程序进行单元测试，具体操作步骤如下：

**01** 添加Maven依赖。MRUnit测试库需要添加以下Maven依赖：

```xml
<dependency>
    <groupId>org.apache.mrunit</groupId>
    <artifactId>mrunit</artifactId>
    <version>1.0.0</version>
    <!--需要指定对应的Hadoop版本-->
    <classifier>hadoop2</classifier>
    <scope>test</scope>
</dependency>
<!--如果结合JUnit需要添加以下依赖-->
<dependency>
    <groupId>junit</groupId>
    <artifactId>junit</artifactId>
    <version>4.10</version>
    <scope>test</scope>
</dependency>
```

**02** 新建测试类MRTest.java。测试类MRTest.java的完整代码如下：

```java
import java.io.IOException;
import java.util.ArrayList;
import java.util.List;
import org.apache.hadoop.io.IntWritable;
import org.apache.hadoop.io.LongWritable;
import org.apache.hadoop.io.Text;
import org.apache.hadoop.mrunit.mapreduce.MapDriver;
import org.apache.hadoop.mrunit.mapreduce.MapReduceDriver;
import org.apache.hadoop.mrunit.mapreduce.ReduceDriver;
import org.apache.hadoop.mrunit.types.Pair;
```

```java
import org.junit.Before;
import org.junit.Test;
/**
 * MapReduce测试类
 */
public class MRTest {
  //Map测试驱动类,泛型类型与Map类一致
  MapDriver<Object,Text,Text,IntWritable> mapDriver;
  //Reduce测试驱动类,泛型类型与Reduce类一致
  ReduceDriver<Text,IntWritable,Text,IntWritable> redeceDriver;
  //MapReduce测试驱动类,泛型类型前四个与Map类的类型一致,后两个与Reduce类的输出一致
  MapReduceDriver<Object,Text,Text,IntWritable,Text,IntWritable> mapReduceDriver;

  /**
   * 测试方法运行前的变量赋值
   */
  @Before
  public void setUp() {
    WordCount.TokenizerMapper mapper = new WordCount.TokenizerMapper();
    WordCount.IntSumReducer reducer = new WordCount.IntSumReducer();
    //指定需要测试的Map类
    mapDriver = MapDriver.newMapDriver(mapper);
    //指定需要测试的Reduce类
    redeceDriver = ReduceDriver.newReduceDriver(reducer);
    //指定需要测试的Map与Reduce类
    mapReduceDriver = MapReduceDriver.newMapReduceDriver(mapper, reducer);
  }

  /**
   * 测试Mapper类
   * 若结果与期望输出数据相匹配则测试成功
   */
  @Test
  public void testMapper() throws IOException {
    //设置Map的输入数据
    mapDriver.withInput(new IntWritable(1), new Text("hello world hello hadoop"));
    //设置Map的输出数据
    mapDriver.withOutput(new Text("hello"), new IntWritable(1))
      .withOutput(new Text("world"), new IntWritable(1))
      .withOutput(new Text("hello"), new IntWritable(1))
      .withOutput(new Text("hadoop"), new IntWritable(1));
    mapDriver.runTest();
  }

  /**
   * 测试Reducer类
   * 若结果与期望输出数据相匹配则测试成功
   */
  @Test
  public void testReducer() throws Exception {
    //声明输入数据
    List<IntWritable> values = new ArrayList<IntWritable>();
    values.add(new IntWritable(1));
    values.add(new IntWritable(1));
    //设置输入数据与输出数据
    redeceDriver.withInput(new Text("hello"), values)
```

```java
        .withOutput(new Text("hello"), new IntWritable(2)).runTest();
}
/**
 * 测试MapReduce
 * 传入Map的输入数据与Reduce的期望输出数据，若结果与期望输出数据相匹配，则测试成功
 */
@Test
public void testMapReduce() throws IOException {
    //声明Map输入数据
    Text value = new Text("hello world hello hadoop");
    //声明Reduce输出数据，注意集合元素的顺序
    List<Pair<Text, IntWritable>> outputs = new ArrayList<Pair<Text, IntWritable>>();
    outputs.add(new Pair(new Text("hadoop"), new IntWritable(1)));
    outputs.add(new Pair(new Text("hello"), new IntWritable(2)));
    outputs.add(new Pair(new Text("world"), new IntWritable(1)));
    //设置输入与输出数据并执行测试
    mapReduceDriver.withInput(new LongWritable(0), value).withAllOutput(outputs)
      .runTest();
}
}
```

**03** 分别运行JUnit测试，测试方法testMapper()、testReducer()和testMapReduce()。若测试结果与期望结果一致，则测试成功。

## 5.8 动手练习

**练习一**：依照书中的操作步骤，编写一个用于计算学生平均成绩的 MapReduce 应用程序，并将程序打包提交到 Hadoop 集群中运行。

**练习二**：动手编写一个MapReduce应用程序，统计某网站每日新增的用户数量。例如，已知有以下用户访问历史数据，第一列为用户访问网站的日期，第二列为用户名：

```
2020-01-01,user1
2020-01-01,user2
2020-01-01,user3
2020-01-02,user1
2020-01-02,user2
2020-01-02,user4
2020-01-03,user2
2020-01-03,user5
2020-01-03,user6
```

现需要根据上述数据统计每日新增的用户数量，期望的统计结果为：

```
2020-01-01,3
2020-01-02,1
2020-01-03,2
```

# 第 6 章 ZooKeeper

本章首先讲解 ZooKeeper 的架构原理、数据模型、Watcher 机制等基础知识，然后讲解 ZooKeeper 的三种安装模式、命令行和常用的 Java API 操作，最后结合实际案例讲解 ZooKeeper 在实际开发业务中的使用。

**本章学习目标**

- ※ 了解 ZooKeeper 的应用场景。
- ※ 掌握 ZooKeeper 的架构原理、数据模型、节点类型和 Watcher 机制。
- ※ 掌握 ZooKeeper 的安装配置、的命令行操作以及 ZooKeeper 与 Java API 的操作。

## 6.1 ZooKeeper 简介

ZooKeeper 是一个分布式应用程序协调服务，主要用于解决分布式集群中应用系统的一致性问题。它能提供类似文件系统的目录节点树方式的数据存储功能，主要用途是维护和监控所存数据的状态变化，以实现对集群的管理。

### 6.1.1 应用场景

在分布式环境里，很多服务器都需要同样的配置来保证信息的一致性和集群的可靠性，而一个分布式集群往往动辄上百台服务器，一旦配置信息改变，就需要对每台服务器进行修改，这样会消耗大量时间。那么有没有一种简单的方法能统一对其修改呢？像这样的配置信息完全可以交给 ZooKeeper 来管理，即将配置信息保存在 ZooKeeper 的某个目录节点中，则所有应用服务器都监控配置信息的状态，一旦配置信息发生变化，每台应用服务器都会收到 ZooKeeper 的通知，然后从 ZooKeeper 获取新的配置信息应用到系统中即可。

#### 1. 统一命名服务

利用 ZooKeeper 中的树形分层结构，可以把系统中的各种服务的名称、地址以及目录信息存放在 ZooKeeper 中，需要的时候去 ZooKeeper 中读取就可以了。

此外，ZooKeeper 中有一种节点类型是顺序节点，可以利用它的这个特性制作序列号。我们知道，数据库有主键ID可以自动生成，但是在分布式环境中就无法使用了，于是我们可以使用ZooKeeper的命名服务，它可以生成有顺序的编号，而且支持分布式，使用起来非常方便。

### 2．集群管理

ZooKeeper能够很容易地实现集群管理的功能，如有多台服务器组成一个服务集群，那么必须要有一个"总管"知道当前集群中每台机器的服务状态，一旦有服务器不能提供服务，集群中其他服务器必须知道，从而做出调整，重新分配服务策略。当增加一台或多台服务器时，同样也必须让"总管"知道。

ZooKeeper不仅能够帮助我们维护当前集群中服务器的服务状态，还能够选举出一个"总管"，让这个"总管"来管理集群，这种选举方式称为"Leader选举"。

### 3．分布式锁

在一个分布式环境中，为了提高可靠性，集群的每台服务器上都部署同样的服务。但是一个常见的问题是，如果集群中的每台服务器都进行同一件事情的话，它们之间就需要相互协调，编程起来将非常复杂。这个时候可以使用分布式锁，我们可以利用ZooKeeper来协调多个分布式进程之间的活动，在某个时刻只让一个服务器工作，当这个服务器出现问题的时候将锁释放，立即切换到另外的服务器。

## 6.1.2 架构原理

ZooKeeper集群由一组服务器（Server）节点组成，在这些服务器节点中有一个节点的角色为Leader，其他节点的角色为Follower。当客户端（Client）连接到ZooKeeper集群并执行写请求时，这些请求首先会被发送到Leader节点。Leader节点在接收到数据变更请求后，首先会将该变更写入到本地磁盘以作恢复使用，当所有的写请求持久化到磁盘后，会将数据变更应用到内存中，以加快数据读取速度，最后Leader节点上的数据变更会同步（广播）到集群的其他Follower节点上。

ZooKeeper集群的总体架构如图6-1所示。

图6-1　ZooKeeper 集群的总体架构

当Leader节点发生故障而失效时，Follower节点会快速响应，由消息层重新选出一个Leader节点来处理客户端请求。

## 6.1.3 数据模型

ZooKeeper主要用于管理协调数据（服务器的配置、状态等信息），不能用于存储大型数据集。

ZooKeeper有一个树形层次的命名空间，该命名空间的组织方式类似于标准文件系统。ZooKeeper可以将该命名空间共享给分布式应用程序，使它们可以利用该命名空间进行相互协调。与典型文件系统为存储而设计不同，ZooKeeper数据保存在内存中，这样可以提高吞吐量且降低数据延迟。

在ZooKeeper的命名空间中，名称是由斜线"/"分隔的路径元素组成的。命名空间中的每个名称（也叫节点）都由路径标识，如图6-2所示。

ZooKeeper命名空间中的每个节点都可以有与之关联的数据（也称元数据）以及子节点，就好比标准文件系统中的每个文件夹都可以存放文件并且每个文件夹都有子文件夹。

图 6-2　ZooKeeper 数据模型

通常使用znode来表示ZooKeeper命名空间中的名称节点，存储在每个znode上的数据会被客户端原子化地读取和写入。读取操作可以获取与znode关联的所有数据，而写入操作可以替换所有数据。

znode的主要特点如下：

- znode中仅存储协调数据，即与同步相关的数据，例如状态信息、配置内容、位置信息等，因此数据量很小，大概B到KB量级。
- 一个znode维护一个状态结构，该结构包括版本号、ACL（访问控制列表）变更、时间戳。znode存储的数据每发生一次变化，版本号都会递增。当客户端检索数据时，会同时接收到数据的版本。客户端也可以基于版本号检索相关数据。
- 每个znode都有一个ACL，用来限定该znode的客户端访问权限。
- 客户端可以在znode上设置一个观察者（Watcher），如果该znode上的数据发生变更，ZooKeeper就会通知客户端，从而触发Watcher中实现的逻辑的执行。

## 6.1.4　节点类型

ZooKeeper中的znode节点主要有以下四种类型。

### 1．持久节点（PERSISTENT）

持久节点在创建后就一直存在，除非手动将其删除。

### 2．持久顺序节点（PERSISTENT _SEQUENTIAL）

持久顺序节点除了有持久节点的功能外，在创建时，ZooKeeper会在节点名称末尾自动追加一个自增长的数字后缀作为新的节点名称，以便记录每一个节点创建的先后顺序。数字后缀的长度是10位，且由0填充，例如0000000001。举个例子，当前有一个父节点/lock，我们需要在该节点下创建顺序子节点/lock/node-。ZooKeeper在生成该子节点时，会根据当前子节点数量自动增加数字后缀，如果是第一个创建的子节点，则节点名称为/lock/node-0000000000，下一个子节点则为/lock/node-0000000001，依次类推。

### 3．临时节点（EPHEMERAL）

只要创建节点的客户端与ZooKeeper服务器的连接会话是活动的，就存在临时节点。当客户端与服务器的连接会话断开时，临时节点将被删除。基于此，临时节点是不允许有子节点的。

### 4．临时顺序节点（EPHEMERAL_SEQUENTIAL）

临时顺序节点除了有临时节点的功能外，节点在创建时，会在节点末尾追加自增长的数字编号，这一点与持久顺序节点的顺序功能一致。

## 6.1.5 Watcher 机制

ZooKeeper是一个基于Watcher（观察者）模式设计的分布式服务管理框架，其允许客户端向服务器的znode上注册一个Watcher，一旦znode的状态发生变化，ZooKeeper就会通知已经在它上面注册的Watcher做出相应的反应。当前，ZooKeeper有四种状态变化事件：节点创建、节点删除、节点数据修改和子节点变更。

ZooKeeper中有三种读取操作：getData()方法、getChildren()方法和exists()方法。这三种方法都可以向服务器设置一个Watcher。Watcher事件相当于一次性的触发器，当znode的数据发生改变时，会通知设置Watcher的客户端。例如，如果客户端执行getData("/znode1"，true)方法，然后改变或删除/znode1的数据，客户端将获得/znode1的状态改变事件通知。如果/znode1再次更改，则不会发送任何通知给客户端，除非客户端提前再次向/znode1设置Watcher。

ZooKeeper的Watcher有两种类型：数据Watcher和子节点Watcher。数据Watcher只监听节点元数据的改变，子节点Watcher只监听节点的子节点的创建与删除。getData()方法和exists()方法可以设置数据Watcher，这两个方法返回znode节点的元数据信息。getChildren()方法可以设置子节点Watcher，该方法则返回一个子节点列表。因此，setData()方法会触发数据Watcher，一个成功的create()方法将触发正在创建的znode的数据Watcher以及父znode的子节点Watcher；一个成功的delete()方法将会为被删除的znode触发一个数据Watcher以及为被删除节点的父节点触发一个子节点Watcher。

### 1．Watcher 机制执行流程

Watcher机制主要包括三个部分：客户端线程、客户端WatchManager和ZooKeeper服务器。具体流程为：客户端在向ZooKeeper服务器注册Watcher的同时，会将Watcher对象存储在客户端的WatchManager中。当ZooKeeper服务器端触发Watcher事件后，会向客户端发送通知，客户端线程从WatchManager中取出对应的Watcher对象来执行回调逻辑，如图6-3所示。

图 6-3　ZooKeeper Watcher 机制执行流程

WatchManager类的部分源码如下：

```
/**
 * 管理Watcher
 */
public class WatchManager {
  private final HashMap<String, HashSet<Watcher>> watchTable =
    new HashMap<String, HashSet<Watcher>>();

  /**
   * 添加Watcher
   */
  public synchronized void addWatch(String path, Watcher watcher) {
    //根据路径获取对应的所有watcher
```

```java
    HashSet<Watcher> list = watchTable.get(path);
    if (list == null) {
        //新生成Set集合用于存放watcher
        list = new HashSet<Watcher>(4);
        watchTable.put(path, list);
    }
    list.add(watcher);

    HashSet<String> paths = watch2Paths.get(watcher);
    if (paths == null) {
        paths = new HashSet<String>();
        //将watcher和对应的paths添加至映射中
        watch2Paths.put(watcher, paths);
    }
    paths.add(path);
  }
}
```

**2. Watcher 相关事件**

我们可以调用exists()、getData()和getChildren()三个方法来设置Watcher，这些方法主要用于读取ZooKeeper的状态信息。常用的设置Watcher事件的方法如下：

- 节点创建事件：通过调用 exists()方法设置。
- 节点删除事件：通过调用 exists()、getData()和 getChildren()方法设置。
- 节点改变事件：通过调用 exists()和 getData()方法设置。
- 子节点事件：通过调用 getChildren()方法设置。

## 6.1.6 分布式锁

在分布式环境中，为了保证在同一时刻只能有一个客户端对指定的数据进行访问，需要使用分布式锁技术，只有获得锁的客户端才能对数据进行访问，其余客户端只能暂时等待。

利用ZooKeeper实现分布式锁，常用的实现方法是，所有希望获得锁的客户端都需要执行以下操作：

（1）客户端连接ZooKeeper，调用create()方法在指定的锁节点（如/lock）下创建一个临时顺序节点。例如节点名为"node-"，则第一个客户端创建的节点为"/lock/node-0000000000"，第二个客户端创建的节点为"/lock/node-0000000001"。

（2）客户端调用getChildren()方法查询锁节点/lock下的所有子节点列表，判断子节点列表中序号最小的子节点是否是自己创建的。如果是，则客户端获得锁，否则监听排在自己前一位的子节点的删除事件，若监听的子节点被删除，则重复执行此步骤，直至获得锁。

（3）客户端执行业务代码。

（4）客户端业务完成后，删除在ZooKeeper中对应的子节点以释放锁。

针对上述流程中的两个不容易理解的问题解析如下：

操作（1）中为什么要创建临时节点？

假如客户端A获得锁之后，客户端A所在的计算机宕机了，此时客户端A没有来得及主动删除子节点。如果创建的是永久节点，锁将永远不会被释放，从而导致死锁。临时节点的好处是，尽管客户端宕机了，但是ZooKeeper在一定时间内没有收到客户端的心跳则会认为会话失效，然后将临时节点删除以释放锁。

操作（2）中未获得锁的客户端为什么要监听排在自己前一位的子节点的删除事件？

按照争夺锁的规则，每一轮锁的争夺取的都是序号最小节点，当序号最小的节点删除后，正常情况排在最小节点后一位的节点将获得锁，以此类推。因此，若客户端没有获得锁，只需要监听自己前一位的节点即可，这样每当锁释放时，ZooKeeper只需要通知一个客户端，从而节省了网络带宽。若将监听事件设置在父节点/lock上，那么每次锁的释放将通知所有客户端。假如客户端数量庞大，会导致ZooKeeper服务器必须处理的操作数量激增，增加了ZooKeeper服务器的压力，同时很容易产生网络阻塞。

上述使用ZooKeeper实现分布式锁的流程如图6-4所示。

图 6-4　ZooKeeper 分布式锁实现流程

## 6.2　ZooKeeper 安装配置

本节讲解ZooKeeper三种模式的安装，分别为单机模式、伪分布模式和集群模式。

### 6.2.1　单机模式

单机模式是指只部署一个ZooKeeper进程，客户端直接与该ZooKeeper进程进行通信。在单机模式下配置和安装ZooKeeper相对来说比较简单且易于理解。在开发测试环境下，如果没有较多的物理资源，可以使用单机模式。但是在生产环境下不可用单机模式，因为无论是系统可靠性还是读写性能，单机模式都不能满足生产的需求。

#### 1. 下载 ZooKeeper

从Apache官网下载ZooKeeper的稳定版本，下载网址为：https://zookeeper.apache.org/releases.html。本书使用的是zookeeper-3.6.3版本。

## 2. 安装 ZooKeeper

ZooKeeper需要在Java环境上运行，并且是Java 6以上版本（建议使用Java 8），Java环境的安装此处不再赘述。

将下载的ZooKeeper安装文件apache-zookeeper-3.6.3-bin.tar.gz上传到操作系统的目录/opt/softwares/中，并进入该目录，将其解压到目录/opt/modules/，解压命令如下：

```
$ tar -zxvf apache-zookeeper-3.6.3-bin.tar.gz -C /opt/modules/
```

为了以后的操作方便，可以对ZooKeeper的环境变量进行配置，在/etc/profile文件中加入以下内容：

```
export ZOOKEEPER_HOME=/opt/modules/apache-zookeeper-3.6.3-bin
export PATH=$ZOOKEEPER_HOME/bin:$ZOOKEEPER_HOME/conf:$PATH
```

加入后执行source /etc/profile命令对环境变量文件进行刷新操作，使修改生效。

安装ZooKeeper服务还需要创建一个配置文件，在ZooKeeper安装目录下的conf文件夹中创建zoo.cfg文件，并向文件中添加以下内容：

```
tickTime=2000
dataDir=/opt/modules/apache-zookeeper-3.6.3-bin/data
clientPort=2181
```

上述配置属性解析如下：

- tickTime：基本事件单元，用于指示一个心跳的时长，以毫秒为单位，默认是2000。
- dataDir：ZooKeeper数据文件的存储位置。
- clientPort：ZooKeeper供客户端连接的端口，默认是2181。

配置好后，执行以下命令，启动ZooKeeper服务：

```
$ zkServer.sh start
```

启动后如果要检查ZooKeeper服务是否已经启动，可以通过执行以下命令查看是否有2181端口号在监听服务：

```
$ netstat -at|grep 2181
```

ZooKeeper服务启动后就可以启动客户端进行连接了，命令如下：

```
$ zkCli.sh -server localhost:2181
```

## 6.2.2 伪分布模式

所谓伪分布模式，就是在单台计算机上运行多个ZooKeeper实例，并组成一个集群。本节以启动三个ZooKeeper进程为例进行讲解。

### 1. 安装 ZooKeeper

将ZooKeeper安装文件解压到相应目录下，并配置环境变量，步骤参考单机模式。

### 2. 建立配置文件

在安装目录的conf文件夹下分别新建三个配置文件：zoo1.cfg、zoo2.cfg、zoo3.cfg。
zoo1.cfg内容如下：

```
initLimit=10
syncLimit=5
dataDir=/opt/modules/apache-zookeeper-3.6.3-bin/1.data
dataLogDir=/opt/modules/apache-zookeeper-3.6.3-bin/1.logs
clientPort=2181
server.1=192.168.170.133:20881:30881
server.2=192.168.170.133:20882:30882
server.3=192.168.170.133:20883:30883
```

zoo2.cfg内容如下：

```
initLimit=10
syncLimit=5
dataDir=/opt/modules/apache-zookeeper-3.6.3-bin/2.data
dataLogDir=/opt/modules/apache-zookeeper-3.6.3-bin/2.logs
clientPort=2182
server.1=192.168.170.133:20881:30881
server.2=192.168.170.133:20882:30882
server.3=192.168.170.133:20883:30883
```

zoo3.cfg内容如下：

```
initLimit=10
syncLimit=5
dataDir=/opt/modules/apache-zookeeper-3.6.3-bin/3.data
dataLogDir=/opt/modules/apache-zookeeper-3.6.3-bin/3.logs
clientPort=2183
server.1=192.168.170.133:20881:30881
server.2=192.168.170.133:20882:30882
server.3=192.168.170.133:20883:30883
```

上述配置属性解析可参考本章6.2.3节。

### 3．建立数据和日志目录

在ZooKeeper安装目录下分别建立1.data、2.data、3.data数据目录和1.logs、2.logs、3.logs日志目录，并分别在每个数据目录下新建myid文件，对1.data目录下的myid文件写入数字1，对2.data目录下的myid文件写入数字2，对3.data目录下的myid文件写入数字3。

### 4．启动服务并查看状态

分别执行以下命令启动ZooKeeper服务：

```
$ zkServer.sh start /opt/modules/apache-zookeeper-3.6.3-bin/conf/zoo1.cfg
$ zkServer.sh start /opt/modules/apache-zookeeper-3.6.3-bin/conf/zoo2.cfg
$ zkServer.sh start /opt/modules/apache-zookeeper-3.6.3-bin/conf/zoo3.cfg
```

分别执行以下命令查看服务状态：

```
$ zkServer.sh status /opt/modules/apache-zookeeper-3.6.3-bin/conf/zoo1.cfg
$ zkServer.sh status /opt/modules/apache-zookeeper-3.6.3-bin/conf/zoo2.cfg
$ zkServer.sh status /opt/modules/apache-zookeeper-3.6.3-bin/conf/zoo3.cfg
```

## 6.2.3 集群模式

由于在ZooKeeper集群中，会有一个Leader服务器负责管理和协调其他集群服务器，因此服务器的数量通常都是单数，例如3、5、7等，这样数量为2n+1的服务器就可以允许最多n台服务器的失效。

本例仍然使用三个节点（centos01、centos02、centos03）搭建部署ZooKeeper集群，搭建步骤如下：

### 1. 上传 ZooKeeper 安装文件

在 centos01 节点中，上传 ZooKeeper 安装文件 apache-zookeeper-3.6.3-bin.tar.gz 到目录/opt/softwares/中，并进入该目录，将其解压到目录/opt/modules/，解压命令如下：

```
$ tar -zxvf apache-zookeeper-3.6.3-bin.tar.gz -C /opt/modules/
```

### 2. 编写配置文件

（1）在ZooKeeper安装目录下新建文件夹dataDir，用于存放ZooKeeper相关数据。

```
$ mkdir dataDir
```

（2）在ZooKeeper安装目录下的conf文件夹中新建配置文件zoo.cfg，加入以下内容：

```
tickTime=2000
initLimit=5
syncLimit=2
dataDir=/opt/modules/apache-zookeeper-3.6.3-bin/dataDir
clientPort=2181

server.1=centos01:2888:3888
server.2=centos02:2888:3888
server.3=centos03:2888:3888
```

上述配置属性解析如下。

- initLimit：集群中的 Follower 服务器初始化连接 Leader 服务器时能等待的最大心跳数（连接超时时长）。默认为 10，即如果经过 10 个心跳之后 Follower 服务器仍然没有收到 Leader 服务器的返回信息，则连接失败。本例中该参数值为 5，参数 tickTime 为 2000（毫秒），则连接超时时长为 5×2000=10 秒（即 tickTime × initLimit=10 秒）。
- syncLimit：集群中的 Follower 服务器与 Leader 服务器之间发送消息以及请求/应答时所能等待的最多心跳数。本例中，最多心跳时长为 2×2000=4 秒。
- server.id=host:port1:port2：标识不同的 ZooKeeper 服务器。ZooKeeper 可以从"server.id=host:port1:port2"中读取相关信息。其中，id 值必须在整个集群中是唯一的，且大小在 1～255；host 是服务器的名称或 IP 地址；第一个端口（port1）是 Leader 端口，即该服务器作为 Leader 时供 Follower 连接的端口；第二个端口（port2）是选举端口，即选举 Leader 服务器时供其他 Follower 连接的端口。
- dataDir：ZooKeeper 存储数据的目录。
- clientPort：客户端连接 ZooKeeper 服务器的端口。ZooKeeper 会监听这个端口，接收客户端的请求。

（3）在配置文件zoo.cfg中的参数dataDir指定的目录下（此处为ZooKeeper安装目录下的dataDir文件夹）新建一个名为myid的文件，这个文件仅包含一行内容，即当前服务器的id值，它与参数server.id中的id值相同。本例中，当前服务器（centos01）的id值为1，则应该在myid文件中写入数字1。ZooKeeper启动时会读取该文件，将其中的数据与zoo.cfg里写入的配置信息进行对比，从而获取当前服务器的身份信息。

### 3. 复制ZooKeeper安装信息到其他节点

centos01节点安装完成后，需要复制整个ZooKeeper安装目录到centos02和centos03节点，命令如下：

```
$ scp -r /opt/modules/apache-zookeeper-3.6.3-bin/ hadoop@centos02:/opt/modules/
$ scp -r /opt/modules/apache-zookeeper-3.6.3-bin/ hadoop@centos03:/opt/modules/
```

### 4. 修改其他节点配置

复制完成后，需要将centos02和centos03节点中的myid文件的值修改为对应的数字，即作出以下操作：

（1）修改centos02节点中的opt/modules/apache-zookeeper-3.6.3-bin/dataDir/myid文件中的值为2。
（2）修改centos03节点中的opt/modules/apache-zookeeper-3.6.3-bin/dataDir/myid文件中的值为3。

### 5. 启动ZooKeeper

分别进入每个节点的ZooKeeper安装目录，执行以下命令启动各个节点的ZooKeeper：

```
$ bin/zkServer.sh start
```

启动时输出以下信息代表启动成功：

```
ZooKeeper JMX enabled by default
Using config: /usr/local/apache-zookeeper-3.6.3-bin/bin/../conf/zoo.cfg
Starting zookeeper ... STARTED
```

> **注意** ZooKeeper集群的启动与Hadoop不同，其需要在每台装有ZooKeeper的服务器上都执行一次启动命令，这样才能使得整个集群启动起来。

### 6. 查看启动状态

分别在各个节点上执行以下命令，查看ZooKeeper服务的状态：

```
$ bin/zkServer.sh status
```

在centos01节点上查看服务状态，输出了以下信息：

```
ZooKeeper JMX enabled by default
Using config: /usr/local/apache-zookeeper-3.6.3-bin/bin/../conf/zoo.cfg
Mode: follower
```

在centos02服务器上查看服务状态，输出了以下信息：

```
ZooKeeper JMX enabled by default
Using config: /usr/local/apache-zookeeper-3.6.3-bin/bin/../conf/zoo.cfg
Mode: follower
```

在centos03服务器上查看服务状态，输出了以下信息：

```
ZooKeeper JMX enabled by default
Using config: /usr/local/apache-zookeeper-3.6.3-bin/bin/../conf/zoo.cfg
Mode: leader
```

由此可见，本例中centos03服务器上的ZooKeeper服务为Leader，其余两个ZooKeeper服务为Follower。

如果在查看启动状态时输出以下信息，说明ZooKeeper集群启动不成功，出现错误：

```
Error contacting service. It is probably not running.
```

此时需要修改ZooKeeper安装目录下的bin/zkEvn.sh文件中的以下内容：

```
if [ "x${ZOO_LOG4J_PROP}" = "x" ]
then
    ZOO_LOG4J_PROP="INFO,CONSOLE"
fi
```

将上述内容中的CONSOLE修改为ROLLINGFILE，使其将错误信息输出到日志文件，修改后的内容如下：

```
if [ "x${ZOO_LOG4J_PROP}" = "x" ]
then
    ZOO_LOG4J_PROP="INFO,ROLLINGFILE"
fi
```

修改完成后重新启动ZooKeeper集群，查看在ZooKeeper安装目录下生成的日志文件zookeeper.log，发现出现以下错误：

```
java.net.NoRouteToHostException: 没有到主机的路由。
```

产生上述错误的原因是，系统没有关闭防火墙，导致ZooKeeper集群间连接不成功。因此需要关闭系统防火墙（为了防止出错，在最初的集群环境配置时可以直接将防火墙关闭），CentOS 7关闭防火墙的命令如下：

```
systemctl stop firewalld.service
systemctl disable firewalld.service
```

关闭各节点的防火墙后，重新启动ZooKeeper，再一次查看启动状态，发现一切正常了。

**7．测试客户端连接**

在centos01节点上（其他节点也可以），进入ZooKeeper安装目录，执行以下命令，连接ZooKeeper服务器，连接成功后可以输入ZooKeeper的Shell命令进行操作与测试：

```
$ bin/zkCli.sh -server centos01:2181
```

## 6.3　ZooKeeper 命令行操作

ZooKeeper的命令行工具类似于Linux Shell。当ZooKeeper服务启动以后，可以在其中一台运行ZooKeeper服务的服务器中输入以下命令（需要进入ZooKeeper安装目录执行），启动一个客户端，连接到ZooKeeper集群：

```
$ bin/zkCli.sh -server centos01:2181
```

连接成功后，系统会输出ZooKeeper的运行环境及配置信息，并在屏幕输出"Welcome to ZooKeeper"等欢迎信息，之后就可以使用ZooKeeper命令行工具了。

以下是ZooKeeper命令行工具的一些简单操作示例。

### 1. 查询节点列表

使用ls命令，可以查看ZooKeeper相应路径下的所有znode节点。例如，列出ZooKeeper根目录下的所有znode节点：

```
[zk: centos01:2181(CONNECTED) 0] ls /
[zookeeper]
```

可以看到，当前根目录有一个名为"zookeeper"的znode节点。

### 2. 创建节点

使用create命令，可以创建一个新的znode节点。例如，在根目录创建一个名为"zk"的znode以及在它上面存放的元数据字符串"myData"，命令及输出信息如下：

```
[zk: centos01:2181(CONNECTED) 1] create /zk "myData"
Created /zk
```

也可以在某个节点下创建子节点。例如，在/zk节点下创建新的节点node1，并关联其元数据为"childData"，命令及输出信息如下：

```
[zk: centos01:2181(CONNECTED) 2] create /zk/node1 "childData"
Created /zk/node1
```

> **注意** 创建节点时必须指定节点中存放的元数据字符串，否则节点将创建失败。若执行创建命令没有返回任何信息，说明该命令执行失败。

### 3. 查看节点详细信息

使用get命令，可以查看某个znode的详细状态信息及其包含的元数据字符串。例如，查看znode节点/zk的详细信息，命令及输出信息如下：

```
[zk: centos01:2181(CONNECTED) 3] get /zk
myData
cZxid = 0x200000005
ctime = Wed Aug 08 10:28:34 CST 2022
mZxid = 0x200000005
mtime = Wed Aug 08 10:28:34 CST 2022
pZxid = 0x200000005
cversion = 0
dataVersion = 0
aclVersion = 0
ephemeralOwner = 0x0
dataLength = 6
numChildren = 0
```

上述返回结果中的状态属性解析如下：

ZooKeeper节点状态的每一次改变，都会产生一个唯一的zxid（用于递增的ZooKeeper事务id）形式的标记。如果zxid1小于zxid2，则说明zxid1发生在zxid2之前。

ZooKeeper中每个znode的状态结构由以下字段组成：

- cZxid：节点被创建时产生的 zxid 值。
- ctime：节点被创建的时间。

- mZxid：节点最后被修改时产生的 zxid 值。节点每次被修改，mZxid 的值都会以递增的形式改变到下一个值。
- pZxid：节点的子节点最后被修改时产生的 zxid 值。节点的子节点每次被修改，pZxid 的值都会以递增的形式改变到下一个值。
- mtime：节点最后一次被修改的时间。
- dataVersion：节点被修改的版本号，即节点被修改的次数。节点创建时版本号为 0，每被修改一次，版本号递增 1。
- cversion：节点的所有子节点被修改的版本号，即节点的子节点被修改的次数。这里仅指所有子节点被创建和删除的次数，子节点的元数据被修改的次数不会记录在内。
- ephemeralOwner：如果节点为临时节点，则值代表节点拥有者的会话 id。如果节点不是临时节点，则值为 0。
- dataLength：节点的元数据长度。
- numChildren：节点的子节点数量。

### 4. 修改节点

使用set命令，可以修改znode节点的元数据字符串。例如，将znode节点/zk所关联的字符串修改为"myDataUpdate"，命令及输出信息如下：

```
[zk: centos01:2181(CONNECTED) 4] set /zk "myDataUpdate"
cZxid = 0x200000005
ctime = Wed Aug 08 10:28:34 CST 2022
mZxid = 0x200000006
mtime = Wed Aug 08 10:32:16 CST 2022
pZxid = 0x200000005
cversion = 0
dataVersion = 1
aclVersion = 0
ephemeralOwner = 0x0
dataLength = 12
numChildren = 0
```

### 5. 删除节点

使用delete命令，可以将某个znode节点删除。例如，删除上面创建的znode节点/zk，命令如下：

```
[zk: centos01:2181(CONNECTED) 5] delete /zk
```

> **注意** 若被删除的节点有子节点，则需要先删除子节点。直接删除含有子节点的节点将删除失败。

## 6.4 ZooKeeper Java API 操作

除了可以使用命令行方式对ZooKeeper进行操作外，ZooKeeper还提供了Java API操作接口，本节将对ZooKeeper的常用Java API接口进行介绍。

## 6.4.1 创建 Java 工程

在编写Java API之前，首先需要新建一个ZooKeeper项目。ZooKeeper项目的结构与普通的JavaSE项目一样，只是依赖的jar包不同。

### 1．Maven 项目

在Eclipse中新建一个Maven项目zk_demo（Maven项目的搭建此处不做过多讲解），项目结构如图6-5所示。

然后在该项目的pom.xml文件中添加以下代码，以引入ZooKeeper的Java API依赖包：

```xml
<dependency>
   <groupId>org.apache.zookeeper</groupId>
   <artifactId>zookeeper</artifactId>
   <version>3.6.3</version>
</dependency>
```

配置好pom.xml后，即可进行ZooKeeper Java API的编写。

### 2．普通 JavaSE 项目

若用户不想使用Maven构建项目，也可以创建普通JavaSE项目。普通JavaSE项目依赖的ZooKeeper jar包主要有：两个ZooKeeper核心包zookeeper-3.6.3.jar、zookeeper-jute-3.6.3.jar和三个日志包slf4j-log4j12-1.7.25.jar、slf4j-api-1.7.25.jar、log4j-1.2.17.jar。这5个jar包都可以在ZooKeeper的安装文件apache-zookeeper-3.6.3-bin.tar.gz的lib文件夹中找到。

一个ZooKeeper的普通JavaSE项目结构如图6-6所示。

  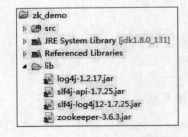

图 6-5　ZooKeeper Maven 项目结构　　　　图 6-6　ZooKeeper 普通 JavaSE 项目结构

## 6.4.2 创建节点

ZooKeeper创建节点不支持递归调用，即无法在父节点不存在的情况下创建一个子节点。如在/zk01节点不存在的情况下创建/zk01/ch01节点，并且如果一个节点已经存在，那么创建同名节点时，会抛出NodeExistsException异常。

下面创建一个节点/ zk001，节点的元数据为zk001_data。

### 1．编写代码

在新建的zk_demo项目中新建Java类CreatePath.java，然后在main()方法中写入创建节点的代码。完整代码如下所示：

```java
import org.apache.zookeeper.CreateMode;
import org.apache.zookeeper.ZooKeeper;
import org.apache.zookeeper.ZooDefs.Ids;
/**
 * 创建ZooKeeper节点，并设置元数据
 */
public class CreatePath {
  public static void main(String[] args) throws Exception {
    //ZooKeeper连接字符串
    String connectStr = "centos01:2181,centos02:2181,centos03:2181";
    //参数1：服务器连接字符串
    //参数2：连接超时时间
    //参数3：观察者对象（回调方法）
    ZooKeeper zk = new ZooKeeper(connectStr, 3000, null);  ❶
    /*
     * CreateMode 取值如下：
     * PERSISTENT: 持久节点
     * PERSISTENT_SEQUENTIAL: 持久顺序节点(自动编号)
     * EPHEMERAL: 临时节点，客户端断开连接时，这种节点会被自动删除
     * EPHEMERAL_SEQUENTIAL: 临时顺序节点
     */
    String path = zk.create("/zk001", "zk001_data".getBytes(),
        Ids.OPEN_ACL_UNSAFE, CreateMode.PERSISTENT);  ❷
    System.out.println(path);
  }
}
```

### 2. 程序解读

❶ 新建一个ZooKeeper对象，传入三个参数，解析如下：

- 第一个参数为以逗号分隔的服务器连接字符串，格式为"IP 地址:端口"或"主机名:端口"（使用主机名，需要在系统本地配置主机名 IP 映射），这里需要把所有的 ZooKeeper 服务器的地址都写上，而不是只写其中一台。ZooKeeper 客户端对象将从连接串中挑选任意一个服务器进行连接，如果连接失败，将尝试连接另外一个服务器，直到建立连接。这样的好处是能保证 ZooKeeper 服务的高可靠性，防止因为其中一台服务器宕机而导致连接失败。
- 第二个参数为连接超时时间，这里是 3 秒。
- 第三个参数为观察者对象，连接成功后会调用观察者对象中的回调方法，这里传入 null 即可。

❷ 调用ZooKeeper对象的创建节点方法create()，返回创建的节点路径，并需要传入四个参数，解析如下：

- 第一个参数为节点名称。
- 第二个参数为节点数据，需要转成字节数组。
- 第三个参数为权限控制，这里使用 ZooKeeper 自带的完全开放权限Ids.OPEN_ACL_UNSAFE。
- 第四个参数为创建模式 CreateMode，它是一个枚举类型，共有 4 个取值：PERSISTENT（持久节点，这种目录节点存储的数据不会丢失，即客户端失去连接之后不会被自动删除）、PERSISTENT_SEQUENTIAL（持久顺序节点，这种节点在命名上会自动编号，根据当前

已经存在的节点数自动加1）、EPHEMERAL（临时节点，客户端断开连接时，这种节点会被自动删除）、EPHEMERAL_SEQUENTIAL（临时顺序节点，客户端断开连接时，这种节点也会被自动删除）。

create()方法的定义源码如下：

```java
/**
 * 创建一个节点
 * @param path 节点路径
 * @param data 节点元数据
 * @param acl 节点的ACL
 * @param createMode 节点的创建模式（持久、持久顺序、临时、临时顺序）
 * @return 被创建的节点的路径
 */
public String create(final String path, byte data[], List<ACL> acl,
        CreateMode createMode)
    throws KeeperException, InterruptedException {
}
```

CreateMode枚举类的部分源码如下：

```java
/***
 * 定义节点创建模式
 */
public enum CreateMode {
  //持久节点
  PERSISTENT(0, false, false),
  //持久顺序节点
  PERSISTENT_SEQUENTIAL(2, false, true),
  //临时节点
  EPHEMERAL(1, true, false),
  //临时顺序节点
  EPHEMERAL_SEQUENTIAL(3, true, true);
}
```

#### 3．运行程序

直接在Eclipse中右击运行该程序即可，观察控制台的输出结果。若能成功输出节点路径，说明创建成功。

### 6.4.3 修改数据

使用ZooKeeper对象的setData()方法可以修改节点的元数据。例如，将节点/zk001的元数据修改为zk001_data_new，示例代码如下：

```java
/**
 * 修改节点数据
 */
@Test
public void setNodeData() throws Exception {
    String connectStr = "centos01:2181,centos02:2181,centos03:2181";
    ZooKeeper zk = new ZooKeeper(connectStr, 3000, null);
    Stat stat = zk.setData("/zk001", "zk001_data_new".getBytes(), -1);
    //输出节点版本号
    System.out.println(stat.getVersion());
```

}

setData()方法的三个参数解析如下：

- 第一个参数为节点路径。
- 第二个参数为需要修改的元数据，并转成字节数组。
- 第三个参数为版本号，-1代表所有版本。

数据添加（或修改）成功后，会返回节点的状态信息到Stat对象中，stat.getVersion()表示获取该节点的版本号，默认新节点的版本号为0，每次对节点进行修改，版本号都会增加1。

setData()方法的定义源码如下：

```
/**
 * 修改指定节点的元数据
 * @param path 节点路径
 * @param data 节点元数据
 * @param version 期望修改的版本
 * @return 节点的状态
 */
public Stat setData(final String path, byte data[], int version)
    throws KeeperException, InterruptedException {
}
```

### 6.4.4 获取数据

使用ZooKeeper对象的getData()方法可以获得指定节点的元数据，示例代码如下：

```
/**
 * 获取节点元数据
 */
@Test
public void getNodeData() throws Exception {
    //ZooKeeper连接字符串
    String connectStr = "centos01:2181,centos02:2181,centos03:2181";
    ZooKeeper zk = new ZooKeeper(connectStr, 3000, null);
    Stat stat = new Stat();
    //返回指定路径上的节点数据和节点状态，节点的状态会放入stat对象中
    byte[] bytes = zk.getData("/zk002", null, stat);
    //输出节点元数据
    System.out.println(new String(bytes));
}
```

上述代码获取了节点/zk002的元数据，并将该节点的状态信息放入对象Stat中，最后将元数据转成字符串输出到控制台。如需查看节点状态信息，可以从对象Stat中进行输出查看。

getData()方法的第二个参数传入的是null，也可以指定一个观察者对象Watcher，对节点数据的变化进行监听，一旦有数据改变，就会触发Watcher指定的回调方法。

对上述代码进行改进，加入观察者回调方法后，代码如下：

```
/**
 * 获取节点数据，并加入观察者对象Watcher（一次监听）
 */
```

```java
@Test
public void getNodeDataWatch() throws Exception {
  String connectStr = "centos01:2181,centos02:2181,centos03:2181";
  ZooKeeper zk = new ZooKeeper(connectStr, 3000, null);
  Stat stat = new Stat();

  //返回指定路径上的节点数据和节点状态，节点的状态会放入stat对象中
  byte[] bytes = zk.getData("/zk002", new Watcher() {
    //实现process()方法
    public void process(WatchedEvent event) {  ❶
      //输出监听到的事件类型
      System.out.println(event.getType());
    }
  }, stat);

  System.out.println(new String(bytes));
  //改变节点数据，触发Watcher
  zk.setData("/zk002", "zk002_data_testwatch".getBytes(), -1);
  //为了验证是否触发了Watcher，不让程序结束
  while (true) {  ❷
    Thread.sleep(3000);
  }
}
```

上述代码分析如下：

❶ process()方法是Watcher接口中的一个抽象方法，当ZooKeeper向客户端发送一个Watcher事件通知时，客户端就会对相应的process()方法进行回调，从而实现对事件的处理。

process()方法包含WatchedEvent类型的参数，WatchedEvent则包含了每一个事件的三个基本属性：通知状态（KeeperState）、事件类型（EventType）、节点路径（Path）。ZooKeeper使用WatchedEvent对象来封装服务端事件并传递给Watcher，从而方便回调方法process()对服务端事件进行处理。

process()方法中通过代码System.out.println(event.getType());输出服务端的事件类型，此处控制台的输出结果为NodeDataChanged。从结果单词的含义可知，节点数据被改变了。

❷ 为了能够更好地验证是否触发了Watcher，不让程序一次执行到底，从而加入了此部分代码，让程序一直停留在此处。

上述代码实现了一次性监听，当触发Watcher后不会再次触发，若需要持续进行监听，可将上述代码进行改进：定义一个Watcher对象，在process()方法中重新设置监听，当ZooKeeper节点/zk002的状态发生改变时将会触发Watcher，输出改变的事件类型。改进后的代码如下：

```java
/**
 * 获取节点数据，并加入观察者对象Watcher，实现持续监听
 */
@Test
public void getNodeDataWatch2() throws Exception {
  String connectStr = "centos01:2181,centos02:2181,centos03:2181";
  final ZooKeeper zk = new ZooKeeper(connectStr, 3000, null);
  final Stat stat = new Stat();
  //定义Watcher对象
  Watcher watcher = new Watcher() {
    //实现process()方法
    public void process(WatchedEvent event) {
      //输出事件类型
```

```
        System.out.println(event.getType());
        //重新设置监听,参数this代表当前Watcher对象
        try {
          zk.getData("/zk002", this, stat);
        } catch (Exception e) {
          e.printStackTrace();
        }
      }
    };
    //返回指定路径上的节点数据和节点状态,并设置Watcher监听,节点的状态会放入stat对象中
    byte[] bytes = zk.getData("/zk002", watcher, stat);
    System.out.println(new String(bytes));
    //改变节点数据,触发Watcher
    zk.setData("/zk002", "zk002_data_testwatch".getBytes(), -1);
    //为了验证是否触发了Watcher,不让程序结束
    while (true) {
      Thread.sleep(3000);
    }
  }
}
```

getData()方法的定义源码如下:

```
/**
 * 返回指定节点的元数据和状态
 * @param path 节点路径
 * @param watcher 观察者对象
 * @param stat 节点的状态
 * @return 节点元数据
 */
public byte[] getData(final String path, Watcher watcher, Stat stat)
    throws KeeperException, InterruptedException {

}
```

Watcher接口的源码如下:

```
package org.apache.zookeeper;
/**
 * Watcher接口指定事件监听程序类必须实现的公共接口。
 * 客户端通过注册回调对象来处理监听到的事件,回调对象应该是实现Watcher接口的类的实例
 */
public interface Watcher {
  /**
   * 此接口定义事件可能的状态
   */
  public interface Event {
    /**
     * ZooKeeper事件状态
     */
    public enum KeeperState {
      //客户端断开连接状态
      Disconnected(0),
      //客户端连接状态(连接到ZooKeeper集群中任何一台服务器)
      SyncConnected(3),
      //身份验证失败状态
```

```
    AuthFailed(4),
    //客户端连接到只读服务器,即当前未连接到大多数的服务器
    //接收到此状态后,唯一允许的操作是读取操作
    //此状态仅为只读客户端生成,因为读写客户端不允许连接到只读服务器
    ConnectedReadOnly(5),
    //SaslAuthenticated:用于通知客户端它们是sasl身份验证的,
    //这样客户端就可以使用sasl授权的权限执行ZooKeeper操作
    SaslAuthenticated(6),
    //连接会话过期,ZooKeeper客户端连接(会话)不再有效
    //如果要访问ZooKeeper,必须创建一个新的客户端连接(实例化一个新的ZooKeeper实例)
    Expired(-112);

    private final int intValue;
    KeeperState(int intValue) {
      this.intValue = intValue;
    }
    public int getIntValue() {
      return intValue;
    }

    public static KeeperState fromInt(int intValue) {
      switch (intValue) {
      case -1:
        return KeeperState.Unknown;
      case 0:
        return KeeperState.Disconnected;
      case 1:
        return KeeperState.NoSyncConnected;
      case 3:
        return KeeperState.SyncConnected;
      case 4:
        return KeeperState.AuthFailed;
      case 5:
        return KeeperState.ConnectedReadOnly;
      case 6:
        return KeeperState.SaslAuthenticated;
      case -112:
        return KeeperState.Expired;

      default:
        throw new RuntimeException(
            "Invalid integer value for conversion to KeeperState");
      }
    }
}

/**
 * 发生在ZooKeeper中的事件类型
 */
public enum EventType {
  None(-1),
  NodeCreated(1),
  NodeDeleted(2),
  NodeDataChanged(3),
  NodeChildrenChanged(4);

  private final int intValue;
  EventType(int intValue) {
```

```
      this.intValue = intValue;
    }
    public int getIntValue() {
      return intValue;
    }
    public static EventType fromInt(int intValue) {
      switch (intValue) {
      case -1:
        return EventType.None;
      case 1:
        return EventType.NodeCreated;
      case 2:
        return EventType.NodeDeleted;
      case 3:
        return EventType.NodeDataChanged;
      case 4:
        return EventType.NodeChildrenChanged;
      default:
        throw new RuntimeException(
            "Invalid integer value for conversion to EventType");
      }
    }
  }
  /**
   * 事件回调方法
   */
  abstract public void process(WatchedEvent event);
}
```

## 6.4.5 删除节点

使用ZooKeeper对象的delete()方法可以对指定路径节点进行删除。例如，删除节点/zk002，代码如下：

```
/**
 * 删除节点
 */
@Test
public void deletePath() throws Exception {
  String connectStr = "centos01:2181,centos02:2181,centos03:2181";
  ZooKeeper zk = new ZooKeeper(connectStr, 3000, null);
  //删除节点
  zk.delete("/zk002", -1);
}
```

上述代码中，delete()方法的两个参数解析如下：

- 第一个参数为需要删除的节点路径。
- 第二个参数为节点版本，-1代表删除所有版本。

delete()方法的定义源码如下：

```
/**
 * 删除指定节点
 * @param path 被删除的节点路径
 * @param version 期望被删除的节点版本
 */
public void delete(final String path, int version)
  throws InterruptedException, KeeperException{

}
```

## 6.5 案例分析：监听服务器动态上下线

本例中，我们使用ZooKeeper来监听多个服务器的动态上下线（服务器启动代表上线，服务器宕机或停止运行代表下线），监听的流程如图6-7所示。

图 6-7 ZooKeeper 监听服务器流程

监听的原理是：客户端通过向ZooKeeper指定的节点注册一个Watcher监听来获得该指定节点的状态变化情况。所有服务器启动的时候都连接ZooKeeper集群，每一个服务器都需要在ZooKeeper集群指定的节点（与客户端指定同一个节点）下注册一个属于自己的临时节点，节点关联的元数据为节点所属服务器的主机名。当服务器启动（上线）与停止（下线）时，会触发ZooKeeper的Watcher机制，从而通知客户端。客户端得到节点状态变化通知后，获取指定节点的所有子节点的元数据信息，即为当前在线服务器的主机名信息。

## 1. 代码编写

客户端类的完整代码如下:

```java
import java.util.ArrayList;
import java.util.List;
import org.apache.zookeeper.WatchedEvent;
import org.apache.zookeeper.Watcher;
import org.apache.zookeeper.ZooKeeper;
/**
 * 客户端类
 * 监听ZooKeeper中的指定节点,若子节点状态发生变化,则获取子节点列表
 */
public class PCClient {
    //ZooKeeper连接字符串
    private static final String CONNETC_STR = "centos01:2181,centos02:2181,centos03:2181";
    //连接超时时间(两秒)
    private static final int SESSION_TIME_OUT = 2000;
    //指定需要监听的ZooKeeper中的节点,该节点需要提前在ZooKeeper中创建
    private static final String PARENT_NODE = "/serverGroup";
    ZooKeeper zk = null;
    //客户端连接ZooKeeper
    private void connectZookeeper() throws Exception {
        zk = new ZooKeeper(CONNETC_STR, SESSION_TIME_OUT, new Watcher(){ ❶
            //监听事件的回调方法
            public void process(WatchedEvent event) { ❷
                //若指定节点下的子节点状态发生变化,重新获取服务器列表,并重新注册监听
                if(event.getType() == Event.EventType.NodeChildrenChanged &&
                        (PARENT_NODE).equals(event.getPath())){
                    try {
                        //获取服务器列表
                        getServerList();
                    } catch (Exception e) {
                        e.printStackTrace();
                    }
                }
            }
        });
        //获取在线服务器列表
        getServerList();
    }
/**
 * 获取在线服务器列表
 */
    private void getServerList() throws Exception {
        //获取服务器子节点列表,并重新对父节点进行监听。参数true代表设置监听
        List<String> subNodeList = zk.getChildren(PARENT_NODE, true); ❸
        //先创建一个List集合存储服务器信息
        List<String> newServerList = new ArrayList<String>();
        //循环服务器子节点列表,并将每个子节点的元数据字符串添加到newServerList集合
        for (String subNodeName : subNodeList) {
            byte[] data = zk.getData(PARENT_NODE+"/"+subNodeName, false, null);
```

```
            //输出节点元数据字符串
            newServerList.add(new String(data));
        }
        //输出当前在线服务器列表
        if(newServerList==null||newServerList.size()==0)
            System.out.println("暂无服务器在线");
        else
            System.out.println("服务器列表被更新: "+newServerList);
    }
    /**
     * 客户端的业务逻辑写在该方法中，此处不做处理
     */
    private void handle() throws Exception {
        System.out.println("客户端正在处理业务逻辑...");
        //线程睡眠，防止退出
        Thread.sleep(Long.MAX_VALUE);
    }
    public static void main(String[] args) throws Exception {
        PCClient client = new PCClient();
        //连接ZooKeeper
        client.connectZookeeper();
        //客户端业务逻辑处理
        client.handle();
    }
}
```

上述代码解析如下：

❶ 客户端通过实例化ZooKeeper对象连接到ZooKeeper集群，需要向ZooKeeper类的构造方法传入三个参数：连接字符串、连接超时时间和Watcher监听对象。Watcher是一个接口，此处的new Watcher(){}是一个匿名内部类，Watcher接口中有一个未实现的方法process()，因此必须对其实现。

❷ 当客户端与ZooKeeper服务器成功建立连接后，会立刻触发第一次Watcher事件，客户端会执行process()回调方法。此时，回调方法中的事件类型EventType为None（即event.getType()的值），事件路径为字符串null（即event.getPath()的值）。因此下方的if条件不成立，跳过if，执行最后的以获取当前在线服务器列表的getServerList()方法。

❸ 通过调用ZooKeeper对象的getChildren()方法，获取指定节点/serverGroup下的子节点列表，参数true代表对该节点注册Watcher监听（ZooKeeper的Watcher监听成功回调后立即失效，不会持续监听，若想持续对节点进行监听，则需要重复注册）。当该节点及其子节点的状态改变（该节点的删除和子节点的增加或删除）时，会触发Watcher，从而执行客户端连接ZooKeeper时注册的回调方法process()。

服务端类的完整代码如下：

```
import org.apache.zookeeper.CreateMode;
import org.apache.zookeeper.ZooDefs.Ids;
import org.apache.zookeeper.ZooKeeper;

/**
 * 服务端类
 * 服务器启动时连接ZooKeeper并向指定节点创建临时子节点，若子节点状态发生变化将通知客户端
 */
```

```java
public class PCServer {
    //ZooKeeper连接字符串
    private static final String CONNETC_STR = 
                        "centos01:2181,centos02:2181,centos03:2181";
    //连接超时时间（两秒）
    private static final int SESSION_TIME_OUT = 2000;
    //指定ZooKeeper中的一个节点，服务器需要在该节点下创建子节点
    private static final String PARENT_NODE = "/serverGroup";
    /**
     * 连接到ZooKeeper服务器
     */
    public void connectZookeeper(String hostname) throws Exception {
        ZooKeeper zk = new ZooKeeper(CONNETC_STR, SESSION_TIME_OUT,null);❶
        //当服务断掉时ZooKeeper将此临时节点删除，这样Client就不会得到服务的信息了
        String path = zk.create(PARENT_NODE + "/server", hostname.getBytes(),
                    Ids.OPEN_ACL_UNSAFE, CreateMode.EPHEMERAL_SEQUENTIAL);❷
        System.out.println("主机"+hostname+"在ZooKeeper中的临时节点为"+path);
    }
    /**
     * 服务器业务逻辑在此处编写
     */
    public void handle(String hostname) throws InterruptedException {
        System.out.println("主机"+hostname+"正在处理业务逻辑...");
        //线程睡眠，防止线程退出
        Thread.sleep(Long.MAX_VALUE);
    }
    public static void main(String[] args) throws Exception {
        //声明当前服务器主机名，不同服务器修改此主机名即可
        String hostname="serverHostName02";
        //连接ZooKeeper
        PCServer server = new PCServer();
        server.connectZookeeper(hostname);
        //业务逻辑处理
        server.handle(hostname);
    }
}
```

上述代码解析如下：

❶ 服务器通过实例化对象ZooKeeper，连接ZooKeeper集群，此处Watcher对象设置为null，不需要监听。

❷ 服务器连接ZooKeeper成功后，会调用方法create()在指定的节点/serverGroup下创建一个属于自己的临时子节点，临时子节点创建成功后会触发客户端设置的Watcher监听（客户端监听到子节点状态发生变化，在回调方法中获取当前在线的子节点）。当服务器与ZooKeeper的连接会话断开时，子节点将被ZooKeeper删除，从而再次触发客户端的Watcher监听。子节点的名称前缀统一为"server"，ZooKeeper将根据子节点的创建顺序，在前缀的基础上追加相应的序号，例如"server0000000001"。子节点绑定的元数据为服务器的主机名。

### 2．程序运行

客户端与服务端的启动，在Eclipse中直接运行上述程序相应的main()方法即可。当然也可以将程序项目导出为jar包，发布到服务器上运行，此处直接在Eclipse中运行。

启动服务端时，为了方便观察，每次启动需要修改服务端main()方法中的变量hostname，以便在ZooKeeper中记录不同的主机名。

具体运行步骤如下：

**01** 在ZooKeeper中创建一个用于注册监听的节点"/serverGroup"：

```
[zk: localhost:2181(CONNECTED) 1] create /serverGroup
Created /serverGroup
```

**02** 启动客户端，观察控制台输出信息如下：

```
暂无服务器在线
客户端正在处理业务逻辑...
```

**03** 启动主机名为serverHostName01的服务器，观察客户端控制台输出信息如下：

```
服务器列表被更新：[serverHostName01]
```

**04** 启动主机名为serverHostName02的服务器，观察客户端控制台输出信息如下：

```
服务器列表被更新：[serverHostName02, serverHostName01]
```

**05** 关闭主机名为serverHostName02的服务器，观察客户端控制台输出信息如下：

```
服务器列表被更新：[serverHostName01]
```

整个客户端控制台输出信息如图6-8所示。

图6-8　客户端监听到的输出信息

到此，动态监听服务器上下线的例子就完成了。在实际开发中，根据自己的业务需求，在上述代码中添加相应的业务处理逻辑即可。

## 6.6 动手练习

练习一：依照书中的操作步骤，搭建一个ZooKeeper分布式集群。

练习二：依照书中的操作步骤，使用Java API对ZooKeeper中的节点数据进行创建、修改、删除等操作。

练习三：使用Java API实现一个ZooKeeper分布式锁的例子。

# 第 7 章

# HDFS 与 YARN HA

本章主要讲解 HDFS 与 YARN 集群的 HA（高可用性）架构原理与集群搭建，并结合 ZooKeeper 实现集群自动故障转移功能。

**本章学习目标**

- 掌握 HDFS HA 和 YARN HA 的架构原理。
- 掌握 HDFS HA 集群的搭建和 YARN HA 集群的搭建。
- 掌握 HDFS 或 YARN 结合 ZooKeeper 实现自动故障转移。

## 7.1 HDFS HA 搭建

在Hadoop 2.0.0之前，一个HDFS集群中只有一个单一的NameNode，如果NameNode所在的节点宕机了或者因服务器软件升级导致NameNode进程不可用，则将导致整个集群无法访问，直到NameNode被重新启动。

HDFS高可用性（HDFS High Availability，HDFS HA）解决了上述问题，它可以在同一个集群中运行两个NameNode(从Hadoop 3.0.0开始,可以运行两个以上),其中一个处于活动状态(active)，其余的处于备用状态（standby），且只有活动状态的NameNode可以对外提供读写服务。当活动状态的NameNode崩溃时，HDFS集群可以快速切换到备用的NameNode，这样也就实现了故障转移功能。

### 7.1.1 架构原理

本节以两个NameNode的方式（实际上可以多个）讲解HDFS高可用性的架构原理。

为了能够实时无缝的进行故障切换，需要让备用NameNode的状态保持与活动NameNode同步，即元数据信息同步。因此，两个NameNode都需要与一组名为"JournalNode"的独立守护进程进行通信。当活动状态的NameNode的元数据有任何修改时，会将修改记录持久地记录到大多数的JournalNode中。备用NameNode不断地监视JournalNode并读取变更信息，以便将变化应用于自己的命名空间，如图7-1所示。

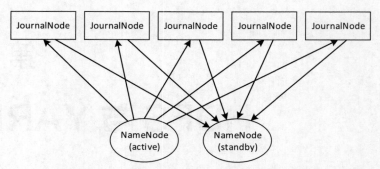

图 7-1　通过 JournalNode 进行 NameNode 状态同步

图7-1中的实现方式我们称为Qurom Journal Manager（QJM），基本原理是使用2N+1台JournalNode存储元数据信息，当活动NameNode向QJM集群写数据时，只要有多数（≥N+1）JournalNode返回成功即认为该次写数据成功，以此保证数据高可用。QJM集群能容忍最多N台计算机宕机，如果多于N台则写数据失败。

此外，为了提供快速故障转移，还需要备用NameNode拥有关于集群中块位置的最新信息。为了实现这一点，DataNode配置了两个NameNode的位置，并将块位置信息和心跳发送到这两个位置，如图7-2所示。

图 7-2　两个 NameNode 通过 DataNode 共享数据

## 7.1.2　搭建步骤

本节在本书3.5节中搭建好的Hadoop集群的基础上进行配置与修改，讲解HDFS HA的搭建。因此，建议初学者先参考本书3.5节将Hadoop集群搭建好，再参考本节学习HDFS HA的搭建。

本例的搭建总体思路是，先在centos01节点上配置完毕之后，再将改动的配置文件发送到centos02、centos03节点上。集群各节点的角色分配如表7-1所示。

表 7-1　HDFS HA 集群角色分配

| 节　　点 | 角　　色 |
| --- | --- |
| centos01 | NameNode<br>DataNode<br>JournalNode |
| centos02 | NameNode<br>DataNode<br>JournalNode |
| centos03 | DataNode<br>JournalNode |

需要注意的是，配置之前最好将三个节点的配置文件与Hadoop数据文件夹备份一下，即备份$HADOOP_HOME/etc/hadoop文件夹与$HADOOP_HOME/tmp文件夹。

备份命令如下：

```
$ cp -r hadoop/ backup-hadoop
$ cp -r tmp/ backup-tmp
```

具体搭建步骤如下：

### 1. hdfs-site.xml 文件配置

HA NameNode的配置，需要向hdfs-site.xml文件添加一些配置属性，其中的属性dfs.nameservices和dfs.ha.namenodes.[nameservice ID]所设置的值将被后面的属性所引用。因此，在设置其他配置属性之前，应该先添加这两个属性。

hdfs-site.xml文件完整的配置内容如下：

```xml
<configuration>
<property>
  <name>dfs.replication</name>
  <value>2</value>
</property>
<!--mycluster为自定义的值，下方配置要使用该值-->
<property>
  <name>dfs.nameservices</name>
  <value>mycluster</value>
</property>
<!--配置两个NameNode的标识符-->
<property>
  <name>dfs.ha.namenodes.mycluster</name>
  <value>nn1,nn2</value>
</property>
<!--配置两个NameNode所在节点与访问端口-->
<property>
  <name>dfs.namenode.rpc-address.mycluster.nn1</name>
  <value>centos01:8020</value>
</property>
<property>
  <name>dfs.namenode.rpc-address.mycluster.nn2</name>
  <value>centos02:8020</value>
</property>
<!--配置两个NameNode的Web页面访问地址-->
<property>
  <name>dfs.namenode.http-address.mycluster.nn1</name>
  <value>centos01:9870</value>
</property>
<property>
  <name>dfs.namenode.http-address.mycluster.nn2</name>
  <value>centos02:9870</value>
</property>
<!--设置一组JournalNode 的 URI 地址-->
<property>
  <name>dfs.namenode.shared.edits.dir</name>
<value>qjournal://centos01:8485;centos02:8485;centos03:8485/mycluster</value>
</property>
```

```xml
<!--JournalNode用于存放元数据和状态信息的目录-->
<property>
  <name>dfs.journalnode.edits.dir</name>
  <value>/opt/modules/hadoop-3.3.1/tmp/dfs/jn</value>
</property>
<!--NameNode节点数据在本地文件系统的存放位置-->
<property>
  <name>dfs.namenode.name.dir</name>
  <value>file:/opt/modules/hadoop-3.3.1/tmp/dfs/name</value>
</property>
<!--DataNode节点数据在本地文件系统的存放位置-->
<property>
  <name>dfs.datanode.data.dir</name>
  <value>file:/opt/modules/hadoop-3.3.1/tmp/dfs/data</value>
</property>
<!--客户端与NameNode通信的Java类-->
<property>
  <name>dfs.client.failover.proxy.provider.mycluster</name> <value>org.apache.
      hadoop.hdfs.server.namenode.ha.ConfiguredFailoverProxyProvider</value>
</property>
<!-- 解决HA集群脑裂问题-->
<property>
  <name>dfs.ha.fencing.methods</name>
  <value>sshfence</value>
</property>
<!--上述属性SSH通信使用的密钥文件-->
<property>
  <name>dfs.ha.fencing.ssh.private-key-files</name>
  <value>/home/hadoop/.ssh/id_rsa</value><!--hadoop为当前用户名-->
</property>
</configuration>
```

上述配置属性解析如下：

- dfs.nameservices：为nameservice设置一个逻辑名称ID（nameservice ID），名称ID可以自定义，例如mycluster；并且使用这个逻辑名称ID作为配置属性的值，后续配置属性将引用该ID。
- dfs.ha.namenodes.mycluster：nameservice中每个NameNode的唯一标识符。属性值是一个以逗号分隔的NameNode ID列表，其将被DataNode用于确定集群中的所有NameNode。例如，本例中使用"mycluster"作为nameservice ID，并且使用"nn1"和"nn2"作为NameNode的单个ID。需要注意的是，当前每个nameservice只能配置最多两个NameNode。
- dfs.namenode.rpc-address.mycluster.nn1：设置NameNode的RPC监听地址，需要设置NameNode进程的完整地址和RPC端口。
- dfs.namenode.rpc-address.mycluster.nn2：设置另一个NameNode的RPC监听地址，需要设置NameNode进程的完整地址和RPC端口。
- dfs.namenode.http-address.mycluster.nn1：设置NameNode的HTTP Web端监听地址，类似于上面的RPC地址，可以通过浏览器端查看NameNode状态。
- dfs.namenode.http-address.mycluster.nn2：设置另一个NameNode的HTTP Web端监听地址，类似于上面的RPC地址，可以通过浏览器端查看NameNode状态。
- dfs.namenode.shared.edits.dir：设置一组 JournalNode 的 URI 地址，活动 NameNode 将元数据写入这些 JournalNode，而备用 NameNode 则读取这些元数据信息，并作用在内存的

目录树中。如果 JournalNode 有多个节点，则使用分号分割。该属性值应符合以下格式：qjournal://host1:port1;host2:port2;host3:port3/nameservice ID。
- **dfs.journalnode.edits.dir**：JournalNode 所在节点上的一个目录，用于存放元数据和其他状态信息。
- **dfs.client.failover.proxy.provider.mycluster**：客户端与活动状态的 NameNode 进行交互的 Java 实现类。由于有两个 NameNode，只有活动 NameNode 可以对外提供读写服务，当客户端访问 HDFS 时，客户端将通过该类寻找当前的活动 NameNode。目前 Hadoop 的唯一实现是 ConfiguredFailoverProxyProvider 类，除非用户自己对其定制，否则应该使用这个类。
- **dfs.ha.fencing.methods**：解决 HA 集群脑裂问题（即出现两个 NameNode 同时对外提供服务，导致系统处于不一致状态）。在 HDFS HA 中，JournalNode 只允许一个 NameNode 对其写入数据，不会出现两个活动 NameNode 的问题。但是当主/备切换时，之前的活动 NameNode 可能仍在处理客户端的 RPC 请求，为此需要增加隔离机制（fencing）将之前的活动 NameNode 杀死。常用的 fence 方法是 sshfence，使用 SSH 需要指定 SSH 通信使用的密钥文件。
- **dfs.ha.fencing.ssh.private-key-files**：指定上述属性 SSH 通信使用的密钥文件在系统中的位置（配置 SSH 无密钥登录所生成的私钥文件，一般在当前用户主目录下的 .ssh 文件夹中）。

### 2. core-site.xml 文件配置

修改 core-site.xml 文件中的 fs.defaultFS 属性值，为 Hadoop 客户端配置默认的访问路径，以使用新的支持 HA 的逻辑 URI。若之前配置为 hdfs://centos01:9000，则需改为 hdfs://mycluster，其中的 mycluster 为 hdfs-site.xml 中定义的 nameservice ID 值，Hadoop 启动时会根据该值找到对应的两个 NameNode。

core-site.xml 的完整配置内容如下：

```xml
<configuration>
  <property>
    <name>fs.defaultFS</name>
    <value>hdfs://mycluster</value>
  </property>
  <property>
    <name>hadoop.tmp.dir</name>
    <value>file:/opt/modules/hadoop-3.3.1/tmp</value>
  </property>
</configuration>
```

文件 hdfs-site.xml 与 core-site.xml 都配置完成后，需要将这两个文件重新发送到集群其他的节点中，并覆盖原来的文件。进入 Hadoop 安装目录，执行以下命令，发送 hdfs-site.xml 文件：

```
$ scp etc/hadoop/hdfs-site.xml hadoop@centos02:/opt/modules/hadoop-3.3.1/etc/hadoop/
$ scp etc/hadoop/hdfs-site.xml hadoop@centos03:/opt/modules/hadoop-3.3.1/etc/hadoop/
```

执行以下命令，发送 core-site.xml 文件：

```
$ scp etc/hadoop/core-site.xml hadoop@centos02:/opt/modules/hadoop-3.3.1/etc/hadoop/
$ scp etc/hadoop/core-site.xml hadoop@centos03:/opt/modules/hadoop-3.3.1/etc/hadoop/
```

### 3. 启动与测试

HDFS HA 配置完成后，下面我们将集群启动，进行测试：

**01** 启动JournalNode进程。删除各个节点的$HADOOP_HOME/tmp目录下的所有文件。分别进入各个节点的Hadoop安装目录，执行以下命令，启动三个节点的JournalNode进程：

```
$ sbin/hadoop-daemon.sh start journalnode
```

**02** 格式化NameNode。在centos01节点上进入Hadoop安装目录，执行以下命令，格式化NameNode。如果没有启动JournalNode，格式化将失败。

```
$ bin/hdfs namenode -format
```

出现如下输出代表格式化成功：

```
22/03/15 14:14:45 INFO common.Storage: Storage directory /opt/modules/hadoop-3.3.1/tmp/dfs/name has been successfully formatted.
```

**03** 启动NameNode1（活动NameNode）。在centos01节点上进入Hadoop安装目录，执行以下命令，启动NameNode1：

```
$ bin/hdfs --daemon start namenode
```

启动NameNode后会生成images元数据。

**04** 复制NameNode1元数据。在centos02上进入Hadoop安装目录，执行以下命令，将centos01上的NameNode元数据复制到centos02上（也可以直接将centos01上的$HADOOP_HOME/tmp目录复制到centos02的相同位置）：

```
$ bin/hdfs namenode -bootstrapStandby
```

输出以下信息代表复制成功：

```
22/03/15 14:28:01 INFO common.Storage: Storage directory /opt/modules/hadoop-3.3.1/tmp/dfs/name has been successfully formatted.
```

**05** 启动NameNode2（备用NameNode）。在centos02上进入Hadoop安装目录，执行以下命令，启动NameNode2：

```
$ bin/hdfs --daemon start namenode
```

启动后，在浏览器中输入网址http://centos01:9870查看NameNode1的状态，如图7-3所示。
在浏览器中输入网址http://centos02:9870查看NameNode2的状态，如图7-4所示。
从图7-3和图7-4中可以看到，此时两个NameNode的状态都为standby（备用）。接下来需要将NameNode1的状态设置为active（活动）。

图7-3 查看NameNode1的状态　　　　图7-4 查看NameNode2的状态

**06** 在centos01节点上进入Hadoop安装目录。执行如下命令,将NameNode1的状态置为active:

```
$ bin/hdfs haadmin -transitionToActive nn1
```

上述代码中的nn1为hdfs-site.xml中设置的节点centos01上的NameNode的ID标识符。

上述代码执行完毕后,刷新浏览器,可以看到NameNode1的状态已经变为active,如图7-5所示。

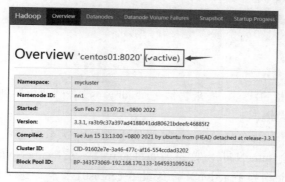

图 7-5　NameNode1 的状态变为 active

到此,两个NameNode都已经启动成功了,且其中一个为活动状态,另一个为备用状态。但是集群的DataNode还没有启动,我们可以重新启动HDFS,将NameNode、DataNode等所有相关进程一起启动。

**07** 重新启动HDFS。在centos01节点上进入Hadoop安装目录,执行以下命令,停止HDFS:

```
$ sbin/stop-dfs.sh
```

停止过程中输出的日志信息如下:

```
Stopping namenodes on [centos01 centos02]
Stopping datanodes
Stopping journal nodes [centos01 centos03 centos02]
```

然后执行以下命令,启动 HDFS:

```
$ sbin/start-dfs.sh
```

启动过程中输出的日志信息如下:

```
Starting namenodes on [centos01 centos02]
Starting datanodes
Starting journal nodes [centos01 centos03 centos02]
```

**08** 再次将NameNode1的状态置为active。重启以后,NameNode、DataNode等进程都已经启动了,但两个NameNode的状态仍然都为standby,需要再次执行步骤(6)的命令,将NameNode1的状态置为active。

**09** 在各节点中执行jps命令,查看各节点启动的Java进程。

centos01节点上的Java进程:

```
$ jps
8996 DataNode
9221 JournalNode
9959 Jps
8877 NameNode
```

centos02节点上的Java进程:

```
$ jps
8162 NameNode
8355 JournalNode
8565 Jps
8247 DataNode
```

centos03节点上的Java进程:

```
$ jps
7144 DataNode
7256 JournalNode
7371 Jps
```

**10** 测试HDFS。上传一个文件到HDFS，测试HDFS是否正常运行，文件的上传此处不做过多讲解。若一切正常，接下来测试NameNode故障转移功能。

首先将NameNode1进程杀掉：

```
$ jps
8996 DataNode
10452 Jps
9221 JournalNode
8877 NameNode
$ kill -9 8877
```

然后查看NameNode2的状态，发现仍然是standby，没有自动切换到active，此时需要手动将NameNode2的状态切换为active。

由于在手动模式下，两个NameNode都要处于standby状态才可进行切换（即如果从一个NameNode切换到另一个NameNode，首先需要将active状态的NameNode切换到standby，然后将standby状态的NameNode切换到active），因此在centos01节点上进入Hadoop安装目录，启动NameNode1（启动后默认是standby状态），然后将NameNode2的状态切换为active，代码如下：

```
$ bin/hdfs --daemon start namenode
$ bin/hdfs haadmin -transitionToActive nn2
```

再次进行HDFS文件系统的测试，发现一切正常。

以上步骤讲解了如何配置手动故障转移。在该模式下，即使活动节点失败，系统也不会自动触发从活动NameNode到备用NameNode的故障转移。这样手动切换NameNode虽然能解决故障问题，但还是比较麻烦，那么可不可以自动切换呢？答案是肯定的。7.1.3节讲解HDFS结合ZooKeeper进行自动故障转移。

## 7.1.3 结合 ZooKeeper 进行 HDFS 自动故障转移

前面讲解了如何配置手动故障转移。在这种模式下，即使活动NameNode故障，系统也不会自动触发从活动NameNode切换到备用NameNode的故障转移。本节讲解如何配置和部署自动故障转移。

HDFS的自动故障转移功能添加了两个新组件：ZooKeeper集群和ZKFailoverController进程（简称ZKFC）。

ZooKeeper在自动故障转移中主要起故障检测和NameNode选举的作用。集群中的每个NameNode计算机都在ZooKeeper中维护一个持久会话。如果计算机崩溃，ZooKeeper会话将过期，ZooKeeper将通知另一个NameNode，从而触发故障转移。当活动NameNode故障时，ZooKeeper提供了一个简单的选举机制，从备用NameNode中（目前HA集群只有两个NameNode）选出一个唯一的NameNode作为活动NameNode。

ZKFC相当于一个ZooKeeper客户端，作为独立的进程运行，负责监视和管理NameNode的状态，对 NameNode 的主/备切换进行总体控制。每个运行NameNode的计算机都会运行一个ZKFC。ZKFC会定期对本地的NameNode进行检测。只要NameNode能及时地以健康的状态做出反应，ZKFC就认为该节点是健康的。如果该节点崩溃、冻结或进入不健康状态，ZKFC会将其标记为不健康状态，并通知ZooKeeper。ZooKeeper会从其他备用NameNode中重新选举出一个NameNode作为活动NameNode，然后通知ZKFC，最后ZKFC将其对应的NameNode切换为活动NameNode。

HDFS结合ZooKeeper实现自动故障转移的整体架构如图7-6所示。

图 7-6  HDFS 结合 ZooKeeper 自动故障转移架构图

本例中,各节点的角色分配如表7-2所示。

表 7-2  HDFS 结合 ZooKeeper 搭建 HA 的集群角色分配

| 节 点 | 角 色 |
| --- | --- |
| centos01 | NameNode<br>DataNode<br>JournalNode<br>ZKFC<br>QuorumPeerMain |
| centos02 | NameNode<br>DataNode<br>JournalNode<br>ZKFC<br>QuorumPeerMain |
| centos03 | DataNode<br>JournalNode<br>QuorumPeerMain |

接下来,我们在7.1.2节配置的手动故障转移的基础上继续进行修改,搭建NameNode的自动故障转移,操作步骤如下。

**01** 开启自动故障转移功能。在centos01节点中,修改hdfs-site.xml文件,在文件下方加入以下内容:

```
<!--开启自动故障转移,mycluster为自定义配置的nameservice ID值-->
<property>
```

```
    <name>dfs.ha.automatic-failover.enabled.mycluster</name>
    <value>true</value>
</property>
```

**02** 指定ZooKeeper集群。在centos01节点中,修改core-site.xml文件,在文件下方加入以下内容,指定ZooKeeper集群各节点主机名及访问端口:

```
<property>
    <name>ha.zookeeper.quorum</name>
    <value>centos01:2181,centos02:2181,centos03:2181</value>
</property>
```

**03** 同步其他节点。发送修改好的hdfs-site.xml和core-site.xml文件到集群其他节点,覆盖原来的文件(这一步容易被忽略)。

**04** 停止HDFS集群。在centos01节点中进入Hadoop安装目录,执行以下命令,停止HDFS集群:

```
$ sbin/stop-dfs.sh
```

**05** 启动ZooKeeper集群。分别进入每个节点的ZooKeeper安装目录,执行以下命令,启动ZooKeeper集群:

```
$ bin/zkServer.sh start
```

**06** 初始化HA在ZooKeeper中的状态。在centos01节点中进入Hadoop安装目录,执行以下命令,在ZooKeeper中创建一个znode节点(/hadoop-ha/mycluster),存储自动故障转移系统的数据:

```
$ bin/hdfs zkfc -formatZK
```

输出的日志信息中包含以下内容表示执行成功:

```
INFO ha.ActiveStandbyElector: Successfully created /hadoop-ha/mycluster in ZK.
INFO zookeeper.ZooKeeper: Session: 0x20002333c070000 closed
```

**07** 启动HDFS集群。在centos01节点中进入Hadoop安装目录,执行以下命令,启动HDFS集群:

```
$ sbin/start-dfs.sh
```

**08** 启动ZKFC守护进程。由于我们是手动管理集群上的服务,所以需要手动启动运行NameNode的每个计算机上的ZKFC守护进程。分别在centos01和centos02上进入Hadoop安装目录,执行以下命令,启动ZKFC守护进程:

```
$ bin/hdfs --daemon start zkfc
```

需要注意的是,先在哪个节点上启动,哪个节点的NameNode状态就是active。

**09** 测试HDFS自动故障转移。在centos01中上传一个文件到HDFS,然后停止NameNode1,读取刚才上传的文件内容。相关命令及输出如下:

```
$ jps
13105 QuorumPeerMain
13523 DataNode
13396 NameNode
13753 JournalNode
13882 DFSZKFailoverController
```

# 第 7 章 HDFS 与 YARN HA

```
14045 Jps
$ kill -9 13396
$ jps
13105 QuorumPeerMain
14066 Jps
13523 DataNode
13753 JournalNode
13882 DFSZKFailoverController
$ hdfs dfs -cat /input/*
```

如果仍能成功读取文件内容，说明自动故障转移配置成功。此时在浏览器中访问NameNode2的Web，可以看到NameNode2的状态变为active，如图7-7所示。

图 7-7　NameNode2 的状态变为 active

最后，查看各节点的Java进程，命令及输出结果如下：

centos01节点：

```
$ jps
3360 QuorumPeerMain
4080 DFSZKFailoverController
3908 JournalNode
3702 DataNode
4155 Jps
```

centos02节点：

```
$ jps
3815 DFSZKFailoverController
3863 Jps
3480 NameNode
3353 QuorumPeerMain
3657 JournalNode
3563 DataNode
```

centos03节点：

```
$ jps
3496 JournalNode
3293 QuorumPeerMain
3390 DataNode
3583 Jps
```

到此，结合ZooKeeper进行HDFS自动故障转移功能就搭建完成了。

## 7.2　YARN HA 搭建

与HDFS HA（高可用性）类似，YARN集群也可以搭建HA功能。它可以在同一个集群中运行多个（两个或两个以上）ResourceManager，其中一个处于活动状态（active），其余的处于备用状态（standby），且只有活动状态的ResourceManager可以对外提供服务。当活动状态的ResourceManager崩溃时，YARN集群可以快速切换到备用的ResourceManager，这样也就实现了故障转移功能。本节讲解YARN集群的HA架构原理和HA的具体搭建步骤。

## 7.2.1 架构原理

本节以两个ResourceManager的方式（实际上可以多个）讲解YARN高可用性的架构原理。

在Hadoop的YARN集群中，ResourceManager负责跟踪集群中的资源，以及调度应用程序（例如MapReduce作业）。在Hadoop 2.4之前，集群中只有一个ResourceManager，当其中一个宕机时，将影响整个集群。高可用特性增加了冗余的形式，即一个活动、多个备用的ResourceManager，以便可以进行故障转移。

YARN HA的架构如图7-8所示。

图7-8  YARN HA 架构图

与HDFS HA类似，同一时间只有一个ResourceManager处于活动状态，当不启用自动故障转移时，我们必须手动将其中一个ResourceManager转换为活动状态。可以结合ZooKeeper实现自动故障转移，当活动ResourceManager无响应或故障时，另一个ResourceManager自动被ZooKeeper选为活动ResourceManager。与HDFS HA不同的是，ResourceManager中的ZKFC只作为ResourceManager的一个线程运行，而不是一个独立的进程。

## 7.2.2 搭建步骤

本节在本书第3章搭建好的Hadoop集群的基础上进行配置与修改，讲解YARN HA的搭建。因此，建议初学者先参考本书第3章将Hadoop集群搭建好，再参考本节逐步进行YARN HA的搭建。如果已经参考7.1节搭建好了HDFS HA集群，那么还可以参考本节在已有的HDFS HA集群的基础上继续进行配置与修改，搭建YARN HA。

本例的搭建总体思路是，先在centos01节点上配置完毕之后，再将改动的配置文件发送到centos02、centos03节点上。集群各节点的角色分配如表7-3所示。

表7-3  YARN 结合 ZooKeeper 搭建 HA 的集群角色分配

| 节点 | 角色 |
| --- | --- |
| centos01 | ResourceManager<br>NodeManager<br>QuorumPeerMain |

| 节　点 | 角　色 |
|---|---|
| centos02 | ResourceManager<br>NodeManager<br>QuorumPeerMain |
| centos03 | NodeManager<br>QuorumPeerMain |

下面将逐步讲解YARN HA的配置步骤：

### 1. yarn-site.xml 文件配置

YARN HA的配置需要在Hadoop配置文件yarn-site.xml中继续加入新的配置项，以完成HA功能。yarn-site.xml文件的完整配置内容如下：

```xml
<configuration>
    <!--指定可以在YARN上运行MapReduce程序-->
    <property>
      <name>yarn.nodemanager.aux-services</name>
      <value>mapreduce_shuffle</value>
    </property>
    <!--YARN HA配置-->
    <!--开启ResourceManager HA功能-->
    <property>
      <name>yarn.resourcemanager.ha.enabled</name>
      <value>true</value>
    </property>
    <!--标志ResourceManager-->
    <property>
      <name>yarn.resourcemanager.cluster-id</name>
      <value>cluster1</value>
    </property>
    <!--集群中ResourceManager的ID列表，后面的配置将引用该ID-->
    <property>
      <name>yarn.resourcemanager.ha.rm-ids</name>
      <value>rm1,rm2</value>
    </property>
    <!--ResourceManager1所在的节点主机名-->
    <property>
      <name>yarn.resourcemanager.hostname.rm1</name>
      <value>centos01</value>
    </property>
    <!--ResourceManager2所在的节点主机名-->
    <property>
      <name>yarn.resourcemanager.hostname.rm2</name>
      <value>centos02</value>
    </property>
    <!--ResourceManager1的Web页面访问地址-->
    <property>
      <name>yarn.resourcemanager.webapp.address.rm1</name>
      <value>centos01:8088</value>
    </property>
    <!--ResourceManager2的Web页面访问地址-->
```

```xml
    <property>
      <name>yarn.resourcemanager.webapp.address.rm2</name>
      <value>centos02:8088</value>
    </property>
    <!--ZooKeeper集群列表-->
    <property>
      <name>yarn.resourcemanager.zk-address</name>
      <value>centos01:2181,centos02:2181,centos03:2181</value>
    </property>
    <!--启用ResourceManager重启的功能，默认为false-->
    <property>
      <name>yarn.resourcemanager.recovery.enabled</name>
      <value>true</value>
    </property>
    <!--用于ResourceManager状态存储的类-->
    <property>
      <name>yarn.resourcemanager.store.class</name>
      <value>org.apache.hadoop.yarn.server.resourcemanager.recovery.ZKRMStateStore</value>
    </property>
</configuration>
```

上述配置属性解析如下：

- yarn.nodemanager.aux-services：NodeManager上运行的附属服务，需配置成mapreduce_shuffle才可正常运行MapReduce程序。YARN提供了该配置项用于在NodeManager上扩展自定义服务，MapReduce的Shuffle功能正是一种扩展服务。
- yarn.resourcemanager.ha.enabled：开启ResourceManager HA功能。
- yarn.resourcemanager.cluster-id：标识集群中的ResourceManager。如果设置该属性，需要确保所有的ResourceManager在配置中都有自己的ID。
- yarn.resourcemanager.ha.rm-ids：ResourceManager的逻辑ID列表。可以自定义，此处设置为"rm1，rm2"。后面的配置将引用该ID。
- yarn.resourcemanager.hostname.rm1：指定ResourceManager对应的主机名。另外，可以设置ResourceManager的每个服务地址。
- yarn.resourcemanager.webapp.address.rm1：指定ResourceManager的Web端访问地址。
- yarn.resourcemanager.zk-address：指定集成的ZooKeeper的服务地址。
- yarn.resourcemanager.recovery.enabled：启用ResourceManager重启的功能，默认为false。
- yarn.resourcemanager.store.class：用于ResourceManager状态存储的类，默认为org.apache.hadoop.yarn.server.resourcemanager.recovery.FileSystemRMStateStore，基于Hadoop文件系统的实现。另外，还可以为org.apache.hadoop.yarn.server.resourcemanager.recovery.ZKRMStateStore，该类为基于ZooKeeper的实现。此处指定该类。

2．同步其他节点

将配置好的yarn-site.xml文件发送到集群中其他节点，覆盖之前的文件即可。

3．启动 ZooKeeper 集群

分别进入每个节点的ZooKeeper安装目录，执行以下命令，启动ZooKeeper集群：

```
$ bin/zkServer.sh start
```

### 4. 启动YARN集群

在centos01节点上进入Hadoop安装目录，执行以下命令，启动YARN集群：

```
$ sbin/start-yarn.sh
```

启动过程中输出的日志信息如下：

```
Starting resourcemanagers on [centos01 centos02]
Starting nodemanagers
```

除了上述方式启动YARN集群外，也可以使用分别在各个节点中启动YARN的守护进程的方式启动YARN集群，该方式的步骤如下：

（1）分别在centos01和centos02节点上进入Hadoop安装目录，执行以下命令，启动ResourceManager：

```
$ bin/yarn --daemon start resourcemanager
```

（2）分别在centos01、centos02和centos03节点上进入Hadoop安装目录，执行以下命令，启动NodeManager：

```
$ bin/yarn --daemon start nodemanager
```

### 5. 查看各节点Java进程

centos01节点：

```
$ jps
4834 Jps
3360 QuorumPeerMain
4321 NodeManager
4541 ResourceManager
```

centos02节点：

```
$ jps
4486 Jps
4071 NodeManager
4359 ResourceManager
3353 QuorumPeerMain
```

centos03节点：

```
$ jps
4104 Jps
3836 NodeManager
3293 QuorumPeerMain
```

此时，在浏览器中输入地址http://centos01:8088 访问活动ResourceManager，查看YARN的启动状态，如图7-9所示。

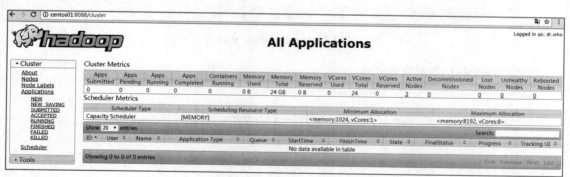

图7-9 活动ResourceManager Web界面查看

如果访问备用ResourceManager地址http://centos02:8088，发现自动跳转到了活动ResourceManager的地址http://centos01:8088。这是因为此时活动状态的ResourceManager在centos01节点上，访问备用ResourceManager会自动跳转到活动ResourceManager。

当然也可以在centos01节点上进入Hadoop安装目录执行以下命令，查看各个ResourceManager的状态：

```
$ bin/yarn rmadmin -getServiceState rm1
active
$ bin/yarn rmadmin -getServiceState rm2
standby
```

**6. 测试YARN自动故障转移**

（1）启动HDFS。如果HDFS使用的是HA模式，应同时启动HA所需的相关进程（具体见7.1节的HDFS HA搭建）。

（2）在centos01节点上执行MapReduce默认的WordCount程序，当正在执行Map任务时，新开一个SSH Shell窗口，杀掉centos01的ResourceManager进程，观察程序执行过程，以此来测试YARN的自动故障转移功能。

若仍然能够流畅地执行，说明自动故障转移功能生效了，ResourceManager遇到故障后，自动切换到centos02节点上继续执行。此时，浏览器访问备用ResourceManager的Web页面地址http://centos02:8088，发现可以成功访问，如图7-10所示。

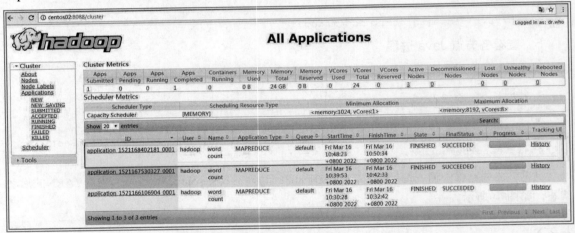

图7-10　备用ResourceManager Web界面查看

到此，YARN HA集群搭建成功。

# 7.3 动手练习

练习一：依照书中的操作步骤，搭建一个HDFS HA集群，并结合ZooKeeper实现自动故障转移功能。

练习二：依照书中的操作步骤，搭建一个YARN HA集群，并结合ZooKeeper实现自动故障转移功能。

# 第 8 章 HBase

本章首先讲解 HBase 的表结构、数据模型和集群架构，然后通过实际操作讲解 HBase 集群的安装、Shell 命令和 Java API 操作，最后通过案例讲解 HBase 的数据转移以及数据备份与恢复。

**本章学习目标**

※ 掌握 HBase 的基本表结构、HBase 的数据模型以及 HBase 的集群架构与原理。
※ 掌握 HBase 集群的搭建以及 Shell 命令和 Java API 操作。
※ 掌握 HBase 的数据转移、数据备份与数据恢复。

## 8.1 什么是 HBase

Apache HBase 是一个开源的、分布式的、非关系型的列式数据库。正如 Bigtable 利用了谷歌文件系统提供的分布式数据存储一样，HBase 在 Hadoop 的 HDFS 之上提供了类似于 Bigtable 的功能。

HBase 位于 Hadoop 生态系统的结构化存储层，数据存储于分布式文件系统 HDFS 并且使用 ZooKeeper 作为协调服务。HDFS 为 HBase 提供了高可靠性的底层存储支持，MapReduce 为 HBase 提供了高性能的计算能力，ZooKeeper 则为 HBase 提供了稳定的服务和失效恢复机制。

HBase 的设计目的是处理非常庞大的表，甚至可以使用普通计算机处理超过 10 亿行的、由数百万列组成的表的数据。由于 HBase 依赖于 Hadoop HDFS，因此它与 Hadoop 一样，主要依靠横向扩展，并不断增加廉价的商用服务器来提高计算和存储能力。

HBase 对表的处理具有如下特点：

- 一个表可以有上亿行、上百万列。
- 采用面向列的存储和权限控制。
- 为空（NULL）的列并不占用存储空间。

HBase 与传统关系型数据库（RDBMS）的区别如表8-1所示。

表 8-1  HBase 与 RDBMS 的区别

| 类别 | HBase | RDBMS |
|---|---|---|
| 硬件架构 | 分布式集群，硬件成本低廉 | 传统多核系统，硬件成本昂贵 |
| 数据库大小 | PB | GB、TB |
| 数据分布方式 | 稀疏的、多维的 | 以行和列组织 |
| 数据类型 | 只有简单的字符串类型，所有其他类型都由用户自定义 | 丰富的数据类型 |
| 存储模式 | 基于列存储 | 基于表格结构的行模式存储 |
| 数据修改 | 可以保留旧版本数据，插入对应的新版本数据 | 替换修改旧版本数据 |
| 事务支持 | 只支持单个行级别 | 对行和表全面支持 |
| 查询语言 | 可使用 Java API，若结合其他框架，如 Hive，可以使用 HiveQL | SQL |
| 吞吐量 | 百万查询每秒 | 数千查询每秒 |
| 索引 | 只支持行键，除非结合其他技术，如 Hive | 支持 |

## 8.2  HBase 基本结构

HBase数据库的基本组成结构如下。

### 1．表（table）

在HBase中，数据存储在表中，表名是一个字符串（String），表由行和列组成。与关系型数据库（RDBMS）不同，HBase表是多维映射的。

### 2．行（row）

HBase中的行由行键（rowkey）和一个或多个列（column）组成。行键没有数据类型，总是视为字节数组byte[]。行键类似于关系型数据库（RDBMS）中的主键索引，在整个HBase表中是唯一的，但与RDBMS不同的是，行键按照字母顺序排序。例如，表中已有三条行键为1000001、1000002和1000004的数据，当插入一条行键为1000003的数据时，该条数据不会排在最后，而是排在行键1000002和1000004的中间。因此，行键的设计非常重要，我们可以利用行键的这个特性将相关的数据排列在一起。例如，将网站的域名作为行键的前缀，则应该将域名进行反转存储（例如，org.apache.www、org.apache.mail、org.apache.jira），这样所有的Apache域名将在表中排列在一起，而不是分散排列。

### 3．列族（column family）

HBase列族由多个列组成，相当于将列进行分组。列的数量没有限制，一个列族里可以有数百万个列。表中的每一行都有同样的列族。列族必须在表创建的时候指定，不能轻易修改，且数量不能太多，一般不超过3个。列族名的类型是字符串。

### 4．列限定符（qualifier）

列限定符用于代表HBase表中列的名称，列族里的数据通过列限定符来定位，常见的定位格式为"family:qualifier"（例如，要定位到列族cf1中的列name，则使用cf1:name）。HBase中的列族和列限定符都可以理解为列，只是级别不同。一个列族下面可以有多个列限定符，因此列族可以简单地理解为第一级列，列限定符是第二级列，两者是父子关系。与行键一样，列限定符没有数据类型，总是视为字节数组byte[]。

### 5．单元格（cell）

单元格通过行键、列族和列限定符一起来定位。单元格包含值和时间戳。值没有数据类型，总是视为字节数组byte[]，时间戳代表该值的版本，类型为long。默认情况下，时间戳表示数据写入服务器的时间，但是当数据放入单元格时，也可以指定不同的时间戳。每个单元格都根据时间戳保存着同一份数据的多个版本，且降序排列，即最新的数据排在前面，这样有利于快速查找最新数据。对单元格中的数据进行访问的时候会默认读取最新的值。

## 8.3　HBase 数据模型

图8-1以可视化的方式展现了RDBMS和HBase的数据模型的不同。由于HBase表是多维映射的，因此行列的排列与传统RDBMS不同。传统RDBMS数据库对于不存在的值，必须存储NULL值，而在HBase中，不存在的值可以省略，且不占存储空间。此外，HBase在新建表的时候必须指定表名和列族，不需要指定列，所有的列在后续添加数据的时候动态添加，而RDBMS指定好列以后，不可以修改和动态添加。

| id | name | age | hobby | address |
|---|---|---|---|---|
| 001 | zhangsan | 26 | 篮球 | 山东 |
| 002 | lisi | 20 | 跑步 | NULL |
| 003 | wangwu | NULL | NULL | 青岛 |
| 004 | zhaoliu | NULL | NULL | NULL |

| rowkey | family1 | family2 |
|---|---|---|
| 001 | family1:name=zhangsan<br>family1:age=26 | family2:hobby=篮球<br>family2:address=山东 |
| 002 | family1:name=lisi<br>family1:age=20 | family2:hobby=跑步 |
| 003 | family1:name=wangwu | family2:address=青岛 |
| 004 | family1:name=zhaoliu | |

图 8-1　RDBMS 和 HBase 的数据模型

我们也可以把HBase数据模型看成是一个键值数据库，通过4个键定位到具体的值。这4个键为行键、列族、列限定符和时间戳（也可省略，默认取最新数据）。首先通过行键定位到一整行数据，然后通过列族定位到列所在的范围，最后通过列限定符定位到具体的单元格数据。既然是键值数据库，可以用来描述的方法有很多，如图8-2所示，通过JSON数据格式表示HBase数据模型。

图 8-2  HBase JSON 格式数据模型

当然，我们还可以通过Java对HBase数据模型进行描述。我们都知道，Java中常用的存储键值的集合为Map，而Map是允许多层嵌套的，使用Map嵌套来表示HBase数据模型的效果如下：

```
Map<rowkey,Map<column family,Map< qualifier,Map<timestamp,data>>>>
```

## 8.4  HBase 集群架构

HBase架构采用主从（Master/Slave）方式，由三种类型的节点组成——HMaster节点、HRegionServer节点和ZooKeeper集群。HMaster节点作为主节点，HRegionServer节点作为从节点，这种主从模式类似于HDFS的NameNode与DataNode。

HBase集群中所有的节点都是通过ZooKeeper来进行协调的。HBase底层通过HRegionServer将数据存储于HDFS中。HBase集群部署架构如图8-3所示。

HBase客户端通过RPC方式与HMaster节点和HRegionServer节点通信，HMaster节点连接ZooKeeper获得HRegionServer节点的状态并对其进行管理。HBase的系统架构如图8-4所示。

由于HBase将底层数据存储于HDFS中，因此也涉及NameNode节点和DataNode节点等。HRegionServer经常与HDFS的DataNode在同一节点上，有利于数据的本地化访问，节省网络传输时间。

图 8-3  HBase 集群部署架构

### 1．HMaster

HMaster节点并不是只有一个，用户可以启动多个HMaster节点，并通过ZooKeeper的选举机制保持同一时刻只有一个HMaster节点处于活动状态，其他HMaster处于备用状态（一般情况下只会启动两个HMaster）。

图 8-4　HBase 的系统架构

HMaster节点的主要作用如下：

- HMaster 节点本身并不存储 HBase 的任何数据。它主要用于管理 HRegionServer 节点，指定 HRegionServer 节点可以管理哪些 HRegion，以实现其负载均衡。
- 当某个 HRegionServer 节点宕机时，HMaster 会将其中的 HRegion 迁移到其他的 HRegionServer 上。
- 管理用户对表的增删改查等操作。
- 管理表的元数据（每个 HRegion 都有一个唯一标识符，元数据主要保存 HRegion 的唯一标识符和 HRegionServer 的映射关系）。
- 权限控制。

### 2. HRegion 与 HRegionServer

HBase使用rowkey自动把表水平切分成多个区域，这个区域称为HRegion。每个HRegion由表中的多行数据组成。最初一个表只有一个HRegion，随着数据的增多，当数据大到一定的值后，便会在某行的边界上将表分割成两个大小基本相同的HRegion。然后由HMaster节点将HRegion分配到不同的HRegionServer节点中（同一张表的多个HRegion可以分配到不同的HRegionServer中），由HRegionServer对其进行管理以及响应客户端的读写请求。分布在集群中的所有HRegion按序排列就组成了一张完整的表。

每一个HRegion都记录了rowkey的起始行键（startkey）和结束行键（endkey），第一个HRegion的startkey为空，最后一个HRegion的endkey为空。客户端可以通过HMaster节点快速定位到每个rowkey所在的HRegion。

HRegion与HRegionServer的关系如图8-5所示。

### 3. Store

一个Store存储HBase表的一个列族的数据。由于表被水平分割成多个HRegion，那么一个HRegion中包含一个或多个Store。Store中包含一个MemStore和多个HFile文件。MemStore相当于一个内存缓冲区，数据存入磁盘之前会先存入MemStore中，当MemStore中的数据大小达到一定的值后，会生成一个HFile文件，MemStore中的数据会转移到HFile文件中（也可以手动执行HBase命令，将MemStore中的数据转移到HFile文件），StoreFile是对HFile文件的封装，HFile是HBase底层的数据存储格式，最终数据以HFile的格式存储在HDFS中。

图 8-5　HRegion 与 HRegionServer 的关系

需要注意的是，一个HFile文件只存放某个时刻MemStore中的所有数据，一个完整的行数据可能存放在多个HFile里。

### 4．HLog

HLog是HBase的日志文件，记录数据的更新操作。与RDBMS数据库类似，为了保证数据的一致性和实现回滚等操作，HBase在写入数据时会先进行WAL（预写日志）操作，即将更新操作写入HLog文件中，然后才会将数据写入Store的MemStore中，只有这两个地方都写入并确认后，才认为数据写入成功。由于MemStore是将数据存入内存中，且数据大小没有达到一定值时不会写入到HDFS，若在数据写入HDFS之前服务器崩溃，则MemStore中的数据将丢失，此时可以利用HLog来恢复丢失的数据。HLog日志文件存储于HDFS中，因此若服务器崩溃，HLog仍然可用。

### 5．ZooKeeper

每个HRegionServer节点会在ZooKeeper中注册一个自己的临时节点，HMaster通过这些临时节点发现可用的HRegionServer节点，跟踪HRegionServer节点的故障等。

HBase利用ZooKeeper来确保只有一个活动的HMaster在运行。

HRegion应该分配到哪个HRegionServer节点上，也是通过ZooKeeper得知的。

## 8.5　HBase 安装配置

本节讲解HBase的单机模式、伪分布模式和集群模式的具体搭建步骤。

### 8.5.1　单机模式

HBase依赖于Java环境，单机模式安装之前，需要先安装好Java，Java的安装此处不做讲解。

在单机模式中，HBase的数据存储于本地文件系统而不是HDFS，所有的HBase守护进程和ZooKeeper运行于同一个JVM中，即HMaster、一个HRegionServer和ZooKeeper守护进程。并且ZooKeeper被绑定到一个开放的端口，这样客户端就可以连接HBase了。

单机模式的搭建步骤如下：

**01** 上传并解压安装包。在Apache网站下载一个HBase的稳定发布版本，本书使用2.4.9版本。然后将hbase-2.4.9-bin.tar.gz上传到centos01服务器的/opt/softwares目录并将其解压到目录/opt/modules/，解压命令如下：

```
$ tar -zxf hbase-2.4.9-bin.tar.gz -C /opt/modules/
```

**02** 修改配置文件。HBase安装目录下的conf/hbase-site.xml是HBase的主要配置文件，修改该文件，指定一个HBase和ZooKeeper的本地数据存储目录，默认是/tmp。许多服务器重启时会自动删除/tmp中的内容，因此我们需要将存储的数据放到其他目录。

例如如下配置，将HBase数据放入了hadoop用户主目录的hbase文件夹中，ZooKeeper数据放入了hadoop用户主目录的zookeeper文件夹中。这两个文件夹不需要提前创建，HBase将为我们自动创建。

```xml
<configuration>
  <property>
    <name>hbase.rootdir</name>
    <value>file:///home/hadoop/hbase</value>
  </property>
  <property>
    <name>hbase.zookeeper.property.dataDir</name>
    <value>/home/hadoop/zookeeper</value>
  </property>
</configuration>
```

**03** 启动HBase服务。进入HBase安装目录，执行以下命令，可以启动HBase服务：

```
$ bin/start-hbase.sh
```

启动输出部分日志如下：

```
SLF4J: See http://www.slf4j.org/codes.html#multiple_bindings for an explanation.
SLF4J: Actual binding is of type [org.slf4j.impl.Log4jLoggerFactory]
running master, logging to
/opt/modules/hbase-2.4.9/bin/../logs/hbase-hadoop-master-centos01.out
```

启动HBase成功后，执行jps命令，可以查看当前启动的Java进程：

```
$ jps
2960 HMaster
3259 Jps
```

可以看到，单机模式只存在一个叫HMaster的进程。因为在单机模式下，HBase运行的所有守护进程（即HMaster、HRegionServer和ZooKeeper守护进程）都在一个JVM中。

如果HMaster进程没有启动，说明HBase单击模式启动失败，可以查看HBase安装目录下的logs文件夹中的相关日志信息。

> **注意** 如果系统中已经安装了Java，但启动HBase时出现 "Error: JAVA_HOME is not set" 的错误，那么修改文件conf/hbase-env.sh，将JAVA_HOME的值添加到该文件中。

**04** 使用HBase Shell操作数据。接下来就可以使用HBase Shell来创建表了。HBase Shell的使用将在后续进行详细讲解。

**05** 停止HBase服务。进入HBase安装目录，执行以下命令，可以停止HBase服务：

```
$ bin/stop-hbase.sh
```

### 8.5.2 伪分布模式

伪分布模式是一种运行在单个节点（单台计算机）上的分布式模式，HBase的每一个守护进程（HMaster、HRegionServer和ZooKeeper）都作为一个单独的进程来运行。

我们可以重新配置HBase来运行伪分布模式。默认情况下，HBase的数据仍然存储在/tmp目录中，可以通过配置hbase.rootdir属性修改数据存储位置。你可以像前面的单击模式一样，将数据继续存储在本地文件系统中，也可以将数据存储在分布式系统HDFS中。本例将数据存储在HDFS中，因此安装HBase伪分布模式之前，需要搭建好Hadoop。Hadoop的搭建此处不做讲解。

HBase伪分布模式的具体搭建步骤如下：

**01** 上传并解压安装包。安装文件的上传和解压参考单机模式，此处不再赘述。

**02** 修改配置文件。此处仍然需要修改HBase安装目录下的conf/hbase-site.xml配置文件，其中的hbase.rootdir属性仍然需要指定HBase数据存储目录，否则跟单机模式一样，默认存储在本地文件系统的/tmp中。伪分布模式可以将HBase的数据存储于本地文件系统，也可以存储数据到HDFS中（集群模式只能存储于HDFS中），本例配置HBase数据存储于HDFS中。伪分布模式常用于HBase的测试与研究，不要将其使用于生产环境。

文件hbase-site.xml的完整配置内容如下：

```xml
<configuration>
  <!--开启分布式，每个守护进程会启动一个JVM实例-->
  <property>
    <name>hbase.cluster.distributed</name>
    <value>true</value>
  </property>
  <!--HBase数据存储目录，必须与HDFS的core-site.xml中fs.defaultFS所指定的值相同-->
  <property>
    <name>hbase.rootdir</name>
    <value>hdfs://centos01:9000/hbase</value>
  </property>
  <!--ZooKeeper数据存储目录-->
  <property>
    <name>hbase.zookeeper.property.dataDir</name>
    <value>/home/hadoop/zookeeper</value>
  </property>
</configuration>
```

上述配置属性解析如下：

- hbase.rootdir：指定 HBase 在 HDFS 中的数据存储目录，HBase 启动时会自动创建。属性值必须与 HDFS 的 core-site.xml 中的 fs.defaultFS 所指定的值相同。
- hbase.cluster.distributed: 值为 true 代表开启分布式模式。这样每个守护进程会启动一个 JVM 实例。

**03** 启动HDFS，代码如下：

```
bin/start-dfs.sh
```

**04** 启动HBase。使用bin/start-hbase.sh命令启动HBase，如果配置成功，使用jps命令可以查看到HMaster、HRegionServer和HQuorumPeer进程正在运行。

> **注意** 与单机模式一样，若启动HBase时出现 "Error: JAVA_HOME is not set" 的错误，那么修改文件conf/hbase-env.sh，将JAVA_HOME的值添加到该文件中。

**05** 查看HDFS中的HBase目录。启动成功后，HBase将在HDFS中创建目录/hbase，查看该目录下生成的所有文件：

```
[hadoop@centos01 hbase-2.4.9]$ hdfs dfs -ls /hbase
Found 12 items
drwxr-xr-x   - hadoop supergroup          0 2022-02-28 15:52 /hbase/.hbck
drwxr-xr-x   - hadoop supergroup          0 2022-02-28 15:52 /hbase/.tmp
drwxr-xr-x   - hadoop supergroup          0 2022-02-28 15:52 /hbase/MasterData
drwxr-xr-x   - hadoop supergroup          0 2022-02-28 15:52 /hbase/WALs
drwxr-xr-x   - hadoop supergroup          0 2022-02-28 15:52 /hbase/archive
drwxr-xr-x   - hadoop supergroup          0 2022-02-28 15:52 /hbase/corrupt
drwxr-xr-x   - hadoop supergroup          0 2022-02-28 15:52 /hbase/data
-rw-r--r--   2 hadoop supergroup         42 2022-02-28 15:52 /hbase/hbase.id
-rw-r--r--   2 hadoop supergroup          7 2022-02-28 15:52 /hbase/hbase.version
drwxr-xr-x   - hadoop supergroup          0 2022-02-28 15:52 /hbase/mobdir
drwxr-xr-x   - hadoop supergroup          0 2022-02-28 15:52 /hbase/oldWALs
drwx--x--x   - hadoop supergroup          0 2022-02-28 15:52 /hbase/staging
```

**06** 使用HBase Shell操作数据。接下来就可以使用HBase Shell来创建表了。HBase Shell的使用将在后续进行详细讲解。

## 8.5.3 集群模式

HBase集群建立在Hadoop集群的基础上，而且依赖于ZooKeeper，因此在搭建HBase集群之前，需要将Hadoop集群（本例使用的Hadoop集群为非HA模式，即一个NameNode）和ZooKeeper集群搭建好。Hadoop和ZooKeeper集群的搭建读者可以参考本书3.5节和6.2.3节，此处不再赘述。

本例仍然使用三个节点（centos01、centos02和centos03）搭建部署HBase集群，集群各节点的角色分配如表8-2所示。

表 8-2　HBase 集群角色分配

| | centos01 节点 | centos02 节点 | centos03 节点 |
|---|---|---|---|
| HDFS | NameNode<br>SecondaryNameNode<br>DataNode | DataNode | DataNode |

（续表）

|  | centos01 节点 | centos02 节点 | centos03 节点 |
|---|---|---|---|
| ZooKeeper | QuorumPeerMain | QuorumPeerMain | QuorumPeerMain |
| HBase | HMaster<br>HRegionServer | HRegionServer | HRegionServer |

表8-2中的各个角色指的是相应集群在各个节点所启动的守护进程。

总体搭建思路是，在节点centos01中安装HBase并修改配置文件，然后将配置好的HBase安装文件远程复制到集群中的其他节点，搭建步骤如下：

**01** 上传并解压HBase安装包。将hbase-2.4.9-bin.tar.gz上传到centos01服务器的/opt/softwares目录并将其解压到目录/opt/modules/，解压命令如下：

```
$ tar -zxf hbase-2.4.9-bin.tar.gz -C /opt/modules/
```

**02** hbase-env.sh文件配置。修改HBase安装目录下的conf/hbase-env.sh，加入以下代码，配置HBase关联的JDK，并禁用HBase自带的ZooKeeper：

```
export JAVA_HOME=/opt/modules/jdk1.8.0_144
#禁用HBase自带的ZooKeeper，使用外部独立ZooKeeper
export HBASE_MANAGES_ZK=false
```

如果需要使用HBase自带的ZooKeeper，则向该文件添加export HBASE_MANAGES_ZK=true即可，本例使用外部单独的ZooKeeper。

**03** hbase-site.xml文件配置。修改HBase安装目录下的conf/hbase-site.xml，完整配置内容如下：

```xml
<configuration>
  <!--Hbase数据存储目录。需要与HDFS NameNode端口一致-->
  <property>
    <name>hbase.rootdir</name>
    <value>hdfs://centos01:9000/hbase</value>
  </property>
  <!--开启分布式-->
  <property>
    <name>hbase.cluster.distributed</name>
    <value>true</value>
  </property>
  <!--ZooKeeper节点列表 -->
  <property>
    <name>hbase.zookeeper.quorum</name>
    <value>centos01:2181,centos02:2181,centos03:2181</value>
  </property>
  <!--ZooKeeper配置、日志等数据存放目录-->
  <property>
    <name>hbase.zookeeper.property.dataDir</name>
    <value>/opt/modules/hbase-2.4.9/zkData</value>
  </property>
  <!--在分布式环境下设置为false，为解决启动HMaster无法初始化WAL的问题-->
  <property>
    <name>hbase.unsafe.stream.capability.enforce</name>
    <value>false</value>
  </property>
  <property>
```

```xml
    <name>hbase.wal.provider</name>
    <value>filesystem</value>
  </property>
</configuration>
```

上述配置属性解析如下：

- hbase.rootdir：HBase 的数据存储目录，配置好后，HBase 数据就会写入到这个目录中，且目录不需要手动创建，HBase 启动的时候会自动创建。由于 HBase 数据存储在 HDFS 上，所以该目录要写 HDFS 的目录，注意地址 hdfs://centos01:9000 应与 Hadoop 的 fs.defaultFS 一致。若 HDFS 使用的 HA 模式，还需要将 HDFS HA 集群的 core-site.xml 和 hdfs-site.xml 复制到 HBase 的 conf 目录中（初学者不建议将 HBase 与 HDFS HA 结合，使用单一 NameNode 即可）。
- hbase.cluster.distributed：设置为 true 代表开启分布式。
- hbase.zookeeper.quorum：设置依赖的 ZooKeeper 节点，此处加入所有 ZooKeeper 集群即可。
- hbase.zookeeper.property.dataDir：设置 ZooKeeper 的配置、日志等数据存放目录。

另外，还有一个属性 hbase.tmp.dir 是设置 HBase 临时文件存放目录，不设置的话，默认存放在 /tmp 目录，该目录重启就会清空。

**04** regionservers 文件配置。regionservers 文件列出了所有运行 HRegionServer 进程的服务器。对该文件的配置与 Hadoop 中对 workers 文件的配置相似，需要在文件中的每一行指定一台服务器，当 HBase 启动时会读取该文件，将文件中指定的所有服务器启动 HRegionServer 进程。当 HBase 停止的时候，也会同时停止它们。

本例中，我们将三个节点都作为运行 HRegionServer 的服务器。因此，我们需要作出如下修改：修改 HBase 安装目录下的 /conf/regionservers 文件，去掉默认的 localhost，加入如下内容（注意：主机名前后不要包含空格）：

```
centos01
centos02
centos03
```

**05** 复制 HBase 到其他节点。centos01 节点配置完成后，需要复制整个 HBase 安装目录文件到集群的其他节点，复制命令如下：

```
$ scp -r hbase-2.4.9/ hadoop@centos02:/opt/modules/
$ scp -r hbase-2.4.9/ hadoop@centos03:/opt/modules/
```

**06** 启动与测试。启动 HBase 集群之前，需要先启动 Hadoop 集群。由于 HBase 不依赖 Hadoop YARN，因此只启动 Hadoop HDFS 即可。

在 centos01 节点执行以下命令，启动 HDFS：

```
$ sbin/start-dfs.sh
```

在 centos01 节点执行以下命令，启动 HBase 集群。启动 HBase 集群的同时，会将 ZooKeeper 集群也同时启动。

```
$ bin/start-hbase.sh
```

HBase启动的部分日志如下:

```
[hadoop@centos01 hbase-2.4.9]$ bin/start-hbase.sh
    centos03: running zookeeper, logging to /opt/modules/hbase-2.4.9/bin/../
logs/hbase-hadoop-zookeeper-centos03.out
    centos02: running zookeeper, logging to /opt/modules/hbase-2.4.9/bin/../logs/
hbase-hadoop-zookeeper-centos02.out
    centos01: running zookeeper, logging to /opt/modules/hbase-2.4.9/bin/../logs/
hbase-hadoop-zookeeper-centos01.out
    running master, logging to /opt/modules/hbase-2.4.9/bin/../
logs/hbase-hadoop-master-centos01.out
    centos02: running regionserver, logging to /opt/modules/hbase-2.4.9/bin/../
logs/hbase-hadoop-regionserver-centos02.out
    centos03: running regionserver, logging to /opt/modules/hbase-2.4.9/bin/../
logs/hbase-hadoop-regionserver-centos03.out
    centos01: running regionserver, logging to /opt/modules/hbase-2.4.9/bin/../
logs/hbase-hadoop-regionserver-centos01.out
```

HBase启动完成后,查看各节点Java进程:

```
[hadoop@centos01 hbase-2.4.9]$ jps
7760 HQuorumPeer
8096 HRegionServer
2935 NameNode
3255 SecondaryNameNode
3065 DataNode
8394 Jps
7871 HMaster

[hadoop@centos02 ~]$ jps
2740 DataNode
3349 HQuorumPeer
3485 HRegionServer
3663 Jps

[hadoop@centos03 ~]$ jps
3347 HQuorumPeer
2756 DataNode
3655 Jps
3466 HRegionServer
```

从上述查看结果中可以看出,centos01节点上出现了HMaster、HQuorumPeer和HRegionServer进程,centos02和centos03节点上出现了HQuorumPeer和HRegionServer进程,说明集群启动成功。

HBase提供了Web端UI界面,浏览器访问HMaster所在节点的16010端口(http://centos01:16010)即可查看HBase集群的运行状态,如图8-6所示。

**07** 停止HBase。可以使用以下命令停止HBase集群:

```
$ bin/stop-hbase.sh
```

如果上述命令停止不了,可以分别执行以下命令停止HBase的各个守护进程:

```
$ bin/hbase-daemons.sh stop master
$ bin/hbase-daemons.sh stop reginserver
```

图 8-6　HBase Web 界面

## 8.6　HBase Shell 命令操作

HBase 为用户提供了一个非常方便的命令行操作方式，我们称之为HBase Shell。

HBase Shell 提供了大多数的 HBase 命令，通过 HBase Shell 用户可以方便地创建、删除及修改表，还可以向表中添加数据、列出表中的相关信息等。

在启动 HBase 之后，我们可以通过执行以下命令启动HBase Shell：

```
$ bin/hbase shell
```

下面通过实际操作来介绍HBase Shell的使用。

### 1．创建表

执行create 't1','f1'命令，将在HBase中创建一张表名为t1，列族名为f1的表，命令及返回信息如下：

```
hbase:004:0> create 't1','f1'
Created table t1
Took 2.2764 seconds=> Hbase::Table - t1
```

创建表的时候需要指定表名与列族名，列名在添加数据的时候动态指定。

> **注意**　在HBase Shell命令行模式下，若输入错误需要删除时，直接按【退格】键将不起作用，可以按【Ctrl+退格】键进行删除。

### 2．添加数据

向表t1中添加一条数据，rowkey为row1，列name的值为zhangsan。命令如下：

```
hbase:005:0> put 't1','row1','f1:name','zhangsan'
Took 0.5044 seconds
```

再向表t1中添加一条数据，rowkey为row2，列age为18。命令如下：

```
hbase:006:0> put 't1','row2','f1:age','18'
Took 0.0600 seconds
```

### 3. 全表扫描

使用scan命令可以通过对表的扫描来获取表中所有数据。例如，扫描表t1，命令如下：

```
hbase:007:0> scan 't1'
ROW         COLUMN+CELL
 row1       column=f1:name, timestamp=2022-02-28T19:33:25.044, value=zhangsan
 row2       column=f1:age, timestamp=2022-02-28T19:33:40.962, value=18
2 row(s)
Took 0.1650 seconds
```

可以看到，表t1中已经存在两条已添加的数据了。

### 4. 查询一行数据

使用get命令可以查询表中一整行数据。例如，查询表t1中rowkey为row1的一整行数据，命令如下：

```
hbase:020:0> get 't1','row1'
COLUMN                    CELL
 f1:name                  timestamp=2022-02-28T19:33:25.044, value=zhangsan
Took 1.1610 seconds
```

### 5. 修改表

修改表也同样使用put命令。例如，修改表t1中行键row1对应的name值，将zhangsan改为lisi，命令如下：

```
hbase:008:0> put 't1','row1','f1:name','lisi'
Took 0.0974 seconds
```

然后扫描表t1，此时row1中name的值已经变为了"lisi"：

```
hbase:009:0> scan 't1'
ROW         COLUMN+CELL
 row1       column=f1:name, timestamp=2022-02-28T19:40:32.088, value=lisi
 row2       column=f1:age, timestamp=2022-02-28T19:33:40.962, value=18
2 row(s)
Took 0.0205 seconds
```

### 6. 删除特定单元格

删除表中rowkey为row1的行的name单元格，命令如下：

```
hbase:010:0> delete 't1','row1','f1:name'
Took 0.0515 seconds
```

然后扫描表t1，发现rowkey为row1的行不存在了，因为row1只有一个name单元格，name被删除了，row1一整行数据也就不存在了。

```
hbase:011:0> scan 't1'
ROW         COLUMN+CELL
 row2       column=f1:age, timestamp=2022-02-28T19:33:40.962, value=18
1 row(s)
Took 0.0172 seconds
```

### 7. 删除一整行数据

使用deleteall命令可以删除一整行数据。例如，删除rowkey为row2的一整行数据，命令如下：

```
hbase:012:0> deleteall 't1','row2'
Took 0.0153 seconds
```

然后扫描表t1，发现rowkey为row2的行也不存在了，此时表中数据为空。

```
hbase:013:0> scan 't1'
ROW            COLUMN+CELL
0 row(s)
Took 0.0345 seconds
```

### 8．删除整张表

disable命令可以禁用表，使表无效。drop命令可以删除表。若需要完全删除一张表，需要先执行disable命令，再执行drop命令。如下：

```
hbase:014:0> disable 't1'
Took 1.3573 seconds

hbase:015:0> drop 't1'
Took 0.4114 seconds
```

如果只执行drop命令，将提示以下错误：

ERROR: Table t1 is enabled. Disable it first.

### 9．列出所有表

使用list命令，可以列出HBase数据库中的所有表：

```
hbase:024:0> list
TABLE
t1
1 row(s)
Took 0.0084 seconds
=> ["t1"]
```

从上述返回信息中可以看出，目前HBase中只有一张表t1。

### 10．查询表中的记录数

使用count命令，可以查询表中的记录数。例如，查询表t1的记录数，命令如下：

```
hbase:025:0> count 't1'
2 row(s)
Took 0.0924 seconds
=> 2
```

### 11．查询表是否存在

使用exists命令，查询表t1是否存在，命令如下：

```
hbase:026:0> exists 't1'
Table t1 does exist
Took 0.0139 seconds
=> true
```

### 12．批量执行命令

HBase还支持将多个Shell命令放入一个文件中，每行一个命令，然后读取文件中的命令，批量执行。例如，在HBase安装目录下新建一个文件sample_commands.txt，向其加入以下命令：

```
create 'test', 'cf'
list
put 'test', 'row1', 'cf:a', 'value1'
put 'test', 'row2', 'cf:b', 'value2'
put 'test', 'row3', 'cf:c', 'value3'
put 'test', 'row4', 'cf:d', 'value4'
scan 'test'
get 'test', 'row1'
disable 'test'
enable 'test'
```

然后在启动HBase Shell时,将该文件的路径作为一个参数传入。这样文本文件中的每一个命令都会被执行,且每个命令的执行结果会显示在控制台上,如下:

```
$ bin/hbase shell ./sample_commands.txt
Created table test
Took 2.2481 seconds
Hbase::Table - test

2 row(s)
Took 0.0326 seconds
t1
test

Took 0.3819 seconds
Took 0.0272 seconds
Took 0.0357 seconds
Took 0.0351 seconds
ROW              COLUMN+CELL
 row1            column=cf:a, timestamp=2022-02-28T19:59:57.582, value=value1
 row2            column=cf:b, timestamp=2022-02-28T19:59:57.626, value=value2
 row3            column=cf:c, timestamp=2022-02-28T19:59:57.655, value=value3
 row4            column=cf:d, timestamp=2022-02-28T19:59:57.700, value=value4
4 row(s)
Took 0.1155 seconds
COLUMN               CELL
 cf:a                timestamp=2022-02-28T19:59:57.582, value=value1
1 row(s)
Took 0.0634 seconds

Took 0.7002 seconds
Took 1.2225 seconds
```

## 8.7  HBase Java API 操作

本节讲解在Eclipse中使用HBase Java API对表进行创建、添加数据、查询和删除数据等。

### 8.7.1  创建 Java 工程

在Eclipse中新建Maven项目hbase_demo,然后在项目的pom.xml中加入以下内容,引入HBase的客户端依赖jar包:

```xml
<dependency>
   <groupId>org.apache.hbase</groupId>
   <artifactId>hbase-client</artifactId>
   <version>2.4.9</version>
</dependency>
```

加入以后发现pom.xml报以下错误：

```
Missing artifact jdk.tools:jdk.tools:jar:1.8
```

原因是，pom.xml中加入的HBase客户端依赖jar包隐式依赖tools.jar包，而tools.jar包并未存在于Maven仓库中，tools.jar包是JDK自带的。因此需要在pom.xml中继续引入tools.jar包，问题即可得到解决，内容如下：

```xml
<dependency>
   <groupId>jdk.tools</groupId>
   <artifactId>jdk.tools</artifactId>
   <version>1.8</version>
   <scope>system</scope>   <!--需要本地配置好环境变量JAVA_HOME-->
   <systemPath>${JAVA_HOME}/lib/tools.jar</systemPath>
</dependency>
```

## 8.7.2 创建表

HBase Java API提供了一个Admin接口，该接口中定义了用于对表进行创建、删除、启用、禁用等的方法。使用其中的createTable()方法可以创建一张表。createTable()方法的定义源码如下：

```java
/**
 * 创建一张新表，同步操作
 * @param desc 表描述器，包括表名和列族名
 */
default void createTable(TableDescriptor desc) throws IOException {
  get(createTableAsync(desc),getSyncWaitTimeout(),TimeUnit.MILLISECONDS);
}
```

例如，创建表t1，列族f1，操作步骤如下。

### 1. 编写代码

在Maven项目hbase_demo中新建Java类HBaseCreateTable.java，在main()方法中写入创建表的代码，完整代码如下：

```java
import org.apache.hadoop.conf.Configuration;
import org.apache.hadoop.hbase.HBaseConfiguration;
import org.apache.hadoop.hbase.TableName;
import org.apache.hadoop.hbase.client.Admin;
import org.apache.hadoop.hbase.client.ColumnFamilyDescriptor;
import org.apache.hadoop.hbase.client.ColumnFamilyDescriptorBuilder;
import org.apache.hadoop.hbase.client.Connection;
import org.apache.hadoop.hbase.client.ConnectionFactory;
import org.apache.hadoop.hbase.client.TableDescriptor;
import org.apache.hadoop.hbase.client.TableDescriptorBuilder;
import org.apache.hadoop.hbase.util.Bytes;
```

```java
/**
 * 在HBase中创建一张表
 */
public class HBaseCreateTable {
    public static void main(String[] args) throws Exception {
        //1.集群配置信息
        //创建HBase配置对象
        Configuration conf = HBaseConfiguration.create();
        //指定ZooKeeper集群地址
        conf.set("hbase.zookeeper.quorum", "192.168.170.133:2181,
                192.168.170.134:2181,192.168.170.135:2181");
        //创建连接对象Connection
        Connection conn = ConnectionFactory.createConnection(conf);
        //得到数据库管理员对象
        Admin admin = conn.getAdmin();

        //2.表描述信息
        //指定表名为"t1"。TableName为表示表名的不可变POJO类
        TableName tableName = TableName.valueOf("t1");
        //创建表描述构造器
        TableDescriptorBuilder tableDescriptorBuilder =
            TableDescriptorBuilder.newBuilder(tableName);
        //创建列族描述器,指定列族名称为"f1"
        ColumnFamilyDescriptor columnFamilyDescriptor =
            ColumnFamilyDescriptorBuilder.newBuilder(Bytes.toBytes("f1")).build();
        //向表描述构造器中添加列族
        tableDescriptorBuilder.setColumnFamily(columnFamilyDescriptor);
        //创建表描述器
        TableDescriptor tableDescriptor = tableDescriptorBuilder.build();

        //3.请求HBase,执行创建表命令
        admin.createTable(tableDescriptor);
        System.out.println("create table success!!");
    }
}
```

**2. 执行代码**

在Eclipse中右键运行main()方法,若控制台输出"create table success!!"信息,则说明表创建成功。当然,也可以将项目打包成jar包,上传到HBase集群中执行。

**3. 验证**

在HBase集群的任一节点上进入HBase Shell命令行模式,然后执行list命令查看当前HBase中的所有表,结果如下:

```
hbase:007:0> list
TABLE
t1
1 row(s)
Took 0.0074 seconds
=> ["t1"]
```

从输出结果中可以看到,表t1创建成功。

### 8.7.3 添加数据

HBase Java API提供了一个Table接口，该接口用于与单个HBase表通信，其中定义了对表数据进行查询、添加、扫描、删除等的方法。使用其中的put()方法可以向表中添加一条或多条数据。put()方法的定义源码如下：

```java
/**
 * 向表中添加一条数据
 * @param put 包含一条数据的Put对象
 */
default void put(Put put) throws IOException {
  put(Collections.singletonList(put));
}
/**
 * 批量向表中添加多条数据
 * @param put Put对象集合
 */
default void put(List<Put> puts) throws IOException {
  throw new NotImplementedException("Add an implementation!");
}
```

例如，向表t1中添加三条用户数据，操作步骤如下：

**01** 编写代码。在Maven项目hbase_demo中新建Java类HBasePutData.java，在main()方法中写入向表t1中添加三条数据的代码，完整代码如下：

```java
import org.apache.hadoop.conf.Configuration;
import org.apache.hadoop.hbase.HBaseConfiguration;
import org.apache.hadoop.hbase.TableName;
import org.apache.hadoop.hbase.client.Connection;
import org.apache.hadoop.hbase.client.ConnectionFactory;
import org.apache.hadoop.hbase.client.Put;
import org.apache.hadoop.hbase.client.Table;
import org.apache.hadoop.hbase.util.Bytes;
/**
 * 向表t1中添加三条数据
 */
public class HBasePutData{
    public static void main(String[] args) throws Exception {
        //创建HBase配置对象
        Configuration conf=HBaseConfiguration.create();
        //指定ZooKeeper集群地址
        conf.set("hbase.zookeeper.quorum",
        "192.168.170.133:2181,192.168.170.134:2181,192.168.170.135:2181");
        //创建数据库连接对象Connection
        Connection conn=ConnectionFactory.createConnection(conf);
        //Table负责与记录相关的操作，如增删改查等
        TableName tableName=TableName.valueOf("t1");
        Table table=conn.getTable(tableName);

        Put put = new Put(Bytes.toBytes("row1"));//设置rowkey
        //添加列数据，指定列族、列名与列值
```

```java
        put.addColumn(Bytes.toBytes("f1"), Bytes.toBytes("name"),
            Bytes.toBytes("xiaoming"));
        put.addColumn(Bytes.toBytes("f1"), Bytes.toBytes("age"),
            Bytes.toBytes("20"));
        put.addColumn(Bytes.toBytes("f1"), Bytes.toBytes("address"),
            Bytes.toBytes("beijing"));
        Put put2 = new Put(Bytes.toBytes("row2"));//设置rowkey
        //添加列数据,指定列族、列名与列值
        put2.addColumn(Bytes.toBytes("f1"), Bytes.toBytes("name"),
            Bytes.toBytes("xiaoming2"));
        put2.addColumn(Bytes.toBytes("f1"), Bytes.toBytes("age"),
            Bytes.toBytes("22"));
        put2.addColumn(Bytes.toBytes("f1"), Bytes.toBytes("address"),
            Bytes.toBytes("beijing2"));
        Put put3 = new Put(Bytes.toBytes("row3"));//设置rowkey
        //添加列数据,指定列族、列名与列值
        put3.addColumn(Bytes.toBytes("f1"), Bytes.toBytes("age"),
            Bytes.toBytes("25"));
        put3.addColumn(Bytes.toBytes("f1"), Bytes.toBytes("address"),
            Bytes.toBytes("beijing3"));

        //执行添加数据
        table.put(put);
        table.put(put2);
        table.put(put3);
        //释放资源
        table.close();
        System.out.println("put data success!!");
    }
}
```

上述代码中新建了三个Put对象,分别作为put()方法的参数传入。每个Put对象包含需要添加的一条数据。

**02** 执行代码。右键运行main()方法,若控制台输出"put data success!!"信息,则说明数据添加成功。

**03** 验证。在HBase集群的任一节点上进入HBase Shell命令行模式,然后执行scan 't1'命令扫描表t1中的所有数据,结果如下:

```
hbase:017:0> scan 't1'
ROW     COLUMN+CELL
row1    column=f1:address, timestamp=2022-02-28T19:33:25.044, value=beijing
row1    column=f1:age, timestamp=2022-02-28T19:33:27.045, value=20
row1    column=f1:name, timestamp=2022-02-28T19:33:35.044, value=xiaoming
row2    column=f1:address, timestamp=2022-02-28T19:33:37.046, value=beijing2
row2    column=f1:age, timestamp=2022-02-28T19:33:25.048, value=22
row2    column=f1:name, timestamp=2022-02-28T19:33:25.048, value=xiaoming2
row3    column=f1:address, timestamp=2022-02-28T19:33:55.094, value=beijing3
row3    column=f1:age, timestamp=2022-02-28T19:33:35.044, value=25
3 row(s)
Took 0.1670 seconds
```

从上述输出结果中可以看到，表t1成功添加了三条数据，rowkey分别为row1、row2和row3，同属于列族f1，row1有三个字段address、age、name，row2有三个字段address、age、name，row3有两个字段address、age。

## 8.7.4 查询数据

使用Table接口的get()方法可以根据行键查询一整条数据，get()方法的定义源码如下：

```
/**
 * 从给定的行中提取指定的单元格
 * @param get 该对象指定从哪一行获取数据，并且获取什么样的数据
 * @return 返回查询的指定行的数据
 */
default Result get(Get get) throws IOException {
  return get(Collections.singletonList(get))[0];
}
```

例如，查询表t1中行键为row1的一整条数据，操作步骤如下：

在Maven项目hbase_demo中新建Java类HBaseGetData.java，在main()方法中写入查询一整条数据的代码，完整代码如下：

```java
import org.apache.hadoop.conf.Configuration;
import org.apache.hadoop.hbase.Cell;
import org.apache.hadoop.hbase.CellUtil;
import org.apache.hadoop.hbase.HBaseConfiguration;
import org.apache.hadoop.hbase.TableName;
import org.apache.hadoop.hbase.client.Connection;
import org.apache.hadoop.hbase.client.ConnectionFactory;
import org.apache.hadoop.hbase.client.Get;
import org.apache.hadoop.hbase.client.Result;
import org.apache.hadoop.hbase.client.Table;
/**
 * 查询表t1中的行键为row1的一行数据
 */
public class HBaseGetData{
  public static void main(String[] args) throws Exception {
    //创建HBase配置对象
    Configuration conf=HBaseConfiguration.create();
    //指定ZooKeeper集群地址
    conf.set("hbase.zookeeper.quorum", "192.168.170.133:2181,
            192.168.170.134:2181,192.168.170.135:2181");
    //获得数据库连接
    Connection conn=ConnectionFactory.createConnection(conf);
    //获取Table对象，指定查询表名，Table负责与记录相关的操作，如增删改查等
    Table table = conn.getTable(TableName.valueOf("t1"));
    //创建Get对象，根据rowkey查询,rowkey=row1
    Get get = new Get("row1".getBytes());
    //查询数据，取得结果集
    Result r = table.get(get);
    //循环输出每个单元格的数据
    for (Cell cell : r.rawCells()) {
```

```
            //取得当前单元格所属的列族名称
            String family=new String(CellUtil.cloneFamily(cell));
            //取得当前单元格所属的列名称
            String qualifier=new String(CellUtil.cloneQualifier(cell));
            //取得当前单元格的列值
            String value=new String(CellUtil.cloneValue(cell));
            //输出结果
            System.out.println("列: " + family+":"+qualifier + "————值:" + value);
        }
    }
}
```

右击运行main()方法,控制台输出结果如下:

```
列: f1:address————值:beijing
列: f1:age————值:20
列: f1:name————值:xiaoming
```

与t1表中实际数据一致,则查询成功。

## 8.7.5 删除数据

使用Table接口的delete()方法可以根据行键删除一条或多条数据。delete()方法的定义源码如下:

```
/**
 * 删除指定的行或单元格数据
 * @param delete 指定需要删除的数据对象
 */
default void delete(Delete delete) throws IOException {
  throw new NotImplementedException("Add an implementation!");
}
/**
 * 批量删除指定的行或单元格数据
 * @param delete 指定需要删除的数据对象集合
 */
default void delete(List<Delete> deletes) throws IOException {
  throw new NotImplementedException("Add an implementation!");
}
```

例如,删除表t1中行键为row1的一整条数据,操作步骤如下。

**01** 编写代码。在Maven项目hbase_demo中新建Java类HBaseDeleteData.java,在main()方法中写入删除一整条数据的代码,完整代码如下:

```
import org.apache.hadoop.conf.Configuration;
import org.apache.hadoop.hbase.HBaseConfiguration;
import org.apache.hadoop.hbase.TableName;
import org.apache.hadoop.hbase.client.Connection;
import org.apache.hadoop.hbase.client.ConnectionFactory;
import org.apache.hadoop.hbase.client.Delete;
import org.apache.hadoop.hbase.client.Table;
import org.apache.hadoop.hbase.util.Bytes;
/**
 * 删除表t1中行键为row1的一整条数据
```

```java
    */
public class HBaseDeleteData{
    public static void main(String[] args) throws Exception {
        //创建HBase配置对象
        Configuration conf=HBaseConfiguration.create();
        //指定ZooKeeper集群地址
        conf.set("hbase.zookeeper.quorum", "192.168.170.133:2181,
                192.168.170.134:2181,192.168.170.135:2181");
        //获得数据库连接
        Connection conn=ConnectionFactory.createConnection(conf);
        //获取Table对象,指定表名,Table负责与记录相关的操作,如增删改查等
        TableName tableName=TableName.valueOf("t1");
        Table table=conn.getTable(tableName);
        //创建删除对象Delete,根据rowkey删除一整条
        Delete delete=new Delete(Bytes.toBytes("row1"));
        table.delete(delete);
        //释放资源
        table.close();
        System.out.println("delete data success!!");
    }
}
```

**02** 执行代码。右击运行main()方法,若控制台输出"delete data success!!"信息,则说明数据删除成功。

**03** 验证。在HBase集群的任一节点上进入HBase Shell命令行模式,然后执行scan 't1'命令扫描表t1中的数据,结果如下:

```
hbase:019:0> scan 't1'
ROW             COLUMN+CELL
 row2           column=f1:address, timestamp=1514533573514, value=beijing2
 row2           column=f1:age, timestamp=1514533573514, value=22
 row2           column=f1:name, timestamp=1514533573514, value=xiaoming2
 row3           column=f1:address, timestamp=1514533573524, value=beijing3
 row3           column=f1:age, timestamp=1514533573524, value=25
2 row(s)
Took 0.1770 seconds
```

从上述结果中可以看到,表t1中的rowkey为row1的行已经被删除了。

## 8.8 HBase 过滤器

HBase中的过滤器类似于SQL中的Where条件。过滤器可以在HBase数据的多个维度(行、列、数据版本等)上进行对数据的筛选操作。也就是说,过滤器筛选的数据能够细化到具体的一个存储单元格上(由行键、列族、列限定符定位)。通常来说,通过行键或值来筛选数据的应用场景较多。

使用过滤器至少需要两类参数,一类是抽象的运算符。HBase 提供了CompareOperator枚举类来表示这些抽象的运算符,该类中定义的运算符如表8-3所示。

表 8-3 HBase 过滤器的运算符

| 运 算 符 | 含 义 |
| --- | --- |
| LESS | 小于 |
| LESS_OR_EQUAL | 小于等于 |
| EQUAL | 等于 |
| NOT_EQUAL | 不等于 |
| GREATER_OR_EQUAL | 大于等于 |
| GREATER | 大于 |
| NO_OP | 无操作 |

CompareOperator枚举类的源码如下：

```
public enum CompareOperator {
    //小于
    LESS,
    //小于等于
    LESS_OR_EQUAL,
    //等于
    EQUAL,
    //不等于
    NOT_EQUAL,
    //大于等于
    GREATER_OR_EQUAL,
    //大于
    GREATER,
    //无操作
    NO_OP,
}
```

另一类是比较器，比较器作为过滤器的核心组成之一，用于处理具体的比较逻辑，例如字节级的比较、字符串级的比较等。常用的比较器及其含义如表8-4所示。

表 8-4 HBase 过滤器的比较器

| 比 较 器 | 含 义 |
| --- | --- |
| BinaryComparator | 二进制比较器。用于按字典顺序比较 Byte 数据值。采用 Bytes.compareTo(byte[])进行比较 |
| BinaryPrefixComparator | 前缀二进制比较器。与二进制比较器不同的是，只比较前缀是否相同 |
| NullComparator | 空值比较器。判断给定的值是否为空 |
| RegexStringComparator | 正则比较器，仅支持 EQUAL 和非 EQUAL |
| SubstringComparator | 字符串包含比较器。用于监测一个字符串是否存在于值中，并且不区分大小写 |

### 1．行键过滤器

行键过滤器是通过一定的规则过滤行键，达到筛选数据的目的。

使用二进制比较器BinaryComparator结合运算符可以筛选出具有某个行键的行，或者通过改变比较运算符来筛选出行键符合某一条件的多条数据。例如下面的例子，从表t1中筛选出行键为row1的一行数据：

```
Table table =conn.getTable(TableName.valueOf("t1"));
//创建Scan对象
Scan scan = new Scan();
//创建一个过滤器，筛选行键等于row1的数据
Filter filter = new RowFilter(CompareOperator.EQUAL,
                new BinaryComparator(Bytes.toBytes("row1")));
//设置过滤器
scan.setFilter(filter);
//查询数据，返回结果数据集
ResultScanner rs = table.getScanner(scan);
for (Result res : rs) {
      System.out.println(res);
}
```

上述代码中，使用了二进制比较器与等于运算符相结合，从而可以筛选出行键等于某个值的数据。客户端首先创建了数据扫描对象Scan，然后将创建的过滤器加入到了Scan对象中，最后使用Scan对象进行过滤操作，返回结果数据集。此处直接将存储每一行数据的Result对象进行了打印，在实际开发中往往需要将Result对象转成Map，然后添加到List集合中，最后转成JSON格式数据返回给前端，如下代码：

```
List<Map<String, Object>> resList = new ArrayList<Map<String, Object>>();
for (Result res : rs) {
    //将每一行数据转成Map，需要单独实现
    Map<String, Object> tempmap = resultToMap(res);
    //将Map添加到List集合中
    resList.add(tempmap);
}
```

行键的设计往往有一定的规律，因此可以使用正则比较器来对符合特定规律的行键进行过滤。例如，筛选出行键与正则表达式".*-.5"相匹配的所有数据，创建过滤器的代码如下：

```
Filter filter = new RowFilter(CompareOperator.EQUAL,
                new RegexStringComparator(".*-.5"));
```

### 2. 列族过滤器

列族过滤器是通过对列族进行筛选，从而得到符合条件的所有列族数据。例如下面的例子，筛选出列族为f1的所有数据：

```
Table table =conn.getTable(TableName.valueOf("t1"));
Scan scan = new Scan();
//创建一个过滤器，筛选列族为f1的所有数据
Filter filter = new FamilyFilter(CompareOperator.EQUAL, new
BinaryComparator(Bytes.toBytes("f1")));
scan.setFilter(filter);
ResultScanner rs = table.getScanner(scan);
for (Result res : rs) {
  System.out.println(res);
}
```

上述代码使用了等于运算符EQUAL和二进制比较器BinaryComparator。

### 3. 列过滤器

列过滤器是通过对列进行筛选，从而得到符合条件的所有数据。

例如下面的例子，筛选出包含列name的所有数据。在HBase中，不同的行可以有不同的列，因此允许根据列进行筛选。

```
Scan scan = new Scan();
Filter filter = new QualifierFilter(CompareOperator.EQUAL,
                new BinaryComparator(Bytes.toBytes("name")));
scan.setFilter(filter);
```

上述代码使用了等于运算符EQUAL和二进制比较器BinaryComparator。

### 4. 值过滤器

值过滤器是通过对单元格中的值进行筛选，从而得到符合条件的所有单元格数据。例如下面的例子，筛选出值包含"xiaoming"的所有单元格数据：

```
Scan scan = new Scan();
Filter filter = new ValueFilter(CompareOperator.EQUAL,
                new SubstringComparator("xiaoming"));
scan.setFilter(filter);
```

上述代码使用了等于运算符EQUAL和字符串包含比较器SubstringComparator。

### 5. 单列值过滤器

单列值过滤器是通过对某一列的值进行筛选，从而得到符合条件的所有数据。例如下面的例子，筛选出name列的值不包含"xiaoming"的所有数据：

```
Filter filter = new SingleColumnValueFilter(Bytes.toBytes("f1"),
                Bytes.toBytes("name"),CompareOperator.NOT_EQUAL,
                new SubstringComparator("xiaoming"));
//如果某行name列不存在，那么该行将被过滤掉，false则不进行过滤，默认为false。
((SingleColumnValueFilter) filter).setFilterIfMissing(true);
```

上述代码使用了不等于运算符NOT_EQUAL和字符串包含比较器SubstringComparator。

### 6. 多条件过滤

多条件过滤，即将多个过滤器组合进行查询。例如下面的例子，使用单列值过滤器组合筛选出年龄在18到30岁之间的所有数据：

```
//指定要查询的表t1
Table table =conn.getTable(TableName.valueOf("t1"));
Scan scan = new Scan();
//创建过滤器1，查询年龄小于等于30岁的所有数据
Filter filter1 = new SingleColumnValueFilter(Bytes.toBytes("f1"),
                Bytes.toBytes("age"),CompareOperator.LESS_OR_EQUAL,
                Bytes.toBytes("30"));
//创建过滤器2，查询年龄大于等于18岁的所有数据
Filter filter2 = new SingleColumnValueFilter(Bytes.toBytes("f1"),
                Bytes.toBytes("age"),CompareOperator.GREATER_OR_EQUAL,
                Bytes.toBytes("18"));
//创建过滤器集合对象
FilterList filterList = new FilterList();
```

```
//添加过滤器1
filterList.addFilter(filter1);
//添加过滤器2
filterList.addFilter(filter2);
//设置过滤器集合
scan.setFilter(filterList);
//执行查询,得到结果集
ResultScanner rs = table.getScanner(scan);
```

上述代码中的过滤器1使用了小于等于运算符LESS_OR_EQUAL,过滤器2使用了大于等于运算符GREATER_OR_EQUAL。

## 8.9 案例分析:HBase MapReduce 数据转移

为了使用MapReduce任务来并行处理大规模HBase数据,HBase对MapReduce API进行了扩展。常用的HBase MapReduce API与Hadoop MapReduce API对应关系如表8-5所示。

表 8-5 HBase MapReduce API 与 Hadoop MapReduce API 对应关系

| HBase MapReduce API | Hadoop MapReduce API |
| --- | --- |
| org.apache.hadoop.hbase.mapreduce.TableMapper | org.apache.hadoop.mapreduce.Mapper |
| org.apache.hadoop.hbase.mapreduce.TableReducer | org.apache.hadoop.mapreduce.Reducer |
| org.apache.hadoop.hbase.mapreduce.TableInputFormat | org.apache.hadoop.mapreduce.InputFormat |
| org.apache.hadoop.hbase.mapreduce.TableOutputFormat | org.apache.hadoop.mapreduce.OutputFormat |

本节讲解使用HBase MapReduce API进行数据转移。

### 8.9.1 HBase 不同表间数据转移

本节通过一个具体实例,讲解HBase使用MapReduce任务将一张表中的部分数据转移到另一张表中,并且保留源表的数据。

已知HBase中已经存在一张表"student",且其中有三条数据,如表8-6所示。

表 8-6 HBase 表 "student" 的数据

| rowkey(行键) | info(列族) |
| --- | --- |
| 001 | info:name=" ZhangSan"<br>info:age=21<br>info:address="Beijing" |
| 002 | info:name="LiSi"<br>info:age=19<br>info:address="Shanghai" |
| 003 | info:name="WangWu"<br>info:age=18<br>info:address="Shandong" |

现在需要将表"student"中的"info:name"列和"info:age"列的数据转移至另一张表"student_new",两张表的结构相同,且表"student_new"需要提前在HBase中创建好。

表"student_new"的创建命令如下:

```
hbase:005:0> create 'student_new','info'
0 row(s)
Took 0.1610 seconds
```

具体操作步骤如下。

**1. 创建 Java 工程**

在Eclipse中创建一个Maven项目,并在pom.xml中加入HBase客户端API及HBase MapReduce API的依赖jar包,内容如下:

```xml
<!-- HBase客户端API -->
<dependency>
    <groupId>org.apache.hbase</groupId>
    <artifactId>hbase-client</artifactId>
    <version>2.4.9</version>
</dependency>
<dependency>
    <groupId>jdk.tools</groupId>
    <artifactId>jdk.tools</artifactId>
    <version>1.8</version>
    <scope>system</scope>   <!-- 需要配置好环境变量JAVA_HOME -->
    <systemPath>${JAVA_HOME}/lib/tools.jar</systemPath>
</dependency>

<!-- HBase MapReduce API -->
<dependency>
    <groupId>org.apache.hbase</groupId>
    <artifactId>hbase-mapreduce</artifactId>
    <version>2.4.9</version>
</dependency>
<dependency>
    <groupId>org.apache.hbase</groupId>
    <artifactId>hbase-server</artifactId>
    <version>2.4.9</version>
</dependency>
```

由于该项目是一个MapReduce程序,最终需要运行在Hadoop集群上。但是项目使用了HBase API,而Hadoop集群中不存在HBase API的依赖jar包,因此当项目完成时需要将pom.xml中引入的API依赖包一起打包到项目中。

Maven默认的普通打包方式是不支持打包依赖jar的,为了实现这个功能,只需要在pom.xml中加入一个Maven的打包插件即可,内容如下:

```xml
<!--Maven打包插件 -->
  <plugin>
    <groupId>org.apache.maven.plugins</groupId>
    <artifactId>maven-shade-plugin</artifactId>
    <version>1.4</version>
    <executions>
     <execution>
```

```xml
        <phase>package</phase>
        <goals>
         <goal>shade</goal>
        </goals>
      </execution>
     </executions>
    </plugin>
```

#### 2. 编写程序代码

（1）新建 ReadStudentMapper.java 类

ReadStudentMapper.java 类主要用于读取 HBase 表 "student" 中的数据，完整代码如下：

```java
import java.io.IOException;
import org.apache.hadoop.hbase.Cell;
import org.apache.hadoop.hbase.CellUtil;
import org.apache.hadoop.hbase.client.Put;
import org.apache.hadoop.hbase.client.Result;
import org.apache.hadoop.hbase.io.ImmutableBytesWritable;
import org.apache.hadoop.hbase.mapreduce.TableMapper;
import org.apache.hadoop.hbase.util.Bytes;

/**
 * 从HBase中读取表student的指定列的数据
 */
public class ReadStudentMapper extends TableMapper<ImmutableBytesWritable,Put>{
    /**
     * 参数key为表中的行键，value为表中的一行数据
     */
    protected void map(ImmutableBytesWritable key, Result value, Context context)
        throws IOException, InterruptedException {
    //新建put对象，传入行键
    Put put = new Put(key.get());
    //遍历一行数据的每一个单元格
    for (Cell cell : value.rawCells()) {
     //如果当前单元格所属列族为info
     if ("info".equals(Bytes.toString(CellUtil.cloneFamily(cell)))) {
      //如果当前单元格的列限定符为name
      if ("name".equals(Bytes.toString(CellUtil.cloneQualifier(cell)))) {
       //将该单元格加入到put对象中
       put.add(cell);
       //如果当前单元格的列限定符为age
      } else if ("age".equals(Bytes.toString(CellUtil.cloneQualifier(cell)))) {
       //将该单元格加入到put对象中
       put.add(cell);
      }
     }
    }
    //将put对象写入到context中作为map的输出
    context.write(key, put);
    }
}
```

上述代码中，TableMapper 是 MapReduce 中的 Mapper 类的简化版本，只是将泛型参数个数进行了简化，本质上没有任何区别。TableMapper 实际上继承了 MapReduce 的 Mapper 类。

TableMapper的泛型参数只有两个，分别代表输出key和输出value。TableMapper的输入key和输入value的类型是固定的，分别为ImmutableBytesWritable和Result，代表HBase表的行键和一行数据。

TableMapper类的源码如下：

```
public abstract class TableMapper<KEYOUT, VALUEOUT>
extends Mapper<ImmutableBytesWritable, Result, KEYOUT, VALUEOUT> {
}
```

（2）新建 WriteStudentReducer.java 类

WriteStudentReducer.java类主要用于接收Map阶段读取的数据，并将数据写入到HBase中。完整代码如下：

```
import java.io.IOException;
import org.apache.hadoop.hbase.client.Put;
import org.apache.hadoop.hbase.io.ImmutableBytesWritable;
import org.apache.hadoop.hbase.mapreduce.TableReducer;
import org.apache.hadoop.io.NullWritable;

/**
 * 将数据写入到HBase另一张表student_new中
 */
public class WriteStudentReducer extends
 TableReducer<ImmutableBytesWritable, Put, NullWritable> {
 /**
  * 接收map()方法的输出，参数key和values的类型需与map()方法的输出一致
  */
 protected void reduce(ImmutableBytesWritable key, Iterable<Put> values,
  Context context) throws IOException, InterruptedException {
  for (Put put : values) {
   //将数据写入HBase表中，输出的key可以为空，因为行键在put对象中已经包含
   context.write(NullWritable.get(), put);
  }
 }
}
```

上述代码中，TableReducer是MapReduce中的Reducer类的简化版本，只是将泛型参数个数进行了简化，本质上没有任何区别。TableReducer实际上继承了MapReduce的Reducer类。

TableReducer的泛型参数只有三个，分别代表输入key、输入value和输出key。输入key和输入value的类型必须与TableMapper的输出类型一致。TableReducer的输出value的类型是固定的，为HBase抽象类Mutation类型。Mutation有4个子类，分别为Append、Delete、Increment和Put。因此，TableReducer的输出value的类型只能是这4个子类中的一个。抽象类Mutation的继承关系如图8-7所示。

图8-7 抽象类Mutation的继承关系

TableReducer类的源码如下：

```
public abstract class TableReducer<KEYIN, VALUEIN, KEYOUT>
extends Reducer<KEYIN, VALUEIN, KEYOUT, Mutation> {
}
```

### (3) 新建 StudentMRRunner.java 类

StudentMRRunner.java类用于构建与执行MapReduce任务，完整代码如下：

```java
import java.io.IOException;
import org.apache.hadoop.conf.Configuration;
import org.apache.hadoop.hbase.HBaseConfiguration;
import org.apache.hadoop.hbase.client.Put;
import org.apache.hadoop.hbase.client.Scan;
import org.apache.hadoop.hbase.io.ImmutableBytesWritable;
import org.apache.hadoop.hbase.mapreduce.TableMapReduceUtil;
import org.apache.hadoop.mapreduce.Job;
/**
 * MapReduce任务构建与执行类
 */
public class StudentMRRunner{
/**
 * main方法，任务执行的入口
 */
public static void main(String[] args) throws Exception {
 //创建Configuration实例
 Configuration conf = HBaseConfiguration.create();
 //创建Job任务，指定任务名称
 Job job = Job.getInstance(conf, "hbase_mr_job");
 //设置任务运行主类
 job.setJarByClass(StudentMRRunner.class);
 //创建Scan数据扫描对象
 Scan scan = new Scan();
 //是否缓存块数据，默认为true。设置为false节省了交换缓存的操作消耗，可以提升MR任务的效率
 //MR任务必须设置为false
 scan.setCacheBlocks(false);
 //每次RPC请求从HBase表中取得的数据行数
 scan.setCaching(500);
 //初始化Mapper任务
 //注意导入的是mapreduce包，而不是mapred包，后者是旧版本
 TableMapReduceUtil.initTableMapperJob("student", //数据源表名
   scan, //scan扫描控制器
   ReadStudentMapper.class, //指定Mapper类
   ImmutableBytesWritable.class, //Mapper输出的key类型
   Put.class, //Mapper输出的value类型
   job//指定任务job
   );
 //初始化Reducer任务
 TableMapReduceUtil.initTableReducerJob("student_new",//数据目的地表名
   WriteStudentReducer.class, job);//指定Reducer类与任务job
 //设置Reduce数量，最少1个
 job.setNumReduceTasks(1);
 //执行任务
 boolean isSuccess = job.waitForCompletion(true);
 if (!isSuccess) {
  throw new IOException("任务运行错误！！");
 }
 System.exit(isSuccess ? 0 : 1);
 }
}
```

### 3. 启动 YARN 集群

MapReduce任务运行于YARN集群之上，因此需要先启动YARN集群。此外，HDFS集群、HBase集群也需要提前启动。

### 4. 运行 MapReduce 任务

将包含上述程序代码的Maven项目编译并打包，例如打包为hbase_mr.jar，然后上传到Hadoop集群的主节点中。

执行以下命令，运行hbase_mr.jar：

```
$ hadoop jar hbase_mr.jar hbase.demo.mr.StudentMRRunner
```

上述命令中的hbase.demo.mr为类StudentMRRunner所在的包。

若出现以下输出日志，说明执行成功：

```
INFO mapreduce.Job: Running job: job_1534230187476_0001
INFO mapreduce.Job: Job job_1534230187476_0001 running in uber mode : false
INFO mapreduce.Job:  map 0% reduce 0%
INFO mapreduce.Job:  map 100% reduce 0%
INFO mapreduce.Job:  map 100% reduce 100%
INFO mapreduce.Job: Job job_1534230187476_0001 completed successfully
```

### 5. 查看导入的数据

进入HBase Shell命令行，使用scan命令扫描表"student_new"，查看导入的数据：

```
hbase:006:0> scan 'student_new'
ROW       COLUMN+CELL
 001       column=info:age, timestamp=2022-02-28T19:33:25.024, value=21
 001       column=info:name, timestamp=2022-02-28T19:33:25.054, value=ZhangSan
 002       column=info:age, timestamp=2022-02-28T19:33:25.044, value=19
 002       column=info:name, timestamp=2022-02-28T19:33:25.014, value=LiSi
 003       column=info:age, timestamp=2022-02-28T19:33:25.044, value=18
 003       column=info:name, timestamp=2022-02-28T19:33:25.043, value=WangWu
3 row(s)
Took 0.1620 seconds
```

从上述数据可以看出，表"student"中的name列和age列已经完全导入到表student_new中。

## 8.9.2  HDFS 数据转移至 HBase

本例讲解将HDFS文件系统中的数据转移到HBase表中。已知HDFS系统的根目录有一个存储学生信息的文件student.txt，文件中共有三列，分别代表学号、姓名和年龄。该文件的内容如下（不同列之间使用Tab分割）：

```
004     WangQiang        28
005     ZhaoLong         36
006     LiNing           27
```

现在需要使用MapReduce读取student.txt文件中的数据，将学号作为rowkey添加到8.9.1节创建的HBase表"student_new"中。关于Maven项目依赖jar包的引入参考8.9.1节，此处不再讲解。

具体操作步骤如下：

**01** 新建 ReadHDFSStudentMapper.java 类。ReadHDFSStudentMapper.java 类主要用于读取 HDFS 中的文件数据,然后将读取到的数据进行分割并存储到 HBase 的 Put 对象中。完整代码如下:

```java
import java.io.IOException;
import org.apache.hadoop.hbase.client.Put;
import org.apache.hadoop.hbase.io.ImmutableBytesWritable;
import org.apache.hadoop.hbase.util.Bytes;
import org.apache.hadoop.io.LongWritable;
import org.apache.hadoop.io.Text;
import org.apache.hadoop.mapreduce.Mapper;
/**
 * 读取HDFS中的文件student.txt的数据
 */
public class ReadHDFSStudentMapper extends
  Mapper<LongWritable, Text, ImmutableBytesWritable, Put> {
  /**
   * 接收HDFS中的数据
   * 参数key为一行数据的下标位置,value为一行数据
   */
  protected void map(LongWritable key, Text value, Context context)
    throws IOException, InterruptedException {
    //将读取的一行数据转为字符串
    String lineValue = value.toString();
    //将一行数据根据 "\t" 分割成String数组
    String[] values = lineValue.split("\t");
    //取出每一个值
    String rowKey = values[0];//学号
    String name = values[1];//姓名
    String age = values[2];//年龄
    //将rowKey转为ImmutableBytesWritable类型,便于Reduce阶段接收
    ImmutableBytesWritable rowKeyWritable = new ImmutableBytesWritable(
      Bytes.toBytes(rowKey));
    //创建Put对象,用于存储一整行数据
    Put put = new Put(Bytes.toBytes(rowKey));
    //向Put对象中添加数据,参数分别为:列族、列、值
    put.addColumn(Bytes.toBytes("info"), Bytes.toBytes("name"),
      Bytes.toBytes(name));
    put.addColumn(Bytes.toBytes("info"), Bytes.toBytes("age"),
      Bytes.toBytes(age));
    //写数据到Reduce阶段,键为HBase表的rowkey(学号),值为Put对象
    context.write(rowKeyWritable, put);
  }
}
```

上述代码中,自定义类 ReadHDFSStudentMapper 继承了 MapReduce 的 Mapper 类,并且指定了 4 个泛型参数。前两个为输入参数,与普通 MapReduce 程序一样,默认为 LongWritable 和 Text 类型,分别代表 HDFS 文件每一行的下标位置和一整行的数据。后两个为输出参数,此处指定为 HBase 类型 ImmutableBytesWritable 和 Put,ImmutableBytesWritable 主要用于存储 HBase 的主键,Put 用于存储一整行数据。由于数据最终需要写入到 HBase 中,因此这里使用 HBase 的 Put 对象作为输出的值,以便 reduce() 方法容易进行处理。

**02** 新建 WriteHBaseStudentReducer.java 类。WriteHBaseStudentReducer.java 类主要用于接收 Map 阶段读取的数据,并将数据写入到 HBase 中。完整代码如下:

```java
import java.io.IOException;
import org.apache.hadoop.hbase.client.Put;
import org.apache.hadoop.hbase.io.ImmutableBytesWritable;
import org.apache.hadoop.hbase.mapreduce.TableReducer;
import org.apache.hadoop.io.NullWritable;

/**
 * 将接收到的数据写入到HBase表中
 */
public class WriteHBaseStudentReducer extends
    TableReducer<ImmutableBytesWritable, Put, NullWritable> {
    /**
     * 接收map()方法的输出,参数key和values的类型需与map()方法的输出一致
     */
    protected void reduce(ImmutableBytesWritable key, Iterable<Put> values,
        Context context) throws IOException, InterruptedException {
        for (Put put : values) {
            //将数据写入HBase表中,输出的key可以为空,因为行键在put对象中已经包含
            context.write(NullWritable.get(), put);
        }
    }
}
```

上述代码的逻辑与原理与8.9.1节中的WriteStudentReducer.java类一致,都是将接收到的数据写入到HBase表中,此处不再讲解。

**03** 新建HDFS2HBaseMRRunner.java类。HDFS2HBaseMRRunner.java类用于构建与执行MapReduce任务,完整代码如下:

```java
import java.io.IOException;
import org.apache.hadoop.conf.Configuration;
import org.apache.hadoop.fs.Path;
import org.apache.hadoop.hbase.HBaseConfiguration;
import org.apache.hadoop.hbase.client.Put;
import org.apache.hadoop.hbase.io.ImmutableBytesWritable;
import org.apache.hadoop.hbase.mapreduce.TableMapReduceUtil;
import org.apache.hadoop.mapreduce.Job;
import org.apache.hadoop.mapreduce.lib.input.FileInputFormat;
/**
 * MapReduce任务构建与执行类
 */
public class HDFS2HBaseMRRunner {
    /**
     * main方法,任务执行的入口
     */
    public static void main(String[] args) throws Exception {
        //创建Configuration实例
        Configuration conf = HBaseConfiguration.create();
        //创建Job任务,指定任务名称
        Job job = Job.getInstance(conf, "hbase_mr_job2");
        //设置任务运行主类
        job.setJarByClass(HDFS2HBaseMRRunner.class);
        //设置文件输入路径,centos01为Hadoop集群NameNode节点的主机名
        Path inputPath = new Path("hdfs://centos01:9000/student.txt");
        FileInputFormat.addInputPath(job, inputPath);
```

```
//设置Mapper类
job.setMapperClass(ReadHDFSStudentMapper.class);
//Mapper类输出的key的类型
job.setMapOutputKeyClass(ImmutableBytesWritable.class);
//Mapper类输出的value的类型
job.setMapOutputValueClass(Put.class);
//初始化Reducer任务
TableMapReduceUtil.initTableReducerJob("student_new",//数据目的地表名
  WriteHBaseStudentReducer.class, job);//指定Reducer类与任务job
//设置Reduce数量，最少1个
job.setNumReduceTasks(1);
//执行任务
boolean isSuccess = job.waitForCompletion(true);
if (!isSuccess) {
  throw new IOException("任务运行错误！！");
}
System.exit(isSuccess ? 0 : 1);
 }
}
```

**04** 运行MapReduce任务。将包含上述程序代码的Maven项目编译并打包，例如打包为hbase_hdfs_mr.jar。具体运行参考8.9.1节，此处不再赘述。

任务运行成功后，进入HBase Shell使用scan命令查看表"student_new"中的数据，若成功增加以下三条内容的数据，说明数据导入成功。

```
004     column=info:age, timestamp=2022-02-28T19:33:25.045, value=28
004     column=info:name, timestamp=2022-02-28T19:33:25.024, value=WangQiang
005     column=info:age, timestamp=2022-02-28T19:33:25.044, value=36
005     column=info:name, timestamp=2022-02-28T19:33:25.044, value=ZhaoLong
006     column=info:age, timestamp=2022-02-28T19:33:25.034, value=27
006     column=info:name, timestamp=2022-02-28T19:33:25.013, value=LiNing
```

## 8.10 案例分析：HBase 数据备份与恢复

在实际开发中，为了提高HBase数据的安全性，常常需要对HBase数据进行备份操作；当数据丢失或损坏时，则需要对数据进行恢复操作。

**1. 数据备份**

使用Hadoop的distcp命令可以将HBase数据备份（实际上是复制）到同一个HDFS系统的其他目录，也可以备份到其他HDFS系统或者是专用的备份集群。distcp命令会开启一个MapReduce任务来执行备份操作。

例如，HBase数据存放于HDFS的hdfs://centos01:9000/hbase目录（即HBase conf/hbase-site.xml配置文件指定的 hbase.rootdir 属性对应的 HDFS 路径），现需要将其备份到目录hdfs://centos01:9000/hbase_backup中，具体操作步骤如下：

**01** 启动YARN集群。

**02** 执行备份命令。

进入Hadoop安装目录，执行以下备份命令：

```
$ bin/hadoop distcp \
hdfs://centos01:9000/hbase \
hdfs://centos01:9000/hbase_backup
```

部分输出日志如下：

```
INFO mapreduce.Job: Running job: job_1547542511175_0001
INFO mapreduce.Job: Job job_1547542511175_0001 running in uber mode : false
INFO mapreduce.Job:  map 0% reduce 0%
INFO mapreduce.Job:  map 43% reduce 0%
INFO mapreduce.Job:  map 64% reduce 0%
INFO mapreduce.Job:  map 86% reduce 0%
INFO mapreduce.Job:  map 100% reduce 0%
INFO mapreduce.Job: Job job_1547542511175_0001 completed successfully
INFO mapreduce.Job: Counters: 33
```

从输出日志中可以看出，底层实际上启动了一个MapReduce任务进行数据的备份。

此时访问MapReduce应用程序的Web UI界面http://centos01:8080/，可以看到正在执行的任务的状态，如图8-8所示。

图 8-8　MapReduce 任务状态

任务成功执行完毕后，查看HDFS中生成的备份目录hbase_backup，发现数据备份成功，如图8-9所示。

```
$ hdfs dfs -ls /hbase_backup
Found 9 items
drwxr-xr-x   - hadoop supergroup          0 2022-01-15 17:01 /hbase_backup/.tmp
drwxr-xr-x   - hadoop supergroup          0 2022-01-15 17:01 /hbase_backup/MasterProcWALs
drwxr-xr-x   - hadoop supergroup          0 2022-01-15 17:01 /hbase_backup/WALs
drwxr-xr-x   - hadoop supergroup          0 2022-01-15 17:01 /hbase_backup/archive
drwxr-xr-x   - hadoop supergroup          0 2022-01-15 17:02 /hbase_backup/corrupt
drwxr-xr-x   - hadoop supergroup          0 2022-01-15 17:01 /hbase_backup/data
-rw-r--r--   2 hadoop supergroup         42 2022-01-15 17:01 /hbase_backup/hbase.id
-rw-r--r--   2 hadoop supergroup          7 2022-01-15 17:01 /hbase_backup/hbase.version
drwxr-xr-x   - hadoop supergroup          0 2022-01-15 17:01 /hbase_backup/oldWALs
```

图 8-9　查看 HDFS 数据备份目录

**2．数据恢复**

数据恢复与备份一样，仍然使用Hadoop的distcp命令将备份数据复制回源目录即可。

## 8.11　动 手 练 习

练习一：依照书中的操作步骤，搭建一个 HBase 分布式集群。
练习二：已知学生成绩表格如表8-7所示。

表8-7 学生成绩表

| info（基本信息） | | score（成绩） | | |
|---|---|---|---|---|
| Name | Age | English | Math | Chinese |
| Zhangsan | 20 | 95 | 90 | 87 |
| Lisi | 22 | 88 | 80 | 79 |

根据上面所示的学生成绩表格，使用HBase Shell终端，设计一张student表，并进行以下操作：

（1）向 student 表中添加两条数据。

（2）使用 scan 命令扫描表的所有数据。

（3）将学生 zhangsan 的 English 成绩修改为 98。

（4）编写 Java 程序，使用单列值过滤器组合筛选出 English 成绩在 60~90 的所有学生数据。

# 第 9 章 Hive

本章首先讲解 Hive 的数据单元和架构体系，然后讲解 Hive 的三种安装模式、常用的表操作及 Beeline 工具的使用，最后通过两个案例讲解 Hive 在实际开发中与 HBase 的整合、Hive 对日志数据的分析。

**本章学习目标**

- ※ 掌握 Hive 的数据单元、数据类型以及 Hive 的架构体系、三种安装模式与配置方法。
- ※ 掌握 Hive 数据库及表的操作、Beeline 工具的使用以及 Hive 的子句查询和连接查询。
- ※ 掌握 Hive 的 JDBC 操作以及 Hive 与 HBase 的整合应用。

## 9.1 什么是 Hive

Hive 是一个基于 Hadoop 的数据仓库架构，使用 SQL 语句读、写和管理大型分布式数据集。Hive 可以将 SQL 语句转化为 MapReduce（或 Apache Spark 和 Apache Tez）任务执行，大大降低了 Hadoop 的使用门槛，减少了开发 MapReduce 程序的时间成本。

我们可以将 Hive 理解为一个客户端工具，其提供了一种类 SQL 查询语言，称为 HiveQL。这使得 Hive 十分适合数据仓库的统计分析，能够轻松使用 HiveQL 开启数据仓库任务，如提取/转换/加载（ETL）、分析报告和数据分析。Hive 不仅可以分析 HDFS 文件系统中的数据也可以分析其他存储系统，例如 HBase。

### 9.1.1 数据单元

Hive 中核心的几个数据单元解析如下。

**1. 元数据**

元数据（Metadata）是指数据的各项属性信息，例如数据的类型、结构，数据库、表、视图的信息等。

**2．数据库**

Hive中的数据库相当于一个命名空间，用于避免表、分区、列之间出现命名冲突，以确保用户和用户组的安全。

**3．表**

数据库中的表由若干行组成，每行数据都有相同的模式和相同属性的列。Hive中的表可以分为内部表和外部表。

- 内部表：通常所说的表就是指内部表，也叫管理表。内部表数据被存储在数据仓库的目录中，当删除内部表时，表数据及其元数据将一同被删除。
- 外部表：外部表在创建时，数据可以存储于指定的HDFS目录中，也可以存储于数据仓库中，还可以与指定的 HDFS 目录中的数据相关联。外部表被删除时，只有元数据被删除，实际数据不会被删除。

有关内部表和外部表，将在后续进行详细介绍。

**4．分区**

Hive在查询数据的时候会扫描整个表的数据，如果表非常大，则会耗费大量时间和资源。因此，Hive引入了表分区的功能，每个表可以有一个或多个分区，这些分区决定了数据的存储方式，使查询操作只扫描相关性高的那部分数据，从而大大提高了Hive的工作效率。有关表分区，将在后续进行详细介绍。

**5．桶**

每个分区会根据表的某列数据的哈希值被划分为若干个桶，每个桶对应分区下的一个数据文件。

对表进行分区和分桶不是必须的，但这样可以减少对不必要数据的访问，从而提高查询速度。有关表分桶，将在后续进行详细介绍。

## 9.1.2　数据类型

Hive的数据类型分为基本数据类型和复杂数据类型。基本数据类型与常用的大部分数据库类似，包括以下几种：

- 整型：TINYINT、SMALLINT、INT、BIGINT。
- 布尔型：TRUE/FALSE。
- 浮点型：FLOAT（单精度）、DOUBLE（双精度）。
- 定点型：DECIMAL。
- 字符型：STRING、VARCHAR、CHAR。
- 日期和时间型：TIMESTAMP、DATE。
- 二进制型：BINARY，用于存储变长的二进制数据。

Hive复杂数据类型主要有以下三种。

### 1. 结构体（STRUCT）

STRUCT是一个记录类型，封装了一个命名字段集合。一个STRUCT类型的元素可以包含不同类型的其他元素，并且可以使用点符号"."访问类型中的元素。例如，表中的c列的数据类型为STRUCT<a STRING,b INT>，则可以通过c.a访问c列中的元素a。

假如现在需要创建一张学生表"student"，其中有两列，一列是主键id，另一列是学生信息info，学生信息包括姓名和年龄，则该表的创建语句如下：

```
CREATE TABLE student(id INT,info STRUCT<name:STRING,age:INT>)
```

向表"student"中导入以下测试数据：

```
1,zhangsan:24
2,lisi:25
3,wangwu:19
```

若需要查询年龄大于20的所有数据，查询语句如下：

```
SELECT * FROM student WHERE info.age>20;
```

查询输出结果为：

```
1 {"name":"zhangsan","age":24}
2 {"name":"lisi","age":25}
```

### 2. 键值对（MAP）

类似于Java中的Map，使用键值对存储数据，根据键可以访问值。例如，表中的c列用于存储学生的姓名和年龄，数据类型为MAP<STRING,INT>（姓名为键，年龄为值），访问c列中的键zhangsan对应的年龄，可以写为c['zhangsan']。

在上方的学生表例子中，若将列info的类型改为MAP<STRING,INT>，则创建表的语句如下：

```
CREATE TABLE student(id INT,info MAP<STRING,INT>)
```

然后向表中导入以下测试数据：

```
1 zhangsan:20,english:98
2 lisi:24,english:92
3 wangwu:25,english:87
```

查询姓名为zhangsan，年龄为20的所有数据，查询语句如下：

```
SELECT * FROM student WHERE info[zhangsan]=20;
```

查询输出结果为：

```
1 zhangsan:20,english:98
```

### 3. 数组（ARRAY）

类似于Java中的数组，数组中所有元素的类型相同。例如，表中c列的数据类型为ARRAY<INT>，访问该列的第一个元素可以写为c[0]。

仍然以上方的学生表为例，若将列info的类型改为ARRAY<STRING>，则创建表的语句如下：

```
CREATE TABLE student(id INT,info ARRAY<STRING>)
```

然后向表中导入以下测试数据（冒号前面为数组的第一个值，后面为第二个值）：

```
1,zhangsan:24
2,lisi:25
3,wangwu:19
```

查询表中年龄大于20的所有数据,查询语句如下:

```
SELECT * FROM student WHERE info[1]>20;
```

查询输出结果为:

```
1 ["zhangsan","24"]
2 ["lisi","25"]
```

此外,一张表中也可以存在多个复杂数据类型。例如,创建表"student",其中有三列col1、col2和col3,每一列都使用复杂数据类型,创建语句如下:

```
CREATE TABLE student(
  col1 STRUCT<a:STRING,b:INT,c:DOUBLE>,
  col2 MAP<STRING,INT>,
col3 ARRAY<INT>
)
```

> **注意** 复杂数据类型允许任意层次的嵌套。复杂数据类型的声明必须使用尖括号,并指定其中数据字段的类型。

## 9.2 Hive 架构体系

整个Hive的架构体系如图9-1所示。

图 9-1 Hive 架构体系

### 1. CLI(Command Line Interface)

CLI是Hive的命令行界面(模式),是Hive最常用的一种方式。CLI本质上是Hive的一个客户端服务，启动客户端后进入交互式命令行，即可通过HiveQL访问Hive中的数据（本书中的CLI即是指的Hive CLI）。

#### 2．HiveServer 2

HiveServer 2是一种为远程客户端（例如Beeline、JDBC等）提供的可以执行Hive查询的服务。HiveServer 2是HiveServer的改进版，早期版本的Hive使用的是HiveServer服务，但HiveServer服务不能处理多于一个客户端的并发请求，而经过重写后的HiveServer 2可以同时支持多个客户端的并发请求和身份认证。HiveServer 2的核心是一个基于Thrift的Hive服务，Thrift是构建跨平台服务的RPC框架，提供了可远程访问其他进程的功能，能让不同语言（Java、Python等）访问Hive接口。

若用户自己编写JDBC（或ODBC）程序访问Hive，则需要提前启动HiveServer 2服务。

#### 3．Beeline CLI

Beeline CLI又称HiveServer 2客户端，是一个基于HiveServer 2服务和SQLLine开源项目的JDBC交互式命令行客户端。使用Beeline CLI需要指定连接的HiveServer 2服务的地址，以便通过本地或远程以JDBC的方式访问Hive。Beeline CLI会对查询到的数据信息进行格式美化（类似MySQL），使其看起来更加直观。

#### 4．Web UI

Web UI是Hive提供的网页界面，可以通过浏览器远程对Hive进行访问。Web UI是B/S模式的服务进程，分Server端与Browser端，目前比较流行的是采用了Cloudera公司的开源项目Hue作为Hive的Web UI。

#### 5．Driver

Driver是Hive的一个组件，负责将HiveQL解析（编译、优化、执行）为一个MapReduce（新版Hive支持Spark和Tez）任务，并提交给Hadoop集群，最终将Hive的数据存储于HDFS上。

#### 6．Metastore Server

由于Hive的元数据经常面临读取、修改和更新操作，因此不适合存储在HDFS中，通常将其存储在关系型数据库中，例如Derby或者MySQL。而Metastore Server是Hive中的一个元数据服务，所有客户端都需要通过Metastore Server来访问存储在关系型数据库中的元数据。即客户端将访问请求发送给Metastore Server，由Metastore Server访问关系型数据库进行元数据的存取。

## 9.3　Hive 三种运行模式

Hive根据Metastore Server的位置不同可以分为三种运行模式：内嵌模式、本地模式和远程模式。

#### 1．内嵌模式

内嵌模式是Hive入门最简单的方法，是Hive默认的启动模式，使用Hive内嵌的Derby数据库存储元数据，并将数据存储于本地磁盘上。在这种模式下，Metastore Server、Hive服务、Derby三者运行于同一个JVM进程中，这就意味着每次只能允许一个会话对Derby中的数据进行访问。若开启

第二个会话进行访问，Hive将提示报错。因此，内嵌模式常用于测试，不建议用于生产环境。

内嵌模式的架构如图9-2所示。

图 9-2　Hive 内嵌模式架构图

### 2. 本地模式

本地模式需要使用其他关系型数据库来存储Hive元数据信息，最常用的为MySQL。在这种模式下，Metastore Server与Hive服务仍然运行于同一个JVM进程中，但是MySQL数据库可以独立运行在另一个进程中，可以是同一台计算机也可以是远程的计算机。因此，本地模式支持多会话以及多用户对Hive数据的访问，每当开启一个连接会话，Hive将开启一个JVM进程。

本地模式的架构如图9-3所示。

### 3. 远程模式

远程模式将Metastore Server分离出来，作为一个单独的进程，并且可以部署多个，运行于不同的计算机上。这样的模式，将数据库层完全置于防火墙后，使客户端访问时不需要数据库凭据（用户名和密码），提高了可管理性和安全性。

远程模式的架构如图9-4所示。

图 9-3　Hive 本地模式架构图　　　　　图 9-4　Hive 远程模式架构图

## 9.4　Hive 安装配置

本节分别讲解Hive的三种运行模式：内嵌模式、本地模式和远程模式的安装。

由于Hive基于Hadoop，因此在安装Hive之前需要先安装好Hadoop。Hadoop的安装可参考本书3.5节，此处不再赘述。

Hive只需要在Hadoop集群的其中一个节点安装即可，而不需要搭建Hive集群。

## 9.4.1 内嵌模式

Hive内嵌模式的安装步骤如下。

### 1. 下载并解压安装文件

首先从Apache官网下载一个Hive的稳定版本,下载地址为:http://www.apache.org/dyn/closer.cgi/hive/,本书使用2.3.3版本。

然后将下载的安装包apache-hive-2.3.3-bin.tar.gz上传到centos01节点的/opt/softwares目录,并将其解压到目录/opt/modules中,解压命令如下:

```
$ tar -zxvf apache-hive-2.3.3-bin.tar.gz -C /opt/modules/
```

### 2. 配置环境变量

为了后续能在任意目录下执行Hive相关命令,需要配置Hive环境变量。修改系统环境变量文件/etc/profile:

```
$ sudo vi /etc/profile
```

在末尾加入以下内容:

```
export HIVE_HOME=/opt/modules/apache-hive-2.3.3-bin
export PATH=$HIVE_HOME/bin:$PATH
```

修改完毕后,刷新profile文件使修改生效:

```
$ source /etc/profile
```

环境变量配置完成后,执行以下命令,若能成功输出当前Hive版本信息,则说明Hive环境变量配置成功:

```
$ hive --version
```

### 3. 关联 Hadoop

Hive依赖于Hadoop,因此需要在Hive中指定Hadoop的安装目录。

复制Hive安装目录下的conf/hive-env.sh.template文件为hive-env.sh,然后修改hive-env.sh,添加以下内容,指定Hadoop的安装目录:

```
export HADOOP_HOME=/opt/modules/hadoop-3.3.1
```

### 4. 创建数据仓库目录

执行以下HDFS命令,在HDFS中创建两个目录,并设置同组用户具有可写权限,便于同组其他用户进行访问:

```
$ hadoop fs -mkdir       /tmp
$ hadoop fs -mkdir -p  /user/hive/warehouse
$ hadoop fs -chmod g+w /tmp
$ hadoop fs -chmod g+w /user/hive/warehouse
```

上述创建的两个目录的作用如下:

- /tmp: Hive 任务在 HDFS 中的缓存目录。

- /user/hive/warehouse：Hive 数据仓库目录，用于存储 Hive 创建的数据库。

Hive默认会向这两个目录写入数据，当然也可以在配置文件中更改为其他目录。如果希望任意用户对这两个目录拥有可写权限，只需要将上述命令中的g+w改为a+w即可。

### 5．初始化元数据信息

从Hive 2.1开始，需要运行schematool命令对Hive数据库的元数据进行初始化。默认Hive使用内嵌的Derby数据库来存储元数据信息。初始化命令如下：

```
$ schematool -dbType derby -initSchema
```

部分输出日志信息如下：

```
SLF4J: Actual binding is of type [org.apache.logging.slf4j.Log4jLoggerFactory]
Metastore connection URL:     jdbc:derby:;databaseName=metastore_db;create=true
Metastore Connection Driver :    org.apache.derby.jdbc.EmbeddedDriver
Metastore connection User:    APP
Starting metastore schema initialization to 2.3.0
Initialization script hive-schema-2.3.0.derby.sql
```

从上述日志信息可以看出，执行初始化命令后，Hive创建了一个名为metastore_db的Derby数据库。需要注意的是，metastore_db数据库的位置默认在初始化命令的执行目录下，即初始化命令在哪一个目录下执行，metastore_db数据库就生成在哪一个目录。例如，在Hive安装目录下执行上述初始化命令，则会在Hive安装目录下生成一个metastore_db文件夹，该文件夹则是metastore_db数据库文件的存储目录。进入该文件夹，查看其中生成的初始化文件列表如下：

```
[hadoop@centos01 metastore_db]$ ll
总用量 20
-rw-rw-r--. 1 hadoop hadoop    4 8月  15 16:21 dbex.lck
-rw-rw-r--. 1 hadoop hadoop   38 8月  15 16:21 db.lck
drwxrwxr-x. 2 hadoop hadoop   97 8月  15 15:28 log
-rw-rw-r--. 1 hadoop hadoop  608 8月  15 15:28 README_DO_NOT_TOUCH_FILES.txt
drwxrwxr-x. 2 hadoop hadoop 4096 8月  15 15:28 seg0
-rw-rw-r--. 1 hadoop hadoop  931 8月  15 15:28 service.properties
drwxrwxr-x. 2 hadoop hadoop    6 8月  15 16:21 tmp
```

### 6．启动 Hive CLI

在Derby数据库metastore_db所在的目录（即初始化命令的执行目录）下执行"hive"命令，即可进入Hive CLI（Hive命令行界面），如下：

```
$ hive
hive>
```

需要注意的是，上述命令必须在metastore_db数据库所在的目录中执行。如果切换到其他目录执行，也可以启动Hive，但当执行查询等命令时将报错，因为Hive找不到元数据库。

在Hive CLI中查看当前Hive中存在的所有数据库列表，命令及返回信息如下：

```
hive> SHOW DATABASES;
OK
default
Time taken: 8.913 seconds, Fetched: 1 row(s)
```

从上述命令可以看出，Hive默认创建了一个名为default的数据库，Hive默认使用default数据库进行操作；也可以新建其他数据库，并使用use命令切换到其他数据库进行建表等操作。Hive命令行操作将在后续详细讲解。

### 7．验证多用户同时访问

由于本例将Hive安装在了centos01节点，因此新开一个SSH窗口连接centos01，以与上述同样的方式启动Hive命令行，然后执行"show databases;"命令查看Hive中存在的数据库列表，以验证是否允许多个会话同时访问，如图9-5所示。

从图9-5中的执行结果可以看出，右侧新开的SSH窗口执行Hive命令报HiveException异常。此时，左侧窗口执行"exit;"命令退出Hive命令行，而右侧窗口再次执行"show databases;"命令则执行成功，如图9-6所示。

图 9-5 内嵌模式验证多用户同时访问 Hive　　　　图 9-6 内嵌模式单用户访问 Hive

上述验证充分说明了Hive内嵌模式不支持同时多个会话对数据进行操作。

> **注意** 由于Hive的数据存储在HDFS中，而向Hive中添加数据实际上是执行了一个MapReduce任务。因此，若需要向Hive中添加数据，则需要先启动Hadoop的HDFS集群和YARN集群。

## 9.4.2 本地模式

本地模式的安装与内嵌模式的不同在于，需要修改配置文件，设置MySQL数据库的连接信息。此处默认已经安装好MySQL（本例使用MySQL 8.0.18）。

下面在内嵌模式的基础上继续进行修改，搭建本地模式，操作步骤如下：

**01** 配置MySQL。使用root身份登录MySQL，创建名为"hive_db"的数据库用于存放Hive元数据信息。然后创建用户hive（密码同为hive），并为其赋予全局外部访问权限。整个过程使用的SQL命令如下：

```
create database hive_db;
create user hive IDENTIFIED by 'hive';
```

```
grant all privileges on hive_db.* to hive@'%';
flush privileges;
```

**02** 配置Hive。上传Java连接MySQL的驱动包mysql-connector-java-8.0.11.jar（需要根据MySQL的版本使用对应的Java驱动包版本）到$HIVE_HOME/lib中。

复制配置文件 $HIVE_HOME/conf/hive-default.xml.template 为 hive-site.xml，然后修改 hive-site.xml中的如下属性（或者将hive-site.xml中的默认配置信息清空，添加以下配置属性）：

```xml
<configuration>
<!--MySQL数据库连接信息 -->
<property><!--连接MySQL的驱动类 -->
 <name>javax.jdo.option.ConnectionDriverName</name>
 <value>com.mysql.cj.jdbc.Driver</value>
</property>
<property><!--MySQL连接地址，此处连接远程数据库，可根据实际情况进行修改 -->
 <name>javax.jdo.option.ConnectionURL</name>
 <value>jdbc:mysql://192.168.1.69:3306/hive_db?createDatabaseIfNotExist=true</value>
</property>
<property><!--MySQL用户名 -->
 <name>javax.jdo.option.ConnectionUserName</name>
 <value>hive</value>
</property>
<property><!--MySQL密码 -->
 <name>javax.jdo.option.ConnectionPassword</name>
 <value>hive</value>
</property>
</configuration>
```

若需要配置其他日志等存储目录，可以添加以下配置属性：

```xml
<property> <!--Hive数据库在HDFS中的存放地址-->
  <name>hive.metastore.warehouse.dir</name>
  <value>/user/hive/warehouse</value>
</property>
<property><!--Hive本地缓存目录-->
  <name>hive.exec.local.scratchdir</name>
  <value>/tmp/hive</value>
</property>
<property><!--Hive在HDFS中的缓存目录-->
  <name>hive.exec.scratchdir</name>
  <value>/tmp/hive</value>
</property>
<property><!--从远程文件系统中添加资源的本地临时目录-->
  <name>hive.downloaded.resources.dir</name>
  <value>/tmp/hive</value>
</property>
<property><!--Hive运行时的结构化日志目录-->
  <name>hive.querylog.location</name>
  <value>/tmp/hive</value>
</property>
<property><!--日志功能开启时，存储操作日志的最高级目录-->
  <name>hive.server2.logging.operation.log.location</name>
  <value>/tmp/hive</value>
</property>
```

Hive日志存储的默认目录为/tmp/${username}，${username}为当前系统用户名。

需要注意的是，hive-site.xml文件不可缺少，Hive启动时将读取文件hive-site.xml中的配置属性，且hive-site.xml中的配置将覆盖Hive的默认配置文件hive-default.xml.template中的相同配置。

**03** 初始化元数据。执行以下命令，初始化Hive在MySQL中的元数据信息：

```
$ schematool -dbType mysql -initSchema
```

输出以下信息，则初始化完成：

```
SLF4J: Actual binding is of type [org.apache.logging.slf4j.Log4jLoggerFactory]
Metastore connection URL:     jdbc:mysql://192.168.1.69:3306/hive_db?createDatabaseIfNotExist=true
Metastore Connection Driver :     com.mysql.cj.jdbc.Driver
Metastore connection User:     hive
Starting metastore schema initialization to 2.3.0
Initialization script hive-schema-2.3.0.mysql.sql
Initialization script completed
schemaTool completed
```

初始化完成后，可以看到在MySQL中的hive_db数据库里生成了很多存放元数据的表，部分表展示如图9-7所示。

需要注意的是，若需要重新初始化，则重新初始化之前需要删除元数据库hive_db中的所有表，否则初始化将失败。

**04** 启动命令行。在任意目录执行"hive"命令，进入Hive CLI命令行模式。

```
$ hive
hive>
```

上述命令会启动Hive的CLI服务，因此也可以使用以下命令代替（执行成功后同样会进入Hive命令行模式）。

```
$ hive --service cli
```

**05** 验证多用户同时访问。验证方式与内嵌模式一样，使用两个SSH窗口连接Hive，分别执行"show databases;"命令，查看输出信息，如图9-8所示。

图9-7  MySQL 部分元数据表

图9-8  本地模式验证多用户同时访问 Hive

从图9-8中的执行结果可以看出，两个会话都可以执行成功，从而说明使用MySQL存储Hive元数据允许同一时间内多个会话对数据进行操作。

## 9.4.3 远程模式

远程模式分为服务端与客户端两部分，服务端的配置与本地模式相同，客户端需要单独配置。

本例将centos01节点作为Hive的服务端，centos02节点作为Hive的客户端。在本地模式的基础上继续进行远程模式的配置，操作步骤如下：

**01** 安装Hive客户端。在centos01节点中执行以下命令，将Hive安装文件复制到centos02节点：

```
$ scp -r apache-hive-2.3.3-bin/ hadoop@centos02:/opt/modules/
```

然后修改centos02节点的Hive配置文件hive-site.xml，清除之前的配置属性，添加以下配置：

```xml
<!--Hive数据仓库在HDFS中的存储目录-->
<property>
  <name>hive.metastore.warehouse.dir</name>
  <value>/user/hive/warehouse</value>
</property>
<!--是否启用本地服务器连接Hive，false为非本地模式，即远程模式-->
<property>
  <name>hive.metastore.local</name>
  <value>false</value>
</property>
<!--Hive服务端Metastore Server连接地址，默认监听端口9083-->
<property>
  <name>hive.metastore.uris</name>
  <value>thrift://192.168.170.133:9083</value>
</property>
```

**02** 启动Metastore Server。在centos01节点中执行以下命令，启动Metastore Server并使其在后台运行：

```
$ hive --service metastore &
```

控制台输出的部分启动日志信息如下：

```
2022-08-21 16:58:15: Starting Hive Metastore Server
```

Hive日志文件中的部分启动日志如下：

```
INFO [main] metastore.HiveMetaStore: Starting hive metastore on port 9083
INFO [main] metastore.MetaStoreDirectSql: Using direct SQL, underlying DB is MYSQL
INFO [main] metastore.HiveMetaStore: Started the new metaserver on port [9083]...
INFO [main] metastore.HiveMetaStore: Options.minWorkerThreads = 200
INFO [main] metastore.HiveMetaStore: Options.maxWorkerThreads = 1000
INFO [main] metastore.HiveMetaStore: TCP keepalive = true
```

启动成功后，在centos01节点中执行jps命令查看启动的Java进程。从输出信息中可以看到，除了Hadoop的进程外还多了一个名为RunJar的进程，该进程则是Metastore Server的独立进程。如下所示：

```
$ jps
3169 NameNode
8615 Jps
7561 NodeManager
```

```
7450 ResourceManager
7916 RunJar
3501 SecondaryNameNode
```

若此时在centos01节点中执行hive命令,启动Hive命令行模式,则会再次产生一个RunJar进程,该进程为Hive的服务进程(也是Hive CLI的服务进程)。如下所示:

```
$ jps
3169 NameNode
8339 RunJar
8615 Jps
7561 NodeManager
7450 ResourceManager
7916 RunJar
3501 SecondaryNameNode
```

**03** 访问Hive。在centos02节点中进入Hive安装目录执行以下命令,启动远程Hive命令行模式:

```
$ bin/hive
```

**04** 测试Hive远程访问。在centos01节点(Hive服务端)中进入Hive命令行模式,执行以下命令,创建表student(Hive默认将表创建在default数据库中):

```
hive> CREATE TABLE student(id INT,name STRING);
OK
Time taken: 1.185 seconds
```

然后在centos02节点(Hive客户端)中执行以下命令,查看Hive中的所有表:

```
hive> SHOW TABLES;
OK
student
Time taken: 0.349 seconds, Fetched: 1 row(s)
```

上述输出信息显示,在Hive客户端中成功查询到了服务端创建的表student。这说明Hive远程模式配置成功。

> **注意** ①在Hive内嵌模式与本地模式中,当启动Hive CLI时,Hive会在后台自动启动Hive服务与Metastore Server,且这两个服务运行于同一个进程中。Hive远程模式需要手动启动Metastore Server独立进程。②无论是内嵌模式还是本地模式和远程模式,当启动Hive CLI时都需要注意YARN集群ResourceManager的位置,因为大部分HiveQL需要转化成MapReduce任务在YARN中运行,而MapReduce任务首先需要提交到ResourceManager中。由于执行HiveQL时,默认会寻找本地的ResourceManager,因此需要在ResourceManager所在的节点中启动Hive CLI。

## 9.5 Hive常见属性配置

### 1. 数据仓库位置修改

Hive数据仓库默认位置在HDFS系统的/user/hive/warehouse路径下,也可以在配置文件hive-site.xml中进行修改,将以下属性值改为其他路径:

```
<property>
<name>hive.metastore.warehouse.dir</name>
<value>/user/hive/warehouse</value>
</property>
```

### 2. 日志文件位置修改

Hive的日志文件默认存放于/tmp/${username}/hive.log中，${username}为当前操作系统用户名。若需要修改日志文件存储位置，可以复制${HIVE_HOME}/conf/ hive-log4j2.properties.template文件为hive-log4j2.properties，并修改hive-log4j2.properties，代码如下：

```
$ cp hive-log4j2.properties.template hive-log4j2.properties
$ vi hive-log4j2.properties
```

将以下属性：

```
property.hive.log.dir = ${sys:java.io.tmpdir}/${sys:user.name}
```

改为需要存储的位置：

```
property.hive.log.dir = /home/hadoop
```

### 3. Hive CLI中显示数据库名称及列名

Hive CLI中默认不显示当前所操作的数据库名称以及结果数据的列名，可以在配置文件hive-site.xml中添加如下属性，使其显示在CLI中，从而看起来更加直观：

```
<!--在Hive提示符中包含当前数据库-->
<property>
    <name>hive.cli.print.current.db</name>
    <value>true</value>
</property>
<!--在查询输出中打印列的名称-->
<property>
    <name>hive.cli.print.header</name>
    <value>true</value>
</property>
```

修改完后重新启动Hive CLI，可以看到，在CLI提示符中显示了当前数据库名称，且查询结果中显示出了每一列所在的表名与列名，如图9-9所示。

图9-9 Hive CLI中显示当前数据库名及表的列名

## 9.6 Beeline CLI的使用

我们已经知道，Beeline CLI是Hive中的一个JDBC客户端，它可以代替Hive默认的CLI（Hive命令行模式）。但与CLI不同的是，Beeline CLI需要与HiveServer 2服务一起使用。

在9.4.3节的远程模式中，我们使用centos01节点作为服务端，centos02节点作为客户端。下面继续讲解如何在远程模式下使用Beeline CLI，具体步骤如下：

**01** 修改用户权限。使用Beeline CLI连接Hive，需要在Hadoop中为Hive开通代理用户访问权限。在centos01节点中修改Hadoop配置文件core-site.xml，添加以下配置内容：

```
<property>
    <name>hadoop.proxyuser.hadoop.hosts</name>
    <value>*</value>
</property>
<property>
    <name>hadoop.proxyuser.hadoop.groups</name>
    <value>*</value>
</property>
```

需要注意的是，修改完后将core-site.xml同步到Hadoop集群的其他节点。

上述配置属性中，hadoop.proxyuser是固定写法，后面跟的是Hadoop集群的代理用户名，本例用户名为"hadoop"。hosts属性配置为"*"，代表任意节点可以使用Hadoop集群的代理用户"hadoop"访问HDFS集群；groups属性配置为"*"，代表所有组。

经过以上配置后，就可以使用"hadoop"用户在Beeline CLI中连接Hive了。

**02** 启动HiveServer 2。在centos01节点中执行以下命令，启动HiveServer 2服务：

```
$ hive --service hiveserver2 &
```

符号"&"代表使服务在后台运行。

当HiveServer 2服务启动以后，就可以通过访问默认端口10002查看HiveServer 2的Web UI。浏览器访问网址http://centos01:10002即可出现如图9-10所示的Web界面，该界面中显示了当前连接的会话，包括IP、用户名、当前执行的操作数量、会话连接总时长和空闲时长。如果有会话执行查询，则下方的Open Queries处会显示执行的查询语句、执行耗时等。

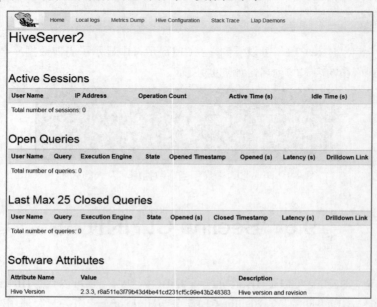

图 9-10　HiveServer 2 的 Web 界面

当然，也可以通过修改Hive配置文件hive-site.xml，在其中加入以下内容，对Web UI的端口等信息进行配置。修改完后需要重启HiveServer 2服务使其生效：

```xml
<!--配置Hive Web UI-->
<property>
  <name>hive.server2.webui.host</name>
  <value>0.0.0.0</value>
</property>
<property>
  <name>hive.server2.webui.port</name>
  <value>10002</value>
</property>
```

**03** 启动Beeline CLI。在节点centos02中进入Hive安装目录执行（也可以在服务端节点执行）以下命令启动Beeline CLI：

```
$ bin/beeline
```

**04** 连接HiveServer 2服务。在Beeline CLI中连接HiveServer 2服务，命令及输出如下：

```
beeline> !connect jdbc:hive2://centos01:10000
Connecting to jdbc:hive2://centos01:10000
Enter username for jdbc:hive2://centos01:10000: hadoop
Enter password for jdbc:hive2://centos01:10000:
Connected to: Apache Hive (version 2.3.3)
Driver: Hive JDBC (version 2.3.3)
Transaction isolation: TRANSACTION_REPEATABLE_READ
0: jdbc:hive2://centos01:10000>
```

上述命令中，连接的主机名为centos01，端口默认为10000。在连接的过程中需要输入用户名与密码，此处用户名为hadoop，密码默认为空，直接按回车键即可。

连接成功后将出现以下提示符：

```
0: jdbc:hive2://centos01:10000>
```

此外，在启动Beeline CLI时也可以执行以下命令直接连接到HiveServer 2服务：

```
$ bin/beeline -u jdbc:hive2://centos01:10000 -n hadoop
```

接下来就可以在Beeline CLI界面中执行相关HiveQL了，例如查看当前的数据库列表：

```
0: jdbc:hive2://centos01:10000> show databases;
+----------------+
| database_name  |
+----------------+
| default        |
+----------------+
2 rows selected (19.61 seconds)
```

查看表"student"中的所有数据：

```
0: jdbc:hive2://centos01:10000> select * from student;
+-------------+---------------+
| student.id  | student.name  |
+-------------+---------------+
| 1           | zhangsan      |
+-------------+---------------+
```

```
1 row selected (7.329 seconds)
```

由于Beeline CLI是一个基于SQLLine的JDBC客户端,因此SQLLine的常用命令在Beeline中也同样适用。关于SQLLine的常用命令可以在网址http://sqlline.sourceforge.net/中查看。

Beeline CLI的查询命令与Hive CLI一样,都是正常的SQL输入。但是一些管理命令,例如连接、关闭、退出,需要在命令前面加上感叹号"!",且不需要结束符。

在Beeline CLI中执行"!help"命令可以输出常用的以感叹号开头的特殊命令,常用命令及其解析如表9-1所示。

表9-1 Beeline CLI常用命令及其解析

| 命 令 | 说 明 |
| --- | --- |
| !tables | 列出数据库中所有的表 |
| !list | 列出当前所有连接 |
| !help | 显示所有命令列表 |
| !quit | 退出 Beeline CLI |
| !close | 关闭与当前数据库的连接 |
| !dropall | 删除当前数据库中的所有表 |
| !closeall | 关闭所有当前打开的连接 |
| !columns | 列出指定表的所有列 |
| !history | 显示命令执行历史 |
| !reconnect | 重新连接 |
| !scan | 扫描已安装的 JDBC 驱动程序 |
| !addlocaldriverjar | 在 Beeline 客户端添加驱动程序 jar 文件 |
| !addlocaldrivername | 添加在 Beeline 中需要支持的驱动程序名称 |
| !all | 对所有当前连接执行指定的 SQL |
| !autocommit | 设置打开或关闭自动提交模式 |
| !batch | 执行批量语句 |
| !commit | 提交当前事务(如果自动提交被关闭) |
| !connect | 连接到指定 HiveServer 2 服务 |
| !describe | 显示一张表的描述信息 |
| !indexes | 列出指定表的所有索引 |
| !outputformat | 设置显示结果的输出格式。可选的格式有:table、vertical、csv2、dsv、tsv2、xmlattrs、xmlelements |
| !record | 将所有输出记录到指定的文件中 |
| !rollback | 回滚当前事务(如果自动提交被关闭) |
| !run | 从指定的文件运行脚本 |
| !script | 开始将脚本保存到文件中 |
| !set | 设置一个 Beeline 变量 |
| !sh | 执行一个 Shell 命令 |
| !sql | 执行一个 SQL 命令 |

## 9.7 Hive 数据库操作

### 1. 创建数据库

创建数据库的语法如下：

```
CREATE (DATABASE|SCHEMA) [IF NOT EXISTS] database_name
  [COMMENT database_comment]
  [LOCATION hdfs_path]
  [WITH DBPROPERTIES (property_name=property_value, ...)];
```

关键字含义解析如下：

- **IF NOT EXISTS**：当数据库不存在时进行创建，存在时则忽略本次操作。
- **COMMENT**：添加注释。
- **LOCATION**：指定数据库在 HDFS 中的地址，默认使用数据仓库地址。
- **WITH DBPROPERTIES**：指定数据库的属性信息，属性名与属性值均可自定义。
- **DATABASE** 和 **SCHEMA** 关键字功能相同且可以互换，都代表数据库。

例如，创建数据库db_hive，若数据库已存在则会抛出异常：

```
hive> CREATE DATABASE db_hive;
```

创建数据库db_hive，若数据库已存在则不创建（不会抛出异常）：

```
hive> create database if not exists db_hive;
```

创建数据库db_hive 2，并指定在HDFS上的存储位置：

```
hive> CREATE DATABASE db_hive2 LOCATION '/input/db_hive.db';
```

上述命令执行成功后，若HDFS目录/input中不存在文件夹db_hive.db则会自动创建。

创建数据库db_hive，并添加注释"hive database"：

```
hive> create database if not exists db_hive comment 'hive database';
```

创建数据库db_hive，并定义相关属性：

```
hive> create database if not exists db_hive
    > with dbproperties('creator'='hadoop','date'='2018-08-24');
```

### 2. 修改数据库

（1）修改自定义属性

修改数据库的自定义属性的操作语法如下：

```
ALTER (DATABASE|SCHEMA) database_name SET DBPROPERTIES
(property_name=property_value, ...);
```

关键字SET DBPROPERTIES表示添加自定义属性。

例如，创建数据库testdb，然后使用desc命令查看testdb的数据库默认描述信息（为了使操作结果的显示更加直观，此处在Beeline CLI中查看），如图9-11所示。

图 9-11　查看数据库默认描述信息

执行以下命令，给数据库testdb添加自定义属性createtime：

```
hive> ALTER DATABASE testdb SET DBPROPERTIES('createtime'='20180825');
```

此时查看数据库testdb的描述信息，发现parameters一列出现了自定义属性值createtime，如图9-12所示。

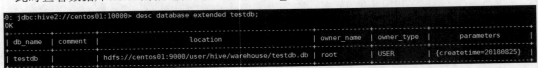

图 9-12　数据库添加自定义属性后的描述信息

（2）修改数据库所有者

修改数据库的所有者的操作语法如下：

```
ALTER (DATABASE|SCHEMA) database_name SET OWNER [USER|ROLE] user_or_role;
```

例如，修改数据库testdb的所有者为用户root，命令如下：

```
hive> ALTER DATABASE testdb SET OWNER USER root;
```

此时查看数据库testdb的描述信息，发现owner_name一列的值变为了root，如图9-13所示。

图 9-13　数据库修改所有者后的描述信息

（3）修改数据库存储位置

在Hive 2.4.0之后，支持修改数据库的存储位置，操作语法如下：

```
ALTER (DATABASE|SCHEMA) database_name SET LOCATION hdfs_path;
```

**SET LOCATION**语句不会将数据库当前目录的内容移动到新指定的位置。它不会更改与指定数据库下的任何表/分区相关联的位置。当创建新表时，只更改新表所属的父目录。

关于数据库的其他元数据则不允许更改。

### 3．选择数据库

选择某一个数据库作为后续HiveQL的执行数据库，操作语法如下：

```
USE database_name;
```

例如，选择数据库testdb，命令如下：

```
hive> USE testdb;
```

Hive中存在一个默认数据库default，切换为默认数据库的命令如下：

```
hive>USE default;
```

### 4. 删除数据库

删除数据库的操作语法如下：

```
DROP (DATABASE|SCHEMA) [IF EXISTS] database_name [RESTRICT|CASCADE];
```

关键字含义解析如下：

- IF EXISTS：当数据库不存在时，忽略本次操作，不抛出异常。
- RESTRICT|CASCADE：约束|级联。默认为约束，即如果被删除的数据库中有表数据，则删除失败。如果指定为级联，无论数据库中是否有表数据，都将强制删除。

例如，删除数据库testdb，若数据库不存在则忽略本次操作（不会抛出异常）：

```
hive> drop database if exists testdb;
```

删除数据库testdb，若数据库中无表数据则删除成功，若数据库中有表数据则抛出异常：

```
hive> DROP DATABASE testdb;
```

删除数据库testdb，无论数据库中是否有表数据都将强制删除：

```
hive> drop database testdb cascade;
```

### 5. 显示数据库

显示当前Hive中的所有数据库，命令如下：

```
hive> show databases;
OK
db_hive
db_hive2
default
test_db
testdb
```

可以看到，Hive除了自己创建的数据库外，还存在一个名为default的默认数据库。若不指定数据库，将默认使用该数据库进行操作。

过滤显示数据库前缀为db_hive的所有数据库，命令如下：

```
hive> show databases like 'db_hive*';
OK
db_hive
db_hive2
Time taken: 0.043 seconds, Fetched: 3 row(s)
```

查看当前所使用的数据库，命令如下：

```
hive> SELECT current_database();
```

显示数据库的属性描述信息，命令如下：

```
hive> desc database extended testdb;
OK
testdb  hdfs://centos01:9000/user/hive/warehouse/testdb.db  rootUSER
{createtime=20180825}
```

## 9.8 Hive 表操作

Hive 的表由实际存储的数据和元数据组成。实际数据一般存储于 HDFS 中，元数据一般存储于关系型数据库中。

Hive 中创建表的语法如下：

```
CREATE [TEMPORARY] [EXTERNAL] TABLE [IF NOT EXISTS] [db_name.]table_name
  [(col_name data_type [COMMENT col_comment], ... [constraint_specification])]
  [COMMENT table_comment]
  [PARTITIONED BY (col_name data_type [COMMENT col_comment], ...)]
  [CLUSTERED BY (col_name, col_name, ...) [SORTED BY (col_name [ASC|DESC], ...)] INTO num_buckets BUCKETS]
  [SKEWED BY (col_name, col_name, ...)
     ON ((col_value, col_value, ...), (col_value, col_value, ...), ...)
     [STORED AS DIRECTORIES]
  [
   [ROW FORMAT row_format]
   [STORED AS file_format]
     | STORED BY 'storage.handler.class.name' [WITH SERDEPROPERTIES (...)]
  ]
  [LOCATION hdfs_path]
  [TBLPROPERTIES (property_name=property_value, ...)]
  [AS select_statement];
```

常用关键字含义解析如下：

- **CREATE TABLE**：创建表，后面跟上指定的表名。
- **TEMPORARY**：声明临时表。
- **EXTERNAL**：声明外部表。
- **IF NOT EXISTS**：如果存在表则忽略本次操作，且不抛出异常。
- **COMMENT**：为表和列添加注释。
- **PARTITIONED BY**：创建分区。
- **CLUSTERED BY**：创建分桶。
- **SORTED BY**：在桶中按照某个字段排序。
- **SKEWED BY ON**：将特定字段的特定值标记为倾斜数据。
- **ROW FORMAT**：自定义 SerDe（Serializer/Deserializer 的简称，序列化/反序列化）格式或使用默认的 SerDe 格式。若不指定或设置为 DELIMITED 将使用默认 SerDe 格式。在指定表的列的同时也可以指定自定义的 SerDe。
- **STORED AS**：数据文件存储格式。Hive 支持内置和定制开发的文件格式，常用内置的文件格式有：TEXTFILE（文本文件，默认为此格式）、SEQUENCEFILE（压缩序列文件）、ORC（ORC 文件）、AVRO（Avro 文件）、JSONFILE（JSON 文件）。
- **STORED BY**：用户自己指定的非原生数据格式。
- **WITH SERDEPROPERTIES**：设置 SerDe 的属性。
- **LOCATION**：指定表在 HDFS 上的存储位置。

- TBLPROPERTIES：自定义表的属性。

也可以使用"LIKE"关键字复制另一张表的表结构到新表中，但不复制数据，语法如下：

```
CREATE [TEMPORARY] [EXTERNAL] TABLE [IF NOT EXISTS] [db_name.]table_name
  LIKE existing_table_or_view_name
  [LOCATION hdfs_path];
```

需要注意的是，在创建表时，若要指定表所在的数据库有两种方法：第一，在创建表之前使用USE命令指定当前使用的数据库；第二，在表名前添加数据库声明，例如database_name.table_name。

## 9.8.1 内部表

Hive中默认创建的普通表被称为管理表或内部表。内部表的数据由Hive进行管理，默认存储于数据仓库目录/user/hive/warehouse中，可在Hive配置文件hive-site.xml中对数据仓库目录进行更改（配置属性hive.metastore.warehouse.dir）。

删除内部表时，表数据和元数据将一起被删除。

### 1. 创建表

执行以下命令，使用数据库test_db：

```
hive> USE test_db;
OK
Time taken: 0.174 seconds
```

执行以下命令，创建表student，其中字段id为整型，字段name为字符串：

```
hive> CREATE TABLE student(id INT,name STRING);
OK
Time taken: 4.015 seconds
```

然后查看数据仓库目录生成的文件，可以看到，在数据仓库目录中的test_db.db文件夹下生成了一个名为student的文件夹，该文件夹正是表student的数据存储目录，如图9-14所示。

```
[hadoop@centos01 ~]$ hadoop fs -ls -R /user/hive/warehouse
drwxrwxr-x   - hadoop supergroup          0 2018-08-22 16:45 /user/hive/warehouse/test_db.db
drwxrwxr-x   - hadoop supergroup          0 2018-08-22 16:49 /user/hive/warehouse/test_db.db/student
```

图9-14 查看数据仓库目录下的子目录

### 2. 查看表结构

执行以下命令，查看新创建的表student的表结构：

```
hive> DESC student;
OK
id                      int
name                    string
Time taken: 1.465 seconds, Fetched: 2 row(s)
```

执行以下命令，将显示详细表结构，包括表的类型以及在数据仓库的位置等信息：

```
hive> DESC FORMATTED student;
OK
```

```
id                      int
name                    string

# Detailed Table Information
Database:               test_db
Owner:                  hadoop
CreateTime:             Wed Aug 22 17:11:11 CST 2018
LastAccessTime:         UNKNOWN
Retention:              0
Location:               hdfs://centos01:9000/user/hive/warehouse/test_db.db/score
Table Type:             MANAGED_TABLE
```

### 3.向表中插入数据

执行以下命令,向表student中插入一条数据,命令及输出信息如下:

```
hive> INSERT INTO student VALUES(1000,'xiaoming');
WARNING: Hive-on-MR is deprecated in Hive 2 and may not be available in the future versions. Consider using a different execution engine (i.e. spark, tez) or using Hive 1.X releases.
    Query ID = hadoop_20180507162339_a8cc9834-46c9-442f-a73a-2caa25b1671f
    Total jobs = 3
    Launching Job 1 out of 3
    Number of reduce tasks is set to 0 since there's no reduce operator
    Starting Job = job_1525661172383_0001, Tracking URL = http://centos01:8088/proxy/application_1525661172383_0001/
    Kill Command = /opt/modules/hadoop-3.3.1/bin/hadoop job  -kill job_1525661172383_0001
    Hadoop job information for Stage-1: number of mappers: 1; number of reducers: 0
    2018-05-07 16:25:50,917 Stage-1 map = 0%,  reduce = 0%
    2018-05-07 16:26:32,980 Stage-1 map = 100%,  reduce = 0%, Cumulative CPU 3.63 sec
    MapReduce Total cumulative CPU time: 3 seconds 840 msec
    Ended Job = job_1525661172383_0001
    Stage-4 is selected by condition resolver.
    Stage-3 is filtered out by condition resolver.
    Stage-5 is filtered out by condition resolver.
    Moving data to directory hdfs://centos01:9000/hive/warehouse/test_db.db/student/.hive-staging_hive_2018-05-07_16-23-39_376_6674392701472391235-1/-ext-10000
    Loading data to table test_db.student
    MapReduce Jobs Launched:
    Stage-Stage-1: Map: 1   Cumulative CPU: 3.84 sec   HDFS Read: 4117 HDFS Write: 85 SUCCESS
    Total MapReduce CPU Time Spent: 3 seconds 840 msec
    OK
    Time taken: 196.952 seconds
```

从上述输出信息可以看出,Hive将insert插入语句转成了MapReduce任务执行。

查看数据仓库目录生成的文件,可以看到,在数据仓库目录中的表student对应的文件夹下生成了一个名为000000_0的文件,如图9-15所示。

```
[hadoop@centos01 ~]$ hadoop fs -ls -R /user/hive/warehouse
drwxrwxr-x   - hadoop supergroup          0 2018-08-22 16:45 /user/hive/warehouse/test_db.db
drwxrwxr-x   - hadoop supergroup          0 2018-08-22 16:49 /user/hive/warehouse/test_db.db/student
-rwxrwxr-x   2 hadoop supergroup         14 2018-08-22 16:49 /user/hive/warehouse/test_db.db/student/000000_0
```

图9-15 查看数据仓库目录下生成的数据文件

然后执行以下命令，查看文件000000_0中的内容：

```
$ hadoop fs -cat /user/hive/warehouse/test_db.db/student/000000_0
1000xiaoming
```

从输出信息可以看到，文件000000_0中以文本的形式存储着表student的一条数据。

### 4. 查询表中数据

执行以下命令，查询表student中的所有数据：

```
hive> SELECT * FROM student;
OK
1000    xiaoming
Time taken: 1.948 seconds, Fetched: 1 row(s)
```

### 5. 将本地文件导入 Hive

我们可以将本地文件的数据直接导入到Hive表中，但是本地文件中数据的格式需要在创建表的时候指定。

（1）新建学生成绩表score，其中学号sno为整型，姓名name为字符串，分数score为整型，并指定以Tab键作为字段分隔符：

```
hive> CREATE TABLE score(
    > sno INT,
    > name STRING,
    > score INT)
    > row format delimited fields terminated by '\t';
OK
Time taken: 2.012 seconds
```

（2）在本地目录/home/hadoop中新建score.txt文件，并写入以下内容，列之间用Tab键隔开：

```
1001    zhangsan    98
1002    lisi        92
1003    wangwu      87
```

（3）执行以下命令，将score.txt中的数据导入到表score中：

```
hive> LOAD DATA LOCAL INPATH '/home/hadoop/score.txt' INTO TABLE score;
Loading data to table test_db.score
OK
Time taken: 0.492 seconds
```

（4）查询表score的所有数据：

```
hive> SELECT * FROM score;
OK
1001    zhangsan    98
1002    lisi        92
1003    wangwu      87
Time taken: 0.174 seconds, Fetched: 3 row(s)
```

可以看到，score.txt中的数据已成功导入表score。

（5）查看HDFS数据仓库中对应的数据文件，可以看到，score.txt已被上传到了文件夹score中，如图9-16所示。

```
[hadoop@centos01 ~]$ hadoop fs -ls -R /user/hive/warehouse
drwxrwxr-x   - hadoop supergroup          0 2018-08-22 17:11 /user/hive/warehouse/test_db.db
drwxrwxr-x   - hadoop supergroup          0 2018-08-22 17:11 /user/hive/warehouse/test_db.db/score
-rwxrwxr-x   2 hadoop supergroup         45 2018-08-22 17:11 /user/hive/warehouse/test_db.db/score/score.txt
drwxrwxr-x   - hadoop supergroup          0 2018-08-22 16:49 /user/hive/warehouse/test_db.db/student
-rwxrwxr-x   2 hadoop supergroup         14 2018-08-22 16:49 /user/hive/warehouse/test_db.db/student/000000_0
```

图 9-16　查看上传到数据仓库中的文件

执行以下命令，查看score.txt的内容：

```
$ hadoop fs -cat /user/hive/warehouse/test_db.db/score/score.txt
1001zhangsan 98
1002lisi 92
1003wangwu    87
```

从输出信息中可以看到，score.txt的内容与导入到表score的内容一致。

#### 6．删除表

执行以下命令，删除test_db数据库中的学生表student：

```
hive> DROP TABLE IF EXISTS test_db.student;
OK
Time taken: 2.953 seconds
```

此时查看数据仓库目录中的student表数据，发现目录student已被删除，如图9-17所示。

```
[hadoop@centos01 ~]$ hadoop fs -ls -R /user/hive/warehouse
drwxrwxr-x   - hadoop supergroup          0 2018-08-25 11:06 /user/hive/warehouse/test_db.db
drwxrwxr-x   - hadoop supergroup          0 2018-08-22 17:11 /user/hive/warehouse/test_db.db/score
-rwxrwxr-x   2 hadoop supergroup         45 2018-08-22 17:11 /user/hive/warehouse/test_db.db/score/score.txt
```

图 9-17　查看数据仓库目录的所有子目录

> 注意　Hive LOAD语句只是将数据复制或移动到数据仓库中Hive表对应的位置，不会在加载数据的时候做任何转换工作。因此，如果手动将数据复制到表的相应位置与执行LOAD加载操作所产生的效果是一样的。

### 9.8.2　外部表

除了默认的内部表以外，Hive也可以使用关键字"EXTERNAL"创建外部表。外部表的数据可以存储于数据仓库以外的位置，因此Hive并非认为其完全拥有这份数据。

外部表在创建的时候可以关联HDFS中已经存在的数据，也可以手动添加数据。删除外部表不会删除表数据，但是元数据将被删除。

（1）创建外部表时，如果不指定LOCATION关键字，则默认将表创建于数据仓库目录中。

例如，执行以下命令，在数据库test_db中创建外部表emp：

```
hive> CREATE EXTERNAL TABLE test_db.emp(id INT,name STRING);
OK
Time taken: 0.299 seconds
```

然后查看数据仓库目录中的文件，发现生成了一个文件夹emp，表emp的数据将存储于该目录，如图9-18所示。

```
[hadoop@centos01 ~]$ hadoop fs -ls -R /user/hive/warehouse
drwxrwxr-x   - hadoop supergroup          0 2018-08-25 11:41 /user/hive/warehouse/test_db.db
drwxrwxr-x   - hadoop supergroup          0 2018-08-25 11:41 /user/hive/warehouse/test_db.db/emp
drwxrwxr-x   - hadoop supergroup          0 2018-08-22 17:11 /user/hive/warehouse/test_db.db/score
-rwxrwxr-x   2 hadoop supergroup         45 2018-08-22 17:11 /user/hive/warehouse/test_db.db/score/score.txt
```

图 9-18　查看数据仓库生成的目录

（2）创建外部表时，如果指定LOCATION关键字，则将表创建于指定的HDFS位置。

例如，执行以下命令，在数据库test_db中创建外部表emp2，并指定在HDFS中的存储目录为/input/hive，表字段分隔符为Tab键：

```
hive> create external table test_db.emp2(
> id int,
> name STRING)
> ROW FORMAT DELIMITED FIELDS
> TERMINATED BY '\t' LOCATION '/input/hive';
OK
Time taken: 0.165 seconds
```

然后在本地目录/home/hadoop下创建文件emp.txt，并将该文件导入表emp2。emp.txt的内容如下（字段之间以Tab键隔开）：

```
1    xiaoming
2    zhangsan
3    wangqiang
```

导入命令如下：

```
hive> LOAD DATA LOCAL INPATH '/home/hadoop/emp.txt' INTO TABLE test_db.emp2;
Loading data to table test_db.emp2
OK
Time taken: 5.119 seconds
```

导入成功后，查看HDFS目录/input/hive中生成的文件，发现emp.txt已导入到该目录，如图9-19所示。

```
[hadoop@centos01 ~]$ hadoop fs -ls -R /input/hive
-rwxr-xr-x   2 hadoop supergroup         40 2018-08-25 12:03 /input/hive/emp.txt
```

图 9-19　查看已导入的数据文件

查看导入的emp.txt的文件内容，如下：

```
$ hadoop fs -cat /input/hive/emp.txt
1    xiaoming
2    zhangsan
3    wangqiang
```

查看表emp2的数据，如下：

```
hive> SELECT * FROM test_db.emp2;
OK
1    xiaoming
2    zhangsan
```

```
3    wangqiang
Time taken: 0.331 seconds, Fetched: 3 row(s)
```

（3）删除外部表时，不会删除实际数据，但元数据会被删除。

例如，执行以下命令，删除在目录/input/hive中创建的表emp2：

```
hive> DROP TABLE test_db.emp2;
OK
Time taken: 0.491 seconds
```

然后查看HDFS目录/input/hive中的数据，发现数据仍然存在，如图9-20所示。

```
[hadoop@centos01 ~]$ hadoop fs -ls -R /input/hive
-rwxr-xr-x   2 hadoop supergroup         40 2018-08-25 12:03 /input/hive/emp.txt
```

图 9-20　查看删除表数据后的 HDFS 文件数据

（4）创建外部表时，使用LOCATION关键字，可以将表与HDFS中已经存在的数据相关联。

例如，执行以下命令，在数据库test_db中创建外部表emp3，并指定表数据所在的HDFS中的存储目录为/input/hive（该目录已经存在数据文件emp.txt）：

```
hive> create external table test_db.emp3(
    > id int,
    > name string)
    > row format delimited fields
    > terminated by '\t' location '/input/hive';
OK
Time taken: 0.165 seconds
```

然后执行以下命令，查询表emp3的所有数据，发现该表已与数据文件emp.txt相关联：

```
hive> SELECT * FROM test_db.emp3;
OK
1    xiaoming
2    zhangsan
3    wangqiang
Time taken: 0.373 seconds, Fetched: 3 row(s)
```

内部表与外部表的区别总结如表9-2所示。

表 9-2　Hive 内部表与外部表的区别

| 操　　作 | 管理表（内部表） | 外　部　表 |
| --- | --- | --- |
| CREATE/LOAD | 将数据复制或移动到数据仓库目录 | 创建表时关联外部数据或将数据存储于外部目录（也可以存储于数据仓库目录，但不常用） |
| DROP | 元数据和实际数据被一起删除 | 只删除元数据 |

**注意** 在实际开发中，外部表一般创建于数据仓库路径之外，因此创建外部表时常常指定LOCATION关键字。在多数情况下，内部表与外部表没有太大的区别（删除表除外）。一般来说，如果所有数据处理都由Hive完成，则应该使用内部表；如果同一个数据集既要用Hive处理又要用其他工具处理，则应该使用外部表。

### 9.8.3 分区表

Hive可以使用关键字PARTITIONED BY对一张表进行分区操作。可以根据某一列的值将表分为多个分区，每一个分区对应数据仓库中的一个目录（相当于根据列的值将表数据进行分目录存储）。当查询数据的时候，根据WHERE条件Hive只查询指定的分区而不需要全表扫描，从而可以加快数据的查询速度。在HDFS文件系统中，分区实际上只是在表目录下嵌套的子目录。

Hive中的分区好比关系型数据库中的索引。例如，有一张数据量非常大的学生表student，现需要查询年龄age等于18的所有数据。在关系型数据库中，需要对年龄age列建立索引，当查询时，数据库会先从索引列中找到匹配的数据，然后再根据匹配数据查询一整行数据。如果不建立索引则将先扫描每一行数据，然后取出该行数据的字段age进行对比。在Hive中，创建表的时候可以将列age设置为分区列，然后向表student添加或导入数据时，需要指定分区值（即数据所属的分区），例如设置分区值为age=18，则会在表目录下生成一个名为age=18的子目录，年龄等于18的所有数据应当存储于该目录下。当查询age=18时，只查询指定的分区即可。

表student分区后的目录结构如图9-21所示。

图9-21中根据年龄age的值设置了三个分区：17、18和19，分别对应于子目录age=17、age=18和age=19。

此外，Hive还支持在创建表时同时指定多个分区列。例如，将student表的年龄列age和性别列gender同时指定为分区列，命令如下：

图 9-21　表分区后的目录结构

```
hive> CREATE TABLE test_db.student(
> id INT,
> name STRING)
> PARTITIONED BY (age INT, gender STRING)
    > ROW FORMAT DELIMITED FIELDS TERMINATED BY '\t';
```

加载数据的命令如下：

```
hive> LOAD DATA LOCAL INPATH '/home/hadoop/file1.txt'
> INTO TABLE test_db.student
> PARTITION(age=17,gender='male');
```

Hive会根据分区列的指定顺序，生成嵌套子目录。加载更多数据到表student后，目录结构可能如图9-22所示。

图 9-22　向表指定多个分区列后的目录结构

下面通过实际操作对分区表进行详细讲解：

（1）创建分区表

在数据库test_db中创建分区表student。表student包含四列：id（学号）、name（姓名）、age（年龄）和gender（性别），将年龄age作为分区列，命令如下：

```
hive> CREATE TABLE test_db.student(
    > id INT,
    > name STRING,
    > gender STRING)
    > PARTITIONED BY (age INT)
    > ROW FORMAT DELIMITED FIELDS TERMINATED BY '\t';
```

需要注意的是，创建表时指定的表的列中不应该包含分区列，分区列需要使用关键字PARTITIONED BY在后面单独指定。Hive将把分区列排在普通列之后。

（2）导入数据

在本地目录/home/hadoop中创建数据文件file1.txt，并写入以下数据（注意，列之间用Tab键隔开）：

```
1       zhangsan        male
2       zhanghua        female
3       wanglulu        female
4       liuxiaojie      male
```

然后将数据文件file1.txt导入表student中，同时指定分区值age=17，命令如下：

```
hive> LOAD DATA LOCAL INPATH '/home/hadoop/file1.txt'
    > INTO TABLE test_db.student
    > PARTITION(age=17);
```

> 注意 ①数据文件中列的顺序必须与创建表时指定的顺序一致，且不需要写入分区列age的数据，Hive会自动将分区列放入最后一列。②导入数据时必须指定分区值。如果数据文件file1.txt中存在第四列，无论第四列的值是多少，Hive都会自动将第四列替换为分区列，且值为指定的分区值，本例为17。

导入成功后，查看HDFS数据仓库中表student目录中的文件，发现生成了一个名为"age=17"的文件夹，且文件file1.txt也导入到了该文件夹中，如图9-23所示。

```
[hadoop@centos01 ~]$ hadoop fs -ls -R /user/hive/warehouse/test_db.db/student
drwxrwxr-x   - hadoop supergroup          0 2018-08-25 15:19 /user/hive/warehouse/test_db.db/student/age=17
-rwxrwxr-x   2 hadoop supergroup         82 2018-08-25 15:19 /user/hive/warehouse/test_db.db/student/age=17/file1.txt
```

图 9-23　查看数据仓库中导入的分区文件

图9-23中的文件夹"age=17"则为表student的一个分区，所有年龄为17的学生数据都将存储在该文件夹中。

同理，将年龄为20的学生数据放入文件file2.txt，然后导入到表student中。导入命令如下：

```
hive> LOAD DATA LOCAL INPATH '/home/hadoop/file2.txt'
    > overwrite into table test_db.student
    > PARTITION(age=20);
```

导入成功后，查看HDFS数据仓库中表student目录中的文件，发现又生成了一个名为"age=20"的文件夹，该文件夹则为表student的另一个分区，如图9-24所示。

```
[hadoop@centos01 ~]$ hadoop fs -ls -R /user/hive/warehouse/test_db.db/student
drwxrwxr-x   - hadoop supergroup          0 2018-08-25 15:54 /user/hive/warehouse/test_db.db/student/age=17
-rwxrwxr-x   2 hadoop supergroup         91 2018-08-25 15:54 /user/hive/warehouse/test_db.db/student/age=17/file2.txt
drwxrwxr-x   - hadoop supergroup          0 2018-08-25 17:11 /user/hive/warehouse/test_db.db/student/age=20
-rwxrwxr-x   2 hadoop supergroup         91 2018-08-25 17:11 /user/hive/warehouse/test_db.db/student/age=20/file2.txt
```

图9-24 查看数据仓库中的多个分区文件

（3）查询分区表数据

可以在SELECT语句中按常用的方式使用分区列，Hive将根据查询条件只扫描相关的分区，命令如下：

```
hive> SELECT name,age FROM student WHERE age=17;
OK
zhangsan17
zhanghua17
wanglulu17
liuxiaojie    17
Time taken: 0.335 seconds, Fetched: 4 row(s)
```

执行上述查询命令后，Hive将不会扫描分区"age=20"中的文件。上述查询结果中的分区列的值是从分区目录名中读取的，因为分区列在数据文件中并不存在。

也可以使用UNION关键字将多个分区联合查询，命令如下：

```
hive> SELECT * FROM student WHERE age=17
    > UNION
    > SELECT * FROM student WHERE age=20;
```

执行上述查询命令后，Hive将开启MapReduce任务进行数据的读取与合并。

（4）增加分区

使用修改表关键字ALTER可以为现有分区列增加一个分区目录。例如，在表student中增加一个分区age=21，命令如下：

```
hive> ALTER TABLE student ADD PARTITION(age=21);
```

执行成功后，查看HDFS数据仓库中表student目录中的文件，发现生成了一个名为"age=21"的文件夹，如图9-25所示。

```
[hadoop@centos01 ~]$ hadoop fs -ls -R /user/hive/warehouse/test_db.db/student
drwxrwxr-x   - hadoop supergroup          0 2018-08-25 15:54 /user/hive/warehouse/test_db.db/student/age=17
-rwxrwxr-x   2 hadoop supergroup         91 2018-08-25 15:54 /user/hive/warehouse/test_db.db/student/age=17/file2.txt
drwxrwxr-x   - hadoop supergroup          0 2018-08-25 17:11 /user/hive/warehouse/test_db.db/student/age=20
-rwxrwxr-x   2 hadoop supergroup         91 2018-08-25 17:11 /user/hive/warehouse/test_db.db/student/age=20/file2.txt
drwxrwxr-x   - hadoop supergroup          0 2018-08-27 09:54 /user/hive/warehouse/test_db.db/student/age=21
```

图9-25 查看数据仓库中增加的分区文件

若需要同时增加多个分区，命令如下：

```
hive> ALTER TABLE student ADD PARTITION(age=21) PARTITION(age=22);
```

需要注意的是，以上命令只是为现有的分区列增加一个或多个分区目录，并不是增加其他的分区列。

(5)删除分区

删除分区将删除分区目录及目录下的所有数据文件。例如，删除分区age=17，命令如下：

```
hive> ALTER TABLE test_db.student DROP PARTITION (age=17);
```

同时删除多个分区，命令如下：

```
hive> ALTER TABLE test_db.student DROP PARTITION (age=17),PARTITION (age=21);
```

(6)查看分区

查看表的所有分区，命令如下：

```
hive> show partitions test_db.student;
```

(7)动态分区

使用LOAD关键字导入数据到表中，默认使用的是静态分区（即需要指定分区值，Hive根据分区值创建分区目录）。

## 9.8.4 分桶表

在Hive中，可以将表或者分区进一步细分成桶。桶是对数据进行更细粒度的划分，以便获得更高的查询效率。桶在数据存储上与分区不同的是，一个分区会存储为一个目录，数据文件存储于该目录中；而一个桶将存储为一个文件，数据内容存储于该文件中。

在Hive中，可以直接在普通表上创建分桶，也可以在分区表中创建分桶，存储模型如图9-26和图9-27所示。

图9-26 在普通表中创建分桶

图9-27 在分区表中创建分桶

在创建表的时候需要指定分桶的列以及桶的数量。当添加数据的时候，Hive将对分桶列的值进行哈希计算，并将结果除以桶的个数，最后取余数。然后根据余数将数据分配到不同的桶中（每一个桶都会有自己的编号，从0开始。余数为0的行数据被分配到编号为0的桶中，余数为1的行数据被分配到编号为1的桶中，以此类推）。这样可以尽量将数据平均分配到各个桶中。基于这种方式，分桶列中的值相同的行数据将被分配到同一个桶中。这种分配方式与MapReduce中相同的key被分配到同一个Reduce中的原理是类似的。

那么到底如何通过分桶提高查询效率呢？举个例子，Hive中有用户表和订单表两张表。现需要对两张表进行JOIN连接查询，如果两张表的数据量非常大，连接查询将耗费大量时间，这时候就可以对连接字段进行分桶。如图9-28所示，对订单表的uid列进行分桶，分桶个数为3，相同uid所在的一整行数据则会被分配到同一个桶中。当再次对表进行JOIN连接查询时，将根据uid快速定位到数据所在的桶，只从桶中查找数据，而不需要进行全表扫描，大大提高了查询效率。

图 9-28 对表根据 uid 列进行分桶

> **注意** 分区列不能作为分桶列,否则一个分区下的数据将全部被分配到同一个桶中。

下面通过实际操作对分桶表进行详细讲解。

### 1. 分桶表操作

（1）创建分桶表

创建用户表user_info,并根据user_id进行分桶,桶的数量为6,命令如下:

```
hive> CREATE TABLE user_info (user_id INT, name STRING)
    > CLUSTERED BY(user_id)
    > INTO 6 BUCKETS
    > ROW FORMAT DELIMITED FIELDS TERMINATED BY '\t';
```

创建成功后,查看表user_info的描述信息,命令及主要描述信息如下:

```
hive> DESC FORMATTED user_info;
OK
Location:          hdfs://centos01:9000/user/hive/warehouse/test_db.db/user_info
Table Type:        MANAGED_TABLE
Compressed:        No
Num Buckets:       6
Bucket Columns:    [user_id]
```

（2）向分桶表导入数据

在本地目录/home/hadoop下创建数据文件user_info.txt,写入以下数据(列之间以Tab键分隔):

```
1001    zhangsan
1002    liugang
1003    lihong
1004    xiaoming
```

```
1005    zhaolong
1006    wangwu
1007    sundong
1008    jiangdashan
1009    zhanghao
1010    lisi1001
```

执行以下命令，将数据文件user_info.txt导入到表user_info中：

```
hive> LOAD DATA LOCAL INPATH '/home/hadoop/user_info.txt' INTO TABLE user_info;
```

发现报如下错误：

```
FAILED: SemanticException Please load into an intermediate table and use 'insert...
select' to allow Hive to enforce bucketing. Load into bucketed tables are disabled for
safety reasons.
```

根据上述错误信息可以得知，Hive默认不支持通过LOAD命令导入数据到分桶表（在Hive旧版本中默认可以使用LOAD命令导入，但仅仅是将数据复制或移动到表目录下，并不会平均分配到各个桶中），代替的是先将数据导入一张中间表（可以是普通表，也可以是临时表）中，然后通过"INSERT... SELECT"的方式，将普通表的数据导入到分桶表。

（3）创建中间表

执行以下命令，创建一张中间表user_info_tmp：

```
hive> CREATE TABLE user_info_tmp (user_id INT, name STRING)
    > ROW FORMAT DELIMITED FIELDS TERMINATED BY '\t';
```

（4）向中间表导入数据

执行以下命令，将数据导入到表user_info_tmp中：

```
hive> LOAD DATA LOCAL INPATH '/home/hadoop/user_info.txt'
    > INTO TABLE user_info_tmp;
```

（5）将中间表的数据导入到分桶表

执行以下命令，将中间表user_info_tmp中的数据导入到分桶表user_info中：

```
hive> INSERT INTO TABLE user_info
    > SELECT user_id,name FROM user_info_tmp;
```

上述命令执行时控制台的部分日志信息如下：

```
Hadoop job information for Stage-1: number of mappers: 1;number of reducers: 6
2018-08-28 15:07:48,318 Stage-1 map = 100%,reduce = 0%, Cumulative CPU 2.12 sec
2018-08-28 15:09:10,003 Stage-1 map = 100%,reduce = 11%, Cumulative CPU 5.91 sec
2018-08-28 15:09:11,524 Stage-1 map = 100%,reduce = 44%, Cumulative CPU 6.44 sec
2018-08-28 15:09:39,375 Stage-1 map = 100%,reduce = 78%, Cumulative CPU 13.62 sec
2018-08-28 15:09:43,150 Stage-1 map = 100%,reduce = 100%,Cumulative CPU 19.83 sec
```

从上述日志信息可以看出，Hive底层使用MapReduce任务进行数据的导入工作，且启用的reducer的个数为6，mapper的个数为1。reducer的数量默认与表user_info的分桶数量一致。

（6）查看桶数据对应的HDFS数据仓库文件

查看HDFS数据仓库中表user_info所在目录下的所有文件，可以看到，在目录user_info下生成了6个文件，编号从0到5，而表user_info的数据则均匀地分布在这些文件中，如图9-29所示。

```
[hadoop@centos01 ~]$ hadoop fs -ls -R /user/hive/warehouse/test_db.db/user_info
-rwxrwxr-x   2 hadoop supergroup         30 2018-08-28 15:10 /user/hive/warehouse/test_db.db/user_info/000000_0
-rwxrwxr-x   2 hadoop supergroup         26 2018-08-28 15:10 /user/hive/warehouse/test_db.db/user_info/000001_0
-rwxrwxr-x   2 hadoop supergroup         28 2018-08-28 15:10 /user/hive/warehouse/test_db.db/user_info/000002_0
-rwxrwxr-x   2 hadoop supergroup         14 2018-08-28 15:10 /user/hive/warehouse/test_db.db/user_info/000003_0
-rwxrwxr-x   2 hadoop supergroup         12 2018-08-28 15:10 /user/hive/warehouse/test_db.db/user_info/000004_0
-rwxrwxr-x   2 hadoop supergroup         27 2018-08-28 15:10 /user/hive/warehouse/test_db.db/user_info/000005_0
```

图 9-29　查看数据仓库中的桶数据文件

分别查看以上生成的6个文件中的数据，如图9-30所示。

```
[hadoop@centos01 ~]$ hadoop fs -cat /user/hive/warehouse/test_db.db/user_info/000000_0
1008    jiangdashan
1002    liugang
[hadoop@centos01 ~]$ hadoop fs -cat /user/hive/warehouse/test_db.db/user_info/000001_0
1009    zhanghao
1003    lihong
[hadoop@centos01 ~]$ hadoop fs -cat /user/hive/warehouse/test_db.db/user_info/000002_0
1010    lisi1001
1004    xiaoming
[hadoop@centos01 ~]$ hadoop fs -cat /user/hive/warehouse/test_db.db/user_info/000003_0
1005    zhaolong
[hadoop@centos01 ~]$ hadoop fs -cat /user/hive/warehouse/test_db.db/user_info/000004_0
1006    wangwu
[hadoop@centos01 ~]$ hadoop fs -cat /user/hive/warehouse/test_db.db/user_info/000005_0
1007    sundong
1001    zhangsan
```

图 9-30　查看数据仓库中每个桶的数据

## 2．分桶表数据抽样

当需要对某一方面进行调查或分析时，往往需要从大量数据集中抽取出具有代表性的数据作为调查样本，而不是查询全部数据。这时可以使用Hive对分桶表进行抽样查询，在每个桶或部分桶中只抽取部分数据。

使用抽样查询需要用到语法TABLESAMPLE(BUCKET $x$ OUT OF $y$)，其中$y$必须是表分桶数的倍数或者因子，Hive会根据$y$的大小，决定抽样的比例。例如，表总共分了4个桶，当$y$=2时，则抽取2（4/2=2）个桶的数据；当$y$=8时，则抽取1/2（4/8=1/2）个桶的数据。同时$y$也是抽取的下一个桶与上一个桶的编号间隔数。

$x$表示从第几个桶开始抽取。例如，表分桶数为4，TABLESAMPLE(BUCKET 1 OUT OF 2)表示总共抽取2（4/2=2）个桶的数据，从第一个桶开始抽取，即分别为第1个和第3（1+2=3）个桶。

以前面创建的分桶表user_info为例，对其进行抽样查询，查询命令及结果如下：

```
hive> select * from user_info tablesample(bucket 1 out of 2);
OK
user_info.user_id    user_info.name
1008jiangdashan
1002liugang
1010lisi1001
1004xiaoming
1006wangwu
Time taken: 0.302 seconds, Fetched: 5 row(s)
```

我们已经知道，表user_info的分桶个数为6，则上述命令中抽取的桶的个数为3（6/2=3），抽取的桶分别为第1个、第3（1+2=3）个和第5（3+2=5）个。

> 注意　分桶语法中$x$的值必须小于等于$y$的值，否则会抛出以下异常：FAILED: SemanticException [Error 10061]: Numerator should not be bigger than denominator in sample clause for table user_info

## 9.9 Hive 查询

Hive查询语句的语法如下:

```
SELECT [ALL | DISTINCT] select_expr, select_expr, ...
  FROM table_reference
  [WHERE where_condition]
  [GROUP BY col_list]
  [ORDER BY col_list]
  [CLUSTER BY col_list
    | [DISTRIBUTE BY col_list] [SORT BY col_list]
  ]
  [LIMIT [offset,] rows]
```

SELECT语句可以是联合查询或另一个查询的子查询的一部分。table_reference表示查询的输入,可以是常规表、视图、表连接或子查询。

### 9.9.1 SELECT 子句查询

#### 1. WHERE 子句

WHERE条件是布尔表达式。例如,下面的查询只返回来自美国地区的金额大于10的销售记录。Hive在WHERE子句中支持许多操作符和自定义函数:

```
SELECT * FROM sales WHERE amount > 10 AND region = "US"
```

#### 2. ALL 和 DISTINCT 子句

ALL和DISTINCT选项指定是否应该返回重复的行,默认为ALL(返回所有匹配的行)。DISTINCT指定从结果集中删除重复行(注意,Hive从版本1.1.0开始支持DISTINCT)。

例如,表t1中有两列col1和col2,数据如下:

```
hive> SELECT col1, col2 FROM t1
    1 3
    1 3
    1 4
    2 5
```

查询列col1和col2并去掉重复数据:

```
hive> SELECT DISTINCT col1, col2 FROM t1
    1 3
    1 4
    2 5
```

查询列col1并去掉重复数据:

```
hive> SELECT DISTINCT col1 FROM t1
    1
    2
```

### 3. HAVING 子句

HAVING子句主要用于对GROUP BY语句产生的分组进行条件过滤。

Hive在0.7.0版本中增加了对HAVING子句的支持。在早期版本的Hive中，可以通过使用子查询来达到同样的效果，命令如下：

```
SELECT col1 FROM t1 GROUP BY col1 HAVING SUM(col2) > 10
```

也可以用以下语句代替：

```
SELECT col1 FROM (SELECT col1, SUM(col2) AS col2sum FROM t1 GROUP BY col1) t2 WHERE t2.col2sum > 10
```

### 4. LIMIT 子句

LIMIT子句可用于限制SELECT语句返回的行数。LIMIT有一个或两个数值参数，它们都必须是非负整数常量。第一个参数指定要返回的开始行的偏移量（即行号，从0开始），第二个参数指定要返回的最大行数。当给定一个参数时，表示最大行数，偏移默认值为0。

以下查询返回表customers中的前5条数据：

```
SELECT * FROM customers LIMIT 5
```

以下查询返回表customers中创建时间最早的前5条数据（ORDER BY默认升序排列）：

```
SELECT * FROM customers ORDER BY create_date LIMIT 5
```

以下查询返回表customers中创建时间最早的第3到第7条数据：

```
SELECT * FROM customers ORDER BY create_date LIMIT 3,7
```

### 5. GROUP BY 子句

GROUP BY子句用于对表中的列进行分组查询。

例如，统计表users中不同性别的用户数量，查询结果显示性别和数量。因此，可以根据性别字段进行分组：

```
SELECT users.gender, count(*)
FROM users
GROUP BY users.gender;
```

在GROUP BY查询中也可以同时指定多个聚合函数，但是多个函数需要指定同一列：

```
SELECT users.gender,count(DISTINCT users.userid), count(*), sum(DISTINCT users.userid)
FROM users
GROUP BY users.gender;
```

当使用GROUP BY子句时，SELECT语句只能包含GROUP BY子句中包含的列或者是聚合函数。例如有一张表t1：

```
CREATE TABLE t1(a INTEGER, b INTGER);
```

对表t1进行GROUP BY查询：

```
SELECT
   a,sum(b)
FROM
```

```
    t1
GROUP BY
    a;
```

上述查询是有效的，SELECT子句包含了一个GROUP BY列（a）和一个聚合函数（sum(b)）。而下面的查询则是错误的：

```
SELECT
    a,b
FROM
    t1
GROUP BY a;
```

这是因为SELECT子句有一个额外的列（b），它不包含在GROUP BY子句中（而且它也不是聚合函数）。

### 6. ORDER BY 和 SORT BY

ORDER BY与RDBMS中的ORDER BY一样，对全局结果进行排序。这就意味着，使用ORDER BY，所有数据只能通过一个reducer进行处理（多个reducer无法保证全局有序），当数据量特别大时，处理结果将非常缓慢。

SORT BY只是对进入reducer中的数据进行排序，相当于局部排序。可以保证每个reducer的输出数据都是有序的，但保证不了全局数据的顺序。

当reducer的数量都为1时，使用ORDER BY和SORT BY的排序结果是一样的，但如果reducer的数量大于1，排序结果将不同。

例如，在数据库test_db中有一张用户表user_info，数据如下：

```
hive> SELECT * FROM user_info;
OK
user_info.user_id    user_info.name
1001zhangsan
1002liugang
1003lihong
1004xiaoming
1005zhaolong
1006wangwu
1007sundong
1008jiangdashan
1009zhanghao
1010lisi
Time taken: 0.271 seconds, Fetched: 10 row(s)
```

使用ORDER BY对表按照user_id字段进行降序排序，命令如下：

```
hive> SELECT * FROM user_info ORDER BY user_id DESC;
```

查询过程的部分日志信息如下：

```
Hadoop job information for Stage-1:number of mappers: 1; number of reducers: 1
```

使用SORT BY对表按照user_id字段进行降序排序，命令如下：

```
hive> SELECT * FROM user_info SORT BY user_id DESC;
```

查询过程的部分日志信息如下：

```
Hadoop job information for Stage-1:number of mappers: 1; number of reducers: 1
```

在默认情况下，上述两个语句的查询结果一致，都使用了1个reducer进行处理（Hive会根据数据量自动分配reducer的数量）。

现执行以下命令，将reducer数量设置为2：

```
hive> SET mapred.reduce.tasks=2;
```

然后再次使用SORT BY按照user_id字段进行降序排序，部分日志信息如下：

```
Hadoop job information for Stage-1:number of mappers: 1; number of reducers: 2
```

查询结果如下：

```
hive (test_db)> select * from user_info sort by user_id desc;
user_info_tmp.user_id    user_info_tmp.name
1010lisi
1008jiangdashan
1005zhaolong
1004xiaoming
1003lihong
1001zhangsan
1009zhanghao
1007sundong
1006wangwu
1002liugang
Time taken: 53.799 seconds, Fetched: 10 row(s)
```

从上述结果中可以看出，数据并没有按照全局进行排列，而是分成了两组（因为reducer的数量为2），每一组分别按照降序排列。

### 7. DISTRIBUTE BY 和 CLUSTER BY

我们已经知道，MapReduce中的数据都是以键值对的方式进行组织的。默认情况下，MapReduce会根据键的哈希值均匀地将键值对分配到多个reducer中。而DISTRIBUTE BY的作用主要是控制键值对是如何划分到reducer中的。使用DISTRIBUTE BY可以保证某一列具有相同值的记录被分发到同一个reducer中进行处理，然后可以结合SORT BY对每一个reducer的数据进行排序，从而达到期望的输出结果。

例如，有一张订单表t_order，该表有四列：订单ID、用户ID、订单价格和下单日期。完整数据如下：

```
hive> SELECT * FROM order_info;
OK
t_order.order_id  t_order.user_id   t_order.order_price   t_order.order_date
001               1                 55.5                  2018-09-01
002               2                 73.4                  2018-09-01
003               3                 99.2                  2018-09-01
004               1                 34.55                 2018-09-02
005               1                 77.58                 2018-09-02
006               2                 45.56                 2018-09-02
007               3                 77.5                  2018-09-02
008               2                 28.0                  2018-09-03
009               1                 36.0                  2018-09-03
Time taken: 0.272 seconds, Fetched: 9 row(s)
```

现需要将同一个用户ID的订单数据排列在一起，并按照下单日期降序排列。此时可以使用DISTRIBUTE BY将具有相同用户ID的记录分发到同一个reducer中，然后结合SORT BY对每一个reducer中的数据按照下单日期降序排列。

基于上述需求，可以首先设置一下reducer的个数，例如设置为10：

```
hive> SET mapred.reduce.tasks=10;
```

然后执行以下查询语句：

```
hive> SELECT t.user_id,t.order_date FROM order_info t
    > DISTRIBUTE BY t.user_id
    > SORT BY t.order_date DESC;

OK
t.user_id    t.order_date
1            2018-09-03
1            2018-09-02
1            2018-09-02
1            2018-09-01
2            2018-09-03
2            2018-09-02
2            2018-09-01
3            2018-09-03
3            2018-09-02
Time taken: 154.368 seconds, Fetched: 9 row(s)
```

从上述输出结果可以看出，同一个user_id排列在了一起，且同一个user_id按照日期降序排列。CLUSTER BY同时具备DISTRIBUTE BY和SORT BY的功能，但排序只能是升序排列，且不能指定DESC或ASC。若上述DISTRIBUTE BY和SORT BY后面的字段相同，且采用升序排列，则可以使用CLUSTER BY代替。查询语句及结果如下：

```
hive> SELECT t.user_id,t.order_date FROM order_info t
    > CLUSTER BY t.user_id;

OK
t.user_id    t.order_date
1            2018-09-03
1            2018-09-02
1            2018-09-02
1            2018-09-01
2            2018-09-03
2            2018-09-02
2            2018-09-01
3            2018-09-03
3            2018-09-02
Time taken: 178.262 seconds, Fetched: 9 row(s)
```

### 8. UNION 子句

UNION用于将多个SELECT语句的结果合并到单个结果集中。UNION子句的语法如下：

```
select_statement UNION [ALL | DISTINCT] select_statement UNION [ALL | DISTINCT] select_statement ...
```

在Hive 1.2.0之前的版本只支持UNION ALL，不会发生重复行删除，结果包含所有SELECT语句中的所有匹配行。在Hive 1.2.0及其之后版本中，UNION的默认行为是从结果中删除重复的行。

也就是默认为UNION DISTINCT，指定了重复行的删除。当然，也可以在同一个查询中混合UNION ALL和UNION DISTINCT。

如果必须对UNION的结果进行一些额外的处理，则整个语句表达式可以嵌入到FROM子句中，语法如下：

```
SELECT *
FROM (
  select_statement
  UNION ALL
  select_statement
) unionResult
```

例如，有两个不同的表：action_video和action_comment，分别用于记录用户发布的视频信息和用户发表的评论信息。下面的查询使用UNION ALL将两张表根据日期2008-06-03筛选后的数据进行合并，并将合并后的数据作为一张表actions；然后将表actions与用户表users进行连接查询，获得用户ID与发布日期：

```
SELECT u.id, actions.date
FROM (
    SELECT av.uid AS uid
    FROM action_video av
    WHERE av.date = '2008-06-03'
    UNION ALL
    SELECT ac.uid AS uid
    FROM action_comment ac
    WHERE ac.date = '2008-06-03'
) actions JOIN users u ON (u.id = actions.uid)
```

如果要对单个SELECT使用ORDER BY、SORT BY、CLUSTER BY、DISTRIBUTE BY或LIMIT，可以将子句放在包含SELECT的括号内，命令如下：

```
SELECT key FROM (SELECT key FROM src ORDER BY key LIMIT 10)subq1
UNION
SELECT key FROM (SELECT key FROM src1 ORDER BY key LIMIT 10)subq2
```

如果要将ORDER BY、SORT BY、CLUSTER BY、DISTRIBUTE BY或LIMIT子句应用到整个UNION结果中，可以将这些子句放置在最后一个结果之后。如下示例同时使用了ORDER BY和LIMIT子句：

```
SELECT key FROM src
UNION
SELECT key FROM src1
ORDER BY key LIMIT 10
```

UNION在表达式的两端需要使用相同的列schema。因此，下面的查询可能会失败，并且会抛出异常：

```
SELECT name, id, category FROM source_table_1
  UNION ALL
SELECT name, id, "Category159" FROM source_table_2
```

在这种情况下，使用列别名可以强制指定列为相同的schema：

```
SELECT name, id, category FROM source_table_1
  UNION ALL
SELECT name, id, "Category159" as category FROM source_table_2
```

为了联合不同的数据类型（例如，字符串类型和日期类型）到同一个结果集中，查询中需要从字符串到日期或从日期到字符串的显式转换：

```
SELECT name, id, cast('2001-01-01' as date) d FROM source_table_1
UNION ALL
SELECT name, id, hiredate as d FROM source_table_2
```

### 9.9.2 JOIN 连接查询

Hive中没有主外键之分，但是可以进行多表关联查询。

例如，在数据库test_db中有两张表：用户表t_user和订单表t_order。用户表列出了用户ID和用户姓名，订单表列出了订单ID、商品名称和用户ID。

用户表数据如下：　　　　　　　　　订单表数据如下：

```
uid     name              oid    proname    uid
1       张三               1      手机        1
2       李四               2      平板        1
3       王五               3      音箱        2
```

下面对两张表的关联查询进行讲解。

#### 1. 内连接

内连接使用关键字JOIN...ON通过关联字段连接两张表，且同一个关联字段的值，两张表中的数据都存在才会在查询结果中显示（类似MySQL中的INNER JOIN）。

例如有一个这样的需求：查询用户的下单信息，需要显示用户信息和订单信息，未下单的用户不显示。

我们可以将用户表与订单表根据字段uid进行关联查询，命令及结果如下：

```
hive> SELECT * FROM t_user
    > JOIN t_order ON t_user.uid=t_order.uid;
OK
t_user.uid  t_user.name    t_order.oid    t_order.name t_order.uid
1           张三             1              手机           1
1           张三             2              平板           1
2           李四             3              音箱           2
Time taken: 88.946 seconds, Fetched: 3 row(s)
```

执行上述命令时，底层将启用MapReduce任务来查询表数据。

从上述输出结果可以看到，用户张三有两笔订单，用户李四有一笔订单，用户王五由于没有订单，在查询结果中未显示。

此外，也可以使用下面的命令代替上述查询命令：

```
hive> SELECT * FROM t_user,t_order
    > WHERE t_user.uid=t_order.uid;
```

#### 2. 左外连接

左外连接以左表为准，使用关键字LEFT OUTER JOIN...ON通过关联字段连接右表，与内连接不同的是，左表中的所有数据都会显示，若左表中关联字段的值在右表中不存在，则右表中不存在的关联数据将置为空值NULL（类似MySQL中的LEFT JOIN）。

例如有一个这样的需求：查询所有用户的下单信息，需要显示用户信息和订单信息，未下单用户同样需要显示。

我们可以以用户表为左表，订单表为右表进行左外连接查询，命令及结果如下：

```
hive> SELECT * FROM t_user
> LEFT OUTER JOIN t_order
> ON t_user.uid=t_order.uid;
OK
t_user.uid      t_user.name     t_order.oid     t_order.name    t_order.uid
1               张三            1               手机            1
1               张三            2               平板            1
2               李四            3               音箱            2
3               王五            NULL            NULL            NULL
Time taken: 84.386 seconds, Fetched: 4 row(s)
```

从上述结果中可以看出，左表的用户数据都存在，而用户王五由于在右表中没有其关联的数据，因此以空值NULL代替。

### 3. 右外连接

右外连接与左外连接正好相反，以右表为准，使用关键字RIGHT OUTER JOIN...ON通过关联字段连接左表，右表中的所有数据都会显示，若右表中关联字段的值在左表中不存在，则左表中不存在的关联数据将置为空值NULL（类似MySQL中的RIGHT JOIN）。

例如有一个这样的需求：查询所有订单信息，并显示订单所属用户信息。

我们可以以用户表为左表，订单表为右表进行右外连接查询，命令及结果如下：

```
hive> SELECT * FROM t_user
> RIGHT OUTER JOIN t_order
> ON t_user.uid=t_order.uid;
OK
t_user.uid      t_user.name     t_order.oid     t_order.name    t_order.uid
1               张三            1               手机            1
1               张三            2               平板            1
2               李四            3               音箱            2
Time taken: 82.974 seconds, Fetched: 3 row(s)
```

从上述结果中可以看出，右表的订单数据都存在，而右表关联字段uid的值在左表中也都存在，因此左表关联数据不存在空值NULL的情况，但用户王五由于在右表中没有其关联的数据，因此未显示。

### 4. 全外连接

全外连接是左外连接与右外连接的综合，使用关键字FULL OUTER JOIN...ON通过关联字段连接两张表，将会显示两张表中的所有数据，若其中一张表中的关联字段的值在另一张表中不存在，则另一张表的查询数据将以空值NULL代替。

例如有这样一个需求：查询所有用户的所有订单信息，需要显示所有用户及所有订单。

我们可以使用全外连接将用户表与订单表进行关联查询，命令及结果如下：

```
hive> SELECT * FROM t_user
> FULL OUTER JOIN t_order
> ON t_user.uid=t_order.uid;
OK
```

```
t_user.uid    t_user.name       t_order.oid       t_order.name      t_order.uid
1             张三              2                 平板              1
1             张三              1                 手机              1
2             李四              3                 音箱              2
3             王五              NULL              NULL              NULL
Time taken: 103.817 seconds, Fetched: 4 row(s)
```

上述查询结果显示了所有用户及所有订单信息，没有关联的数据则显示为空值NULL。

### 5. 半连接

半连接使用关键字LEFT SEMI JOIN...ON通过关联字段连接右表，与外连接不同的是，半连接的查询结果只显示左表的内容，即显示与右表相关联的左表数据（类似于MySQL中的IN和EXISTS查询）。

例如有一个这样的需求：查询有订单数据的所有用户信息（即无订单数据的用户信息不需要显示）。

我们可以以用户表为左表，订单表为右表进行半连接查询，命令及结果如下：

```
hive> SELECT * FROM t_user
    > LEFT SEMI JOIN t_order
    > ON t_user.uid=t_order.uid;

OK
t_user.uid    t_user.name
1             张三
2             李四
Time taken: 66.088 seconds, Fetched: 2 row(s)
```

从上述结果中可以看出，只显示了左表的数据，左表中的用户王五由于在右表中没有其关联的数据，因此未显示。

此外，上述查询命令也可以使用IN关键字代替，如下所示：

```
hive> SELECT * FROM t_user
    > WHERE uid IN(SELECT uid FROM t_order);
```

还可以使用EXISTS关键字代替，如下：

```
hive> SELECT * FROM t_user
    > WHERE EXISTS (
    > SELECT * FROM t_order
    > WHERE t_order.uid = t_user.uid
    > );
```

## 9.10 其他 Hive 命令

### 1. 在 Linux Shell 中执行 Hive 命令

在Linux Shell中执行"hive -help"命令，可显示常用的可以直接在Linux Shell中执行的Hive命令参数，命令如下：

```
$ hive -help
usage: hive
 -d,--define <key=value>          Variable substitution to apply to Hive
                                  commands. e.g. -d A=B or --define A=B
```

```
  --database <databasename>      Specify the database to use
  -e <quoted-query-string>       SQL from command line
  -f <filename>                  SQL from files
  -H,--help                      Print help information
    --hiveconf <property=value>  Use value for given property
    --hivevar <key=value>        Variable substitution to apply to Hive
                                 commands. e.g. --hivevar A=B
  -i <filename>                  Initialization SQL file
  -S,--silent                    Silent mode in interactive shell
  -v,--verbose                   Verbose mode (echo executed SQL to the
                                 console)
```

下面解析几个常用的参数：

（1）--database

启动Hive CLI时，指定要使用的数据库。

例如，在Linux Shell中执行以下命令，指定使用数据库test_db。执行成功后将直接进入Hive命令行模式：

```
$ hive --database test_db
hive>
```

（2）-e

在Linux Shell中执行需要使用的SQL语句。

例如，在Linux Shell中执行以下命令，将直接使用默认数据库default查询表student的数据且不会进入到Hive命令行模式：

```
$ hive -e "select * from student;"
```

（3）-f

批量执行本地系统或HDFS系统中指定文件中的SQL语句。

例如，在本地系统目录/home/hadoop中创建一个文件hive.sql，并向其写入以下SQL命令：

```
insert into stu values(1,'zhangsan');
select * from student;
```

然后执行以下命令，将批量执行文件hive.sql中的SQL命令：

```
$ hive -f /home/hadoop/hive.sql
```

除了执行本地文件中的SQL外，也可以执行HDFS系统中的文件，命令如下：

```
$ hive -f hdfs://centos01:9000/input/hive.sql
```

（4）--hiveconf

启动Hive CLI时，给指定属性设置值。

例如，执行以下命令，启动Hive CLI时将当前日志级别改为DEBUG（开启调试模式）。启动后，在Hive CLI中执行的所有命令将输出详细的日志信息：

```
$ hive --hiveconf hive.root.logger=DEBUG,console
```

执行以下命令，启动Hive CLI时设置Reduce任务数为10：

```
$ hive -hive conf mapred.reduce.tasks=10
```

启动后，使用set命令可以查看属性的值：

```
hive> SET mapred.reduce.tasks;
mapred.reduce.tasks=10
```

也可在Hive CLI中使用set命令给指定属性设置值：

```
hive> SET mapred.reduce.tasks=20;
```

需要注意的是，使用--hiveconf参数和set命令给属性设置的值，仅对本次会话有效。当退出Hive CLI时将失效。若想永久有效需要修改Hive配置文件hive-site.xml。

### 2．在 Hive CLI 中执行 Linux Shell 命令

在Hive CLI中也可以执行Linux Shell命令，只需要在Shell命令前面加上感叹号并以分号结尾即可。例如，在Hive CLI中查看当前系统启动的Java进程：

```
hive> !jps;
```

查看本地系统某个文件夹的文件列表：

```
hive> !ls /home/hadoop;
```

查看HDFS文件系统中某个目录下的文件列表：

```
hive> !hadoop fs -ls /user/hive;
```

此外，Hive也提供了专门操作HDFS的命令，命令前缀为dfs：

```
hive> dfs -ls /user/hive;
```

### 3．退出 Hive CLI

在Hive CLI中执行"exit;"或者"quit;"命令即可退出Hive CLI命令行模式：

```
hive> quit;
```

## 9.11 Hive 元数据表结构分析

本节分析Hive元数据库中一些重要的表结构及用途，便于读者加深对元数据库的理解。

### 1．version 表

version表用于存储Hive的版本信息。查询version表的数据，如图9-31所示。

| VER_ID | SCHEMA_VERSION | VERSION_COMMENT |
|--------|----------------|-----------------|
| 1 | 2.3.0 | Hive release version 2.3.0 |
| (NULL) | (NULL) | (NULL) |

图 9-31　version 表的数据

若将该表删除，在Hive CLI中查询数据将抛出异常。

### 2．dbs 表

dbs表存储Hive中所有数据库的基本信息。
例如，执行以下命令，创建数据库test_db：

```
hive> create database if not exists test_db;
OK
```

```
Time taken: 3.676 seconds
```

然后查看元数据表dbs，发现存在数据库test_db和默认数据库default的基本信息，如图9-32所示。

| DB_ID | DESC | DB_LOCATION_URI | NAME | OWNER_NAME | OWNER_TYPE |
|---|---|---|---|---|---|
| 1 | Default Hive database | hdfs://centos01:9000/user/hive/warehouse | default | public | ROLE |
| 6 | (NULL) | hdfs://centos01:9000/user/hive/warehouse/test_db.db | test_db | hadoop | USER |
| (NULL) | (NULL) | (NULL) | (NULL) | (NULL) | (NULL) |

图 9-32　dbs 表的数据

### 3. database_params 表

database_params表存储数据库的属性信息。

例如，执行以下命令，修改数据库test_db的自定义属性信息：

```
hive> ALTER DATABASE test_db SET DBPROPERTIES('createtime'='20180827');
```

然后查看表database_params中的数据，如图9-33所示。
表dbs和表database_params通过字段DB_ID进行关联。

| DB_ID | PARAM_KEY | PARAM_VALUE |
|---|---|---|
| 6 | createtime | 20180827 |
| (NULL) | (NULL) | (NULL) |

图 9-33　database_params 表的数据

### 4. tbls 表

tbls表用于存储Hive表和视图的基本信息。

查看表tbls，数据如图9-34所示，可以看到，目前Hive中存在4张表：score、emp、emp3、student。

| TBL_ID | CREATE_TIME | DB_ID | LAST_ACCESS_TIME | OWNER | RETENTION | SD_ID | TBL_NAME | TBL_TYPE | VIEW_EXPANDED_TEXT | VIEW_ORIGINAL_TEXT | IS_REWRITE_ENABLED |
|---|---|---|---|---|---|---|---|---|---|---|---|
| 18 | 1534929071 | 6 | 0 | hadoop | 0 | 18 | score | MANAGED_TABLE | (NULL) | (NULL) | (Binary/Image) |
| 33 | 1535168419 | 1 | 0 | hadoop | 0 | 33 | emp | EXTERNAL_TABLE | (NULL) | (NULL) | (Binary/Image) |
| 39 | 1535172914 | 6 | 0 | hadoop | 0 | 39 | emp3 | EXTERNAL_TABLE | (NULL) | (NULL) | (Binary/Image) |
| 41 | 1535181493 | 6 | 0 | hadoop | 0 | 41 | student | MANAGED_TABLE | (NULL) | (NULL) | (Binary/Image) |
| (NULL) | (NULL) | (NULL) | (NULL) | (NULL) | (NULL) | (NULL) | (NULL) | (NULL) | OK | OK | (NULL) |

图 9-34　tbls 表的数据

### 5. table_params 表

table_params表类似于表database_params，用于存储表和视图的属性信息。

### 6. columns_v2 表

columns_v2表用于存储Hive表所有的字段信息。

查看表columns_v2中的数据，如图9-35所示，从左至右字段含义依次为：字段信息ID、字段注释、字段名、字段类型、字段顺序。

| CD_ID | COMMENT | COLUMN_NAME | TYPE_NAME | INTEGER_IDX |
|---|---|---|---|---|
| 18 | (NULL) | name | string | 1 |
| 18 | (NULL) | score | int | 2 |
| 18 | (NULL) | sno | int | 0 |
| 33 | (NULL) | id | int | 0 |
| 33 | (NULL) | name | string | 1 |
| 39 | (NULL) | id | int | 0 |
| 39 | (NULL) | name | string | 1 |
| 41 | (NULL) | gender | string | 2 |
| 41 | (NULL) | id | int | 0 |
| 41 | (NULL) | name | string | 1 |
| (NULL) | (NULL) | (NULL) | (NULL) | (NULL) |

图 9-35　columns_v2 表的数据

### 7. partitions 表

partitions表用于存储表分区的基本信息。

查看表partitions的数据，如图9-36所示，从左至右字段含义依次为：分区ID、分区创建时间、最后一次访问时间、分区名、分区存储ID、表ID。

| PART_ID | CREATE_TIME | LAST_ACCESS_TIME | PART_NAME | SD_ID | TBL_ID |
|---|---|---|---|---|---|
| 2 | 1535188295 | 0 | age=20 | 43 | 41 |
| (NULL) | (NULL) | (NULL) | (NULL) | (NULL) | (NULL) |

图9-36　partitions 表的数据

## 9.12　Hive 自定义函数

当Hive提供的内置函数不能满足查询需求时，用户也可以根据自己的业务编写自定义函数（User Defined Functions，UDF），然后在HiveQL中调用。

例如有这样一个需求：为了保护用户的隐私，当查询数据的时候，需要将用户手机号的中间四位用星号（*）代替，比如手机号18001292688需要显示为180****2688。这时候就可以写一个自定义函数来实现这个需求。

由于Hive本身是用Java语言编写的，因此UDF也需要使用Java语言。上述需求的具体实现操作如下。

### 1. 新建 Java 项目

在Eclipse中新建一个Java Maven项目，并在pom.xml中添加以下Maven依赖：

```xml
<!--Hadoop common包 -->
<dependency>
 <groupId>org.apache.hadoop</groupId>
 <artifactId>hadoop-common</artifactId>
 <version>3.3.1</version>
</dependency>
<!--Hive UDF依赖包 -->
<dependency>
 <groupId>org.apache.hive</groupId>
 <artifactId>hive-exec</artifactId>
 <version>2.3.3</version>
</dependency>
<!--指定JDK工具包的位置，需要本地配置好环境变量JAVA_HOME -->
<dependency>
 <groupId>jdk.tools</groupId>
 <artifactId>jdk.tools</artifactId>
 <version>1.8</version>
 <scope>system</scope>
 <systemPath>${JAVA_HOME}/lib/tools.jar</systemPath>
</dependency>
```

由于Hive UDF依赖包隐式引用JDK工具包tools.jar，而tools.jar在Maven仓库中并未存在，因此需要指定本地JDK工具包的位置。

### 2. 编写 UDF 类

编写一个UDF类主要分为两个步骤：

**01** 继承org.apache.hadoop.hive.ql.exec.UDF类。

**02** 编写名为evaluate()的方法，该方法支持重载且必须有返回类型（不可为void）。在Hive中调用自定义函数时实际上是调用的该方法。该方法处理后的值会返回给Hive。

完整的UDF类MyUDF.java的代码如下：

```java
import org.apache.hadoop.hive.ql.exec.UDF;
import org.apache.hadoop.io.Text;
/**
 * Hive自定义函数类
 */
public class MyUDF extends UDF {
 /**
  * @param text
  *         调用函数时需要传入的参数
  * @return 隐藏后的手机号码
  * 自定义函数类需要有一个名为evaluate()的方法，Hive将调用该方法
  */
 public String evaluate(Text text) {
  String result = "手机号码错误！";
  if (text != null && text.getLength() == 11) {
   String inputStr = text.toString();
   StringBuffer sb = new StringBuffer();
   sb.append(inputStr.substring(0, 3));
   sb.append("****");
   sb.append(inputStr.substring(7));
   result = sb.toString();
  }
  return result;
 }
}
```

### 3. 运行 UDF 程序

**（1）打包程序**

将项目打包为jar文件，上传到Hive所在的服务器。例如，上传到目录/opt/softwares中。

**（2）添加到类路径**

然后在Hive CLI中执行以下命令，向Hive注册这个文件到类路径中：

```
hive>add jar /opt/softwares/MyUDF.jar;
```

**（3）创建函数名称**

在Hive CLI中执行以下命令，创建一个自定义函数名称并关联自定义类MyUDF。例如，创建函数名称为"formatPhone"：

```
hive> CREATE TEMPORARY FUNCTION formatPhone AS 'hive.demo.MyUDF';
```

上述命令中的hive.demo.MyUDF为类MyUDF.java所在的包的全路径。

**（4）调用 UDF**

例如，在Hive数据库test_db中有一张用户表t_user2，该表有两列：id（整型）和phone（字符串），表数据如下：

```
hive> SELECT * FROM t_user2;
OK
t_user2.id    t_user2.phone
1    13123567589
2    15898705673
3    18001292688
Time taken: 2.663 seconds, Fetched: 3 row(s)
```

现需要在查询该表数据时将手机号的中间四位进行隐藏显示,命令及查询结果如下:

```
hive> SELECT id,formatPhone(phone) AS newphone FROM t_user2;
OK
id    newphone
1    131****7589
2    158****5673
3    180****2688
Time taken: 0.433 seconds, Fetched: 3 row(s)
```

需要注意的是,上述操作方式创建的自定义函数formatPhone只是在当前Hive会话中起作用,并没有在Metastore中持久化存储。当退出当前Hive CLI后,下次再进入将不起作用,若想使用需要在Hive CLI中重新注册自定义程序和创建自定义函数。

那么有没有方法可以进行全局配置,不需要每次重新注册,只要启动Hive就能够直接使用呢?答案是有的,我们可以在$HIVE_HOME/conf目录中创建一个隐藏文件.hiverc(Linux查看隐藏文件的命令为ls -a),将自定义函数的注册命令添加到该文件中,每个Hive服务(包括Hive CLI、HiveServer 2和Metastore Server)在启动之前都会首先执行该文件中的命令进行一些初始化属性配置,这样就不需要每次手动配置了。例如如下配置,在Hive CLI中显示当前数据库名以及在查询结果中显示列的名称:

```
SET hive.cli.print.current.db=true;
SET hive.cli.print.header=true;
```

针对本例的自定义函数,可以在.hiverc文件中添加如下内容:

```
add jar /opt/softwares/MyUDF.jar;
CREATE TEMPORARY FUNCTION formatPhone AS 'hive.demo.MyUDF';
```

## 9.13 Hive JDBC 操作

在9.4.3节的Hive远程模式搭建好后,就可以使用Beeline CLI客户端或JDBC远程访问Hive了。

本节介绍通过编写JDBC程序访问Hive中的数据的方法。例如,通过JDBC查询Hive中的表student中的数据,表"student"包括两列:id(整型)和name(字符串)。

具体操作步骤如下:

**01** 修改用户权限。使用JDBC或Beeline CLI连接Hive都需要在Hadoop中为Hive开通代理用户访问权限。修改Hadoop配置文件core-site.xml,添加以下配置内容:

```
<property>
    <name>hadoop.proxyuser.hadoop.hosts</name>
    <value>*</value>
```

```xml
    </property>
    <property>
        <name>hadoop.proxyuser.hadoop.groups</name>
        <value>*</value>
    </property>
```

上述配置属性的解析参考9.6节。

**02** 启动HiveServer 2服务。使用JDBC或Beeline CLI访问Hive都需要先启动HiveServer 2服务，命令如下：

```
$ hive --service hiveserver2 &
```

符号"&"代表使服务在后台运行。

**03** 新建Java项目。在Eclipse中新建一个Java Maven项目，并在pom.xml中添加以下Maven依赖：

```xml
<!--Hive JDBC依赖包 -->
<dependency>
    <groupId>org.apache.hive</groupId>
    <artifactId>hive-jdbc</artifactId>
    <version>2.3.3</version>
</dependency>
<!--指定JDK工具包的位置，需要本地配置好环境变量JAVA_HOME -->
<dependency>
    <groupId>jdk.tools</groupId>
    <artifactId>jdk.tools</artifactId>
    <version>1.8</version>
    <scope>system</scope>
    <systemPath>${JAVA_HOME}/lib/tools.jar</systemPath>
</dependency>
```

由于Hive JDBC依赖包隐式引用JDK工具包tools.jar，而tools.jar在Maven仓库中并未存在，因此需要指定JDK工具包的位置。

**04** 编写JDBC程序。Hive JDBC程序的编写与其他数据库（MySQL、Oracle等）类似，主要分为以下五个步骤：

（1）加载 JDBC 驱动

使用Class.forName()加载JDBC驱动。

（2）获取连接

使用DriverManager驱动管理类获取Hive连接。

（3）执行查询

通过Statement对象的executeQuery()方法执行查询命令。

（4）处理结果

通过ResultSet对象获取返回的结果。ResultSet是JDBC用于装载返回数据的类。

（5）关闭连接

关闭连接，释放资源。

在Java项目中新建Java类HiveJDBCTest.java，完整代码如下：

```java
import java.sql.Connection;
import java.sql.DriverManager;
import java.sql.ResultSet;
import java.sql.Statement;
/**
 * Hive JDBC测试类
 */
public class HiveJDBCTest {
 public static void main(String[] args) throws Exception {
  //驱动名称
  String driver = "org.apache.hive.jdbc.HiveDriver";
  //连接地址，默认使用端口10000，使用默认数据库
  String url = "jdbc:hive2://192.168.170.133:10000/default";
  //用户名（Hadoop集群的登录用户）
  String username = "hadoop";
  //密码（默认为空）
  String password = "";
  //1.加载JDBC驱动
  Class.forName(driver);
  //2.获取连接
  Connection conn = DriverManager.getConnection(url, username, password);
  Statement stmt = conn.createStatement();
  //3.执行查询
  ResultSet res = stmt.executeQuery("select * from student");
  //4.处理结果
  while (res.next()) {
   System.out.println(res.getInt(1) + "\t" + res.getString(2));
  }
  //5.关闭连接
  res.close();
  stmt.close();
  conn.close();
 }
}
```

**05** 运行程序。代码编写完毕后，直接在Eclipse中右击运行该程序即可，观察控制台打印出的表student的内容。

## 9.14 案例分析：Hive 与 HBase 整合

我们已经知道，HBase数据库没有类SQL的查询方式，因此在实际的业务中操作和计算数据非常不方便。而Hive支持标准的SQL语法（HiveQL），若将Hive与HBase整合，则可以通过HiveQL直接对HBase的表进行读写操作，让HBase支持JOIN、GROUP等SQL查询语法，完成复杂的数据分析。甚至可以通过连接和联合将对HBase表的访问与Hive表的访问结合起来进行统计与分析。

Hive与HBase整合的实现是利用两者本身对外的API接口互相通信来完成的，其具体工作由Hive安装主目录下的lib文件夹中的hive-hbase-handler-x.y.z.jar工具类来实现。

Hive与HBase整合的核心是将Hive中的表与HBase中的表进行绑定,绑定的关键是HBase中的表如何与Hive中的表在列级别上建立映射关系。例如,HBase中有一张表hbase_table,该表的数据模型如图9-37所示。

则对应Hive表的数据模型如图9-38所示。

图9-37  HBase 表数据模型

图9-38  Hive 表数据模型

下面具体讲解Hive如何与HBase进行整合,本例中Hive的版本为2.3.3,HBase的版本为2.4.9。

(1)前提条件

在整合之前,应先安装好Hive,并确保Hive能正常使用。Hive可安装于HBase集群的任意一个节点上。

(2)启动 ZooKeeper 与 HBase

ZooKeeper和HBase的安装与启动参考本书前面章节,此处不做讲解。

(3)修改 Hive 配置文件 hive-site.xml

修改$HIVE_HOME/conf下的配置文件hive-site.xml,添加Hive的HBase和ZooKeeper依赖包,内容如下:

```xml
<!--配置ZooKeeper集群的访问地址 -->
<property>
    <name>hive.zookeeper.quorum</name>
    <value>centos01:2181,centos02:2181,centos03:2181</value>
</property>
<!--配置依赖的HBase、ZooKeeper的jar文件 -->
<property>
    <name>hive.aux.jars.path</name>
    <value>
        file:///opt/modules/hbase-2.4.9/lib/hbase-common-2.4.9.jar,
        file:///opt/modules/hbase-2.4.9/lib/hbase-client-2.4.9.jar,
        file:///opt/modules/hbase-2.4.9/lib/hbase-server-2.4.9.jar,
        file:///opt/modules/hbase-2.4.9/lib/hbase-hadoop2-compat-2.4.9.jar,
        file:///opt/modules/hbase-2.4.9/lib/netty-buffer-4.1.45.Final.jar,
        file:///opt/modules/hbase-2.4.9/lib/netty-codec-4.1.45.Final.jar,
        file:///opt/modules/hbase-2.4.9/lib/netty-common-4.1.45.Final.jar,
        file:///opt/modules/hbase-2.4.9/lib/netty-handler-4.1.45.Final.jar,
        file:///opt/modules/hbase-2.4.9/lib/netty-resolver-4.1.45.Final.jar,
        file:///opt/modules/hbase-2.4.9/lib/netty-transport-4.1.45.Final.jar,
        file:///opt/modules/hbase-2.4.9/lib/netty-transport-native-epoll-
                                                            4.1.45.Final.jar,
        file:///opt/modules/hbase-2.4.9/lib/netty-transport-native-unix-common-
                                                            4.1.45.Final.jar,
        file:///opt/modules/hbase-2.4.9/lib/hbase-protocol-2.4.9.jar,
```

```
            file:///opt/modules/apache-zookeeper-3.6.3-bin/lib/zookeeper-3.6.3.jar
    </value>
</property>
```

上述配置中首先指定了ZooKeeper集群的访问地址，若ZooKeeper集群端口统一为2181，此配置项可以省略，因为Hive默认将本地节点的2181端口作为ZooKeeper集群的访问地址。

然后指定了HBase、Hive和ZooKeeper安装目录下的lib文件夹中的相关jar文件，Hive在启动的时候会将上述配置的本地jar文件加入到ClassPath中。

在Hive2.3中，Hive安装主目录下的lib文件夹中实际上已经存在了上述jar文件，但是版本不同，为了避免产生兼容性问题，需要引用HBase与ZooKeeper中的jar文件。

到此，Hive与HBase整合完毕。

目前，Hive中操作HBase的方式主要有以下两种，下面分别进行介绍。

### 1. Hive 创建表的同时创建 HBase 表

（1）在Hive中创建学生表hive_student：

```
hive> CREATE TABLE hive_student(id INT,name STRING)
    > STORED BY 'org.apache.hadoop.hive.hbase.HBaseStorageHandler'
    > WITH SERDEPROPERTIES ("hbase.columns.mapping" = ":key,cf1:name")
    > TBLPROPERTIES ("hbase.table.name" = "hive_student");
```

上述创建命令中的参数含义如下：

- STORED BY：指定用于 Hive 与 HBase 通信的工具类 HBaseStorageHandler。
- WITH SERDEPROPERTIES：指定 HBase 表与 Hive 表对应的列。此处":key,cf1:name"中的key指的是 HBase 表的 rowkey 列，对应 Hive 表的 id 列；cf1:name 指的是 HBase 表中的列族 cf1 和 cf1 中的列 name，对应 Hive 表的 name 列。Hive 列与 HBase 列的对应不是通过列名称对应的，而是通过列的顺序。
- TBLPROPERTIES：指定 HBase 表的属性信息。参数值 "hive_student" 代表 HBase 的表名。

（2）创建成功后，新开一个XShell窗口，在HBase Shell中查看创建的表：

```
hbase:001:0> list
TABLE
hive_student

1 row(s)
Took 0.8352 seconds
=> ["hive_student"]
```

可以看到，在HBase中成功创建了表hive_student。

（3）在Hive中向表hive_student添加一条数据（底层将开启MapReduce任务执行）：

```
hive> INSERT INTO hive_student VALUES(1,'zhangsan');
```

若执行过程中报以下错误：

```
Error: tried to access method com.google.common.base.Stopwatch.<init>()V from class org.apache.hadoop.hbase.zookeeper.MetaTableLocator

FAILED: Execution Error, return code 2 from org.apache.hadoop.hive.ql.exec.mr.MapRedTask
```

可以先在Hive CLI中执行以下命令，开启Hive的本地模式：

```
hive> SET hive.exec.mode.local.auto=true;
```

然后再执行添加数据操作。

添加成功后，查看Hive数据仓库对应HDFS目录的表数据，发现数据为空，命令如下：

```
$ hadoop fs -ls -R /user/hive/warehouse/test_db.db/hive_student
```

然后查看HBase中的表hive_student的数据：

```
hbase:003:0> scan 'hive_student'
ROW          COLUMN+CELL
 1              column=cf1:name, timestamp=2022-03-19T11:35:45.078, value=zhangsan
1 row(s)
Took 0.3233 seconds
```

从上述查询信息可以看到，在Hive中成功地将一条数据添加到了HBase表中。

（4）修改HBase表hive_student，将姓名zhangsan改为lisi：

```
hbase:004:0> put 'hive_student','1','cf1:name','lisi'
Took 0.0942 seconds

hbase:005:0> scan 'hive_student'
ROW          COLUMN+CELL
 1              column=cf1:name, timestamp= 2022-03-19T11:47:14.952, value=lisi
1 row(s)
Took 0.0205 seconds
```

修改成功后，在Hive中查看表hive_student的数据：

```
hive> SELECT * FROM hive_student;
OK
hive_student.id       hive_student.name
1                     lisi
Time taken: 3.214 seconds, Fetched: 1 row(s)
```

可以看到，表hive_student的数据已被修改。

（5）停止HBase集群后，再次在Hive中查看表hive_student的数据：

```
hive> SELECT * FROM hive_student;
OK
hive_student.id hive_student.name
Failed with exception java.io.IOException:org.apache.hadoop.hbase.client.
RetriesExhaustedException: Failed after attempts=36, exceptions:
   Wed Sep 05 17:42:58 CST 2022, null, java.net.SocketTimeoutException:
callTimeout=60000, callDuration=68391: row 'hive_student,,00000000000000' on table
'hbase:meta' at region=hbase:meta,,1.1588230740, hostname=centos01,16020,
1536132321656, seqNum=0
```

从上述输出信息可以看出，HBase集群停止后，在Hive中只能查看到表的元数据信息，查看不到实际表数据，并且会抛出I/O连接异常错误。

到此，我们可以得出一个结论：Hive与HBase整合后，实际上是将HBase作为Hive的数据源，数据存储在HBase中（实际上存储在由HRegionServer管理的HDFS中）而不是Hive的数据仓库中。

## 2. Hive 创建外部表关联已存在的 HBase 表

（1）在HBase中创建表hbase_student，并向表中添加两条数据：

```
hbase:001:0> create 'hbase_student','cf1'

hbase:002:0> put 'hbase_student','1','cf1:name','zhangsan'
hbase:003:0> put 'hbase_student','1','cf1:age','18'
hbase:005:0> put 'hbase_student','2','cf1:name','lisi'
hbase:006:0> put 'hbase_student','2','cf1:age','20'

hbase:007:0> scan 'hbase_student'
ROW      COLUMN+CELL
 1         column=cf1:age, timestamp=2022-03-19T11:52:36.247, value=18
 1         column=cf1:name, timestamp=2022-03-19T11:52:37.267, value=zhangsan
 2         column=cf1:age, timestamp=2022-03-19T11:52:37.248, value=20
 2         column=cf1:name, timestamp=2022-03-19T11:52:37.256, value=lisi
2 row(s)
Took 0.0118 seconds
```

（2）在Hive中创建外部表hive_hbase_student，并关联HBase表hbase_student：

```
hive> CREATE EXTERNAL TABLE hive_hbase_student(id int,name string,age int)
    > STORED BY 'org.apache.hadoop.hive.hbase.HBaseStorageHandler'
    > WITH SERDEPROPERTIES (
    > "hbase.columns.mapping" = ":key,cf1:name,cf1:age"
    > )
    > TBLPROPERTIES("hbase.table.name" = "hbase_student");
```

（3）创建成功后，在Hive中查询表hive_hbase_student的数据：

```
hive> SELECT * FROM hive_hbase_student;
OK
hive_hbase_student.id    hive_hbase_student.name    hive_hbase_student.age
1                        zhangsan                   18
2                        lisi                       20
```

可以看到，在 Hive 中成功查询到了 HBase 表 hbase_student 中的数据，即 Hive 外部表 hive_hbase_student 与 HBase 表 hbase_student 关联成功。

从上述两种操作方式可以得出以下结论：

- 在 Hive 中创建的 HBase 映射表的数据都只存在于 HBase 中，Hive 的数据仓库中不存在数据，Hive 只维护元数据。
- HBase 是 Hive 的数据源，Hive 相当于 HBase 的一个客户端工具，可以对 HBase 数据进行查询与统计。
- 若 HBase 集群停止，Hive 将查询不到 HBase 中的数据。
- 通过 HBase 的 put 语句添加一条数据比 Hive 的 insert 语句效率要高，因为 Hive 的 insert 语句需要开启 MapReduce 任务执行数据添加操作。

## 9.15 案例分析：Hive 分析搜狗用户搜索日志

本例讲解使用Hive对搜狗用户的搜索行为日志进行分析，具体操作步骤如下。

## 1. 下载测试数据

测试数据可以从搜狗实验室进行下载（地址：http://www.sogou.com/labs/resource/q.php）。搜狗实验室提供约一个月的Sogou搜索引擎部分网页查询需求及用户单击情况的网页查询日志数据集合。该数据共分成了三部分：迷你版（样例数据，376KB）、精简版（一天数据，63MB）和完整版（1.9GB）。此处下载精简版数据进行操作演示。

将下载到的精简版测试数据压缩包解压后，使用notepad++工具打开其中的文件SogouQ.reduced，截取前10条数据，如图9-39所示。

```
00:00:00 2982199073774412 [360安全卫士] 8 3 download.it.com.cn/softweb/software/firewall/antivirus/20067/17938.html
00:00:00 07594220010824798 [哄抢救灾物资] 1 1 news.21cn.com/social/daqian/2008/05/29/4777194_1.shtml
00:00:00 5228056822071097 [75810部队] 14 5 www.greatoo.com/greatoo_cn/list.asp?link_id=276&title=%BE%DE%C2%D6%D
00:00:00 6140463203615646 [绳艺] 62 36 www.jd-cd.com/jd_opus/xx/200607/706.html
00:00:00 8561366108033201 [汶川地震原因] 3 2 www.big38.net/
00:00:00 23908140386148713 [莫泰一是的意思] 1 2 www.chinabaike.com/article/81/82/110/2007/2007020724490.html
00:00:00 1797943298449139 [星梦缘全集在线观看] 8 5 www.6wei.net/dianshiju/????\xa1\xe9|????do=index
00:00:00 00717725924582846 [闪字吧] 1 2 www.shanziba.com/
00:00:00 41416219018952116 [霍震霆与朱玲玲照片] 2 6 bbs.gouzai.cn/thread-698736.html
00:00:00 9975666857142764 [电脑创业] 2 2 ks.cn.yahoo.com/question/1307120203719.html
```

图9-39 精简版测试数据前10条

数据字段从左到右分别为：访问时间、用户ID、搜索关键词、结果URL在返回结果中的排名、用户单击的顺序号、用户单击的URL。其中，用户ID是根据用户使用浏览器访问搜索引擎时的Cookie信息自动赋值，即同一次使用浏览器输入的不同查询对应同一个用户ID。

## 2. 修改数据格式与编码

（1）单击"Notepad++"工具栏的【显示所有字符】按钮，将数据文件中的空格与Tab制表符等字符显示出来，如图9-40所示。

```
00:00:00→2982199073774412→[360安全卫士]→8·3→download.it.com.cn/softweb/software/firewall/antivirus/20067/17938.htmlLF
00:00:00→07594220010824798→[哄抢救灾物资]→1·1→news.21cn.com/social/daqian/2008/05/29/4777194_1.shtmlLF
00:00:00→5228056822071097→[75810部队]→14·5→www.greatoo.com/greatoo_cn/list.asp?link_id=276&title=%BE%DE%C2%D6%D
00:00:00→6140463203615646→[绳艺]→62·36→www.jd-cd.com/jd_opus/xx/200607/706.htmlLF
00:00:00→8561366108033201→[汶川地震原因]→3·2→www.big38.net/LF
00:00:00→23908140386148713→[莫泰一是的意思]→1·2→www.chinabaike.com/article/81/82/110/2007/2007020724490.htmlLF
00:00:00→1797943298449139→[星梦缘全集在线观看]→8·5→www.6wei.net/dianshiju/????\xa1\xe9|????do=indexLF
00:00:00→00717725924582846→[闪字吧]→1·2→www.shanziba.com/LF
00:00:00→41416219018952116→[霍震霆与朱玲玲照片]→2·6→bbs.gouzai.cn/thread-698736.htmlLF
00:00:00→9975666857142764→[电脑创业]→2·2→ks.cn.yahoo.com/question/1307120203719.htmlLF
```

图9-40 显示数据的特殊字符

数据文件中显示的横向箭头代表Tab制表符（"\t"），垂直居中的点号代表空格，LF代表回车符（"\n"）。可以看到，该数据文件中的字段分割既有制表符又有空格。

（2）将数据文件SogouQ.reduced的编码改为"UTF-8"，然后保存。

（3）将文件SogouQ.reduced上传到Hive所在服务器，例如上传到目录/home/hadoop。

进入数据文件所在目录，执行以下命令，将文件中的制表符和空格全部替换为英文逗号：

```
$ sed -i "s/\t/,/g" SogouQ.reduced
$ sed -i "s/ /,/g" SogouQ.reduced
```

替换后的前10条数据如图9-41所示。

## 3. 在Hive中创建表并导入数据

在Hive中创建表"activelog"，用于存储文件SogouQ.reduced的数据。表"activelog"的字段含义如表9-3所示。

```
00:00:00,2982199073774412,[360安全卫士],8,3,download.it.com.cn/softweb/software/firewall/antivirus/20067/17938.html
00:00:00,07594220010824798,[哄抢救灾物资],1,1,news.21cn.com/social/daqian/2008/05/29/4777194_1.shtml
00:00:00,5228056822071097,[75810部队],14,5,www.greatoo.com/greatoo_cn/list.asp?link_id=276&title=%BE%DE%C2%D6%D0%C2%CE%C5
00:00:00,6140463203615646,[绳艺],62,36,www.jd-cd.com/jd_opus/xx/200607/706.html
00:00:00,8561366108033201,[汶川地震原因],3,2,www.big38.net/
00:00:00,23908140386148713,[莫惠一是的意思],1,2,www.chinabaike.com/article/81/82/110/2007/2007020724490.html
00:00:00,1797943298449139,[星梦缘全集在线观看],8,5,www.6wei.net/dianshiju/????\xa1\xe9|????do=index
00:00:00,00717725924582846,[闪字吧],1,2,www.shanziba.com/
00:00:00,414162190189521l6,[翟鹭鹭与朱玲玲照片],2,6,bbs.gouzai.cn/thread-698736.html
00:00:00,9975666857142764,[电脑创业],2,2,ks.cn.yahoo.com/question/1307120203719.html
```

图 9-41  替换特殊字符后的数据

表 9-3  Hive 表 "activelog" 的字段含义

| 字　　段 | 含　　义 |
|---|---|
| time | 访问时间 |
| user_id | 用户 ID |
| keyword | 搜索关键词 |
| page_rank | 结果链接排名 |
| click_order | 用户单击的顺序号 |
| url | 用户单击的 URL |

创建表的语句如下：

```
hive> CREATE TABLE activelog(
    > time STRING,
    > user_id STRING,
    > keyword STRING,
    > page_rank INT,
    > click_order INT,
    > url STRING)
    > ROW FORMAT DELIMITED
    > FIELDS TERMINATED BY ',';
```

创建成功后，将文件SogouQ.reduced的数据导入到表"activelog"中：

```
hive> LOAD DATA LOCAL INPATH '/home/hadoop/SogouQ.reduced' INTO TABLE activelog;
```

### 4．数据分析

（1）查询前10条数据，查询语句如下：

```
hive> SELECT * FROM activelog LIMIT 10;
```

查询结果如图9-42所示。

图 9-42  前 10 条数据查询结果

（2）查询前10个访问量最高的用户ID及访问数量，并按照访问量降序排列。查询语句及结果如下：

```
hive> SELECT user_id, COUNT(*) AS num
    > FROM activelog
    > GROUP BY user_id
    > ORDER BY num DESC
    > LIMIT 10;
OK
user_id              num
11579135515147154    431
6383499980790535     385
7822241147182134     370
900755558064074      335
12385969593715146    226
519493440787543      223
787615177142486      214
502949445189088      210
2501320721983056     208
9165829432475153     201
```

（3）分析链接排名与用户单击的相关性。

下面的语句以链接排名（page_rank）进行分组（并排除分组后的不规范数据，排名为空或0），查询链接排名及其单击数量，然后将结果按照链接排名升序显示，最终取前10条数据。

```
hive> SELECT page_rank, COUNT(*) AS num FROM activelog
    > GROUP BY page_rank
    > HAVING page_rank IS NOT NULL
    > AND page_rank <> 0
    > ORDER BY page_rank
    > LIMIT 10;
OK
page_rank    num
1            532665
2            272585
3            183349
4            122899
5            92346
6            74243
7            63351
8            55643
9            51549
10           54554
```

从上述输出结果可以看出，链接排名越靠前，用户单击的数量越多。随着链接排名的靠后，单击数量逐渐降低。

（4）分析一天中上网用户最多的时间段。

下面的语句以时间字段（time）中的小时进行分组，查询同一小时内用户的单击数量，并按数量降序排列，最终取前10条数据：

```
hive> SELECT substr(time,1,2) AS h, COUNT(*) AS num FROM activelog
    > GROUP BY substr(time, 1, 2)
    > ORDER BY num DESC
    > LIMIT 10;
```

```
OK
h       num
16      116679
21      115283
20      111022
15      109255
10      104872
17      104756
14      101455
22      100122
11      98135
19      97247
```

上述查询语句使用方法substr()截取了时间字段的前两个字符。substr(time,1,2)与substr(time,0,2)的效果一样,都是指从第1位截取,截取字符长度为2。

从上述查询结果可以看出,一天中用户上网集中时间段为下午四点、晚上九点和晚上八点。

(5)查询用户访问最多的前10个网站域名。

下面的语句以用户单击的链接URL中的域名进行分组,查询同一个域名用户的单击数量,并按数量降序排列,最终取前10条数据:

```
hive> SELECT substr(url,1,instr(url, "/")-1) AS host, COUNT(*) AS num
    > FROM activelog
    > GROUP BY substr(url,1,instr(url, "/")-1)
    > ORDER BY num DESC
    > LIMIT 10;
OK
host                        num
zhidao.baidu.com            102881
news.21cn.com               50594
ks.cn.yahoo.com             30646
www.tudou.com               28704
click.cpc.sogou.com         27319
wenwen.soso.com             24510
www.17tech.com              24070
baike.baidu.com             19456
pic.news.mop.com            16641
iask.sina.com.cn            14788
```

上述查询语句中使用了instr()方法,instr(url, "/")-1的含义为从url中取得字符串"/"第一次出现的位置然后减1。substr(url,1,instr(url, "/")-1)的含义为截取字段url中的域名。

从上述查询结果中可以看出,用户访问次数最多的网站域名为"zhidao.baidu.com",其次是"news.21cn.com"。

## 9.16 动手练习

练习一:使用Java编写一个Hive自定义函数(UDF),将任意英文字符串转为大写,并将程序提交到Hive中运行。

练习二：表9-4为一手机上网流量记录表格。

表9-4 手机上网流量记录表格

| ID | 手机号 | 访问网址 | IP 地址 | 上行流量（KB） | 下行流量（KB） |
|---|---|---|---|---|---|
| 1 | 1800****531 | http://www.baidu.com | 223.265.532.23 | 3000 | 24000 |
| 2 | 1800****531 | http://www.sohu.com | 223.265.532.23 | 2000 | 16000 |
| 3 | 1340****659 | http://www.qq.com | 200.265.138.11 | 6000 | 48000 |

根据上面所示的手机上网流量记录表格，使用Hive设计一张表，并进行以下操作：

（1）创建表 flow，并向其中导入至少 10 条数据。
（2）查询每个手机号码的总上行流量和总下行流量（单位为KB）。
（3）查询每个手机号码的总流量（包括上行流量和下行流量，单位为KB）。
（4）统计访问次数排名前3的网址。

# 第 10 章 Sqoop

本章从Sqoop的基本概念入手，深入讲解Sqoop的架构原理及安装配置，最后通过案例讲解使用Sqoop进行关系型数据库与Hadoop平台之间的数据导入和导出的操作方法。

**本章学习目标**

- 掌握Sqoop的基本架构、安装配置和命令行操作。
- 掌握使用Sqoop进行数据的导入和导出。

## 10.1 什么是 Sqoop

Sqoop是一种用于在Hadoop和关系数据库（RDBMS，如MySQL或Oracle）之间传输数据的工具。使用Sqoop可以批量将数据从关系数据库导入到Hadoop分布式文件系统（HDFS）及其相关系统（如HBase和Hive）中，也可以把Hadoop文件系统及其相关系统中的数据导出到关系数据库中，如图10-1所示。

图 10-1　Sqoop 数据导入导出模型

### 10.1.1　Sqoop 基本架构

Sqoop是使用Java语言编写的，Sqoop的架构非常简单，整合了HDFS、HBase和Hive。底层使用MapReduce进行数据传递，从而提供并行操作和容错功能，如图10-2所示。

Sqoop接收到客户端的请求命令后，通过命令翻译器（Task Translater）将命令转换为对应的MapReduce任务，然后通过MapReduce任务将数据在RDBMS和Hadoop系统之间进行导入与导出。

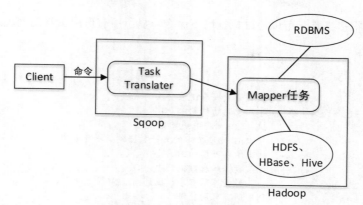

图 10-2　Sqoop 基本架构

　　Sqoop导入操作的输入是一个RDBMS数据库表，输出是包含表数据的一系列HDFS文件。导入操作是并行的，可以同时启动多个map任务，每个map任务分别逐行读取表中的一部分数据，并且将这部分数据输出到一个HDFS文件中（即一个map任务对应一个HDFS文件）。

　　Sqoop导出操作是将数据从HDFS或者Hive导出到关系型数据库中。导出过程并行地读取HDFS上的文件，将每一行内容转化成一条记录添加到关系型数据库表中。除了导入和导出操作，Sqoop还可以查询数据库结构和表信息等。

### 10.1.2　Sqoop 开发流程

　　在实际开发中，若数据存储于关系型数据库中，当数据量达到一定规模后需要对其进行分析或统计，此时关系型数据库可能成为瓶颈，这时可以将数据从关系型数据库导入到HBase中，而后通过数据仓库Hive对HBase中的数据进行统计与分析，并将分析结果存入到Hive表中。最后通过Sqoop将分析结果导出到关系型数据库中作为业务的辅助数据或者用于Web页面的展示。

　　Sqoop 的业务开发流程如图 10-3 所示。

图 10-3　Sqoop 业务开发流程

## 10.2　使用 Sqoop

　　要使用Sqoop，需要指定要使用的工具和控制工具的参数。可以通过进入Sqoop安装目录运行bin/sqoop命令来运行Sqoop。

　　Sqoop命令的运行语法如下：

```
$ sqoop tool-name [tool-arguments]
```

Sqoop内置了很多工具，可以通过执行以下命令，显示所有可用工具的列表：

```
$ sqoop help
```

常用工具及解析如下：

```
codegen                生成与数据库记录交互的代码
create-hive-table      导入表的结构到Hive中
eval                   执行SQL语句并返回结果
export                 导出HDFS目录中的文件数据到数据库表中
help                   列出所有可用的工具
import                 导入数据库表数据到HDFS中
import-all-tables      导入数据库所有表数据到HDFS中
list-databases         列出所有可用数据库
list-tables            列出数据库中所有可用表
version                显示版本信息
```

也可以执行sqoop help (tool-name)来显示特定工具的帮助信息，例如sqoop help import。还可以将--help参数添加到任何命令，例如sqoop import --help。

Sqoop的导入和导出操作主要使用import工具和export工具。这两个工具提供了很多参数帮助我们完成数据的迁移和同步，两个工具中都包含的一些通用参数，如表10-1所示。

表10-1 Sqoop 导入导出工具的通用参数

| 参 数 | 含 义 |
| --- | --- |
| --connect <jdbc-uri> | 指定 JDBC 连接字符串 |
| --connection-manager <class-name> | 指定要使用的连接管理器类 |
| --driver <class-name> | 指定要使用的 JDBC 驱动类 |
| --hadoop-mapred-home <dir> | 指定$HADOOP_MAPRED_HOME 路径（MapReduce 主目录） |
| --help | 打印用法帮助信息 |
| --password-file | 设置用于存放认证的密码信息文件的路径 |
| -P | 从控制台读取输入的密码 |
| --password <password> | 设置认证密码 |
| --username <username> | 设置认证用户名 |
| --verbose | 打印详细的运行信息 |
| --connection-param-file <filename> | 指定存储数据库连接参数的属性文件（可选） |

## 10.3 数据导入工具

数据导入工具import，可以将关系型数据库中的数据导入到Hadoop平台，便于后续分析。import工具的基本参数及其含义，如表10-2所示。

表10-2 Sqoop 导入工具的基本参数及其含义

| 参 数 | 含 义 |
| --- | --- |
| --append | 将数据追加到 HDFS 上一个已存在的数据集 |
| --as-avrodatafile | 将数据导入到 Avro 数据文件 |

(续表)

| 参数 | 含义 |
| --- | --- |
| --as-sequencefile | 将数据导入到 SequenceFile 文件 |
| --as-textfile | 将数据导入到普通文本文件（默认） |
| --boundary-query &lt;statement&gt; | 边界查询。通过传入一个返回两个数字类型的 SQL 语句来指定导入范围 |
| --columns &lt;col,col,col…&gt; | 从表中导出指定的一组列的数据 |
| --delete-target-dir | 如果指定目录存在，则先删除掉 |
| --direct | 使用直接导入模式（优化导入速度） |
| --direct-split-size &lt;n&gt; | 分割输入 stream 的字节大小（在直接导入模式下） |
| --fetch-size &lt;n&gt; | 从数据库中批量读取记录数 |
| -inline-lob-limit &lt;n&gt; | 设置内联的 LOB 对象的大小 |
| -m,--num-mappers &lt;n&gt; | 使用 n 个 map 任务并行导入数据 |
| -e,--query &lt;statement&gt; | 导入数据所使用的查询语句 |
| --split-by &lt;column-name&gt; | 指定按照哪一列对数据进行分割导入（后续会详细讲解） |
| --table &lt;table-name&gt; | 导入的源表表名 |
| --target-dir &lt;dir&gt; | 导入 HDFS 的目标路径 |
| --warehouse-dir &lt;dir&gt; | HDFS 存放表的父级目录，与--target-dir 不共存 |
| --where &lt;where clause&gt; | 指定导入数据时所使用的查询条件 |
| -z,--compress | 启用压缩导入 |
| --compression-codec &lt;c&gt; | 指定 Hadoop 的 codec 方式（默认 gzip） |
| --null-string &lt;null-string&gt; | string 类型的字段，当值是 NULL 时，替换成指定的字符。如果没有指定，则使用字符串"null" |
| --null-non-string &lt;null-string&gt; | 非 string 类型的字段，当值是 NULL 时，替换成指定的字符。如果没有指定，则使用字符串"null" |

### 1. 连接到数据库

要使用import工具，首先要连接到数据库，命令如下：

```
$ sqoop import --connect jdbc:mysql://database.example.com/employees
```

上述命令指明连接到服务器database.example.com上的数据库employees。每个map节点都会使用该连接字符串连接到数据库。

需要注意的是，服务器域名不能写localhost，因为各个map节点一般不在同一台服务器上。

指定好数据库连接字符串后，需要指定数据库的用户名和密码，命令如下：

```
$ sqoop import --connect jdbc:mysql://database.example.com/employees \
    --username zhangsan --password 123456
```

上述命令中的反斜杠"\"表示换行显示命令，与Linux Shell用法一致。--password参数后直接指定了密码，这种方式将密码写入命令中不安全，推荐将密码写入一个文件，这个文件可以位于本地也可位于HDFS上，并将该文件的权限设置为400，通过参数--password-file指定到该文件。命令如下：

```
$ sqoop import --connect jdbc:mysql://database.example.com/employees \
    --username zhangsan --password-file ${user.home}/.password
```

此外，需要将关系型数据库的驱动jar包放入Sqoop安装主目录下的lib目录中才能连接成功。如果连接MySQL数据库，不需要指定连接驱动类，Sqoop会默认为其指定。如果连接其他数据库（例如SQL Server），需要以如下方式使用--driver参数指定连接的驱动类：

```
$ sqoop import --driver com.microsoft.jdbc.sqlserver.SQLServerDriver \
  --connect <connect-string> ...
```

### 2．选择导入

使用--table参数选择需要导入的表或视图。例如，导入表employees：--table employees。

默认情况下，将选择表中的所有列并按照列的自然顺序进行导入，也可以使用--columns参数选择指定的列并控制列的顺序。例如，--columns "name,employee_id,jobtitle"。

还可以通过向import语句添加一个SQL WHERE子句来控制导入哪些行。例如，--where "id > 400"，则源表中仅id大于400的记录将被导入。

此外，Sqoop在使用import工具时，可以使用--split-by参数指定关系型数据库中的某一列作为分区导入，默认是主键。Sqoop会根据--split-by参数指定的列对数据进行切分，然后将切分出来的不同区域的数据分配到不同的map任务中。每一个map负责把对应区域的数据导入到Hadoop平台。由此可知，数据导入和导出的事务是以Mapper任务为单位的。

同时，--split-by根据不同的参数类型有不同的切分方法，如比较简单的int型，Sqoop会取最大和最小--split-by列的值，然后根据指定的map任务数量来确定将数据划分为几个区域。例如，--split-by指定的列为id，则Sqoop会执行以下SQL得到最大id和最小id的值：

```
select max(id),min(id) from table
```

若得到的max(id)和min(id)分别为1000和1，而同时参数--m的值为2的话，则会将表数据分成两个区域(1,500)和(501,1000)，同时也会分成2个SQL并分配给2个map，分别为select XXX from table where id>=1 and id<=500和select XXX from table where id>=501 and id<=1000。每个map会分别执行自己对应的SQL对数据进行查询，然后将结果数据进行导入。

在某些情况下，查询语句select max(id),min(id) from table并不是最优的，因此可以使用"边界查询"参数--boundary-query <statement>传入一个返回两个数字类型的SQL语句来指定导入范围。如果传入非数字类型的字段，比如varchar类型，则会抛出异常。

### 3．查询导入

Sqoop也可以使用--query参数指定一个查询SQL语句，将查询到的结果集进行导入，从而可以代替--table、--columns和--where参数。当使用--query参数时，必须使用--target-dir参数指定数据存放的目标位置。如果需要使用多个map将查询结果进行并行导入，那么每一个map需要执行相同的查询SQL语句，但是查询的数据范围不同，即WHERE条件不同。此时，必须在查询语句中指定一个条件表达式$CONDITIONS并指定参数--split-by。每一个map会将条件表达式替换为实际的SQL。例如，如下查询：

```
$ sqoop import \
  --query 'SELECT a.*, b.* FROM a JOIN b on(a.id == b.id) WHERE $CONDITIONS'\
  --split-by a.id --target-dir /user/foo/joinresults
```

若不想进行并行导入而仍然使用--query参数，则需要将map数量置为1：

```
$ sqoop import \
  --query 'SELECT a.*, b.* FROM a JOIN b on(a.id == b.id) WHERE $CONDITIONS'\
  -m 1 --target-dir /user/foo/joinresults
```

上述参数中的-m含义为设置map任务的数量，等同于--m和--num-mappers。

> **注意** 在当前Sqoop版本中，还不能传入特别复杂的SQL语句（比如，不支持在WHERE条件中添加OR操作），并且对有子查询的语句，可能会出现一些未知的错误。

### 4．导入到HBase

通过使用--hbase-table参数，可以将数据导入到HBase中的表，而不是HDFS中的目录。--hbase-table参数的值为HBase的表名称。源表的每一行数据将被转换为一个HBase Put操作输出到目标表中，且每个输出列都将放置在同一个列族中，必须使用参数--column-family指定列族的名称。HBase表的行键来自源表的其中一列。默认情况下，Sqoop将使用--split-by参数指定的列作为HBase表的行键列。如果没有指定，则将使用源表的主键列（如果有的话）。此外，还可以使用--hbase-row-key参数手动指定行键列。

如果源表具有组合键（主键由多列组成），则必须指定参数--hbase-row-key，且参数--hbase-row-key的值必须是以逗号分隔的组合键的列名。而HBase的行键将通过使用下划线作为分隔符拼接组合键列的值来生成。

如果HBase表和列族不存在，Sqoop将抛出异常。因此，在运行导入之前，应该创建HBase表和列族。但是如果指定参数--hbase-create-table，Sqoop将使用HBase的默认配置来创建不存在的HBase表和列族。

数据导入到HBase的特殊参数及其含义如表10-3所示。

表10-3 Sqoop 导入数据到 HBase 的特殊参数及其含义

| 参　　数 | 含　　义 |
| --- | --- |
| --column-family \<family\> | 设置导入的目标列族名称 |
| --hbase-create-table | 如果 HBase 表不存在，则进行创建（不需要参数值）。若不指定该参数，则需要提前在 HBase 中创建表 |
| --hbase-row-key \<col\> | 指定源表中要用作行键的列。如果源表包含组合键，则该参数的值必须是以逗号分隔的组合键的列名 |
| --hbase-table \<table-name\> | 指定一个 HBase 表作为目标表 |
| --hbase-bulkload | 开启批量加载（不需要参数值）。为了减少 HBase 上的负载，Sqoop 可以执行批量加载。我们已经知道，在 HBase Put 数据时会首先将数据的更新操作和数据信息写入到 WAL（预写日志），然后再将数据放入到 MemStore 缓存中，最后将 MemStore 中的数据刷新到磁盘（即形成 HFile 文件）。而开启批量加载后，则绕过了上述过程，使用 MapReduce 直接生成 HFile 格式文件。这种方式可以快速导入海量数据且节省内存资源 |

将数据导入到HBase的示例代码如下：

```
sqoop import \
--connect jdbc:mysql://example.com/testdb?characterEncoding=UTF-8 \
--username root --password 123456 \
--query "SELECT * FROM user_info WHERE 1=1 AND \$CONDITIONS" \
--hbase-table user_info \
--column-family baseinfo \
--hbase-row-key userId \
--split-by addedTime \
--m 2
```

## 5. 导入到Hive

由于Sqoop导入工具的主要功能是将数据上传到HDFS文件中，因此当使用Sqoop将数据导入到Hive中时，Sqoop会首先将数据上传到HDFS文件中，然后通过生成和执行CREATE TABLE语句在Hive中创建表，最后使用LOAD DATA INPATH语句将HDFS数据文件移动到Hive的数据仓库目录。

将数据导入到Hive中非常简单，只需在Sqoop导入命令中加入--hive-import参数即可。如果Hive表已经存在，可以指定--hive-overwrite参数，以替换Hive中原有的表。在将数据导入HDFS后，Sqoop将生成一个Hive脚本，其中包含一个使用Hive类型定义列的CREATE TABLE操作，以及一个LOAD DATA INPATH语句将数据文件移动到Hive的数据仓库目录。脚本将通过在运行Sqoop的计算机上调用已安装的Hive来执行。如果Hive命令没有放入环境变量$PATH中，可以使用--hive-home参数来指定Hive的安装主目录，或者在Sqoop的配置文件sqoop-env.sh中进行指定。Sqoop将从指定的主目录中找到Hive的执行命令，例如$HIVE_HOME/bin/hive。

数据导入到Hive的特殊参数及其含义如表10-4所示。

表10-4　Sqoop 导入数据到 Hive 的特殊参数及其含义

| 参　　数 | 含　　义 |
| --- | --- |
| --hive-home <dir> | 指定 Hive 安装主目录 |
| --hive-import | 将表导入到 Hive 中（默认将使用 Hive 的默认分隔符：默认的列分隔符是"\01"，默认的行分隔符是"\n"，且 Hive 只支持"\n"为行分隔符） |
| --hive-overwrite | 覆盖 Hive 已存在的表数据 |
| --create-hive-table | 若不存在 Hive 表则创建。若设置该属性，当 Hive 表存在时会抛出异常 |
| --hive-table <table-name> | 指定要导入的 Hive 表名称 |
| --hive-drop-import-delims | 当导入到 Hive 时，从字符串字段中删除特殊字符\n、\r 和\01 |
| --hive-delims-replacement | 当导入到 Hive 时，用用户定义的字符串替换字符串字段中的字符\n、\r 和\01 |
| --hive-partition-key | 创建分区，指定 Hive 分区字段的名称 |
| --hive-partition-value <v> | 导入数据到 Hive 中时，与--hive-partition-key 设定的 key 对应的 value 值，通过该参数，Hive 可以将数据分区导入以便提高查询性能 |
| --map-column-hive <map> | 重写 SQL 字段类型到 Hive 字段类型的映射（默认情况下，Sqoop 导入 Hive 中的 Date 类型会被映射成 String）。例如，将列 addTime 的 Date 类型映射成 T 类型，列 age 的 int 类型映射成 String 类型：--map-column-hive addTime=TIMESTAMP, age=String |

如果数据库表中包含字符串字段，且字段的值中有Hive的默认行分隔符（\n和\r字符）或列分隔符（\01字符），那么使用Sqoop导入数据会产生问题。因此，经常使用--hive-drop-import-delims参数在导入时删除这些字符，以提供与Hive兼容的文本数据。或者使用--hive-delims-replacement参数在导入时用用户定义的字符串替换这些字符。需要注意的是，这些参数只能在使用Hive的默认分隔符时使用，如果指定了不同的分隔符，则不应该使用。

默认情况下，Hive中使用的表名与源表相同。可以使用--hive-table参数指定输出表名。Hive可以将数据放入分区，以获得更高效的查询性能。通过指定--hive-partition-key和--hive-partition-value参数，可以告诉Sqoop作业将数据导入到特定分区。分区值必须是字符串。

Sqoop默认使用字符串"null"代替数据中的NULL，而Hive使用"\N"标识NULL值，因此当向Hive中导入数据时，可以使用如下空值控制参数将空值数据转为字符串"\N"，然后导入Hive中，代码如下：

```
--null-string '\\N'
--null-non-string '\\N'
```

将数据导入到Hive中的示例代码如下:

```
$ sqoop import \
--connect jdbc:mysql://example.com:3306/testdb \
--hive-import \
--username hive \
--password hive \
--table t_users \
--hive-table t_users \
--hive-overwrite \
--input-fields-terminated-by '\t' \
--null-string '\\N' \
--null-non-string '\\N'
```

## 10.4 数据导出工具

数据导出工具export,可以将Hadoop平台中的数据导出到外部的关系型数据库中。export工具的基本参数及其含义,如表10-5所示。

表 10-5 Sqoop 导出工具的基本参数及其含义

| 参 数 | 含 义 |
| --- | --- |
| --validate \<class-name\> | 启用数据复制的验证功能,只支持单表复制,可以指定验证使用的实现类 |
| --validation-threshold \<class-name\> | 指定使用的阈值验证类 |
| --direct | 使用直接导出模式(优化速度) |
| --export-dir \<dir\> | 导出的 HDFS 源路径 |
| -m,--num-mappers \<n\> | 使用 n 个 map 任务并行导出 |
| --table \<table-name\> | 导出的目标表名称 |
| --call \<stored-proc-name\> | 导出数据调用的指定存储过程名 |
| --update-key \<col-name\> | 更新参考的列名称,多个列名使用逗号分隔。Sqoop通过指定的列的值确定唯一的一条数据 |
| --update-mode \<mode\> | 指定在数据库中发现带有不匹配键的新行时如何执行更新。可选值包括 updateonly(默认值)和 allowinsert |
| --input-null-string \<null-string\> | 使用指定字符串,替换字符串类型值为 NULL 的列 |
| --input-null-non-string \<null-string\> | 使用指定字符串,替换非字符串类型值为 NULL 的列 |
| --staging-table \<staging-table-name\> | 在数据导出到数据库之前,数据临时存放的表名 |
| --clear-staging-table | 清除工作区中临时存放的数据 |
| --batch | 使用批处理模式执行底层语句 |

默认情况下,将选择表中的所有列进行导出。也可以通过使用--columns参数选择部分列并控制它们的排序。列之间应以逗号分隔,例如--columns "col1,col2,col3"。需要注意的是,--columns参数中不包含的列需要定义默认值或允许NULL值;否则,数据库将拒绝导入的数据,从而导致Sqoop作业失败。

数据导出的性能取决于任务并行度。默认情况下，Sqoop将为导出过程并行使用四个任务。这可能不是最佳的，具体需要根据实际情况进行特定设置。额外的任务可能提供更好的并发性，但是如果数据库在更新索引、调用触发器等方面已经遇到瓶颈，那么额外的负载可能会降低性能。--num-mappers或-m参数用于控制map任务的数量，即任务的并行度。

默认情况下，sqoop_export将每个输入记录转换为INSERT语句，该语句向目标数据库表添加新行。如果表有约束（例如，主键列的值必须是唯一的），并且已经包含数据，则应该避免插入违反约束的记录。如果INSERT语句失败，导出过程将失败。这种模式主要用于将记录导出到一个新的空表。如果指定--update-key参数，Sqoop将修改数据库中的现有数据。每个输入记录都被转换为更新语句，修改现有的行。语句修改的行由使用--update-key参数指定的列名决定。

例如，关系型数据库中有如下表定义：

```
CREATE TABLE foo(
    id INT NOT NULL PRIMARY KEY,
    msg VARCHAR(32),
    bar INT);
```

在HDFS中包含如下样式的数据：

```
0,this is a test,42
1,some more data,100
...
```

执行以下格式的导出命令，将上述数据导出到RDBMS中：

```
sqoop-export --table foo --update-key id --export-dir /path/to/data --connect …
```

上述命令将最终转换为如下的更新SQL：

```
UPDATE foo SET msg='this is a test', bar=42 WHERE id=0;
UPDATE foo SET msg='some more data', bar=100 WHERE id=1;
...
```

如果UPDATE语句没有修改任何行，导出仍然会继续，且不会抛出异常（基于更新的导出默认不会向数据库插入新行）。同样，如果使用--update-key指定的列的数据不是唯一的（即不能唯一标识行），那么多个行数据将通过一条语句进行更新。

参数--update-key也可以指定多个列，列之间使用逗号分隔。Sqoop将在更新前通过多个列确定一条唯一的数据。

如果希望在执行更新导出时，对于目标数据库中不存在的数据执行添加操作，而对于已存在的数据执行更新操作，可以使用--update-mode参数，将值设置为allowinsert。

下面的示例为获取HDFS目录/results/bar_data中的文件，并将其内容导出到db.example.com上foo数据库中的bar表。目标表必须已经存在于数据库中。Sqoop将执行一组插入操作且不会考虑表中现有的内容。如果Sqoop尝试插入违反数据库约束的行（例如，某个主键值已经存在），则将导出失败：

```
$ sqoop export --connect jdbc:mysql://db.example.com/foo --table bar \
    --export-dir /results/bar_data
```

## 10.5　Sqoop 安装与配置

Sqoop是基于Hadoop系统的一款数据转移工具,因此在安装Sqoop之前需要先安装Hadoop。Hadoop的安装在前面已经详细讲解过,此处不再赘述。

安装Sqoop的具体步骤如下:

### 1. 下载Sqoop

从 Apache 官方网站 http://sqoop.apache.org 下载 Sqoop 的稳定版本,本书使用的是 sqoop-1.4.7.bin__hadoop-2.6.0.tar.gz。

### 2. 安装Sqoop

**01** 将下载的Sqoop安装文件上传到centos01服务器的/opt/softwares目录并将其解压到目录/opt/modules/。

```
$ tar -zxvf sqoop-1.4.7.bin__hadoop-2.6.0.tar.gz -C /opt/modules/
```

**02** 将解压后生成的文件夹重命名为sqoop-1.4.7。

```
$ mv sqoop-1.4.7.bin__hadoop-2.6.0/ sqoop-1.4.7
```

**03** 为了以后操作方便,可在环境变量配置文件/etc/profile中加入以下内容:

```
export SQOOP_HOME=/opt/modules/sqoop-1.4.7
export PATH=$PATH:$SQOOP_HOME/bin
```

内容添加完毕后,执行source /etc/profile命令对环境变量文件进行刷新操作。

**04** 进入Sqoop安装目录下的conf文件夹,复制文件sqoop-env-template.sh为sqoop-env.sh,并修改文件sqoop-env.sh,在其中加入以下内容,指定Hadoop的安装目录:

```
export HADOOP_COMMON_HOME=/opt/modules/hadoop-3.3.1
export HADOOP_MAPRED_HOME=/opt/modules/hadoop-3.3.1
```

**05** 将MySQL驱动包mysql-connector-java-8.0.11.jar(需要根据MySQL的版本使用对应的Java驱动包版本)上传到Sqoop安装目录下的lib文件夹中。

### 3. 测试是否安装成功

执行如下命令,查询本地已安装的MySQL数据库的数据库列表:

```
$ sqoop list-databases \
--connect jdbc:mysql://192.168.1.69:3306/?useSSL=false \
--username root \
--password 123456
```

为了操作安全,也可以使用以下命令代替,执行时将提示输入密码,且密码是隐藏的:

```
$ sqoop list-databases \
--connect jdbc:mysql://192.168.1.69:3306/?useSSL=false \
--username root \
-P
```

需要注意的是，"\\"后面紧跟回车，表示当前行是下一行的续行。如果使用的是MySQL8版本，将会使用新的驱动类"com.mysql.cj.jdbc.Driver"，驱动会自动注册，不需要手动加载驱动类。

上述代码中各参数含义如下：

- --connect：数据库的连接URL。
- --username：数据库用户名。
- --password：数据库密码。
- -P：数据库密码隐藏输入。

若执行过程中报以下错误：

```
Exception in thread "main" java.lang.NoClassDefFoundError:
org/apache/commons/lang/StringUtils
```

说明Sqoop缺少相关依赖jar包，只需将commons-lang-2.6.jar上传到Sqoop安装目录下的lib文件夹中即可。

如果能正确输出MySQL数据库列表（例如，下面结果所示），则说明Sqoop安装成功：

```
information_schema
mysql
performance_schema
testdb
```

## 10.6 案例分析：将 MySQL 表数据导入到 HDFS 中

已知MySQL中存在数据库testdb，数据库testdb中存在表user_info，且表user_info中有两条数据，如图10-4所示。

其中主键是字段userId，为int类型，字段userName、password和trueName为字符串类型，字段addedTime为date类型。

| userId | userName | password | trueName | addedTime |
|--------|----------|----------|----------|-----------|
| 1 | hello | 123456 | zhangsan | 2022-03-21 |
| 2 | hello2 | 123456 | lisi | 2022-03-30 |

图 10-4 表 user_info 中的数据

下面使用Sqoop将表user_info中的数据导入到HDFS中，步骤如下：

**01** 启动Hadoop。在导入数据之前，需要先启动Hadoop集群。执行如下命令，启动HDFS与YARN集群：

```
$ start-all.sh
```

**02** 执行导入命令。执行如下命令，使用Sqoop连接MySQL并将表数据导入到HDFS中：

```
$ sqoop import \
--connect 'jdbc:mysql://192.168.1.69:3306/testdb?characterEncoding=UTF-8' \
--username root \
--password 123456 \
--table user_info \
--columns userId,userName,password,trueName,addedTime \
--target-dir /sqoop/mysql
```

需要注意的是，"\\"后面紧跟回车，表示当前行是下一行的续行。

上述代码中各参数含义如下：

- --connect：数据库的连接URL。
- --username：数据库用户名。
- --password：数据库密码。
- --table：数据库表名。
- --columns：数据库列名。
- --target-dir：数据在HDFS中的存放目录。如果HDFS中没有该目录则会自动生成。

若执行过程中报以下错误：

```
java.lang.RuntimeException: java.sql.SQLException: The connection property
'zeroDateTimeBehavior' acceptable values are: 'CONVERT_TO_NULL', 'EXCEPTION' or 'ROUND'.
The value 'convertToNull' is not acceptable.
```

原因是，在MySQL 8中修改了zeroDateTimeBehavior的值，该值表示日期类型的字段数据为0时的处理方式，而MySQL之前版本的值为"convertToNull"，所以会抛出异常。可以通过修改数据库连接字符串，将zeroDateTimeBehavior的值设置为CONVERT_TO_NULL来解决，命令如下：

```
bin/sqoop import \
--connect 'jdbc:mysql:// 192.168.1.69:3306/testdb?characterEncoding=
UTF-8&zeroDateTimeBehavior=CONVERT_TO_NULL&serverTimezone=UTC' \
--username root \
--password 123456 \
--table user_info \
--columns userId,userName,password,trueName,addedTime \
--target-dir /sqoop/mysql
```

或者直接使用8.0.13及以上版本的JDBC驱动包。

上述命令的部分执行日志如下：

```
INFO mapreduce.Job: Running job: job_1536551892750_0001
INFO mapreduce.Job: Job job_1536551892750_0001 running in uber mode : false
INFO mapreduce.Job:  map 0% reduce 0%
INFO mapreduce.Job:  map 100% reduce 0%
INFO mapreduce.Job: Job job_1536551892750_0001 completed successfully
```

**03** 查看导入结果。执行以下命令，查看HDFS中的/sqoop/mysql目录下生成的文件：

```
$ hadoop fs -ls /sqoop/mysql
```

输出结果如下：

```
Found 3 items
-rw-r--r-- 2 root supergroup  0 2022-11-16 17:23 /sqoop/mysql/_SUCCESS
-rw-r--r-- 2 root supergroup 33 2022-11-16 17:23 /sqoop/mysql/part-m-00000
-rw-r--r-- 2 root supergroup 34 2022-11-16 17:23 /sqoop/mysql/part-m-00001
```

可以看到，在/sqoop/mysql目录下生成了三个文件，分别是_SUCCESS、part-m-00000和part-m-00001，而导入的数据则存在于后两个文件中。

执行以下命令，查看/sqoop/mysql/目录下所有文件的内容：

```
$ hadoop fs -cat /sqoop/mysql/*
```

输出结果如下：

```
1,hello,123456,zhangsan,2022-03-21
```

```
2,hello2,123456,lisi,2022-03-30
```

可见，MySQL中的表user_info已经完全导入到了HDFS中。

## 10.7 案例分析：将 HDFS 中的数据导出到 MySQL 中

下面使用Sqoop将10.6节案例中生成的文件part-m-00000中的数据导出到MySQL表中，操作步骤如下：

**01** 新建表。在MySQL数据库testdb中新建表user_info_2，字段及类型与表user_info相同，如图10-5所示。

| userId | userName | password | trueName | addedTime |
|--------|----------|----------|----------|-----------|
| (N/A)  | (N/A)    | (N/A)    | (N/A)    | (N/A)     |

图 10-5  user_info_2 的表结构

**02** 启动Hadoop。在导出数据之前，需要先启动Hadoop集群。执行如下命令，启动HDFS与YARN集群：

```
$ start-all.sh
```

**03** 执行导出命令。执行以下命令，将HDFS文件系统/sqoop/mysql/part-m-00000文件中的内容导出到表user_info_2中：

```
$ sqoop export \
--connect 'jdbc:mysql://192.168.1.69:3306/testdb?characterEncoding=UTF-8&zeroDateTimeBehavior=CONVERT_TO_NULL&serverTimezone=UTC' \
--username root \
--password 123456 \
--table user_info_2 \
--export-dir /sqoop/mysql/part-m-00000
```

上述代码中各参数含义如下：

- --table：目标数据所在表的名称。
- --export-dir：源数据所在的位置。

**04** 查看导出结果。导出完毕后，在MySQL中执行以下SQL命令，查询表user_info_2中的数据：

```
select * from user_info_2
```

输出结果如图10-6所示，可以看到，成功导入了一条数据。

| userId | userName | password | trueName | addedTime |
|--------|----------|----------|----------|-----------|
| 1      | hello    | 123456   | zhangsan | 2022-03-21 |

图 10-6  导入表 user_info_2 中的数据

当然，也可以将HDFS中/sqoop/mysql目录下的所有文件一起导出到表user_info_2中，只需将上述导出命令中的/sqoop/mysql/part-m-00000替换为/sqoop/mysql/*即可。

## 10.8 案例分析：将 MySQL 表数据导入到 HBase 中

本例使用Sqoop将MySQL中的表user_info的数据导入到HBase中，操作步骤如下：

**01** 启动HBase。执行以下命令，启动HBase集群：

```
$ start-hbase.sh
```

**02** 新建HBase表。执行以下命令，在HBase Shell中新建表user_info，列族baseinfo：

```
hbase:001:0> create 'user_info','baseinfo'
```

**03** 修改Sqoop配置文件。修改Sqoop配置文件${SQOOP_HOME}/conf/sqoop-evn.sh，添加以下代码，指定HBase的安装主目录：

```
export HBASE_HOME=/opt/modules/hbase-2.4.9
```

若省略该步骤，后续执行导入命令时可能会报以下错误：

```
ERROR tool.ImportTool: Import failed: HBase jars are not present in classpath, cannot import to HBase!
```

**04** 执行导入命令。执行以下命令，将MySQL中的数据导入到HBase中：

```
$ sqoop import \
--connect 'jdbc:mysql://192.168.1.69:3306/testdb?characterEncoding=UTF-8&zeroDateTimeBehavior=CONVERT_TO_NULL&serverTimezone=UTC' \
--username root \
--password 123456 \
--query "SELECT * FROM user_info WHERE 1=1 AND \$CONDITIONS" \
--hbase-table user_info \
--column-family baseinfo \
--hbase-row-key userId \
--split-by addedTime \
--m 2
```

上述代码中各参数含义如下：

- --query：指定导入数据的查询条件。
- --hbase-table：指定要导入的HBase中的表名。
- --column-family：指定要导入的HBase表的列族。
- --hbase-row-key：指定MySQL中的某一列作为HBase表中的rowkey。
- --split-by：指定数据库中的某一列作为分区拆分列。默认是主键列（如果存在）。如果主键的实际值不在其范围内均匀分布，那么这可能导致任务分配不平衡，此时应该显式地选择一个具有--split-by参数的列。
- --m：指定数据导入过程使用的map任务的数量（并行进程的数量）。若不指定该参数，默认使用4个map任务。一些数据库可以通过将该值增加到8或16来提高性能，但注意不要增加超过MapReduce集群中可用的并行度。该参数与-m和--num-mappers具有同样的效果。

Sqoop是如何根据--split-by进行分区的？假设有一张表test，Sqoop命令中存在参数--split-by id

--m 10。首先，Sqoop会向关系型数据库比如MySQL发送一条命令"select max(id),min(id) from test"，然后会把max、min之间的区间平均分为10份，最后10个并行的map去查询对应的数据，将各自查询到的数据作为数据源进行导入。

**05** 查看导入结果。进入HBase Shell，执行scan 'user_info'命令，扫描user_info表中的数据：

```
hbase:001:0> scan 'user_info'
ROW      COLUMN+CELL
 1       column=baseinfo:addedTime, timestamp=1510887550010, value=2022-03-21
 1       column=baseinfo:password, timestamp=1510887550010, value=123456
 1       column=baseinfo:trueName, timestamp=1510887550010, value=zhangsan
 1       column=baseinfo:userName, timestamp=1510887550010, value=hello
 2       column=baseinfo:addedTime, timestamp=1510887550110, value=2022-03-30
 2       column=baseinfo:password, timestamp=1510887550110, value=123456
 2       column=baseinfo:trueName, timestamp=1510887550110, value=lisi
 2       column=baseinfo:userName, timestamp=1510887550110, value=hello2
2 row(s) in 0.6870 seconds
```

从上述结果中可以看到，两条数据已经成功导入。

如果修改user_info中的数据，重新导入，则会更新替换HBase中相同rowkey对应行的数据。

目前暂不支持将HBase中的数据导出到MySQL，但可以先将HBase中的数据导出到HDFS或Hive中，再将数据导出到MySQL。

## 10.9 动手练习

练习一：依照书中的操作步骤，使用 Sqoop 将 MySQL 中任意一张表数据导入到 HDFS 中，并再次从 HDFS 导出到 MySQL。

练习二：依照书中的操作步骤，使用 Sqoop 将 MySQL 中任意一张表数据导入到 HBase 中。

# 第 11 章 Kafka

本章主要讲解Kafka的基本架构、主题和分区、数据的存储机制以及集群环境的搭建和Java API的操作，最后通过案例讲解Kafka生产者拦截器的使用。

**本章学习目标**

※ 掌握Kafka的架构原理以及Kafka的主题、分区、消费者组的概念。
※ 掌握Kafka的数据存储机制和集群环境的搭建。
※ 掌握Kafka 的命令行操作、Java API的操作和生产者拦截器的使用。

## 11.1 什么是 Kafka

Kafka是一个基于ZooKeeper的高吞吐量低延迟的分布式的发布与订阅消息系统，它可以实时处理大量消息数据以满足各种需求。比如，基于Hadoop的批处理系统、低延迟的实时系统等。即便使用非常普通的硬件，Kafka每秒也可以处理数百万条消息，其延迟最低只有几毫秒。

那么Kafka到底是什么？简单来说，Kafka是消息中间件的一种。下面举一个生产者与消费者的例子：

生产者生产鸡蛋，消费者消费鸡蛋。假设消费者消费鸡蛋的时候噎住了（系统宕机了），而生产者还在生产鸡蛋，那么新生产的鸡蛋就丢失了。再比如，生产者1秒钟生产100个鸡蛋（大交易量的情况），而消费者1秒钟只能消费50个鸡蛋，那过不了多长时间，消费者就吃不消了（消息堵塞，最终导致系统超时），又导致鸡蛋丢失了。这个时候我们放个篮子在生产者与消费者中间，生产者生产出来的鸡蛋都放到篮子里，消费者去篮子里拿鸡蛋，这样鸡蛋就不会丢失了，这个篮子就相当于"Kafka"。

上述例子中的鸡蛋则相当于Kafka中的消息；篮子相当于存放消息的消息队列，也就是Kafka集群；当篮子满了，鸡蛋放不下了，这时再加几个篮子，就是Kafka集群扩容。

说到这里，不得不提一下Kafka中的一些基本概念：

- 消息（Message）：Kafka的数据单元被称为消息。我们可以把消息看成是数据库里的一行数据或一条记录。为了提高效率，消息可以分组传输，每一组消息就是一个批次，分成批次传输可以减少网络开销。但是批次越大，单位时间内处理的消息就越大，因此要在吞吐量和时间延迟之间做出权衡。
- 服务器节点（Broker）：Kafka集群包含一个或多个服务器节点，一个独立的服务器节点被称为Broker。
- 主题（Topic）：每条发布到Kafka集群的消息都有一个类别，这个类别被称为主题。在物理上，不同主题的消息分开存储；在逻辑上，一个主题的消息虽然保存于一个或多个Broker上，但用户只需指定消息的主题即可生产或消费消息而不必关心消息存于何处。主题在逻辑上可以被认为是一个队列。每条消息都必须指定它的主题，可以简单理解为必须指明把这条消息放进哪个队列里。
- 分区（Partition）：为了使Kafka的吞吐率可以水平扩展，物理上把主题分成一个或多个分区。创建主题时可指定分区数量。每个分区对应于一个文件夹，该文件夹下存储该分区的数据和索引文件。
- 生产者（Producer）：生产者负责发布消息到Kafka的Broker，实际上属于Broker的一种客户端。生产者负责选择哪些消息应该分配到哪个主题内的哪个分区。默认生产者会把消息均匀地分布到特定主题的所有分区上，但在某些情况下，生产者会将消息直接写到指定的分区。
- 消费者（Consumer）：消费者属于从Kafka的Broker上读取消息的客户端。读取消息时需要指定读取的主题，通常消费者会订阅一个或多个主题，并按照消息生成的顺序读取它们。

针对上面的概念，我们可以这样理解：不同的主题好比不同的高速公路，分区好比某条高速公路上的车道，消息就是车道上运行的车辆。如果车流量大，则拓宽车道，反之，则减少车道。而消费者就好比高速公路上的收费站，开放的收费站越多，则车辆通过速度越快。

## 11.2　Kafka 架构

Kafka的消息传递流程如图11-1所示。生产者将消息发送给Kafka集群，同时Kafka集群将消息转发给消费者。

在Kafka中，客户端和服务器之间的通信是通过一个简单的、高性能的、与语言无关的TCP协议完成的。该协议进行了版本控制，并与旧版本保持向后兼容。Kafka不仅提供Java客户端，也提供其他多种语言的客户端。

一个典型的Kafka集群中包含若干生产者（数据可以是Web前端产生的页面内容或者服务器日志等）、

图 11-1　Kafka 消息传递流程

若干Broker、若干消费者（可以是Hadoop集群、实时监控程序、数据仓库或其他服务）以及一个ZooKeeper集群。ZooKeeper用于管理和协调Broker。当Kafka系统中新增了Broker或者某个Broker故障失效时，ZooKeeper将通知生产者和消费者。生产者和消费者据此开始与其他Broker协调工作。从Kafka2.8.0开始，可以配置不使用ZooKeeper，而使用Kafka内部的Quorum控制器代替ZooKeeper。

Kafka的集群架构如图11-2所示。生产者使用Push模式将消息发送到Broker,而消费者使用Pull模式从Broker订阅并消费消息。

图 11-2　Kafka 集群架构

## 11.3　主题与分区

Kafka通过主题对消息进行分类,一个主题可以分为多个分区,且每个分区可以存储于不同的Broker上。也就是说,一个主题可以横跨多个服务器。

如果读者对HBase的集群架构比较了解,用HBase数据库做类比,可以将主题看作HBase数据库中的一张表,而分区则是将表数据拆分成了多个部分,即HRegion。不同的HRegion可以存储于不同的服务器上,而分区也是如此。

主题与分区的关系如图11-3所示。

对主题进行分区的好处是:允许主题消息规模超出一台服务器的文件大小上限。因为一个主题可以有多个分区,且可以存储在不同的服务器上,当一个分区的文件大小超出所在服务器的文件大小上限时,可以动态添加其他分区,因此可以处理无限量的数据。

图 11-3　主题与分区的关系

Kafka会为每个主题维护一个分区日志,记录各个分区的消息存放情况。消息以追加的方式写入到每个分区的尾部,然后以先入先出的顺序进行读取。由于一个主题包含多个分区,所以无法在整个主题范围内保证消息的顺序,但可以保证单个分区内消息的顺序。

当一条消息被发送到Broker时,会根据分区规则被存储到某个分区里。如果分区规则设置合理,所有消息将被均匀地分配到不同的分区里,这样就实现了水平扩展。如果一个主题的消息都存放到一个文件中,则该文件所在的Broker的I/O将会成为主题的性能瓶颈,而分区正好解决了这个问题。

分区中的每个记录都被分配了一个偏移量(offset),偏移量是一个连续递增的整数值,它唯一标识分区中的某个记录。而消费者只需保存该偏移量即可,当消费者客户端向Broker发起消息请求时需要携带偏移量。例如,消费者向Broker请求主题test的分区0中的偏移量从20开始的所有消息以及主题test的分区1中的偏移量从35开始的所有消息。当消费者读取消息后,偏移量会线性递增。

当然，消费者也可以按照任意顺序消费消息，比如读取已经消费过的历史消息（将偏移量重置到之前版本）。此外，消费者还可以指定从某个分区中一次最多返回多少条数据，防止一次返回数据太多而耗尽客户端的内存。

Kafka分区消息的读写如图11-4所示。

图 11-4　Kafka 分区消息的读写

此外，对于已经发布的消息，无论这些消息是否被消费，Kafka都将会保留一段时间，具体的保留策略有两种：根据时间保留（例如7天）和根据消息大小保留（例如1 GB）。可以进行相关参数配置，选择具体策略。当消息数量达到配置的策略上限时，Kafka就会为节省磁盘空间而将旧消息删除。例如，设置消息保留两天，则两天内该消息可以随时被消费，但两天后该消息将被删除。Kafka的性能对数据大小不敏感，因此保留大量数据毫无压力。

每个主题也可以配置自己的保留策略，可以根据具体的业务进行设置。例如，用于跟踪用户活动的数据可能需要保留几天，而应用程序的度量指标可能只需要保留几个小时。

## 11.4　分　区　副　本

在Kafka集群中，为了提高数据的可靠性，同一个分区可以复制多个副本分配到不同的Broker，这种方式类似于HDFS中的副本机制。如果其中一个Broker宕机，其他Broker可以接替宕机的Broker，不过生产者和消费者需要重新连接到新的Broker。Kafka分区的复制如图11-5所示。

Kafka每个分区的副本都被分为两种类型：领导者副本和跟随者副本。领导者副本只有一个，其余的都是跟随者副本。所有生产者和消费者都向领导者副本发起请求，进行消息的写入与读取，而跟随者副本并不处理客户端的请求，它唯一的任务是从领导者副本复制消息，以保持与领导者副本数据及状态的一致。

图 11-5　Kafka 分区的复制

如果领导者副本发生崩溃，会从其余的跟随者副本中选出一个作为新的领导者副本。领导者与跟随者在Kafka集群中的分布如图11-6所示。

图 11-6　领导者与跟随者在 Kafka 集群中的分布

既然跟随者副本会从领导者副本那里复制消息，那么这种复制是领导者主动向跟随者发起 Push（推送）请求还是跟随者向领导者发起 Pull（拉取）请求？

跟随者为了与领导者保持同步，会周期性向领导者发起获取数据的请求（Pull），这种请求与消费者读取消息发送的请求是一样的。请求消息里包含了跟随者想要获取消息的偏移量，偏移量的值随着每次请求进行递增。领导者从跟随者请求的偏移量可以知道消息复制的进度。

领导者与跟随者之间的消息复制，什么时候才认为是复制成功呢？是同步复制还是异步复制？如果个别跟随者由于网络问题导致消息没有复制完成，是否允许消费者对消息进行读取？

Kafka 的消息复制是以分区为单位的，既不是完全的同步复制，也不是完全的异步复制，而是基于 ISR（In-sync Replica）的动态复制方案。

领导者会维护一个需要与其保持同步的副本列表（包括领导者自己），该列表称为 ISR。而且每个分区都会有一个 ISR。如果在一定时间内（可以通过参数 replica.lag.time.max.ms 进行配置），跟随者没有向领导者请求新的消息（可能由于网络问题），该跟随者将被认为是不同步的，领导者会从 ISR 中将其移除，从而避免因跟随者的请求速度过慢而拖慢整体速度。而当跟随者重新与领导者保持同步时，领导者会将其再次加入到 ISR 中。当领导者失效时，也不会选择 ISR 中不存在的跟随者作为新的领导者。

ISR 的列表数据保存在 ZooKeeper 中，每次 ISR 改变后，领导者都会将最新的 ISR 同步到 ZooKeeper 中。

每次消息写入时，只有 ISR 中的所有跟随者都复制完毕，领导者才会将消息写入状态置为 Commit（写入成功），而只有状态置为 Commit 的消息才能被消费者读取。从消费者的角度来看，要想成功读取消息，ISR 中的所有副本必须处于同步状态，从而提高了数据的一致性。

可以通过设置 min.insync.replicas 参数指定 ISR 的最小数量，默认为 1。即 ISR 中的所有跟随者都可以被移除，只剩下领导者。但是在这种情况下，如果领导者失效，由于 ISR 中没有跟随者，因此该分区将不可用。适当增加参数 min.insync.replicas 的值，将提高系统的可用性。

以上是站在消费者的角度来看 ISR，即 ISR 中所有的副本都成功写入消息后，才允许消费者读取。那么对于生产者来说，在消息发送完毕后，是否需要等待 ISR 中所有副本成功写入才认为消息发送成功？

生产者通过 ZooKeeper 向领导者副本所在的 Broker 发送消息，领导者收到消息后需要向生产者返回消息确认收到的通知。而实际上，领导者并不需要等待 ISR 中的所有副本都写入成功才向生产者进行确认。

在生产者发送消息时,可以对acks参数进行配置,该参数指定了对消息写入成功的界定。生产者可以通过acks参数指定需要多少个副本写入成功才视为该消息发送成功。acks参数有三个值,分别为1、all和0。如果acks=1(默认值),则只要领导者副本写入成功,生产者就认为写入成功;如果acks=all,则需要ISR中的所有副本写入成功,生产者才能认为写入成功;如果acks=0,则生产者将消息发送出去后,立即认为该消息发送成功,不需要等待Broker的响应(而实际上该消息可能发送失败)。因此,需要根据实际业务需求来设置acks的值。

对于Broker来说,Broker会通过acks的值来判断何时向生产者返回响应。在消息被写入分区的领导者副本后,Broker开始检查acks参数值,如果 acks 的值为1或0,则Broker立即返回响应给生产者;如果acks的值为all,则请求会被保存在缓冲区中,直到领导者检测到所有跟随者副本都已成功复制了消息,才会向生产者返回响应。

## 11.5 消费者组

消费者组(Consumer Group)实际上就是一组消费者的集合。每个消费者属于一个特定的消费者组(可为每个消费者指定组名称,消费者通过组名称对自己进行标识,若不指定组名称则属于默认的组)。

传统消息处理有两种模式:队列模式和发布订阅模式。队列模式是指消费者可以从一台服务器读取消息,并且每个消息只被其中一个消费者消费;发布订阅模式是指消息通过广播方式发送给所有消费者。而Kafka提供了消费者组模式,能够同时具备这两种(队列和发布订阅)模式的特点。

Kafka规定,同一消费者组内不允许多个消费者消费同一分区的消息,而不同的消费者组可以同时消费同一分区的消息。也就是说,分区与同一个消费者组中的消费者的对应关系是多对一而不允许一对多。举个例子,如果同一个应用有100台计算机,这100台计算机属于同一个消费者组,则同一条消息在100台计算机中只有一台能得到。如果另一个应用也需要同时消费同一个主题的消息,则需要新建一个消费者组并消费同一个主题的消息。我们已经知道,消息存储于分区中,消费者组与分区的关系如图11-7所示。

图 11-7  消费者组与分区的关系

鉴于此,每条消息发送到主题后,只能发送给某个消费者组中的唯一一个消费者实例(可以是同一台服务器上的不同进程,也可以是不同服务器上的进程)。

显然,如果所有的消费者实例属于同一分组(有相同的分组名),则该过程就是传统的队列模式,即同一消息只有一个消费者能得到;如果所有的消费者都不属于同一分组,则该过程就是发布订阅模式,即同一消息每个消费者都能得到。

从消费者组与分区的角度来看,整个Kafka的架构如图11-8所示。

图 11-8 消费者组从分区读取消息

在图11-8中,属于同一个消费者组的三个消费者共同读取一个主题,其中的两个消费者各自读取一个分区,而另一个消费者同时读取了两个分区。消费者组保证了同一个分区只能被组中的一个消费者进行消费。

## 11.6 数据存储机制

我们已经知道,Kafka中的消息由主题进行分类,而主题在物理上又分为多个分区。那么分区是怎么存储数据的呢?

假设在Broker中有一个名为topictest的主题,该主题被分为4个分区,则在Kafka消息存储目录(配置文件server.properties中的属性log.dirs指定的目录)中会生成以下4个文件夹,且这4个文件夹可能分布于不同的Broker中。

```
topictest-0
topictest-1
topictest-2
topictest-3
```

在Kafka数据存储中,每个分区的消息数据存储于一个单独的文件夹中,分区文件夹的命名规则为"主题名-分区编号",分区编号从0开始,依次递增。

一个分区在物理上又由多个segment(段)组成。segment是Kafka数据存储的最小单位,每个分区的消息数据会被分配到多个segment文件中,这种将分区细分为segment的方式,方便了旧消息(旧segment)的删除和清理,达到及时释放磁盘空间的效果。

segment文件由两部分组成：索引文件（后缀为.index）和数据文件（后缀为.log），这两个文件一一对应，且成对出现。索引文件存储元数据，数据文件存储实际消息，索引文件中的元数据指向对应数据文件中消息的物理偏移地址。

segment文件的命名由20位数字组成，同一分区中的第一个segment文件的命名编号从0开始，下一个segment文件的命名编号为上一个segment文件的最后一条消息的offset值。编号长度不够以0补充，如下所示：

```
00000000000000000000.index
00000000000000000000.log
00000000000000170410.index
00000000000000170410.log
00000000000000258330.index
00000000000000258330.log
```

segment的索引文件与数据文件的对应关系如图11-9所示。

图11-9 segment的索引文件与数据文件的对应关系

在图11-9中，索引文件的左侧为消息在该文件中的顺序（即第几条消息），右侧为消息在数据文件中对应的偏移地址（实际物理存储位置）。可以看到，并不是所有的消息都会在索引文件中建立索引，而是采用每隔一定字节的数据建立一条索引，这种索引方式被称为"稀疏索引"。采用稀疏索引避免了索引的优点是文件占用过多的空间，从而提高了索引的查找速度。但缺点是，没有建立索引的消息不能一次定位到其在数据文件的物理位置，而是通过"二分法"定位到与其最近的消息的位置（即小于等于需要查找的消息位置中的最大值），然后顺序进行扫描（此时，顺序扫描的范围已经被缩小了），直到找到需要查找的消息。

我们已经知道，消费者是通过offset值查找消息的，以图11-9为例，如果需要查找offset=170413的消息，Kafka的查找步骤如下：

**01** 通过offset值定位到索引文件。索引文件00000000000000170410.index的起始offset值为170410+1=170411；索引文件00000000000000258330.index的起始offset值为258330+1=258331。根据"二分法"，可以快速定位到offset值为170413的消息的索引文件为00000000000000170410.index。

**02** 通过索引文件查询消息物理偏移地址。首先根据offset值查找到消息顺序，offset值为170413的消息在索引文件00000000000000170410.index中的消息顺序为170413−170410=3。

然后根据消息顺序查找（二分法）到消息在数据文件的物理偏移地址，消息顺序为3的消息对应的物理偏移地址为256。

**03** 通过物理偏移地址定位到消息内容。根据查找到的物理偏移地址，到数据文件00000000000000170410.log中查找对应的消息内容。

## 11.7 Kafka 集群环境搭建

Kafka依赖ZooKeeper集群，搭建Kafka集群之前，需要先搭建好ZooKeeper集群。ZooKeeper集群的搭建步骤此处不做过多讲解。

本例依然在三个节点（centos01、centos02和centos03）上搭建Kafka集群，集群各节点的角色分配如表11-1所示。

表 11-1 Kafka 集群角色分配

| 节点 | IP | 角色 |
| --- | --- | --- |
| centos01 | 192.168.170.133 | QuorumPeerMain<br>Kafka |
| centos02 | 192.168.170.134 | QuorumPeerMain<br>Kafka |
| centos03 | 192.168.170.135 | QuorumPeerMain<br>Kafka |

表11-1中的角色指的是Kafka集群各节点所启动的守护进程，其中的QuorumPeerMain是ZooKeeper集群所启动的进程；Kafka是Kafka集群的守护进程。

由于Kafka集群的各个Broker是对等的，配置基本相同，因此只需要配置一个Broker，然后将这个Broker上的配置复制到其他Broker，并进行微调即可。

具体的搭建步骤如下：

**01** 下载并解压Kafka。从Apache官方网站http://kafka.apache.org下载Kafka的稳定版本，本书使用的是3.1.0版本kafka_2.12-3.1.0.tgz（由于Kafka使用Scala和Java编写，2.12指Scala的版本号，关于Scala语言本书第15章将详细讲解）。

然后将Kafka安装包上传到centos01节点的/opt/softwares目录，并解压到目录/opt/modules/下，解压命令如下：

```
$ tar -zxvf kafka_2.12-3.1.0.tgz -C /opt/modules/
```

**02** 修改配置文件。修改Kafka安装目录下的config/server.properties文件，在分布式环境中建议至少修改以下配置项（若文件中无此配置项，则需要新增），其他配置项可以根据具体项目环境进行调优：

```
broker.id=1
num.partitions=2
default.replication.factor=2
listeners=PLAINTEXT://centos01:9092
log.dirs=/opt/modules/kafka_2.12-3.1.0/kafka-logs
zookeeper.connect=centos01:2181,centos02:2181,centos03:2181
```

上述代码中各选项含义如下：

- broker.id：每一个Broker都需要有一个标识符，使用broker.id表示。它类似于ZooKeeper的myid。broker.id必须是一个全局（集群范围）唯一的整数值，即集群中每个Kafka服务器的broker.id的值不能相同。
- num.partitions：每个主题的分区数量，默认是1。需要注意的是，可以增加分区的数量，但是不能减少分区的数量。
- default.replication.factor：消息备份副本数，默认为1，即不进行备份。
- listeners：Socket监听的地址，用于Broker监听生产者和消费者请求，格式为listeners = security_protocol://host_name:port。如果没有配置该参数，则默认通过Java的API（java.net.InetAddress.getCanonicalHostName()）来获取主机名，端口默认为9092，建议进行显式配置，避免多网卡时解析有误。
- log.dirs：Kafka消息数据的存储位置。可以指定多个目录，以逗号分隔。
- zookeeper.connect：ZooKeeper的连接地址。该参数是用逗号分隔的一组格式为hostname:port/path的列表，其中hostname为ZooKeeper服务器的主机名或IP地址；port是ZooKeeper客户端连接端口；/path是可选的ZooKeeper路径，如果不指定，则默认使用ZooKeeper根路径。

**03** 发送安装文件到其他节点。执行以下命令，将centos01节点配置好的Kafka安装文件复制到centos02和centos03节点：

```
scp -r kafka_2.12-3.1.0/ hadoop@centos02:/opt/modules/
scp -r kafka_2.12-3.1.0/ hadoop@centos03:/opt/modules/
```

复制完成后，修改centos02节点的Kafka安装目录下的config/server.properties文件，修改内容如下：

```
broker.id=2
listeners=PLAINTEXT://centos02:9092
```

同理，修改centos03节点的Kafka安装目录下的config/server.properties文件，修改内容如下：

```
broker.id=3
listeners=PLAINTEXT://centos03:9092
```

**04** 启动ZooKeeper集群。分别在三个节点上执行以下命令，启动ZooKeeper集群（需进入ZooKeeper安装目录）：

```
bin/zkServer.sh start
```

**05** 启动Kafka集群。分别在三个节点上执行以下命令，启动Kafka集群（需进入Kafka安装目录）：

```
bin/kafka-server-start.sh -daemon config/server.properties
```

集群启动后,分别在各个节点上执行jps命令,查看启动的Java进程,若能输出如下进程信息,说明启动成功。

```
2848 Jps
2518 QuorumPeerMain
2795 Kafka
```

查看Kafka安装目录下的日志文件logs/server.log,确保运行稳定,没有抛出异常。至此,Kafka集群搭建完成。

## 11.8 命令行操作

生产者接收用户的标准输入发送到Kafka,消费者则一直尝试从Kafka中拉取生产的数据,并打印到标准输出中。下面使用Kafka命令行客户端创建主题、生产者与消费者,以测试Kafka集群能否正常使用。

如无特殊说明,以下所有命令都是在Kafka安装目录下执行。

### 11.8.1 创建主题

创建主题可以使用Kafka提供的命令工具kafka-topics.sh,此处我们创建一个名为topictest的主题,分区数为2,每个分区的副本数为2,命令如下(在Kafka集群的任意节点执行即可):

```
$ bin/kafka-topics.sh \
--create \
--bootstrap-server centos01:9092,centos02:9092,centos03:9092 \
--replication-factor 2 \
--partitions 2 \
--topic topictest
```

上述代码中各参数含义如下:

- --create: 指定命令的动作是创建主题,使用该命令必须指定--topic参数。
- --topic: 所创建的主题名称。
- --partitions: 所创建主题的分区数。
- --bootstrap-server: 指定Kafka集群的连接地址。
- --replication-factor: 所创建主题的分区副本数,其值必须小于等于Kafka的节点数。

命令执行完毕后,若输出以下结果则表明创建主题成功:

```
Created Topic "topictest".
```

此时查看ZooKeeper中Kafka创建的/brokers节点,发现主题topictest的信息已记录在其中,如图11-10所示。

```
[zk: localhost:2181(CONNECTED) 8] ls /brokers
[ids, topics, seqid]
[zk: localhost:2181(CONNECTED) 9] ls /brokers/topics
[topictest]
[zk: localhost:2181(CONNECTED) 10] ls /brokers/topics/topictest
[partitions]
[zk: localhost:2181(CONNECTED) 11] ls /brokers/topics/topictest/partitions
[0, 1]
```

图 11-10　查看 Kafka 在 ZooKeeper 中创建的节点信息

## 11.8.2　查询主题

创建主题成功后，可以执行以下命令，查看当前Kafka集群中存在的所有主题：

```
$ bin/kafka-topics.sh \
--list \
--bootstrap-server centos01:9092
```

也可以使用--describe参数查询某一个主题的详细信息。例如，查询主题topictest的详细信息，命令如下：

```
$ bin/kafka-topics.sh \
--describe \
--bootstrap-server centos01:9092 \
--topic topictest
```

输出结果如下：

```
Topic:topictest  PartitionCount:2         ReplicationFactor:2    Configs:
Topic: topictest Partition: 0 Leader: 2   Replicas: 2,3          Isr: 2,3
Topic: topictest Partition: 1 Leader: 3   Replicas: 3,1          Isr: 3,1
```

上述结果中的参数解析如下：

- Topic：主题名称。
- PartitionCount：分区数量。
- ReplicationFactor：每个分区的副本数量。
- Partition：分区编号。
- Leader：领导者副本所在的Broker，这里指安装Kafka集群时设置的broker.id。
- Replicas：分区副本所在的Broker（包括领导者副本），同样指安装Kafka集群时设置的broker.id。
- Isr: ISR列表中的副本所在的Broker(包括领导者副本)，同样指安装Kafka集群时设置的broker.id。

可以看到，该主题有2个分区，每个分区有2个副本。分区编号为0的副本分布在broker.id为2和3的Broker上，其中broker.id为2上的副本为领导者副本；分区编号为1的副本分布在broker.id为1和3的Broker上，其中broker.id为3上的副本为领导者副本。

接下来就可以创建生产者向主题发送消息了。

## 11.8.3　创建生产者

Kafka生产者作为消息生产角色，可以使用Kafka自带的命令工具创建一个最简单的生产者。例如，在主题topictest上创建一个生产者，命令如下：

```
$ bin/kafka-console-producer.sh \
--broker-list centos01:9092,centos02:9092,centos03:9092 \
--topic topictest
```

上述代码中各参数含义如下：

- --broker-list：指定Kafka Broker的访问地址，只要能访问到其中一个即可连接成功，若想写多个则用逗号隔开。建议将所有的Broker都写上，如果只写其中一个，如果该Broker失效，连接将失败。注意此处的Broker访问端口为9092，Broker通过该端口接收生产者和消费者的请求，该端口在安装Kafka时已经指定。
- --topic：指定生产者发送消息的主题名称。

创建完成后，控制台进入等待键盘输入消息的状态。

接下来需要创建一个消费者来接收生产者发送的消息。

### 11.8.4 创建消费者

新开启一个SSH连接窗口（可连接Kafka集群中的任何一个节点），在主题topictest上创建一个消费者，命令如下：

```
$ bin/kafka-console-consumer.sh \
--bootstrap-server centos01:9092,centos02:9092,centos03:9092 \
--topic topictest
```

上述代码中，参数--bootstrap-server用于指定Kafka Broker访问地址。

消费者创建完成后，等待接收生产者的消息。此时，在生产者控制台输入消息"hello kafka"后按回车键（可以将文件或者标准输入的消息发送到Kafka集群中，默认一行作为一个消息），即可将消息发送到Kafka集群，如图11-11所示。

图 11-11 生产者控制台生产消息

在消费者控制台，则可以看到输出相同的消息"hello kafka"，如图11-12所示。

图 11-12 消费者控制台接收消息

到此，Kafka集群测试成功，能够正常运行。

## 11.9 Java API 操作

Kafka提供了Java客户端API进行消息的创建与接收。下面将通过在Eclipse中编写Java客户端程序创建生产者与消费者。

## 11.9.1 创建 Java 工程

使用Java API之前需要先新建一个Java项目。

在Eclipse中新建一个Maven项目kafka_demo,项目结构如图11-13所示。

然后在项目的pom.xml中加入Kafka客户端的依赖jar包,内容如下:

```xml
<dependency>
    <groupId>org.apache.kafka</groupId>
    <artifactId>kafka-clients</artifactId>
    <version>3.1.0</version>
</dependency>
```

图 11-13　Kafka Maven 项目结构

pom.xml配置好后,接下来就可以进行Java API的编写了。

## 11.9.2 创建生产者

在项目kafka_demo中新建一个生产者类MyProducer.java,该类的主要作用是循环向已经创建好的主题topictest（11.8.1节创建的主题）发送10条消息,完整代码如下:

```java
import java.util.Properties;
import org.apache.kafka.clients.producer.KafkaProducer;
import org.apache.kafka.clients.producer.Producer;
import org.apache.kafka.clients.producer.ProducerConfig;
import org.apache.kafka.clients.producer.ProducerRecord;
import org.apache.kafka.common.serialization.IntegerSerializer;
import org.apache.kafka.common.serialization.StringSerializer;

/**
 * 生产者类
 */
public class MyProducer {

 public static void main(String[] args) {
  //1.使用Properties定义配置属性
  Properties props = new Properties();
  //设置生产者Broker服务器连接地址
  props.setProperty(ProducerConfig.BOOTSTRAP_SERVERS_CONFIG,
    "centos01:9092,centos02:9092,centos03:9092");
  //设置序列化key程序类
  props.setProperty(ProducerConfig.KEY_SERIALIZER_CLASS_CONFIG,
    StringSerializer.class.getName());
  //设置序列化value程序类,此处不一定非得是Integer,也可以是String
  props.setProperty(ProducerConfig.VALUE_SERIALIZER_CLASS_CONFIG,
    IntegerSerializer.class.getName());
  //2.定义消息生产者对象,依靠此对象可以进行消息的传递
  Producer<String, Integer> producer = new KafkaProducer<String, Integer>(props);
  //3.循环发送10条消息
  for (int i = 0; i < 10; i++) {
```

```
    //发送消息,此方式只负责发送消息,不关心是否发送成功
    //第一个参数:主题名称
    //第二个参数:消息的key值
    //第三个参数:消息的value值
    producer.send(new ProducerRecord<String, Integer>("topictest",
      "hello kafka " + i, i));
  }
  //4.关闭生产者,释放资源
  producer.close();
  }
}
```

上述代码中,生产者对象KafkaProducer的send()方法负责发送消息,并将消息记录ProducerRecord对象作为参数,因此需要先创建ProducerRecord对象。ProducerRecord有多个构造方法,这里使用其中一种构造方法,该构造方法的第一个参数为目标主题的名称,第二个参数为消息的键(key),第三个参数为消息的值(value),即具体的消息内容。此处的键为字符串类型,值为整数(也可为字符串)。但消息键值的类型必须与序列化程序类和生产者对象Producer中规定的类型相匹配。

上述这种消息发送方式的特点是:消息发送给服务器即发送完成,而不管消息是否送达。因为Kafka的高可用性,在大多数情况下,消息都可正常送达,当然也不排除丢失消息的情况。所以,如果发送结果并不重要,可以使用这种消息发送方式。例如,记录消息日志或记录不太重要的应用程序日志。

除了上述消息发送方式外,还有两种消息发送方式:同步发送和异步发送,下面分别介绍。

(1)同步发送

使用生产者对象的send()方法发送消息,会返回一个Future对象,调用Future对象的get()方法,然后等待结果,就可以知道消息是否发送成功。如果服务器返回错误,get()方法会抛出异常;如果没有发生错误,则会得到一个RecordMetadata对象,可以利用该对象获取消息的偏移量等。同步发送消息的最简单代码如下:

```
try{
  producer.send(new ProducerRecord<String,Integer>("topictest","hello kafka "+i,i)).get();
}catch(Exception e){
  e.printStackTrace();
}
```

(2)异步发送

使用生产者对象的send()方法发送消息时,可以指定一个回调方法,服务器返回响应信息时会调用该方法。可以在该方法中对一些异常信息进行处理,比如记录错误日志,或是把消息写入"错误消息"文件以便日后分析,示例代码如下:

```
producer.send(new ProducerRecord<String,Integer>("topictest","hello kafka "+i,i),new Callback(){
        public void onCompletion(RecordMetadata recordMetadata, Exception e) {
            if(e!=null){
                e.printStackTrace();
            }
        }
});
```

上述代码中，为了使用回调方法，在send()方法中加入了一个参数，该参数是实现了Callback接口的匿名内部类。Callback接口只有一个onCompletion()方法，该方法有两个参数：第一个参数为RecordMetadata对象，从该对象可以获取消息的偏移量等内容；第二个参数为Exception对象。如果Kafka返回一个错误，则onCompletion()方法会抛出一个非空异常，可以从Exception对象中获取这个异常信息，从而对异常进行处理。

### 11.9.3 创建消费者

在项目kafka_demo中新建一个消费者类MyConsumer.java，该类主要用于接收上述生产者发送的所有消息，完整代码如下：

```java
import java.time.Duration;
import java.util.Arrays;
import java.util.Properties;
import org.apache.kafka.clients.consumer.Consumer;
import org.apache.kafka.clients.consumer.ConsumerConfig;
import org.apache.kafka.clients.consumer.ConsumerRecord;
import org.apache.kafka.clients.consumer.ConsumerRecords;
import org.apache.kafka.clients.consumer.KafkaConsumer;
import org.apache.kafka.common.serialization.IntegerDeserializer;
import org.apache.kafka.common.serialization.StringDeserializer;

/**
 * 消费者类
 */
public class MyConsumer {

public static void main(String[] args) {
    //1. 使用Properties定义配置属性
    Properties props = new Properties();    ❶
    //设置消费者 Broker服务器的连接地址
    props.setProperty(ConsumerConfig.BOOTSTRAP_SERVERS_CONFIG,
      "centos01:9092,centos02:9092,centos03:9092");
    //设置反序列化key的程序类，与生产者对应
    props.setProperty(ConsumerConfig.KEY_DESERIALIZER_CLASS_CONFIG,
      StringDeserializer.class.getName());
    //设置反序列化value的程序类，与生产者对应
    props.setProperty(ConsumerConfig.VALUE_DESERIALIZER_CLASS_CONFIG,
      IntegerDeserializer.class.getName());
    //设置消费者组ID，即组名称，值可自定义。组名称相同的消费者进程属于同一个消费者组
    props.setProperty(ConsumerConfig.GROUP_ID_CONFIG, "groupid-1");
    //2. 定义消费者对象
    Consumer<String, Integer> consumer = new KafkaConsumer<String, Integer>(props);    ❷
    //3. 设置消费者读取的主题名称，可以设置多个
    consumer.subscribe(Arrays.asList("topictest"));    ❸
    //4. 不停地读取消息
    while (true) {    ❹
      //拉取消息，并设置超时时间为10秒
      ConsumerRecords<String, Integer> records = consumer.poll(Duration
        .ofSeconds(10));    ❺
      for (ConsumerRecord<String, Integer> record : records) {
      //打印消息关键信息
        System.out.println("key: " + record.key() + ", value: " + record.value()
```

```
            +", partition: "+record.partition()+",offset: "+record.offset());❻
        }
      }
    }
  }
```

上述代码分析如下:

❶ Properties对象用于向消费者对象传递相关配置属性值，其传递的第一个属性ConsumerConfig.BOOTSTRAP_SERVERS_CONFIG是类ConsumerConfig中的一个常量字符串"bootstrap.servers"，含义是指定Kafka集群Broker的连接字符串；第二个属性ConsumerConfig.KEY_DESERIALIZER_CLASS_CONFIG是类ConsumerConfig中的一个常量字符串"key.deserializer"，其含义是指定反序列化消息键的程序类，使用该类可以把经过序列化后的字节数组进行反序列化成Java对象；第三个属性ConsumerConfig.VALUE_DESERIALIZER_CLASS_CONFIG是类ConsumerConfig中的一个常量字符串"value.deserializer"，其含义是指定反序列化消息值的程序类，同样使用该类可以把字节数组转成Java对象；第四个属性ConsumerConfig.GROUP_ID_CONFIG为常量字符串"group.id"，其含义是指定该消费者所属的消费者组名称。需要注意的是，创建不属于任何一个消费者组的消费者也可以，但是不常见。

❷ 消费者对象KafkaConsumer用于从Broker中拉取消息，因此在拉取消息之前需要先创建该对象。该对象的创建与生产者对象KafkaProducer的创建类似。

❸ 使用消费者对象的subscribe()方法，可以对主题进行订阅。该方法可以接收一个主题列表作为参数。

❹ 通过while无限循环来使用消息轮询API，对服务器发送轮询请求。在进行轮询请求时，Kafka会自动处理所有细节，包括消费者组协调、分区再均衡、发送心跳和获取数据等。消费者必须持续对Kafka进行轮询，否则会被认为已经死亡，其分区会被移交给消费者组里的其他消费者。

❺ poll()方法可以对消息进行拉取，并返回一个ConsumerRecords对象，该对象存储了返回的消息记录列表。每条消息记录都包含了记录的键值对、记录所属主题信息、分区信息及所在分区的偏移量。可以根据业务需要遍历这个记录列表，取出所需信息。

poll()方法有一个超时时间参数，它指定了方法在多久之后必须返回消息记录。Kafka建议使用JDK1.8新增的时间类Duration作为poll()方法的参数，因此如果要使用Duration类，JDK版本必须在1.8以上。此处的Duration.ofSeconds(10)指的是时间为10秒。若JDK版本在1.8以下，可以直接向poll()方法传入时间毫秒数。例如，poll(1000)。但Kafka 3.1.0不推荐使用该方法，且该方法在后续版本中可能被废弃。

如果时间到达poll()方法设定的时间，不管有没有数据，poll()都要进行返回。如果时间被设置为0，则poll()会立即返回，否则它会在指定的时间内一直等待Broker返回消息数据。

❻ 此处调用消息记录对象ConsumerRecord的key()与value()方法取得消息的键与值，调用该对象的partition()和offset()方法取得消息所在分区编号和偏移量（offset）。

### 11.9.4 运行程序

生产者与消费者代码编写完毕后，就可以运行程序了，运行步骤如下：

**01** 运行消费者程序。在Eclipse中运行消费者程序MyConsumer.java，对消息进行监听。

**02** 运行生产者程序。在Eclipse中运行生产者程序MyProducer.java，向Kafka发送消息。

**03** 查看接收到的消息内容。消息发送完毕后，在Eclipse的控制台中查看输出结果，可以看到输出以下内容：

```
key: hello kafka 1, value: 1, partition: 0,offset: 0
key: hello kafka 2, value: 2, partition: 0,offset: 1
key: hello kafka 4, value: 4, partition: 0,offset: 2
key: hello kafka 5, value: 5, partition: 0,offset: 3
key: hello kafka 7, value: 7, partition: 0,offset: 4
key: hello kafka 8, value: 8, partition: 0,offset: 5
key: hello kafka 0, value: 0, partition: 1,offset: 0
key: hello kafka 3, value: 3, partition: 1,offset: 1
key: hello kafka 6, value: 6, partition: 1,offset: 2
key: hello kafka 9, value: 9, partition: 1,offset: 3
```

可以看到，消费者成功消费了生产者发送的10条消息。

我们已经知道，key与value的值可以代表生产者发送消息的顺序，offset的值可以代表消费者消费消息的顺序，partition的值为消息所在的分区编号。上述输出的消息共来源于两个分区，分区编号分别为0和1。

进一步分析上述输出内容可以发现，消费者消费的消息总体来说是无序的，但是针对同一个分区（分区编号相同）的消息消费却是有序的。而生产者是按照0到9的顺序进行的消息发送。

那么，Kafka消息的消费是没有顺序的吗？为什么会产生这样的结果呢？下面对此进行验证。

**04** 验证消息消费顺序。在Eclipse中再次运行消费者程序MyConsumer.java，此时就有两个消费者共同消费消息，并且这两个消费者属于同一个组，组ID为"groupid-1"（在消费者程序MyConsumer.java中已对组ID进行了定义）。然后重新运行生产者程序MyProducer.java发送消息，发送完毕后，查看两个消费者程序的控制台的输出结果。

消费者一的输出结果如下：

```
key: hello kafka 0, value: 0, partition: 1,offset: 4
key: hello kafka 3, value: 3, partition: 1,offset: 5
key: hello kafka 6, value: 6, partition: 1,offset: 6
key: hello kafka 9, value: 9, partition: 1,offset: 7
```

消费者二的输出结果如下：

```
key: hello kafka 1, value: 1, partition: 0,offset: 6
key: hello kafka 2, value: 2, partition: 0,offset: 7
key: hello kafka 4, value: 4, partition: 0,offset: 8
key: hello kafka 5, value: 5, partition: 0,offset: 9
key: hello kafka 7, value: 7, partition: 0,offset: 10
key: hello kafka 8, value: 8, partition: 0,offset: 11
```

从上述两个消费者的输出结果可以看到，10条消息来自于两个分区：分区0和分区1。分区1的消息被消费者一所消费，分区0的消息被消费者二所消费。结合各自输出结果的offset值可以看出，每个消费者又都是按顺序消费的。那么，为什么会产生这样的结果呢？

因为Kafka仅支持分区内的消息按顺序消费，并不支持全局（同一主题的不同分区之间）的消息按顺序消费。而本例开始时使用一个消费者消费了主题topictest中两个分区的内容（在11.8.1节创建主题topictest时，为该主题指定了两个分区），因此不支持两个分区之间顺序消费。

Kafka规定，同一个分区内的消息只能被同一个消费者组中的一个消费者消费。而本例中的两个消费者正是属于同一个消费者组，且主题topictest有两个分区，所以需要两个消费者才能各自按顺序消费。

> **注意** ①同一个消费者组内，消费者数量不能多于分区数量，否则多出的消费者不能消费消息。②如果需要全局都按顺序消费消息，可以通过给一个主题只设置一个分区的方法实现，但是这也意味着一个分组只能有一个消费者。

## 11.10 案例分析：Kafka 生产者拦截器

Kafka生产者拦截器主要用于在消息发送前对消息内容进行定制化修改，以便满足相应的业务需求，也可用于在消息发送后获取消息的发送状态、所在分区和偏移量等信息。同时，用户可以在生产者中指定多个拦截器形成一个拦截器链，生产者会根据指定顺序先后调用。

生产者拦截器的访问流程如图11-14所示。

本例讲解使用两个拦截器组成一个拦截器链。第一个拦截器为时间戳拦截器，作用是在消息发送之前修改消息的内容，在消息最前边加入当前时间戳；第二个拦截器为消息发送状态统计拦截器，作用是统计发送成功和失败的消息数。

操作步骤如下：

图 11-14　Kafka 生产者拦截器访问流程

### 1. 创建Java项目

在Eclipse中新建Maven项目kafka_interceptor_demo，然后在项目的pom.xml中加入Kafka客户端依赖库，内容如下：

```xml
<dependency>
  <groupId>org.apache.kafka</groupId>
  <artifactId>kafka-clients</artifactId>
  <version>3.1.0</version>
</dependency>
```

### 2. 创建时间戳拦截器

在项目中新建拦截器类TimeInterceptor.java，并实现Kafka客户端API的生产者接口org.apache.kafka.clients.producer.ProducerInterceptor，然后添加接口中需要实现以下四个方法：

（1）configure(Map<String, ?> configs)

该方法在初始化数据时被调用，用于获取生产者的配置信息。

（2）onSend(ProducerRecord<K, V> record)

该方法在消息被序列化之前调用，并传入要发送的消息记录。用户可以在该方法中对消息记录进行任意修改，包括消息的key和value以及要发送的主题和分区等。

在前面的Kafka API操作中已经讲过，生产者使用KafkaProducer对象的send()方法发送消息，send()方法的源码如下：

```
@Override
public Future<RecordMetadata> send(ProducerRecord<K, V> record,
  Callback callback) {
//对消息记录进行修改
ProducerRecord<K, V> interceptedRecord = this.interceptors.onSend(record);
return doSend(interceptedRecord, callback);
}
```

从上述源码中可以看出，在生产者发送消息之前，会先调用拦截器的onSend()方法，并传入消息记录record。onSend()方法返回一条新的消息记录interceptedRecord。最终将新消息记录interceptedRecord发送给了Kafka服务器。

（3）onAcknowledgement(RecordMetadata metadata, Exception exception)

该方法在发送到服务器的记录已被确认或者记录发送失败时调用（在生产者回调逻辑触发之前），可以在metadata对象中获取消息的主题、分区和偏移量等信息，在exception对象中获取消息的异常信息。

（4）close()

该方法用于关闭拦截器并释放资源。当生产者关闭时将调用该方法。

拦截器类TimeInterceptor.java的完整代码如下：

```java
import java.util.Map;
import org.apache.kafka.clients.producer.ProducerConfig;
import org.apache.kafka.clients.producer.ProducerInterceptor;
import org.apache.kafka.clients.producer.ProducerRecord;
import org.apache.kafka.clients.producer.RecordMetadata;

/**
 * 时间戳拦截器
 * 发送消息之前，在消息内容前面加入时间戳
 */
public class TimeInterceptor implements ProducerInterceptor<String,String>{
    /**
     * 获取生产者配置信息
     */
    public void configure(Map<String, ?> configs) {
        System.out.println(configs.get(ProducerConfig.BOOTSTRAP_SERVERS_CONFIG));
    }
    /**
     * 该方法在消息发送前调用
     * 将原消息记录进行修改，在消息内容最前边添加时间戳
     * @param record
     *        生产者发送的消息记录，将自动传入
     * @return 修改后的消息记录
     */
    public ProducerRecord<String, String> onSend(
      ProducerRecord<String, String> record) {
        System.out.println("TimeInterceptor------onSend方法被调用");
        //创建一条新的消息记录，将时间戳加入消息内容的最前边
        ProducerRecord<String, String> proRecord = new ProducerRecord<String, String>(
          record.topic(), record.key(), System.currentTimeMillis() + ","
          + record.value().toString());
```

```java
      return proRecord;
  }
  /**
   * 该方法在消息发送完毕后调用
   * 当发送到服务器的记录已被确认，或者记录发送失败时，将调用此方法
   */
  public void onAcknowledgement(RecordMetadata metadata,Exception exception){
    System.out.println("TimeInterceptor------onAcknowledgement方法被调用");
  }
  /**
   * 当拦截器关闭时调用该方法
   */
  public void close() {
    System.out.println("TimeInterceptor------close方法被调用");
  }
}
```

### 3. 创建消息发送状态统计拦截器

在项目中新建拦截器类CounterInterceptor.java，并实现Kafka客户端API的生产者接口org.apache.kafka.clients.producer.ProducerInterceptor。类CounterInterceptor的结构与时间戳拦截器相同，只是业务逻辑不同。

拦截器类CounterInterceptor.java的完整代码如下：

```java
import java.util.Map;
import org.apache.kafka.clients.producer.ProducerConfig;
import org.apache.kafka.clients.producer.ProducerInterceptor;
import org.apache.kafka.clients.producer.ProducerRecord;
import org.apache.kafka.clients.producer.RecordMetadata;
/**
 * 消息发送状态统计拦截器
 * 统计发送成功和失败的消息数，并在生产者关闭时打印这两个消息数
 */
public class CounterInterceptor implements ProducerInterceptor<String, String> {
  private int successCounter = 0;//发送成功的消息数量
  private int errorCounter = 0;//发送失败的消息数量
  /**
   * 获取生产者配置信息
   */
  public void configure(Map<String, ?> configs) {
    System.out.println(configs.get(ProducerConfig.BOOTSTRAP_SERVERS_CONFIG));
  }
  /**
   * 该方法在消息发送前调用
   * 修改发送的消息记录，此处不做处理
   */
  public ProducerRecord<String, String> onSend(
    ProducerRecord<String, String> record) {
    System.out.println("CounterInterceptor------onSend方法被调用");
    return record;
  }
  /**
   * 该方法在消息发送完毕后调用
   * 当发送到服务器的记录已被确认，或者记录发送失败时，将调用此方法
   */
  public void onAcknowledgement(RecordMetadata metadata, Exception exception) {
    System.out.println("CounterInterceptor------onAcknowledgement方法被调用");
```

```java
        //统计成功和失败的次数
        if (exception == null) {
            successCounter++;
        } else {
            errorCounter++;
        }
    }
    /**
     * 当生产者关闭时调用该方法,可以在此将结果进行持久化保存
     */
    public void close() {
        System.out.println("CounterInterceptor------close方法被调用");
        //打印统计结果
        System.out.println("发送成功的消息数量: " + successCounter);
        System.out.println("发送失败的消息数量: " + errorCounter);
    }
}
```

### 4.创建生产者

在项目中新建生产者类MyProducer.java,向名称为"topictest"的主题循环发送5条消息,完整代码如下:

```java
import java.util.ArrayList;
import java.util.List;
import java.util.Properties;

import org.apache.kafka.clients.producer.KafkaProducer;
import org.apache.kafka.clients.producer.Producer;
import org.apache.kafka.clients.producer.ProducerConfig;
import org.apache.kafka.clients.producer.ProducerRecord;
import org.apache.kafka.common.serialization.StringSerializer;

/**
 * 生产者类
 */
public class MyProducer {
    public static void main(String[] args) {
        //1.设置配置属性
        Properties props = new Properties();
        //设置生产者Broker服务器连接地址
        props.setProperty(ProducerConfig.BOOTSTRAP_SERVERS_CONFIG,
            "centos01:9092,centos02:9092,centos03:9092");
        //设置序列化key程序类
        props.setProperty(ProducerConfig.KEY_SERIALIZER_CLASS_CONFIG,
            StringSerializer.class.getName());
        //设置序列化value程序类,此处不一定非得是Integer,也可以是String
        props.setProperty(ProducerConfig.VALUE_SERIALIZER_CLASS_CONFIG,
            StringSerializer.class.getName());

        //2.设置拦截器链
        List<String> interceptors = new ArrayList<String>();
        //添加拦截器TimeInterceptor(需指定拦截器的全路径)
        interceptors.add("kafka.demo.interceptor.TimeInterceptor");
        //添加拦截器CounterInterceptor
        interceptors.add("kafka.demo.interceptor.CounterInterceptor");
        //将拦截器加入到配置属性中
        props.put(ProducerConfig.INTERCEPTOR_CLASSES_CONFIG, interceptors);
```

```
    //3.发送消息
    Producer<String, String> producer = new KafkaProducer<String, String>(props);
    //循环发送5条消息
    for (int i = 0; i < 5; i++) {
        //发送消息,此方式只负责发送消息,不关心是否发送成功
        //第一个参数:主题名称
        //第二个参数:消息的value值(消息内容)
        producer.send(new ProducerRecord<String, String>("topictest","hello kafka"
            + i));
    }
    //4.关闭生产者,释放资源
    //调用该方法后将触发拦截器的close()方法
    producer.close();
    }
}
```

上述代码与普通的生产者程序不同的是,在发送消息之前向生产者配置属性中加入了两个拦截器类TimeInterceptor和CounterInterceptor,生产者在发送消息之前和消息发送完毕之后(无论是否发送成功),都会按顺序依次调用这两个拦截器中的相应方法。

项目kafka_interceptor_demo的完整结构如图11-15所示。

图11-15 Kafka拦截器项目完整结构

### 5.运行程序

**01** 创建主题。在Kafka集群中执行以下命令,创建名为"topictest"的主题,且分区数为2,每个分区的副本数为2:

```
$ bin/kafka-topics.sh \
--create \
--bootstrap-server centos01:9092,centos02:9092,centos03:9092 \
--replication-factor 2 \
--partitions 2 \
--topic topictest
```

**02** 启动消费者。在Kafka集群中执行以下命令,启动一个消费者,监听主题"topictest"的消息:

```
$ bin/kafka-console-consumer.sh \
--bootstrap-server centos01:9092,centos02:9092,centos03:9092 \
--topic topictest
```

**03** 运行生产者程序。在Eclipse中运行编写好的生产者程序MyProducer.java,观察Kafka消费者端和Eclipse控制台的输出信息。

Kafka消费者端的输出信息如下:

```
1538272561530,hello kafka 1
1538272561530,hello kafka 3
1538272561402,hello kafka 0
1538272561530,hello kafka 2
1538272561530,hello kafka 4
```

可以看到,成功输出了5条消息,且在消息内容前面加入了时间戳。

Eclipse控制台的部分输出信息如下:

```
TimeInterceptor------onSend方法被调用
CounterInterceptor------onSend方法被调用
TimeInterceptor------onSend方法被调用
CounterInterceptor------onSend方法被调用
TimeInterceptor------onSend方法被调用
CounterInterceptor------onSend方法被调用
TimeInterceptor------onSend方法被调用
CounterInterceptor------onSend方法被调用
TimeInterceptor------onSend方法被调用
CounterInterceptor------onSend方法被调用
TimeInterceptor------onAcknowledgement方法被调用
CounterInterceptor------onAcknowledgement方法被调用
TimeInterceptor------onAcknowledgement方法被调用
CounterInterceptor------onAcknowledgement方法被调用
TimeInterceptor------onAcknowledgement方法被调用
CounterInterceptor------onAcknowledgement方法被调用
TimeInterceptor------onAcknowledgement方法被调用
CounterInterceptor------onAcknowledgement方法被调用
TimeInterceptor------onAcknowledgement方法被调用
CounterInterceptor------onAcknowledgement方法被调用
TimeInterceptor------close方法被调用
CounterInterceptor------close方法被调用
发送成功的消息数量: 5
发送失败的消息数量: 0
```

由上述输出信息结合拦截器的调用顺序可以总结出:在每条消息发送之前,两个拦截器会依次调用onSend()方法;在每条消息发送之后,两个拦截器会依次调用onAcknowledgement()方法;在生产者关闭时,两个拦截器会依次调用close()方法。

到此,Kafka生产者拦截器的例子就完成了。

## 11.11 动手练习

练习一:依照书中的操作步骤,搭建一个 Kafka 分布式集群。

练习二:使用 Kafka 命令行客户端创建主题 mytopic,并创建生产者与消费者,测试 Kafka 集群能否正常进行消息通信。

练习三:使用 Java API 创建 Kafka 生产者和消费者,生产者向主题 mytopic 发送消息,消费者从主题 mytopic 读取消息。

# 第 12 章 Flume

本章讲解Flume的架构原理、常用的相关组件及拦截器和选择器。最后通过几个案例分析，带领读者逐步搭建Flume集群，掌握实际开发所需要的操作知识。

**本章学习目标**

- ※ 了解Flume的架构原理并掌握其安装与基本使用。
- ※ 掌握Flume的拦截器和选择器的使用。
- ※ 掌握Flume多节点集群的搭建以及Flume与Kafka的整合应用。

## 12.1 什么是Flume

Apache Flume是一个分布式的、可靠的和易用的日志收集系统，用于将大量日志数据从许多不同的源进行收集、聚合，最终移动到一个集中的数据中心进行存储。Flume的使用不仅仅限于日志数据聚合，由于数据源是可定制的，Flume还可以用于传输大量数据，包括但不限于网络流量数据、社交媒体生成的数据、电子邮件信息和几乎所有可能的数据源。

## 12.2 Flume的架构原理

本节讲解Flume的架构原理和主要构成组件。

### 12.2.1 单节点架构

Flume中最小的独立运行单位是Agent，Agent是一个JVM进程，运行在日志收集节点（服务器节点），其包含三个组件：Source（源）、Channel（通道）和Sink（接收地）。数据可以从外部数据源流入到这些组件，然后再输出到目的地。一个Flume单节点架构如图12-1所示。

Flume中传输数据的基本单位是event（如果是文本文件，通常是一行记录），event包括event头（headers）和event体（body）。event头是一些key-value键值对，存储在Map集合中，就好比HTTP

的头信息,用于传递与体不同的额外信息;event体为一个字节数组,存储实际要传递的数据。event的结构如图12-2所示。

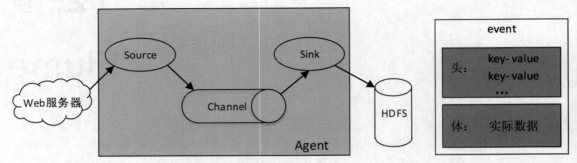

图 12-1　Flume 单节点架构　　　　　　　图 12-2　event 的结构

event从Source流向Channel,再流向Sink,最终输出到目的地。event的数据流向如图12-3所示。

图 12-3　event 的数据流向

## 12.2.2　组件介绍

Source用于消费外部数据源中的数据(event,例如Web系统产生的日志),一个外部数据源(如Web服务器)可以以Source识别的格式向Source发送数据。

Channel用于存储Source传入的数据,当这些数据被Sink消费后则会自动删除。

Sink用于消费Channel中的数据,然后将其存放在外部持久化的文件系统中(例如HDFS、HBase和Hive等)。

Flume可以在一个配置文件中指定一个或者多个Agent,每个Agent都需要指定Source、Channel和Sink三个组件以及它们的绑定关系,从而形成一个完整的数据流。

Source、Channel和Sink根据功能的不同有不同的类型。Source组件根据数据源的不同,常用类型与描述如表12-1所示。

表 12-1　Source 组件常用类型介绍

| 类　　型 | 描　　述 |
|---|---|
| Avro Source | 监听 Avro 端口并从外部 Avro 客户端流接收 event |
| Exec Source | 运行指定的 Shell 命令（例如 tail -F）对日志进行读取,从而持续生成数据 |
| JMS Source | 从 JMS 目的地（例如队列或主题）读取消息 |

(续表)

| 类型 | 描述 |
| --- | --- |
| Kafka Source | 相当于一个 Apache Kafka 消费者，从 Kafka 主题中读取消息 |
| NetCat Source | 打开指定的端口并监听数据，数据的格式必须是换行分割的文本，每行文本会被转换为 event 发送给 Channel |
| HTTP Source | 接收 HTTP 的 GET 或 POST 请求数据作为 event |

Channel组件根据存储方式的不同，常用类型与描述如表12-2所示。

表 12-2　Channel 组件常用类型介绍

| 类型 | 描述 |
| --- | --- |
| Memory Channel | 数据存储于内存队列中，具有很高的吞吐量，但是服务器宕机可能造成数据丢失 |
| JDBC Channel | 将数据持久化到数据库中，目前支持内置的 Derby 数据库。如果对数据的可恢复性要求比较高，可以采用该类型 |
| Kafka Channel | 数据存储在 Kafka 集群中。Kafka 提供高可用性和复制性，如果 Agent 或 Kafka 服务器崩溃，数据不会丢失 |
| File Channel | 将数据持久化到本地系统的文件中，效率比较低，但可以保证数据不丢失 |

Sink组件根据输出目的地的不同，常用类型与描述如表12-3所示。

表 12-3　Sink 组件常用类型介绍

| 类型 | 描述 |
| --- | --- |
| Logger Sink | 在 INFO 级别上记录日志数据，通常用于测试/调试目的 |
| Avro Sink | 发送数据到其他的 Avro Source。需要配置目标 Avro Source 的主机名/IP 和端口等 |
| HDFS Sink | 写入数据到 HDFS 文件系统中 |
| Hive Sink | 写入数据到 Hive 中 |
| Kafka Sink | 发布数据到 Kafka 主题中 |
| HBase Sink | 写入数据到 HBase 数据库中 |
| Elasticsearch Sink | 写入数据到 Elasticsearch 集群中 |
| File Roll Sink | 写入数据到本地文件系统中，并根据大小和时间生成文件 |

具体使用哪个类型，在实际开发中根据需要的功能在Flume配置文件中对其进行指定即可。

## 12.2.3　多节点架构

如图12-4所示，Flume除了可以单节点直接采集数据外，也提供了多节点共同采集数据的功能，多个Agent位于不同的服务器上，每个Agent的Avro Sink将数据输出到另一台服务器上的同一个Avro Source进行汇总，最终将数据输出到HDFS文件系统中。

例如一个大型网站，为了实现负载均衡功能，往往需要部署在多台服务器上，每台服务器都会产生大量日志数据，如何将每台服务器的日志数据汇总到一台服务器上，然后对其进行分析呢？这个时候可以在每台网站所在的服务器上安装一个Flume，每个Flume启动一个Agent对本地日志进行收集，然后分别将每个Agent收集到的日志数据发送到同一台装有Flume的服务器进行汇总，最终将汇总的日志数据写入本地HDFS文件系统中。

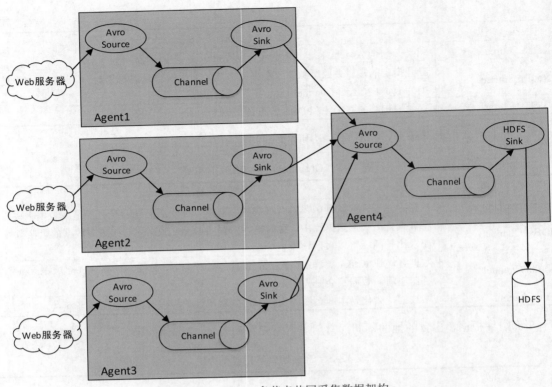

图 12-4　Flume 多节点共同采集数据架构

为了能使数据流跨越多个Agent，前一个Agent的Sink和当前Agent的Source需要同样是Avro类型，并且Sink需要指定Source的主机名（或者IP地址）和端口号。

此外，Flume还支持将数据流多路复用到一个或多个目的地，如图12-5所示。

图 12-5　Flume 数据流的多路复用架构

图12-5中,名为foo的Agent中的Source组件将接收到的数据发送给了三个不同的Channel,这种方式可以是复制或多路输出。在复制的情况下,每个event都被发送到所有三个Channel。对于多路输出的情况,一个event可以被发送到一部分可用的Channel中,Flume会根据event的属性和预先配置的值选择Channel,可以在Agent的配置文件中进行映射的设置。HDFS、JMS和名称为bar的Agent分别接收了来自Sink1、Sink2和Sink3的数据,这种方式称为"扇出"。所谓扇出就是Sink可以将数据输出到多个目的地中。Flume还支持"扇入"方式,所谓扇入就是一个Source可以接收来自多个数据源的输入。

> **注意** 一个Source可以对应多个Channel,一个Channel也可以对应多个Source。一个Channel可以对应多个Sink,但一个Sink只能对应一个Channel。

## 12.3 安装与简单使用

Flume依赖于Java环境,安装Flume之前需要先安装好JDK,JDK的安装此处不再赘述。

下面讲解在集群中的centos01节点上安装Flume,并配置Flume从指定端口采集数据,将数据输出到控制台,具体步骤如下:

**01** 上传并解压安装文件。将安装包apache-flume-1.9.0-bin.tar.gz上传到centos01节点的/opt/softwares目录,并将其解压到目录/opt/modules/下,解压命令如下:

```
$ tar -zxvf apache-flume-1.9.0-bin.tar.gz -C /opt/modules/
```

**02** 配置环境变量。执行以下命令,修改/etc/profile文件:

```
$ sudo vi /etc/profile
```

在该文件中加入以下代码,使flume命令可以在任意目录下执行:

```
export FLUME_HOME=/opt/modules/apache-flume-1.9.0-bin
export PATH=$PATH:$FLUME_HOME/bin
```

刷新/etc/profile文件使修改生效:

```
$ source /etc/profile
```

在任意目录下执行flume-ng命令,若能成功输出如下参数信息,说明环境变量配置成功:

```
commands:
  help                    display this help text
  agent                   run a Flume agent
  avro-client             run an avro Flume client
  version                 show Flume version info
```

**03** 配置Flume。Flume配置文件是一个Java属性文件,里面存放键值对字符串,且Flume对配置文件的名称和路径没有固定的要求,但一般都放在Flume安装目录的conf文件夹中。

在Flume安装目录的conf文件夹中新建配置文件flume-conf.properties,并在其中加入以下内容:

```
# 单节点Flume配置例子
```

```
# 给Agent中的三个组件Source、Sink和Channel各起一个别名，a1代表为Agent起的别名
a1.sources = r1
a1.sinks = k1
a1.channels = c1

# source属性配置信息
a1.sources.r1.type = netcat
a1.sources.r1.bind = localhost
a1.sources.r1.port = 44444

# sink属性配置信息
a1.sinks.k1.type = logger

# channel属性配置信息
a1.channels.c1.type = memory
a1.channels.c1.capacity = 1000
a1.channels.c1.transactionCapacity = 100

# 绑定source和sink到channel上
a1.sources.r1.channels = c1
a1.sinks.k1.channel = c1
```

上述配置属性解析如下：

- a1.sources.r1.type：Source的类型。netcat表示打开指定的端口并监听数据，数据的格式必须是换行分割的文本，每行文本会被转换为event发送给Channel。
- a1.sinks.k1.type：Sink的类型。logger表示在INFO级别上记录日志数据，通常用于测试/调试目的。
- a1.channels.c1.type：Channel的类型。memory表示将event存储在内存队列中。如果对数据流的吞吐量要求比较高，可以采用memory类型；如果不允许数据丢失，不建议采用memory类型。
- a1.channels.c1.capacity：存储在Channel中的最大event数量。
- a1.channels.c1.transactionCapacity：在每次事务中，Channel从Source接收或发送给Sink的最大event数量。

上述配置信息描述了一个单节点的Flume部署，允许用户生成数据并发送到Flume，Flume接收到数据后会输出到控制台。该配置定义了一个名为a1的Agent。a1的Source组件监听端口44444上的数据源，并将接收到的event发送给Channel，a1的Channel组件将接收到的event缓冲到内存，a1的Sink组件最终将event输出到控制台。

Flume的配置文件中可以定义多个Agent，在启动Flume时可以指定使用哪一个Agent。

**04** 启动Flume。在任意目录执行以下命令，启动Flume：

```
$ flume-ng agent \
--conf conf \
--conf-file $FLUME_HOME/conf/flume-conf.properties \
--name a1 \
-Dflume.root.logger=INFO,console
```

上述代码中各参数含义如下：

- --conf-file：指定配置文件的位置。
- --name：指定要运行的Agent名称。
- -Dflume.root.logger：指定日志输出级别（INFO）和输出位置（控制台）。

部分启动日志如下：

```
    INFO node.Application: Starting Channel c1
    INFO node.Application: Waiting for channel: c1 to start. Sleeping for 500 ms
    INFO instrumentation.MonitoredCounterGroup: Monitored counter group for type: CHANNEL, name: c1: Successfully registered new MBean.
    INFO instrumentation.MonitoredCounterGroup: Component type: CHANNEL, name: c1 started
    INFO node.Application: Starting Sink k1
    INFO node.Application: Starting Source r1
    INFO source.NetcatSource: Source starting
    INFO source.NetcatSource: Created serverSocket:sun.nio.ch.ServerSocketChannelImpl[/127.0.0.1:44444]
```

启动成功后，新开一个SSH窗口，执行以下命令，连接本地44444端口：

```
$ telnet localhost 44444
```

若提示找不到telnet命令，则执行以下命令安装telnet组件：

```
$ yum install -y telnet
```

安装成功后，重新连接44444端口，命令及输出信息如下：

```
[hadoop@centos01 ~]$ telnet localhost 44444
Trying ::1...
telnet: connect to address ::1: Connection refused
Trying 127.0.0.1...
Connected to localhost.
Escape character is '^]'.
```

此时继续输入任意字符串（此处输入字符串"hello"）后按回车键，向本地Flume发送数据。然后回到启动Flume的SSH窗口可以看到，控制台成功打印出了接收到的数据"hello"，如图12-6所示。

```
INFO source.NetcatSource: Created serverSocket:sun.nio.ch.ServerSocketChannelImpl[/127.0.0.1:44444]
INFO sink.LoggerSink: Event: { headers:{} body: 68 65 6C 6C 6F 0D                                hello }
```

图12-6 控制台打印接收到的数据

## 12.4 案例分析：日志监控（一）

本节讲解如何使用Flume实时采集日志文件中的数据并输出到控制台或HDFS系统中。

### 1. 设计思路

Flume的开发主要是编写配置文件，配置文件中三大组件Source、Channel和Sink的类型与属性需要根据具体业务进行选取。

（1）配置组件名称

给Agent中的三个组件Source、Channel和Sink各起一个别名，通常为r1、k1和c1，a1表示为Agent起的别名：

```
a1.sources = r1
a1.sinks = k1
a1.channels = c1
```

（2）配置 Source 组件

在本例中，需要实时采集日志文件中的数据，而我们已经知道，Linux Shell 命令 tail-F 可以实时监控文件内容并输出，因此可以配置 Source 执行该命令。在官方网站的介绍中，Exec 类型的 Source 在启动时可以运行指定的 Shell 命令，并且期望该进程在标准输出上持续生成数据。Exec Source 的常用配置属性介绍如表 12-4 所示。

表 12-4 Exec Source 的常用配置属性介绍

| 属 性 名 | 描 述 |
| --- | --- |
| channels | 所指向的 Channel 组件的名称。一个 Source 可以指向多个 Channel，因此属性名为复数 |
| type | 组件的类型，此处应指定为 exec（执行 Linux 命令） |
| command | 组件所执行的命令 |

假设日志文件为 /home/hadoop/data.log，因此本例中 Source 组件可以如下配置：

```
a1.sources.r1.type = exec
a1.sources.r1.command = tail -F /home/hadoop/data.log
```

（3）配置 Channel 组件

我们可以将日志数据存储于内存队列中，以加快传输速度，因此可选用 Memory 类型的 Channel 组件。

Memory Channel 的常用配置属性介绍如表 12-5 所示。

表 12-5 Memory Channel 的常用配置属性介绍

| 属 性 名 | 描 述 |
| --- | --- |
| type | 组件的类型，此处应指定为 memory |
| capacity | 存储在 Channel 中的最大 event 数量，默认为 100 |
| transactionCapacity | 在每次事务中，Channel 从 Source 接收或发送给 Sink 的最大 event 数量，默认为 100 |

因此本例中 Channel 组件可以如下配置：

```
a1.channels.c1.type = memory
a1.channels.c1.capacity = 1000
a1.channels.c1.transactionCapacity = 100
```

（4）配置 Sink 组件

Logger 类型的 Sink 可以在 INFO 级别上记录日志数据，通常用于测试/调试目的。

Logger Sink 的常用配置属性介绍如表 12-6 所示。

表 12-6 Logger Sink 的常用配置属性介绍

| 属 性 名 | 描 述 |
| --- | --- |
| channel | 所指向的 Channel 组件的名称。与 Source 不同，一个 Sink 只能指向一个 Channel，因此属性名为单数 |
| type | 组件的类型，此处应指定为 logger |

因此本例中 Sink 组件可以如下配置：

```
a1.sinks.k1.type = logger
```

（5）绑定三大组件

最后，将Source和Sink绑定到Channel上：

```
a1.sources.r1.channels = c1
a1.sinks.k1.channel = c1
```

**2．操作步骤**

下面讲解在集群中的centos01节点上开发本案例的具体操作步骤（Flume的安装此处不再赘述）。

**01** 在Flume的安装目录下的conf文件夹中新建配置文件flume-conf2.properties，然后在该文件中写入以下内容：

```
#配置组件名称
a1.sources = r1
a1.sinks = k1
a1.channels = c1

#配置Source组件
a1.sources.r1.type = exec
a1.sources.r1.command = tail -F /home/hadoop/data.log

#配置Channel组件
a1.channels.c1.type = memory
a1.channels.c1.capacity = 1000
a1.channels.c1.transactionCapacity = 100

#配置Sink组件
a1.sinks.k1.type = logger

#将Source和Sink绑定到Channel
a1.sources.r1.channels = c1
a1.sinks.k1.channel = c1
```

**02** 执行以下命令，启动Agent：

```
$ flume-ng agent \
--name a1 \
--conf conf \
--conf-file $FLUME_HOME/conf/flume-conf2.properties \
-Dflume.root.logger=INFO,console
```

上述命令启动Agent，读取配置文件flume-conf2.properties，并将日志信息输出到控制台。从启动日志信息可以看到，Source、Channel和Sink三个组件都已启动，如图12-7所示。

```
node.Application: Starting Channel c1
node.Application: Waiting for channel: c1 to start. Sleeping for 500 ms
instrumentation.MonitoredCounterGroup: Monitored counter group for type: CHANNEL, name: c1: Successfully registered new MBean.
instrumentation.MonitoredCounterGroup: Component type: CHANNEL, name: c1 started
node.Application: Starting Sink k1
node.Application: Starting Source r1
source.ExecSource: Exec source starting with command: tail -F /home/hadoop/data.log
instrumentation.MonitoredCounterGroup: Monitored counter group for type: SOURCE, name: r1: Successfully registered new MBean.
instrumentation.MonitoredCounterGroup: Component type: SOURCE, name: r1 started
```

图12-7　Agent 启动日志

**03** 新开启一个连接centos01节点的SSH窗口，执行以下命令，向日志文件/home/hadoop/data.log中写入内容"hello flume"：

```
$ echo 'hello flume'>>/home/hadoop/data.log
```

回到启动Agent的SSH窗口,可以看到控制台输出了信息"hello flume",如图12-8所示。

```
INFO sink.LoggerSink: Event: { headers:{} body: 68 65 6C 6C 6F 20 66 6C 75 6D 65                hello flume }
```

图12-8 控制台实时输出接收到的信息

到此,Flume实时采集日志数据并输出到控制台的例子就完成了。

## 12.5 案例分析:日志监控(二)

在实际开发中,常常需要将Web系统产生的日志实时输出到HDFS文件系统中,以便对日志进行存储与分析。基于这样的需求,我们在上一个例子的基础上继续进行修改,使用类型为HDFS的Sink组件,将日志信息的目的地由控制台转移到HDFS文件系统中。

需要注意的是,本例需要提前安装好Hadoop并将HDFS文件系统启动。

HDFS Sink的常用配置属性介绍如表12-7所示。

表12-7 HDFS Sink 的常用配置属性介绍

| 属 性 名 | 描 述 |
| --- | --- |
| channel | 所指向的 Channel 组件的名称。与 Source 不同,一个 Sink 只能指向一个 Channel,因此属性名为单数 |
| Type | 组件的类型,此处应指定为 hdfs |
| hdfs.path | 日志存储在 HDFS 系统中的路径(例如 hdfs://centos01:9000/flume/webdata/) |
| hdfs.filePrefix | 在 HDFS 中创建的日志文件的名称前缀。默认为 FlumeData |
| hdfs.fileSuffix | 在 HDFS 中创建的日志文件的名称后缀。例如.log |
| hdfs.rollInterval | 文件滚动时间策略。指超过指定的时间(秒)后,则生成新的文件。默认为 30 秒,设置为 0 表示禁用这个策略(例如,设置值为 10,则表示 HDFS 打开一个文件后,只要其他策略没有关闭该文件,文件会在 10 秒之后关闭,从而停止写入,新日志则写入新的文件中) |
| hdfs.rollSize | 文件滚动大小策略。文件大小如果超过指定的值(单位为字节),则滚动生成下一个文件。默认值为 1024,设置为 0 表示禁用这个策略。如果同时配置了时间策略和文件大小策略,则会先判断时间,如果时间没到再判断其他的条件 |
| hdfs.rollCount | 文件滚动 event 数量策略。写入一个文件的 event 数量如果超过指定值则滚动生成下一个文件。默认值为 10,设置为 0 表示禁用这个策略 |
| hdfs.idleTimeout | 文件闲置时间策略。如果文件在指定时间(秒)内没有任何数据写入,则关闭当前文件,滚动到下一个文件。默认值为 0,0 表示禁用这个策略 |
| hdfs.fileType | 文件类型。通常使用 SequenceFile(默认)、DataStream 或 CompressedStream<br>(1) DataStream 为普通文件,不会压缩输出<br>(2) CompressedStream 要求设置 hdfs.codeC 属性来制定一个有效的压缩编解码器 |
| hdfs.writeFormat | 文件写入格式。Text 或 Writable(默认)。若需要用 Apache Impala 或 Apache Hive 读取这些文件,需设置为 Text |
| hdfs.minBlockReplicas | 指定文件块在 HDFS 中的最小副本数。如果没有指定,则使用 Hadoop 默认配置 |

（续表）

| 属 性 名 | 描 述 |
|---|---|
| hdfs.useLocalTimeStamp | 文件或目录的命名使用服务器本地时间（而不是 event 头部的时间戳）。默认为false（例如，hdfs.filePrefix 的属性值设置为%Y-%m-%d-%H 可以使用日期作为文件名前缀，若 hdfs.useLocalTimeStamp 的值为 true，则日期使用服务器本地时间） |

本例在上一个例子的基础上，将Sink组件的配置修改为以下内容：

```
#组件类型为hdfs
a1.sinks.k1.type = hdfs
#将文件放入按年月分类的文件夹中
a1.sinks.k1.hdfs.path = hdfs://centos01:9000/flume/%Y-%m
#使用时间戳作为文件前缀
a1.sinks.k1.hdfs.filePrefix = %Y-%m-%d-%H
#文件后缀
a1.sinks.k1.hdfs.fileSuffix = .log
#使用本地服务器时间
a1.sinks.k1.hdfs.useLocalTimeStamp = true
#文件块副本数
a1.sinks.k1.hdfs.minBlockReplicas = 1
a1.sinks.k1.hdfs.fileType = DataStream
a1.sinks.k1.hdfs.writeFormat = Text
a1.sinks.k1.hdfs.rollInterval = 86400
a1.sinks.k1.hdfs.rollSize = 1000000
a1.sinks.k1.hdfs.rollCount = 10000
```

其他配置信息Source和Channel组件不做修改。

修改完配置文件后，启动Agent，向日志文件写入数据，然后查看HDFS中生成的文件及目录，如图12-9所示。

```
[hadoop@centos01 ~]$ hadoop fs -ls -R /flume/
drwxr-xr-x   - hadoop supergroup          0 2018-07-26 16:22 /flume/2018-07
-rw-r--r--   2 hadoop supergroup        518 2018-07-26 16:22 /flume/2018-07/2018-07-26-14.1532585371608.log
-rw-r--r--   2 hadoop supergroup        289 2018-07-26 16:22 /flume/2018-07/2018-07-26-16.1532593359928.log.tmp
```

图12-9  查看 HDFS 中生成的文件及目录

从图12-9中可以看出，生成的日志文件名的前缀为hdfs.filePrefix属性设置的日期，文件所在目录为hdfs.path属性设置的路径（若HDFS中不存在路径所设置的目录，则会自动创建），文件后缀为hdfs.fileSuffix属性指定的".log"，后缀为.tmp的文件表示该文件正处于被写入的状态。

## 12.6 拦 截 器

Flume在拦截器的帮助下，可以修改或删除正在传送中的event。拦截器是一些实现org.apache.flume.interceptor.Interceptor接口的类，功能类似于Java Servlet中的FilterServlet。Flume拦截器可以在配置文件的Source组件中进行设置，支持给一个Source组件设置多个拦截器，多个拦截器使用空格连接在一起，根据配置顺序依次执行。如果某个拦截器需要删除event，当event经过该拦截器时，该event会被过滤掉，不会返回给下一个拦截器。拦截器的访问流程如图12-10所示。

图 12-10  拦截器的访问流程

下面是一个配置拦截器的例子：

```
a1.sources = r1
a1.sinks = k1
a1.channels = c1
a1.sources.r1.interceptors = i1 i2
a1.sources.r1.interceptors.i1.type = org.apache.flume.interceptor.HostInterceptor$Builder
a1.sources.r1.interceptors.i1.preserveExisting = false
a1.sources.r1.interceptors.i1.hostHeader = hostname
a1.sources.r1.interceptors.i2.type = org.apache.flume.interceptor.TimestampInterceptor$Builder
a1.sinks.k1.filePrefix = FlumeData.%{CollectorHost}.%Y-%m-%d
a1.sinks.k1.channel = c1
```

上述代码中，配置了两个名称为i1和i2的拦截器，i1拦截器的类型为HostInterceptor，i2拦截器的类型是TimestampInterceptor，拦截器的类型可以指定完整的类名，也可以指定拦截器的别名（此处指定的是完整类名）。event首先会被传递到HostInterceptor，经HostInterceptor返回后，传递给TimestampInterceptor。

## 12.6.1 内置拦截器

Flume常用的内置拦截器及其属性解析如下。

### 1. Timestamp Interceptor

时间戳拦截器。该拦截器将处理event时的当前时间戳（毫秒）加入到event的头部（header）中，加入的数据为一个key-value键值对，key的值为"timestamp"（可以自定义），value的值为当前时间戳。

时间戳拦截器的常用配置属性介绍如表12-8所示。

表 12-8 时间戳拦截器的常用配置属性介绍

| 属 性 名 | 默 认 值 | 描 述 |
| --- | --- | --- |
| type | — | 拦截器的类型，需要设置为 timestamp 或者类的全名 org.apache.flume.interceptor.TimestampInterceptor$Builder |
| header | timestamp | 时间戳在 event 头部的 key 值 |
| preserveExisting | false | 如果 event 头部已经存在时间戳，是否应该被保留 |

时间戳拦截器常用于对文件或目录按照日期进行命名。例如，在使用HDFS Sink向HDFS中写入文件的时候，可以根据event头部的时间戳对文件或文件所在目录进行命名：

```
#将文件放入按年月分类的文件夹中
a1.sinks.k1.hdfs.path = hdfs://centos01:9000/flume/%Y-%m
#使用时间戳作为文件前缀
a1.sinks.k1.hdfs.filePrefix = %Y-%m-%d-%H
```

上述代码中百分号字符所取得的时间，默认就是event头部的时间戳。而event头部要想存在时间戳数据，可以通过使用时间戳拦截器进行添加。

下面是一个时间戳拦截器的配置示例：

```
a1.sources = r1
a1.channels = c1
a1.sources.r1.channels = c1
a1.sources.r1.type = seq
a1.sources.r1.interceptors = i1
a1.sources.r1.interceptors.i1.type = timestamp
```

### 2. Host Interceptor

主机名拦截器。该拦截器将运行Flume Agent的服务器的主机名或IP地址以一个key-value对的形式加入到event的头部中,key的值为"host"(可以自定义),value的值为主机名或IP地址,根据实际情况进行配置。

主机名拦截器的常用配置属性介绍如表12-9所示。

表12-9 主机名拦截器的常用配置属性介绍

| 属 性 名 | 默 认 值 | 描 述 |
| --- | --- | --- |
| type | — | 拦截器的类型,需要设置为 host |
| preserveExisting | false | 如果 event 头部已经存在 host,是否应该被保留 |
| useIP | true | 如果设置为 true,使用 IP 地址,否则使用主机名 |
| hostHeader | host | 主机名或 IP 地址在 event 头部所使用的 key 值 |

下面是一个主机名拦截器的配置示例:

```
a1.sources = r1
a1.channels = c1
a1.sources.r1.interceptors = i1
a1.sources.r1.interceptors.i1.type = host
```

### 3. Static Interceptor

静态拦截器。该拦截器允许用户在event头部加入一个静态key-value对。目前Flume还不支持一次加入多个key-value对,但可以一次使用多个拦截器形成一个拦截器链,每个拦截器都定义一个静态key-value对。

静态拦截器的常用配置属性介绍如表12-10所示。

表12-10 静态拦截器的常用配置属性介绍

| 属 性 名 | 默 认 值 | 描 述 |
| --- | --- | --- |
| type | — | 拦截器的类型,需要设置为 static |
| preserveExisting | true | 如果 event 头部已经存在 static,是否应该被保留 |
| key | key | 静态数据的 key 值 |
| value | value | 静态数据的 value 值 |

下面是一个静态拦截器的配置示例:

```
a1.sources = r1
a1.channels = c1
a1.sources.r1.channels = c1
a1.sources.r1.type = seq
a1.sources.r1.interceptors = i1
a1.sources.r1.interceptors.i1.type = static
a1.sources.r1.interceptors.i1.key = datacenter
a1.sources.r1.interceptors.i1.value = NEW_YORK
```

### 4．UUID Interceptor

UUID拦截器。该拦截器为所有被拦截的event设置一个UUID作为唯一标识符，例如b5755073-77a9-43c1-8fad-b7a586fc1b97。给event添加UUID的好处是，在后续的复制和重分发中，可以对其进行重复数据删除，以便提高系统的性能。

UUID拦截器的常用配置属性介绍如表12-11所示。

表12-11　UUID拦截器的常用配置属性介绍

| 属　性　名 | 默　认　值 | 描　述 |
| --- | --- | --- |
| type | — | 拦截器的类型，必须设置为 org.apache.flume.sink.solr.morphline.UUIDInterceptor$Builder |
| preserveExisting | true | 如果event头部已经存在UUID，是否应该被保留 |
| prefix | "" | 每个生成的UUID的前缀字符串常量 |
| headerName | id | UUID在event头部所使用的key值 |

下面是一个UUID拦截器的配置示例：

```
a1.sources.sources1.interceptors = i1
a1.sources.sources1.interceptors.i1.type = org.apache.flume.sink.solr.morphline.UUIDInterceptor$Builder
a1.sources.sources1.interceptors.i1.headerName = uuid
a1.sources.sources1.interceptors.i1.preserveExisting = true
a1.sources.sources1.interceptors.i1.prefix = UUID_
```

### 5．Search and Replace Interceptor

搜索替换拦截器。该拦截器提供了简单的基于Java正则表达式的字符串搜索和替换功能，可以对event的body体的匹配内容进行替换，并且使用与Java Matcher.replaceAll()方法相同的规则。

搜索替换拦截器的常用配置属性介绍如表12-12所示。

表12-12　搜索替换拦截器的常用配置属性介绍

| 属　性　名 | 默　认　值 | 描　述 |
| --- | --- | --- |
| type | — | 拦截器的类型，需要设置为search_replace |
| searchPattern | — | 搜索替换的匹配规则 |
| replaceString | — | 替换的字符串 |
| charset | UTF-8 | event body体的字符编码 |

下面是一个搜索替换拦截器的配置示例：

```
a1.sources.avroSrc.interceptors = search-replace
a1.sources.avroSrc.interceptors.search-replace.type = search_replace

# 移除event body体中存在的所有字母、数字和下画线
a1.sources.avroSrc.interceptors.search-replace.searchPattern = ^[A-Za-z0-9_]+
a1.sources.avroSrc.interceptors.search-replace.replaceString =
```

### 6．Regex Filtering Interceptor

正则表达式过滤拦截器。该拦截器通过将event的body体解释为文本并将文本与正则表达式匹配，从而有选择地过滤event。提供的正则表达式可用于包含event或排除event。

正则表达式过滤拦截器的常用配置属性介绍如表12-13所示。

表 12-13 正则表达式过滤拦截器的常用配置属性介绍

| 属 性 名 | 默 认 值 | 描 述 |
| --- | --- | --- |
| type | — | 拦截器的类型，需要设置为 regex_filter |
| regex | ".*" | 用于匹配 event 的正则表达式 |
| excludeEvents | false | 如果设置为 true，排除正则表达式匹配的 event，否则包含正则表达式匹配的 event |

## 12.6.2 自定义拦截器

对于一些特殊的业务，例如对日志数据进行清洗后存入数据库，或者需要重写event body的内容（Kafka只能收到Flume消息的body部分，不能收到header部分），Flume内置的拦截器往往不能满足我们的需求，这时就需要我们自定义拦截器。

本节讲解如何实现一个自定义拦截器，将本机IP地址拼接到event body体的前面，以便后期的快速故障定位和日志分类，具体步骤如下：

**01** 新建Maven项目。在Eclipse中新建Maven项目，并加入以下项目依赖：

```
<dependency>
    <groupId>org.apache.flume</groupId>
    <artifactId>flume-ng-core</artifactId>
    <version>1.9.0</version>
</dependency>
```

**02** 编写拦截器类。自定义拦截器类需要实现Interceptor接口并重写intercept()方法。在Maven项目中新建类MyFlumeInterceptor.java并实现Interceptor接口，完整代码如下：

```java
package flume.demo;

import java.util.List;
import org.apache.commons.codec.Charsets;
import org.apache.flume.Context;
import org.apache.flume.Event;
import org.apache.flume.interceptor.Interceptor;
/**
 * 自定义拦截器类，修改event body体，将本机IP地址拼接到event body体的前面
 */
public class MyFlumeInterceptor implements Interceptor{
    //自定义属性 hostIP
    private String hostIP=null;
    //私有构造方法，仅在内部类MyBuilder中可以对其实例化
    private MyFlumeInterceptor(String hostIP){
        this.hostIP=hostIP;
    }

    //修改event的body体
    public Event intercept(Event event) {
        StringBuilder builder = new StringBuilder();
        //获得body体字节数组
        byte[] byteBody = event.getBody();
        //将body体转为字符串
```

```
        String body = new String(byteBody,Charsets.UTF_8);
        //拼接IP地址与body体，形成新body
        builder.append("ip:" + hostIP);
        builder.append(";body:" + body);
        byte[] newBody=builder.toString().trim().getBytes();
        //重新设置body体
        event.setBody(newBody);
        System.out.println("拼接后的body信息:" + builder.toString().trim());
        return event;
    }
    public List<Event> intercept(List<Event> events) {
        for (Event event : events) {
            intercept(event);
        }
        return events;
    }
    /**
     * 定义内部类MyBuilder，用于构建自定义拦截器类MyFlumeInterceptor的实例，
     * 并获取Flume配置文件中自定义的拦截器属性值，将值传给自定义类MyFlumeInterceptor
     */
    public static class MyBuilder implements Interceptor.Builder {
        private String hostIP=null;
        public void configure(Context context) {
            //获取Flume配置文件中设置的自定义属性值，
            //字符串"hostIP"需与配置文件中设置的属性hostIP一致
            String hostIP=context.getString("hostIP");
            this.hostIP=hostIP;
        }
        public Interceptor build() {
            //实例化自定义拦截器类并传入自定义属性
            return new MyFlumeInterceptor(hostIP);
        }
    }
    public void close() {
    }
    public void initialize() {
    }
}
```

上述代码中，定义了一个拦截器类MyFlumeInterceptor和内部类MyBuilder。为了安全，拦截器类MyFlumeInterceptor的构造方法设置为私有，因此只有内部类MyBuilder可以获得MyFlumeInterceptor的实例。

**03** 导出jar包。将编写完的Maven项目打包成jar包，然后将其上传到Flume安装目录下的lib文件夹中。

**04** 修改配置文件。修改Flume配置文件，加入自定义拦截器的配置信息：

```
#拦截器名称
a1.sources.r1.interceptors =  i1
#拦截器类型
a1.sources.r1.interceptors.i1.type = flume.demo.MyFlumeInterceptor$MyBuilder
#拦截器自定义属性，会传入内部类MyBuilder
a1.sources.r1.interceptors.i1.hostIP = 192.168.170.133
```

拦截器类型需要写成MyBuilder类的全路径。由于MyBuilder是MyFlumeInterceptor的内部类，因此需要用"$"将二者隔开。

到此，一个Flume自定义拦截器就完成了。

**05** 测试。下面提供一个测试上述自定义拦截器的例子，该例子使用Exec Source组件，实时获取本地日志文件/home/hadoop/data.log的内容，并经过自定义的拦截器将本机IP地址添加到event的body体中，然后通过HDFS Sink输出到HDFS文件系统的/flumedata/目录。完整的配置文件内容如下：

```
#配置组件名称
a1.sources=r1
a1.channels=c1
a1.sinks=k1

#配置Exec Source组件，实时获取日志内容
a1.sources.r1.type=exec
a1.sources.r1.command=tail -F /home/hadoop/data.log

#拦截器名称
a1.sources.r1.interceptors = i1
#拦截器类型
a1.sources.r1.interceptors.i1.type = flume.demo.MyFlumeInterceptor$MyBuilder
#拦截器属性
a1.sources.r1.interceptors.i1.hostIP = 192.168.170.133

#配置Channel组件
a1.channels.c1.type=memory
a1.channels.c1.capacity=1000
a1.channels.c1.transactioncapacity=100

#配置HDFS Sink组件
a1.sinks.k1.type = hdfs
#日志文件输出的HDFS路径
a1.sinks.k1.hdfs.path = hdfs://centos01:9000/flumedata/
#文件块副本数
a1.sinks.k1.hdfs.minBlockReplicas = 1
a1.sinks.k1.hdfs.fileType = DataStream
a1.sinks.k1.hdfs.writeFormat = Text
a1.sinks.k1.hdfs.rollInterval = 86400
a1.sinks.k1.hdfs.rollSize = 1000000
a1.sinks.k1.hdfs.rollCount = 10000

#绑定各组件
a1.sources.r1.channels=c1
a1.sinks.k1.channel=c1
```

将上述配置内容放入Flume安装目录的conf/interceptor-demo.properties文件中，然后进入Flume安装目录，执行以下命令，启动Flume：

```
$ bin/flume-ng agent \
--name a1 \
--conf conf \
--conf-file conf/interceptor-demo.properties \
-Dflume.root.logger=INFO,console
```

启动后，执行以下命令，向日志文件/home/hadoop/data.log写入测试数据"flume interceptor test data"：

```
$ echo 'flume interceptor test data'>>/home/hadoop/data.log
```

此时，查看Flume控制台的输出信息如下：

```
拼接后的body信息:ip:192.168.170.133;body:flume interceptor test data
```

查看HDFS中生成的文件（如果Flume配置文件中不指定文件前缀，默认为FlumeData）内容，与控制台输出信息相同：

```
$ hadoop fs -cat /flumedata/FlumeData.1533172695266.tmp
ip:192.168.170.133;body:flume interceptor test data
```

到此，自定义拦截器测试成功。

## 12.7 选 择 器

我们已经知道，Flume Source组件可以将event写入多个Channel，而Channel选择器可以决定将event写入哪些Channel。

Flume内置两种Channel选择器：复制Channel选择器和多路Channel选择器。复制Channel选择器将同一个event发送到每个Channel，多路Channel选择器按照event头部的配置将event发送到相应的Channel。如果Source的配置中没有指定选择器，则默认使用复制Channel选择器。

### 1. 复制Channel选择器

复制Channel选择器的常用配置属性介绍如表12-14所示。

表12-14 复制 Channel 选择器的常用配置属性介绍

| 属 性 名 | 默 认 值 | 描 述 |
| --- | --- | --- |
| selector.type | replicating | 选择器的类型，需要设置为 replicating |
| selector.optional | — | 标记为可选的一组 Channel |

Channel选择器需要配置在Source组件中，下面是一个复制Channel选择器的配置示例：

```
a1.sources = r1
a1.channels = c1 c2 c3
a1.sources.r1.selector.type = replicating
a1.sources.r1.channels = c1 c2 c3
a1.sources.r1.selector.optional = c3
```

在上述配置中，声明了三个Channel：c1、c2和c3。c3是一个可选Channel，如果向c3写入event失败将被忽略。c1和c2没有被标记为可选，因此向这些Channel写入失败将导致事务失败。

### 2. 多路Channel选择器

多路Channel选择器的常用配置属性介绍如表12-15所示。

表 12-15 多路 Channel 选择器的常用配置属性介绍

| 属性名 | 默认值 | 描述 |
| --- | --- | --- |
| selector.type | replicating | 选择器的类型，需要设置为 multiplexing |
| selector.header | flume.selector.header | 指定 event 头部的 key 值 |
| selector.mapping.* | — | 指定传送的 Channel 名称。实际配置时，将星号*替换为 selector.header 属性设置的 key 值对应的 value 值，从而根据 value 值选择匹配的 event 发送到指定的 Channel |
| selector.default | — | 指定默认传送的 Channel 名称。没有被匹配的 event 将传送到该 Channel |

下面是一个多路Channel选择器的配置示例：

```
a1.sources = r1
a1.channels = c1 c2 c3 c4
a1.sources.r1.selector.type = multiplexing
a1.sources.r1.selector.header = state
a1.sources.r1.selector.mapping.CZ = c1
a1.sources.r1.selector.mapping.US = c2 c3
a1.sources.r1.selector.default = c4
```

在上述配置中，声明了4个Channel：c1、c2、c3和c4。选取的event头部的key值为state，value值为CZ和US，值为CZ的event将被发送给c1，值为US的event将被发送给c2和c3，其余的event将被发送给c4。

## 12.8 案例分析：拦截器和选择器的应用

本节通过一个案例分析，讲解Flume多节点集群架构的搭建以及拦截器和选择器的具体使用。

### 1. 设计思路

本例仍然使用三个节点搭建Flume集群，分别为centos01、centos02和centos03，为了讲解方便，三个节点上的Flume分别称为Flume1、Flume2和Flume3。Flume1和Flume3实时收集本地日志数据，然后将收集到的日志数据发送到Flume2中。Flume2中的Source组件则使用多路Channel选择器将收到的Flume1的数据发送到Channel1中，最终通过HDFS Sink将数据写入到HDFS文件系统中；同时将收到的Flume3的数据发送到Channel2中，最终通过File Roll Sink将数据写入到本地系统中。整个Flume集群的架构如图12-11所示。

### 2. 操作步骤

由于本例将HDFS作为其中一个日志目的地，因此需要提前在三个节点上搭建好Hadoop集群并启动HDFS文件系统。Hadoop集群的搭建读者可参考前面章节，此处不再赘述。

**01** 将安装包apache-flume-1.9.0-bin.tar.gz上传到centos01节点的/opt/softwares目录，并将其解压到目录/opt/modules/下，解压命令如下：

```
$ tar -zxvf apache-flume-1.9.0-bin.tar.gz -C /opt/modules/
```

图 12-11　Flume 应用拦截器和选择器的集群架构

**02** 在Flume安装目录的conf文件夹中新建配置文件**flume-conf3.properties**，并写入以下内容：

```
#配置组件名称
a1.sources=r1
a1.channels=c1
a1.sinks=k1

#配置Exec Source组件，实时获取日志内容
a1.sources.r1.type=exec
a1.sources.r1.command=tail -F /home/hadoop/data.log

#配置三个拦截器
a1.sources.r1.interceptors=i1 i2 i3
#主机名拦截器
a1.sources.r1.interceptors.i1.type=host
a1.sources.r1.interceptors.i1.hostHeader=hostname
#静态拦截器
a1.sources.r1.interceptors.i2.type = static
a1.sources.r1.interceptors.i2.key = datacenter
a1.sources.r1.interceptors.i2.value = datacenter_centos01
#时间戳拦截器
a1.sources.r1.interceptors.i3.type=timestamp

#配置Channel组件
a1.channels.c1.type=memory
a1.channels.c1.capacity=1000
a1.channels.c1.transactioncapacity=100

#配置Avro Sink组件
a1.sinks.k1.type=avro
a1.sinks.k1.hostname=centos02
a1.sinks.k1.port=23570

#绑定各组件
a1.sources.r1.channels=c1
a1.sinks.k1.channel=c1
```

上述信息配置了一个Source组件、一个Channel组件和一个Sink组件。
Source组件实时从本地日志文件/home/hadoop/data.log获取日志信息，并配置了三个拦截器：

主机名拦截器、静态拦截器和时间戳拦截器。静态拦截器向日志的event头部加入了一个key-value键值对，以便与其他服务器日志进行区分，key值为datacenter，value值为datacenter_centos01。时间戳拦截器会默认向event头部加入key值为timestamp的当前时间信息。

Channel组件的类型为memory，将数据缓冲到内存中。

Sink组件的类型为avro，输出的目标服务器的主机名为centos02，端口为23570。

**03** 执行以下命令，将整个Flume安装目录复制到centos02和centos03节点：

```
$ scp -r apache-flume-1.9.0-bin/ hadoop@centos02:/opt/modules/
$ scp -r apache-flume-1.9.0-bin/ hadoop@centos03:/opt/modules/
```

**04** 将centos02节点的Flume配置文件替换为以下内容：

```
#配置组件名称
a1.sources=r1
a1.channels=c1 c2
a1.sinks=k1 k2

#配置Avro Source组件
a1.sources.r1.type=avro
a1.sources.r1.bind=centos02
a1.sources.r1.port=23570
#配置选择器
a1.sources.r1.selector.type = multiplexing
a1.sources.r1.selector.header = datacenter
a1.sources.r1.selector.mapping.datacenter_centos01 = c1
a1.sources.r1.selector.mapping.datacenter_centos03 = c2
a1.sources.r1.selector.default = c1

#配置Channel1组件
a1.channels.c1.type=memory
a1.channels.c1.capacity=1000
a1.channels.c1.transactioncapacity=100

#配置Channel2组件
a1.channels.c2.type=memory
a1.channels.c2.capacity=1000
a1.channels.c2.transactioncapacity=100

#配置HDFS Sink组件
a1.sinks.k1.type = hdfs
#日志文件输出的HDFS路径
a1.sinks.k1.hdfs.path = hdfs://centos01:9000/flume/
#使用时间戳作为文件前缀
a1.sinks.k1.hdfs.filePrefix = %Y-%m-%d-%H
#文件后缀
a1.sinks.k1.hdfs.fileSuffix = .log
#文件块副本数
a1.sinks.k1.hdfs.minBlockReplicas = 1
a1.sinks.k1.hdfs.fileType = DataStream
a1.sinks.k1.hdfs.writeFormat = Text
a1.sinks.k1.hdfs.rollInterval = 86400
a1.sinks.k1.hdfs.rollSize = 1000000
a1.sinks.k1.hdfs.rollCount = 10000

#配置File Roll Sink组件
a1.sinks.k2.type = file_roll
```

```
a1.sinks.k2.sink.directory = /home/hadoop/flume
#禁止文件滚动，将所有event写入一个文件
a1.sinks.k2.sink.rollInterval=0

#绑定各组件
a1.sources.r1.channels=c1 c2
a1.sinks.k1.channel=c1
a1.sinks.k2.channel=c2
```

上述信息配置了一个Source组件、两个Channel组件和两个Sink组件。

Source组件监听Avro端口23570并从外部Avro客户端流接收数据，并且Source组件配置了一个多路Channel选择器，将key为datacenter、值为datacenter_centos01的event数据发送到名为c1的Channel，将key为datacenter、值为datacenter_centos03的event数据发送到名为c2的Channel。

两个Channel组件c1和c2的类型都为memory，将数据缓冲到内存中。

HDFS Sink组件将文件输出到HDFS系统的/flume/目录中，且文件名的前缀为event头部的时间戳（由Flume1中的时间戳拦截器添加），格式为"年-月-日-时"。File Roll Sink组件将文件输出到本地系统的/home/hadoop/flume目录中（该目录需要提前创建）。

**05** 将centos03节点的Flume配置文件中的以下内容：

```
a1.sources.r1.interceptors.i2.value = datacenter_centos01
```

修改为：

```
a1.sources.r1.interceptors.i2.value = datacenter_centos03
```

以便与其他日志信息相区分。

**06** 启动Flume。分别进入三个节点的Flume安装目录，执行以下命令，启动Flume：

```
bin/flume-ng agent \
--name a1 \
--conf conf \
--conf-file conf/flume-conf3.properties \
-Dflume.root.logger=INFO,console
```

需要注意的是，先启动centos02，再启动centos01和centos03。

**07** 写入测试数据。在centos01中执行以下命令，向本地日志文件/home/hadoop/data.log写入数据"hello flume from centos01"：

```
$ echo 'hello flume from centos01'>>/home/hadoop/data.log
```

在centos03中执行以下命令，向本地日志文件/home/hadoop/data.log写入数据"hello flume from centos03"：

```
$ echo 'hello flume from centos03'>>/home/hadoop/data.log
```

**08** 查看目的地日志。在centos02中执行以下命令，查看生成的本地日志文件：

```
$ ls /home/hadoop/flume/
1533102579620-1
```

发现生成了一个以时间戳命名的文件1533102579620-1，然后查看该文件内容：

```
$ cat 1533102579620-1
```

```
hello flume from centos03
```

从输出信息中可以看到,向centos03节点写入的日志内容被发送到了centos02节点的本地系统的/home/hadoop/flume目录中。

接下来在任意节点执行以下命令,查看HDFS中生成的日志文件:

```
$ hadoop fs -ls /flume/
Found 1 items
-rw-r--r--   2 hadoop supergroup    41 2018-08-01 13:52 /flume/2018-08-01-16.1533111489001.log.tmp
```

发现生成了一个名为2018-08-01-16.1533111489001.log.tmp的日志文件,然后查看该文件内容:

```
$ hadoop fs -cat /flume/2018-08-01-16.1533111489001.log.tmp
hello flume from centos01
```

从输出信息中可以看到,向centos01节点写入的日志内容被发送到了centos02节点的HDFS文件系统的/flume目录中。

## 12.9 案例分析:Flume 与 Kafka 整合

我们已经知道,Kafka适合用于对数据存储、吞吐量、实时性要求比较高的场景。而对于数据的来源和流向比较多的情况,则适合使用Flume,且Flume不提供数据存储功能而是侧重于数据采集与传输。

在实际开发中,常常将Flume与Kafka结合使用,从而提高系统的性能,使开发起来更加方便。例如,在分布式集群中的每个节点都安装一个Flume,使用Flume采集各个节点的数据,然后传输给Kafka进行处理。

Flume的Sink组件可以配置多个目的地,其中就包括Kafka,即可以将数据写入Kafka的主题中。本节讲解通过Flume实时读取本地的日志数据并将数据写入Kafka中,日志采集方式与本章12.4节的"日志监控(一)"的采集方式一样,但是日志输出目的地不同,读者可先学习12.4节。

本例具体操作步骤如下:

**01** 配置Flume。在Flume的安装目录下的conf文件夹中新建配置文件flume-kafka.properties,然后在该文件中写入以下内容:

```
#---配置组件名称---
a1.sources = r1
a1.sinks = k1
a1.channels = c1

#---配置Source组件---
#指定Source类型为执行Linux命令
a1.sources.r1.type = exec
#使用tail命令打开文件输入流
a1.sources.r1.command = tail -F /home/hadoop/data.log

#---配置Channel组件---
#指定Channel类型为内存
a1.channels.c1.type = memory
```

```
#存储在Channel中的最大event数量
a1.channels.c1.capacity = 1000
#在每次事务中,Channel从Source接收或发送给Sink的最大event数量
a1.channels.c1.transactionCapacity = 100

#---配置Sink组件---
#指定Sink类型为KafkaSink
a1.sinks.k1.type = org.apache.flume.sink.kafka.KafkaSink
#指定Broker访问地址
a1.sinks.k1.kafka.bootstrap.servers=centos01:9092,centos02:9092,centos03:9092
#指定主题名称
a1.sinks.k1.kafka.topic=topictest
#指定序列化类
a1.sinks.k1.serializer.class=kafka.serializer.StringEncoder

#---将Source和Sink绑定到Channel---
a1.sources.r1.channels = c1
a1.sinks.k1.channel = c1
```

上述配置信息,使用tail -F命令实时监控本地日志文件/home/hadoop/data.log的数据,并将数据写入到Kafka集群的主题"topictest"中。

**02** 启动Flume。执行以下命令,启动Flume Agent:

```
$ flume-ng agent \
--name a1 \
--conf conf \
--conf-file $FLUME_HOME/conf/flume-kafka.properties \
-Dflume.root.logger=INFO,console
```

上述命令启动Agent,读取配置文件flume-kafka.properties,并将日志信息输出到控制台。

**03** 启动Kafka消费者。为了验证日志信息是否成功写入Kafka,执行以下命令,启动一个Kafka消费者,实时消费主题"topictest"的消息:

```
$ bin/kafka-console-consumer.sh \
--bootstrap-server centos01:9092,centos02:9092,centos03:9092 \
--topic topictest
```

**04** 生成日志数据。执行以下命令,向日志文件/home/hadoop/data.log中写入内容"hello flume kafka":

```
$ echo 'hello flume kafka'>>/home/hadoop/data.log
```

**05** 查看Kafka消费者控制台。查看Kafka消费者控制台,可以看到成功输出Flume采集到的信息"hello flume kafka",如图12-12所示。

```
[hadoop@centos02 kafka_2.12-3.1.0]$ bin/kafka-console-consumer.sh \
> --bootstrap-server centos01:9092,centos02:9092,centos03:9092 \
> --topic topictest
hello flume kafka
```

图 12-12 Kafka 消费者收到 Flume 采集的数据

到此,Flume实时采集日志数据并输出到Kafka的例子就完成了。

## 12.10 动手练习

练习一：依照书中的操作步骤，使用 Flume 实时采集日志文件中的数据并输出到控制台或 HDFS 系统中。

练习二：将Flume与Kafka进行整合。

（1）在分布式集群中的每个节点都安装一个 Flume，使用 Flume 实时采集各个节点指定的日志文件数据，然后传输给 Kafka 的主题 mytopic。

（2）使用命令行在 Kafka 中创建消费者，实时消费主题 mytopic 的消息，观察消费者控制台输出的日志数据。

# 第 13 章 Storm

本章讲解Storm的基本概念、架构原理、Topology的执行流程以及Storm的集群环境搭建，最后通过几个案例讲解Storm的实际应用。

**本章学习目标**

* 了解Storm的基本概念并掌握Storm Topology的执行流程和Storm流分组的概念。
* 掌握Storm集群环境的搭建以及使用Java编写Storm程序和Storm与Kafka的整合开发。

## 13.1 什么是 Storm

Apache Storm是一个免费的开源分布式实时计算系统。Storm可以非常容易地实时处理无限的流数据。所谓实时处理是指在每条数据的产生时刻不确定的情况下，一旦有数据产生，系统就会立刻对该条数据进行处理。

Storm常用于实时分析、在线机器学习、持续计算、分布式RPC和ETL等。Storm速度很快，它在每个节点每秒可以轻松处理上百万条消息。同时，Storm是可伸缩的、容错的，可以保证每条数据至少被处理一次（没有遗漏），并且易于设置和操作。

## 13.2 Storm Topology

在Storm中，一个实时应用的计算任务被称为拓扑（Topology）。对比Hadoop MapReduce可以很好地理解：MapReduce上运行的是任务（Job），而Storm上运行的则是Topology；MapReduce任务最终会结束，而Topology会一直运行，除非显式地将其杀掉。通常使用Java代码编写一个Topology任务，然后打包成jar，最后发布到Storm集群中运行。

一个Topology好比一个自来水系统，由多个水龙头和多个水管转接口组成。其中的水龙头称为Spout，每一个转接口称为Bolt，而水则为数据流（Stream）。Stream是由多个Tuple组成的，Tuple是数据传递的基本单元，是数据在Storm中流动的基本单位。Spout用于源源不断地读取Stream，然后发送给Bolt，Bolt对数据进行处理后，会将处理结果发送给下一个Bolt，依次类推。

一个简单的Topology可以由1个Spout和1个Bolt组成；稍微复杂的Topology可以由1个

Spout 和多个 Bolt 组成；复杂的 Topology 由多个 Spout 和多个 Bolt 组成。Topology 的 Stream 是有方向的，但是不能形成一个环状。具体来说，一个 Topology 是由不同的 Spout 和 Bolt，通过 Stream 连接起来的有向无环图。

一个复杂的Topology的数据流向如图13-1所示。

图 13-1　Topology 的数据流向图

Topology的主要构成组件的详细解析如下：

- Spout：Topology中数据流的源头，通常不断地调用nextTuple()方法从外部源（例如Kafka等）读取最新数据并将Tuple发射到Bolt中。此外，Spout根据可靠性可以分为可靠Spout和非可靠Spout。可靠Spout会重新发送Storm处理失败的Tuple；非可靠Spout将Tuple发送出去后，不再关心处理结果。
- Bolt：接收Spout的数据并对其进行处理。Topology中的所有处理工作都是在Bolt中完成的，例如过滤、函数、聚合、合并、写数据库等操作。Bolt在接收到消息后会调用execute()方法，该方法接收一个Tuple对象作为输入，用户可以在其中执行相关处理操作，将处理后的数据发送给下一个Bolt进行再次处理，也可以直接将处理结果进行持久化存储（例如，存储到MySQL或HBase中）。
- Tuple：消息传递的基本单元。
- Stream：源源不断传递的Tuple组成了Stream。Storm是一个实时计算的流式处理框架，通过不断从外部数据源中获取最新的Tuple数据，然后将新的数据传递给Bolt处理，这样不断地获取与传输就形成了一个数据流。

## 13.3　Storm 集群架构

Storm集群架构与Hadoop类似，都是利用了分布式集群中经典的主从式（Master/Slave）架构。在Storm中，Master节点被称为Nimbus，在该节点上会启动一个名为Nimbus的主控进程，类似于Hadoop集群的ResourceManager；Slave节点被称为Supervisor，在该节点上会启动一个名为Supervisor

的工作进程，类似于Hadoop集群的NodeManager。Storm集群的Master/Slave架构如图13-2所示。

客户端提交Topology代码给Nimbus，Nimbus负责分发Topology给Supervisor节点（工作节点），并通过ZooKeeper监控Supervisor节点的状态和确定任务分配策略。

Supervisor会定时与ZooKeeper同步，以便获取Topology信息、任务分配信息及各类心跳信息。每

图 13-2　Storm Master/Slave 架构图

个Supervisor节点运行一个Supervisor进程，Supervisor节点在接收Topology时并不是由Supervisor进程直接执行Topology，而是会根据需要启动一个或多个Worker进程，由Worker进程执行具体的Topology。每个Worker进程只能执行一个Topology，但是同一个Topology可以由多个Worker共同执行。因此，一个运行中的Topology通常都是由集群中的多个节点中的多个Worker共同来完成的。

此外，Supervisor还会根据新的任务分配情况来调整Worker的数量并进行负载均衡。所以实际上，Topology最终都是分配到了Worker上。Storm集群运行架构如图13-3所示。

图 13-3　Storm 集群运行架构

Topology的详细执行流程如下：

（1）客户端将写好的Topology代码（以jar包的形式）提交到Nimbus。

（2）Nimbus对Topology进行校验，校验内容包括：是否已经有同名Topology正在运行、Topology中是否有两个Spout或Bolt使用了相同的ID（Topology代码中需要给Spout和Bolt指定ID）等。

（3）Nimbus建立一个本地目录，用于存放Topology jar包和一些临时文件。

（4）Nimbus将Topology的状态信息（Topology代码在Nimbus的存储位置等）同步到ZooKeeper。

（5）Nimbus根据Topology的配置计算Task（Spout或Bolt实例）的数量，并根据ZooKeeper中存储的Supervisor的资源空闲情况计算Task的任务分配（每个Task与工作节点及端口的映射、Task与Worker的对应关系），并将计算结果同步到ZooKeeper。

（6）Supervisor从ZooKeeper中获取Topology jar包所在的Nimbus的位置信息和Task的任务分配信息，从Nimbus相应位置下载jar包到本地（无论是否由自己执行）。

（7）Supervisor根据Task任务分配信息，启动相应的Worker进程执行Task。

Worker进程包含一个或多个称为Executor的执行线程，用于执行具体的Task。Task是Storm中最小的处理单元，一个Task可以看作一个Spout或Bolt实例。一个Executor可以执行一个或多个Task（默认是1个）。Worker的工作方式如图13-4所示。

Storm依赖于ZooKeeper进行数据状态的交互，状态数据存储在ZooKeeper中。可以说，ZooKeeper是Nimbus和Supervisor进行交互的中介。Nimbus通过在ZooKeeper中写入状态信息来分配任务，通俗地讲就是指定哪些Supervisor执行哪些Task；而Supervisor会定期访问ZooKeeper的相应目录，查看是否有新的任务，有则领取任务。此外，Supervisor和Worker会定期发送心跳给ZooKeeper，使ZooKeeper可以监控集群的运行状态，以便及时向Nimbus进行汇报。Storm的数据交互如图13-5所示。

图 13-4　Worker 的工作方式

图 13-5　Storm 数据交互图

## 13.4　Storm 流分组

Storm流分组（Stream grouping）用于在定义一个Topology时，为Bolt指定它应该接收哪些Stream作为输入。一个Stream grouping定义了如何在Bolt的多个Task之间划分该Stream，即对Stream中的Tuple进行分组，使不同的Tuple进入不同的Task。

Storm中有8个内置的流分组方式，也可以通过实现CustomStreamGrouping接口来实现自定义流分组。

（1）Shuffle grouping：随机分组，也是通常情况下最常用的分组。Stream中的Tuple被随机分布在Bolt的Task中，以保证同一级Bolt上的每个Task都能得到相等数量的Tuple，如图13-6所示。

（2）Fields grouping：字段分组。通过为Tuple指定一个字段，根据指定的字段对Stream进行分组，字段值相同的Tuple会被分到同一个Task。例如，如果Stream按照"user-id"字段分组，具有相同"user-id"的Tuple会被分到相同的Task中，但是具有不同"user-id"的Tuple可能会被分到不同的Task中，如图13-7所示。

（3）Partial Key grouping：通过对Stream指定字段进行分组，与Fields grouping类似。不同的是，该分组会在下游Bolt之间进行负载均衡，当发生数据倾斜时提供了更好的资源利用。

（4）All grouping：所有的Tuple会被复制分发到所有的Task中，相当于广播模式。该分组需谨慎使用，如图13-8所示。

（5）Global grouping：全局（单选）分组。整个Stream会被分发到同一个Task中。实际上会被分发到ID最小的Task，如图13-9所示。

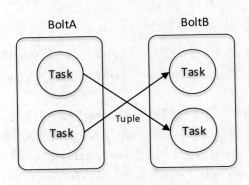

图 13-6  Shuffle grouping 随机发送方式

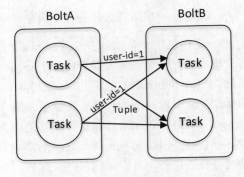

图 13-7  Fields grouping 哈希发送方式

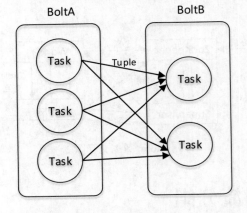

图 13-8  All grouping 全量（广播）发送方式

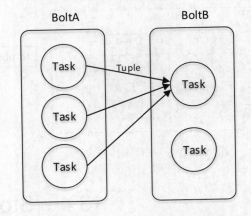

图 13-9  Global grouping 单选发送方式

（6）None grouping：此分组表示用户不关心Stream是如何被分发的。目前，该分组等同于Shuffle grouping。

（7）Direct grouping：这是一种特殊的分组。以这种方式分组的Stream意味着产生Tuple的Spout或Bolt自己明确指定Tuple被分配到Bolt的哪个Task。使用该分组的Stream必须被声明为Direct Stream。发送到Direct Stream的Tuple必须使用OutputCollector类中的emitDirect()方法进行发送。

（8）Local or shuffle grouping：如果目标 Bolt 有一个或多个 Task 与Stream源（Tuple的发送者）在同一个Worker 进程中，则Tuple会被分发到该Worker进程中的Task。否则，该方式与Shuffle grouping相同。

## 13.5  Storm 集群环境搭建

安装Storm之前，需要先安装好Java与ZooKeeper，Java与ZooKeeper的安装此处不做过多讲解。本例依然在三个节点（centos01、centos02和centos03）上搭建Storm集群，集群各节点的角色分配如表13-1所示。

表 13-1  Storm 集群角色分配

| 节点 | 角色 |
|---|---|
| centos01 | QuorumPeerMain<br>Nimbus<br>UIServer |
| centos02 | QuorumPeerMain<br>Supervisor |
| centos03 | QuorumPeerMain<br>Supervisor |

表13-1中的角色指的是Storm集群各节点所启动的守护进程，其中的QuorumPeerMain是ZooKeeper集群所启动的进程；Nimbus和Supervisor是Storm集群的主控进程和工作进程；UIServer是Storm集群的WebUI进程。

Storm集群的具体搭建步骤如下：

## 1. 下载并解压Storm

**01** 要在计算机上安装Storm框架，请访问http://storm.apache.org/downloads.html链接并下载稳定版本的Storm，此处使用的Storm版本为2.3.0。

**02** 将下载的apache-storm-2.3.0.tar.gz上传到centos01节点的/opt/softwares目录，然后将其解压至目录/opt/modules/，命令如下：

```
$ tar -zxvf apache-storm-2.3.0.tar.gz -C /opt/modules/
```

**03** 为了后续操作方便，进入/opt/modules/目录，将解压后的apache-storm-2.3.0文件夹重命名为storm-2.3.0：

```
$ mv apache-storm-2.3.0/ storm-2.3.0
```

## 2. 配置Storm

**01** 执行以下命令，修改环境变量文件/etc/profile：

```
$ sudo vi /etc/profile
```

加入以下内容：

```
export STORM_HOME=/opt/modules/storm-2.3.0
export PATH=$PATH:$STORM_HOME/bin
```

然后执行以下命令刷新环境变量文件：

```
$ source /etc/profile
```

**02** 修改$STORM_HOME/conf中的文件storm-env.sh，加入以下内容，指定JDK与Storm配置文件的目录：

```
export JAVA_HOME=/opt/modules/jdk1.8.0_144
export STORM_CONF_DIR="/opt/modules/storm-2.3.0/conf"
```

**03** 修改$STORM_HOME/conf中的文件storm.yaml，添加以下内容（注意："-"后的空格不能省略）：

```
storm.zookeeper.servers:
    - "centos01"
    - "centos02"
    - "centos03"
supervisor.slots.ports:
    - 6700
    - 6701
    - 6702
    - 6703
storm.zookeeper.port: 2181
storm.local.dir: "/opt/modules/storm-2.3.0/data"
nimbus.seeds: ["centos01","centos02","centos03"]
ui.port: 9085
```

上述配置属性解析如下：

- storm.zookeeper.servers：指定ZooKeeper节点的IP地址或主机名。
- supervisor.slots.ports：定义Worker用于通信的端口号，端口的数量为每个Supervisor中Worker数量的最大值。对于每个Supervisor工作节点，需要配置该工作节点可以运行的最大Worker数量。每个Worker占用一个单独的端口，该配置属性即用于定义哪些端口是可被Worker使用的。默认情况下，每个节点上可运行4个Worker，分别运行在6700、6701、6702和6703端口。
- storm.zookeeper.port：ZooKeeper节点的访问端口，如果不是默认值2181，则需要设置此属性。
- storm.local.dir：Nimbus和Supervisor守护进程需要本地磁盘上的一个目录来存储少量的状态信息。
- nimbus.seeds：Nimbus的候选节点列表。工作节点需要知道哪些节点是主节点的候选节点，以便能够下载Topology jar文件和配置文件。
- ui.port：指定WebUI的访问端口。默认为8080，建议修改为其他端口，防止8080端口被占用，从而导致WebUI访问失败。

### 3．复制安装信息到集群其他节点

将配置好的Storm安装文件复制到集群其他节点（centos02和centos03），命令如下：

```
$ scp -r storm-2.3.0/ centos02:/opt/modules/
$ scp -r storm-2.3.0/ centos03:/opt/modules/
```

### 4．启动ZooKeeper集群

Storm依赖于ZooKeeper，因此需要先启动ZooKeeper集群。

### 5．启动Storm

**01** 在centos01上执行以下命令，启动Nimbus和WebUI服务进程，且服务在后台运行：

```
$ storm nimbus >/dev/null 2>&1 &
$ storm ui >/dev/null 2>&1 &
```

启动成功后使用jps命令查看已经启动的Java进程，完整命令及输出如下：

```
[hadoop@centos01 bin]$ jps
2992 Nimbus
2936 QuorumPeerMain
3129 UIServer
3227 Jps
```

上述输出结果中，名为"UIServer"的进程为Storm的WebUI进程。WebUI进程启动后，可以在浏览器中访问地址http://centos01:9085（前面配置的WebUI访问端口为9085）查看集群的详细信息，如图13-10所示。

图 13-10　Storm Web UI 界面

图13-10中Cluster Summary中的字段解析如下：

- Version：Storm版本号。
- Supervisors：集群中Supervisor节点的数量（由于还未启动Supervisor进程，因此数量为0）。
- Used slots：集群使用的Worker数量。
- Free slots：集群空闲的Worker数量（由于还未启动Supervisor进程，因此Worker数量为0）。
- Total slots：集群总的Worker数量（等于空闲Worker数量加使用的Worker数量，也等于属性supervisor.slots.ports配置的端口数量乘以Supervisor节点数量）。
- Executors：集群Executor的数量。
- Tasks：集群Task的数量。

**02** 在centos02节点上进入$STORM_HOME/bin目录，执行以下命令，启动Supervisor服务进程，且在后台运行：

```
./storm supervisor >/dev/null 2>&1 &
```

执行成功后，使用jps命令查看启动的Java进程：

```
[hadoop@centos02 bin]$ jps
3554 ConfigValue
2935 QuorumPeerMain
3545 Jps

[hadoop@centos02 bin]$ jps
3568 Jps
```

```
2935 QuorumPeerMain
21335 -- process information unavailable
[hadoop@centos02 bin]$ jps
3633 Jps
2935 QuorumPeerMain
3518 Supervisor
```

上述输出信息中的名为"ConfigValue"的进程代表正在启动中,此时多次执行jps命令,直到出现Supervisor进程,说明启动成功。

**03** 同上,在centos03节点上进入$STORM_HOME/bin目录,执行以下命令,启动Supervisor服务,且在后台运行:

```
./storm supervisor >/dev/null 2>&1 &
```

此时刷新Storm WebUI界面,可以看到Supervisors的数量变为了2,Free slots和Total slots的数量则变为了8(启动了2个Supervisor,且前面已经配置每个Supervisor上可以启动的最大Worker数量为4,所以Worker总数为8),如图13-11所示。

图 13-11  Storm UI 界面

至此,Storm集群搭建完成。

# 13.6　案例分析:单词计数

本节通过一个简单的单词计数编程实例讲解Storm的编程模型、应用开发模式,了解Storm的本地开发模式与集群开发模式的不同,熟悉Storm拓扑任务的提交、查看和终止等操作。

## 13.6.1　设计思路

在前面章节已经讲解过Hadoop的单词计数程序WordCount,Storm WordCount与Hadoop WordCount有很多不同之处,它们的对比如表13-2所示。

## 第 13 章 Storm

表 13-2 Storm WordCount 与 Hadoop WordCount 对比

| 数据特点 | 实例特点 | 创建思想 | 技术选型 | 编程模型 |
|---|---|---|---|---|
| 海量、固定规模 | 批量处理 | 分而治之 | Hadoop | Map+Reduce |
| 海量、持续增加 | 流式实时处理 | | Storm | Spout+Bolt |

依靠Storm的实时性以及大规模数据的特点，在Spout中随机发送内置的语句作为消息源；使用一个Bolt进行语句切分，将句子切分成单词发射出去；使用一个Bolt订阅切分的单词Tuple，并且选择使用按字段分组的策略进行单词统计，将统计结果发射出去；最后使用一个Bolt订阅统计结果，词频实时排序，把前10个单词打印到log中。

整个单词计数统计的流程如图13-12所示。

图 13-12 单词计数运行流程

## 13.6.2 代码编写

具体步骤如下：

**01** 在Eclipse中新建Maven项目storm_demo，在pom.xml文件中加入项目的依赖库，内容如下：

```xml
<dependency>
    <groupId>org.apache.storm</groupId>
    <artifactId>storm-core</artifactId>
    <version>2.3.0</version>
    <scope>provided</scope>
</dependency>
```

项目结构如图13-13所示。

图 13-13 Storm Maven 项目结构

**02** 在项目storm_demo中新建类SentenceSpout.java，并向其写入以下代码：

```java
import java.util.Map;
import java.util.Random;

import org.apache.storm.spout.SpoutOutputCollector;
import org.apache.storm.task.TopologyContext;
import org.apache.storm.topology.OutputFieldsDeclarer;
import org.apache.storm.topology.base.BaseRichSpout;
import org.apache.storm.tuple.Fields;
import org.apache.storm.tuple.Values;
import org.apache.storm.utils.Utils;
/**
 * 消息源Spout类：随机选取一句英文语句作为源，发射出去
```

```java
    */
public class SentenceSpout extends BaseRichSpout {
    private static final long serialVersionUID = -7931319401402491006L;
    private SpoutOutputCollector spoutoutputcollector;
    Random random;
    private String[] sentences = { "Apache Storm is a free and open source distributed
            realtime computation system",
        "Storm makes it easy to reliably process unbounded streams of data
            doing for ",
        "realtime processing what Hadoop did for batch processing Storm is simple ",
        "can be used with any programming language and is a lot of fun to use ",
        "Storm has many use cases realtime analytics ",
        "a benchmark clocked it at over a million tuples processed per second
            per node ",
        "Storm integrates with the queueing and database technologies you
            already use ",
        };
    /**
     * 进行Spout的一些初始化工作
     */
    public void open(Map map, TopologyContext topologycontext, SpoutOutputCollector
                spoutoutputcollector) {
        this.spoutoutputcollector = spoutoutputcollector;
        random=new Random();
    }
    /**
     * 每两秒钟发射一次数据
     */
    public void nextTuple() {
     Utils.sleep(2000);
     //从sentences数组中随机选取一句话作为发送的消息
     String sentence=sentences[random.nextInt(sentences.length)];
     //发送Tuple
     this.spoutoutputcollector.emit(new Values(sentence));
    }

    /**
     * 定义字段名称,对应emit(new Values(sentence))中的字段
     */
    public void declareOutputFields(OutputFieldsDeclarer outputfieldsdeclarer)
    {
        outputfieldsdeclarer.declare(new Fields("sentence"));
    }

}
```

**03** 在项目storm_demo中新建类SplitSentenceBolt.java,并向其写入以下代码:

```java
import java.util.Map;

import org.apache.storm.task.OutputCollector;
import org.apache.storm.task.TopologyContext;
import org.apache.storm.topology.OutputFieldsDeclarer;
import org.apache.storm.topology.base.BaseRichBolt;
import org.apache.storm.tuple.Fields;
import org.apache.storm.tuple.Tuple;
import org.apache.storm.tuple.Values;

public class SplitSentenceBolt extends BaseRichBolt {
```

```java
    private static final long serialVersionUID = 1L;
    private OutputCollector outputcollector;
    /**
     * Bolt初始化方法,与Spout的open()方法类似
     */
    public void prepare(Map map, TopologyContext topologycontext,
                        OutputCollector outputcollector) {
        this.outputcollector = outputcollector;
    }
    /**
     * 接收Tuple数据进行处理
     */
    public void execute(Tuple tuple) {
        //获取发送过来的数据(此处得到发送过来的一句话)
        String sentence = tuple.getStringByField("sentence");
        //将数据以空格分割为单词数组
        String[] words = sentence.split(" ");
        //逐个将单词发射出去
        for (String word : words) {
            this.outputcollector.emit(new Values(word));
        }
    }

    /**
     * 字段声明
     */
    public void declareOutputFields(OutputFieldsDeclarer outputfieldsdeclarer)
    {
        outputfieldsdeclarer.declare(new Fields("word"));
    }
}
```

**04** 在项目storm_demo中新建类WordCountBolt.java,并向其写入以下代码:

```java
import java.util.HashMap;
import java.util.Map;

import org.apache.storm.task.OutputCollector;
import org.apache.storm.task.TopologyContext;
import org.apache.storm.topology.OutputFieldsDeclarer;
import org.apache.storm.topology.base.BaseRichBolt;
import org.apache.storm.tuple.Fields;
import org.apache.storm.tuple.Tuple;
import org.apache.storm.tuple.Values;
/**
 * 单词统计,并且实时获取词频前N的发射出去
 */
public class WordCountBolt extends BaseRichBolt {

    private static final long serialVersionUID = 2374950653902413273L;
    private OutputCollector outputcollector;
    //定义存放单词与词频的Map
    private HashMap<String, Integer> counts = null;

    /**
     * Bolt初始化方法,与Spout的open()方法类似
```

```java
     */
    public void prepare(Map map, TopologyContext topologycontext,
OutputCollector outputcollector) {
        this.outputcollector = outputcollector;
        this.counts = new HashMap<String, Integer>();
    }

    /**
     * 接收Tuple数据进行单词计数处理
     */
    public void execute(Tuple tuple) {
        //获取发送过来的单词
        String word = tuple.getStringByField("word");
        //添加这行代码的作用是看看值相等的word是不是同一个实例执行的，事实证明确实如此
        //System.out.println(this + "====" + word);
        //单词数量加1
        Integer count = counts.get(word);
        if (count == null)
          count = 0;
        count++;
        counts.put(word, count);
        //发送单词和计数给下一个Bolt，分别对应字段"word"和"count"
        this.outputcollector.emit(new Values(word, count));
    }
    /**
     * 设置字段名称，对应emit(new Values(word, count))中的两个字段
     */
    public void declareOutputFields(OutputFieldsDeclarer declarer) {
        declarer.declare(new Fields("word","count"));
    }
}
```

**05** 在项目storm_demo中新建类ReportBolt.java，并向其写入以下代码：

```java
import java.util.ArrayList;
import java.util.Collections;
import java.util.Comparator;
import java.util.HashMap;
import java.util.List;
import java.util.Map;
import java.util.Map.Entry;

import org.apache.storm.task.OutputCollector;
import org.apache.storm.task.TopologyContext;
import org.apache.storm.topology.OutputFieldsDeclarer;
import org.apache.storm.topology.base.BaseRichBolt;
import org.apache.storm.tuple.Tuple;

public class ReportBolt extends BaseRichBolt {

    private static final long serialVersionUID = -1512537746316594950L;
    private HashMap<String, Integer> counts = null;

    public void prepare(Map map, TopologyContext topologycontext,
                    OutputCollector outputcollector) {
        this.counts = new HashMap<String, Integer>();
    }
```

```java
    public void execute(Tuple tuple) {
        String word = tuple.getStringByField("word");
        int count = tuple.getIntegerByField("count");
        counts.put(word, count);
        //对counts中的单词进行排序
        List<Entry<String,Integer>> list = new ArrayList<Entry<String,Integer>>
                                                        (counts.entrySet());
        Collections.sort(list, new Comparator<Map.Entry<String, Integer>>() {
            public int compare(Map.Entry<String, Integer> o1,
                Map.Entry<String, Integer> o2) {
                return (o2.getValue() - o1.getValue());
            }
        });

        //取list中前10个单词
        int n=list.size()<=10?list.size():10;
        String resultStr="";
        for(int i=0;i<n;i++){
            Entry<String,Integer> entry=list.get(i);
            String sortWord=entry.getKey();
            Integer sortCount=entry.getValue();
            resultStr+=sortWord+"----"+sortCount+"\n";
        }
        System.out.println("------------计数结果----------------");
        //添加这行代码的作用是看看是不是同一个实例执行的
        System.out.println(this + "====" + word);
        System.out.println(resultStr);
    }

    public void declareOutputFields(OutputFieldsDeclarer outputfieldsdeclarer){

    }

    /**
     * 在Bolt被关闭的时候调用,主要用于清理所有被打开的资源
     * 集群不保证这个方法一定会被执行,比如执行Task的计算机宕机了,则该方法没有办法执行
     */
    public void cleanup() {
        System.out.println("---------- FINAL COUNTS -----------");
        for (String key : counts.keySet()) {
            System.out.println(key + " " + counts.get(key));
        }
        System.out.println("----------------------------");
    }
}
```

**06** 在项目storm_demo中新建类WordCountTopology.java,并向其写入以下代码:

```java
import org.apache.storm.Config;
import org.apache.storm.LocalCluster;
import org.apache.storm.topology.TopologyBuilder;
import org.apache.storm.tuple.Fields;

public class WordCountTopology {
    public static void main(String[] args) {
        SentenceSpout sentenceSpout = new SentenceSpout();
        SplitSentenceBolt splitSentenceBolt = new SplitSentenceBolt();
        WordCountBolt wordCountBolt = new WordCountBolt();
```

```
                ReportBolt reportBolt = new ReportBolt();
                //1.创建一个拓扑
                TopologyBuilder topologyBuilder = new TopologyBuilder();
                //2.设置Spout,名称为"sentence-spout",并行度为2(也就是线程数)
                //任务数为4(也就是实例数)。默认是1个线程,1个任务
                topologyBuilder.setSpout("sentence-spout", sentenceSpout,2).setNumTasks(4);
                //3.设置Bolt,名称为"split-bolt",数据来源是名称为"sentence-spout"的Spout
                //ShuffleGrouping: 随机选择一个Task来发送,对Task的分配比较均匀
                topologyBuilder.setBolt("split-bolt", splitSentenceBolt,2).
                        setNumTasks(4).shuffleGrouping("sentence-spout");
                //FieldsGrouping: 根据Tuple中Fields来做一致性hash,
                //相同hash值的Tuple被发送到相同的Task
                topologyBuilder.setBolt("count-bolt", wordCountBolt,2).setNumTasks(4).
                        fieldsGrouping("split-bolt", new Fields("word"));
                //GlobalGrouping: 所有的Tuple会被发送到某个Bolt中的id最小的那个Task
                //此时不管有多少个Task,只发往一个Task
                topologyBuilder.setBolt("report-bolt", reportBolt,2).setNumTasks(4).
                        globalGrouping("count-bolt");
                Config config = new Config();
                LocalCluster cluster = new LocalCluster();
                //4.本地提交,第一个参数为定义拓扑名称
                cluster.submitTopology("word-count-topology", config,
                        topologyBuilder.createTopology());
            }
        }
```

### 13.6.3 程序运行

#### 1. 本地模式

Storm的LocalCluster类提供了一个本地的虚拟环境来模拟Topology的集群运行环境,因此,程序可以直接在本地运行,方便开发调试。

在Eclipse中直接右键运行Java类WordCountTopology.java,控制台输出结果如图13-14所示。

从输出结果中可以看到,控制台每隔2秒输出一次结果,每次输出的结果都已取得数量最多的前10个单词,且降序排列。单词的数量与排序实时变化。

#### 2. 集群模式

具体操作步骤如下:

① 启动集群的ZooKeeper服务。

② 启动集群Nimbus和Supervisor服务。

图13-14 Storm 单词计数控制台显示结果

③ 在Storm项目storm_demo上右击,选择【Run As】|【Maven install】,将项目打包成jar。打包成功后,会在项目的target目录中生成文件storm_demo-0.0.1-SNAPSHOT.jar,将该文件上传到集群的centos01节点的/opt/softwares目录。

④ 进入centos01节点的/opt/softwares目录,执行以下命令,提交Topology任务:

```
$ storm jar storm_demo-0.0.1-SNAPSHOT.jar storm.demo.wordcount.WordCountTopology
```
提交成功的部分输出信息如图13-15所示。

图 13-15　Topology 任务提交成功的输出信息

**05** 浏览器访问http://centos01:9085，通过Storm WebUI界面可以查看集群运行的详细信息，如图13-16所示。

图 13-16　Storm Web UI 界面

从图13-16中可以看出，该Topology使用了2个Worker进程、10个Executor线程和18个Task任务。而在程序代码WordCountTopology.java中，我们设置了Spout和Bolt的执行线程Executor共8个，任务数Task共16个，与图13-16不符，这是为什么呢？

因为每一个Worker进程默认都会占用一个Executor，每个Executor会启动一个Acker任务，Acker任务的作用是跟踪所有Tuple的处理完成情况，从而可以达到记录级容错。而本例中共启动了2个Worker进程，因此会占用2个Executor线程和2个Acker任务。

Acker任务默认是每个Worker进程启动一个Executor线程来执行，但可以在Topology中取消Acker任务，这样的话就不会多出来2个Executor和2个任务了。取消的方法是，在代码WordCountTopology.java中加入以下代码即可：

```
config.setNumAckers(0);
```

继续在上述WebUI界面中查看当前正在运行的Topology详细信息，如图13-17所示。

图 13-17　Storm Web UI 显示当前 Topology 信息

单击Topology名称"word-count-topology"可以查看该Topology的Spout和Bolt的执行信息，如图13-18所示。

图 13-18　Storm Web UI 查看 Spout 和 Bolt 的执行信息

06 查看输出日志信息。在Supervisor节点上（centos02或centos03），进入下面格式的目录：$STORM_HOME/logs/workers-artifacts/word-count-topology-N-时间戳/6700/，目录中的N随着时间的不同会生成不同的数字，最大的数字即为最近提交的名称为"word-count-topology"的Topology（同一名称的Topology可能会提交多次，例如停止后重新提交，每一次提交都会产生一个新的目录）。查看该目录中生成的文件，如图13-19所示。

图 13-19　查看 Storm 执行结果日志目录

执行以下命令，监控该目录的worker.log日志：

```
$ tail -f worker.log
```

可以看到，Storm实时输出单词数量及排名前十的单词，单词数量与排序实时变化，与本地模式输出结果一致，如图13-20所示。

图 13-20　Storm 单词计数日志文件显示结果

需要注意的是，若某个Supervisor节点上的worker.log文件中没有结果数据，可在另外一个Supervisor节点中查看。

**07** 在centos01节点上，执行以下命令，可以将该Topology任务停止：

```
$ storm kill word-count-topology
```

输出日志信息如下：

```
6706 [main] INFO  o.a.s.u.NimbusClient - Found leader nimbus : centos01:6627
8834 [main] INFO  o.a.s.c.kill-topology - Killed topology: word-count-topology
```

需要注意的是，每个线程中的任务使用线程所持有的Spout实例或者Bolt实例，同一个线程中的多个任务间是串行执行的关系，因而在一个线程有多个任务的情况下，不会产生并发问题。

比如，某个线程中持有2个Spout实例spoutInstance1和spoutInstance2，那么Storm的框架代码有可能是这么实现的：

```
for(int i=0;i<1000;i++){
   spoutInstance1.nextTuple();
   spoutInstance2.nextTuple();
}
```

## 13.7 案例分析：Storm 与 Kafka 整合

Storm主要用于实时流式计算，而Kafka是一个消息队列。在实际开发中经常将两者结合使用，用Kafka缓存消息，并将不均匀的消息转换成均匀的数据流提供给Storm进行消费，这样才可以实现稳定的流式计算。

Storm可以作为Kafka的生产者，将Storm中的每条记录作为消息发送到Kafka消息队列中，也可以将Storm作为消费者，消费Kafka队列中的消息。Storm与Kafka整合的架构如图13-21所示。

图 13-21　Storm 与 Kafka 整合架构

### 13.7.1 设计思路

本例以Storm作为Kafka的消费者进行讲解。具体操作有两种方式：一种是单独使用Storm与Kafka的客户端API，在Storm的Spout类中集成Kafka的消费者API；另一种是使用Storm提供的针对Kafka的API，对应的jar为storm-kafka-client-2.3.0.jar，该jar中提供了一个名为KafkaSpout的类，使用该类进行简单的配置即可实现读取Kafka中的消息并发送给相关Bolt，而不需单独写Spout类。下面具体讲解两种方式的使用。

## 13.7.2 代码编写

单独使用Storm与Kafka的API进行集成的操作步骤如下：

**01** 新建Maven项目，并引入Storm与Kafka的jar包依赖：

```xml
<dependency>
    <groupId>org.apache.storm</groupId>
    <artifactId>storm-core</artifactId>
    <version>2.3.0</version>
    <scope>provided</scope>
</dependency>
<dependency>
    <groupId>org.apache.kafka</groupId>
    <artifactId>kafka-clients</artifactId>
    <version>3.1.0</version>
</dependency>
```

**02** 新建Spout类KafkaSpout.java，完整代码如下：

```java
import java.time.Duration;
import java.util.Arrays;
import java.util.Map;
import java.util.Properties;

import org.apache.kafka.clients.consumer.ConsumerRecord;
import org.apache.kafka.clients.consumer.ConsumerRecords;
import org.apache.kafka.clients.consumer.KafkaConsumer;
import org.apache.storm.spout.SpoutOutputCollector;
import org.apache.storm.task.TopologyContext;
import org.apache.storm.topology.OutputFieldsDeclarer;
import org.apache.storm.topology.base.BaseRichSpout;
import org.apache.storm.tuple.Fields;
import org.apache.storm.tuple.Values;

/**
 * Spout类，从Kafka中读取消息并发送出去
 */
public class KafkaSpout extends BaseRichSpout {

    private static final long serialVersionUID = 7582771881226024741L;
    //定义Kafka消费者对象
    private KafkaConsumer<String, String> consumer;
    //该对象用于发射Tuple
    SpoutOutputCollector collector;

    /**
     * 进行Spout的一些初始化工作并提供Spout的执行环境
     * 当该Spout在集群的Worker中被初始化时会调用该方法
     *
     * @param conf
     *          Spout的配置信息
     * @param context
     *          此对象可用于获取此Task在Topology中的位置等信息，包括此Task的Task id和
     *          component id、输入和输出信息等
     * @param collector
```

```
 *          用于发射Tuple，Tuple可以在任何时候任何方法中发出，包括open()和close()方法
 *          collector是线程安全的，可以作为该Spout对象的实例变量保存
 */
public void open(Map conf, TopologyContext context,
 SpoutOutputCollector collector) {
 this.collector = collector;

 //Kafka属性信息
 Properties props = new Properties();
 props.put("bootstrap.servers",
         "centos01:9092,centos02:9092,centos03:9092");
 props.put("group.id", "test");//消费者组id（组名称）
 props.put("key.deserializer",//反序列化key的程序类
         "org.apache.kafka.common.serialization.StringDeserializer");
 props.put("value.deserializer",//反序列化value的程序类
         "org.apache.kafka.common.serialization.StringDeserializer");
 //实例化消费者类
 consumer = new KafkaConsumer<String, String>(props);
 //设置消费主题
 consumer.subscribe(Arrays.asList("myTopic"));
}

/**
 * 从Kafka中拉取数据并发射出去
 * 当Storm需要Spout发射Tuple时会调用该方法（循环调用）
 */
public void nextTuple() {
 //拉取消息记录，超时时间为10秒
 ConsumerRecords<String, String> records = consumer.poll(Duration
   .ofSeconds(10));
 for (ConsumerRecord<String, String> record : records) {
  String key = record.key();//消息key值
  String value = record.value();//消息value值
  //发射Tuple
  collector.emit(new Values(key, value));
 }
}

/**
 * 定义字段名称，对应emit(new Values(key,value))中的字段
 */
public void declareOutputFields(OutputFieldsDeclarer declarer) {
 declarer.declare(new Fields("key", "value"));
}
}
```

从上述代码中可以看出，Storm读取Kafka的消息只需要在Spout类中加入Kafka消费者相关代码即可，然后将读取的消息发送给Bolt。Bolt与Topology类的编写则与Kafka无关，此处不再讲解，读者可参考本章13.6节的"单词计数"案例。

下面使用Storm提供的针对Kafka的API进行集成，将读取到的Kafka中的消息发送给PrintBolt，然后由PrintBolt将消息打印到控制台。具体操作步骤如下：

**01** 新建Maven项目，并引入Storm针对Kafka的客户端依赖jar包：

```
<!-- Storm核心包 -->
<dependency>
```

```xml
    <groupId>org.apache.storm</groupId>
    <artifactId>storm-core</artifactId>
    <version>2.3.0</version>
    <scope>provided</scope>
</dependency>
<!-- Storm针对Kafka的客户端依赖包 -->
<dependency>
    <groupId>org.apache.storm</groupId>
    <artifactId>storm-kafka-client</artifactId>
    <version>2.3.0</version>
</dependency>
<!-- Kafka客户端库 -->
<dependency>
    <groupId>org.apache.kafka</groupId>
    <artifactId>kafka-clients</artifactId>
    <version>3.1.0</version>
</dependency>
```

**02** 新建Topology类KafkaTopology.java，完整代码如下：

```java
import org.apache.storm.Config;
import org.apache.storm.LocalCluster;
import org.apache.storm.StormSubmitter;
import org.apache.storm.kafka.spout.KafkaSpout;
import org.apache.storm.kafka.spout.KafkaSpoutConfig;
import org.apache.storm.topology.TopologyBuilder;
/**
 * Topology类，用于在Storm中构建一个Topology
 */
public class KafkaTopology {
 public static void main(String[] args) throws Exception {

  //1. 创建KafkaSpout对象
  KafkaSpoutConfig.Builder<String, String> kafkaBuilder = KafkaSpoutConfig
    .builder("centos01:9092,centos02:9092,centos03:9092", "topictest");
  //设置kafka消费者组ID
  kafkaBuilder.setProp("group.id", "testgroup");
  //创建kafkaSpoutConfig
  KafkaSpoutConfig<String, String> kafkaSpoutConfig = kafkaBuilder.build();
  //通过kafkaSpoutConfig获得KafkaSpout对象
  KafkaSpout<String, String> kafkaSpout =
    new KafkaSpout<String, String>(kafkaSpoutConfig);

  //2. 创建一个Topology
  TopologyBuilder builder = new TopologyBuilder();
  //设置Spout，并行度为2（线程数）
  builder.setSpout("kafka-Spout", kafkaSpout, 2);
  //设置Bolt，并行度为2（线程数），流分组方式为localOrShuffleGrouping（本地或随机）
  builder.setBolt("print-Bolt", new PrintBolt(), 2).localOrShuffleGrouping(
    "kafka-Spout");

  Config config = new Config();
  if (args.length > 0) {
   //集群提交模式
   config.setDebug(false);
   //提交Topology，设置Topology名称为kafka-Topology
   StormSubmitter.submitTopology("kafka-Topology", config,
     builder.createTopology());
```

```
        } else {
            //本地测试模式
            config.setDebug(true);
            //设置Worker进程的数量为2
            config.setNumWorkers(2);
            LocalCluster cluster = new LocalCluster();
            cluster.submitTopology("kafka-Topology", config, builder.createTopology());
        }
    }
}
```

**03** 新建Bolt类PrintBolt.java，完整代码如下：

```
import org.apache.storm.topology.BasicOutputCollector;
import org.apache.storm.topology.OutputFieldsDeclarer;
import org.apache.storm.topology.base.BaseBasicBolt;
import org.apache.storm.tuple.Tuple;
/**
 * Bolt类，用于将接收到的消息打印到控制台
 */
public class PrintBolt extends BaseBasicBolt {
    private static final long serialVersionUID = 1L;
    /**
     * 接收Tuple数据进行处理
     * @param tuple
     * 接收到的Tuple数据
     * @param basicOutputCollector
     * 用于将Tuple向外进行发射
     */
    public void execute(Tuple tuple, BasicOutputCollector basicOutputCollector) {
        //打印接收到的消息
        //打印Tuple中位置为4的字段值（也就是消息的内容），位置从0开始
        System.out.println(tuple.getValue(4));
        //打印Tuple中的所有字段值
        System.out.println(tuple.getValues());
    }
    /**
     * 向外发射的Tuple的字段声明
     */
    public void declareOutputFields(OutputFieldsDeclarer outputFieldsDeclarer) {
    }
}
```

## 13.7.3 程序运行

Storm与Kafka整合的具体操作步骤如下：

**01** 启动ZooKeeper集群。

**02** 启动Kafka集群。

**03** 启动Storm集群。

**04** 将项目打包为jar，然后发布到Storm集群中运行；或者直接在本地Eclipse中运行KafkaTopology.java。此处使用本地模式进行测试，启动后将实时监控Kafka主题"topictest"中的消息并打印到控制台。

**05** 在Kafka集群的任意一个节点上执行以下命令，在Kafka中创建生产者，并向Kafka的主题"topictest"中发送消息"hello kafka storm"，然后观察Eclipse控制台的输出结果：

```
$ bin/kafka-console-producer.sh \
--broker-list centos01:9092,centos02:9092,centos03:9092 \
--topic topictest
```

向Kafka中发送消息的具体执行效果如图13-22所示。

```
[hadoop@centos03 kafka_2.12-3.1.0]$ bin/kafka-console-producer.sh \
> --broker-list centos01:9092,centos02:9092,centos03:9092 \
> --topic topictest
>hello kafka storm
```

图 13-22　向 Kafka 中发送消息

若Eclipse控制台能成功输出消息"hello kafka storm"，则说明Storm与Kafka整合成功。

## 13.8　动手练习

练习一：依照书中的操作步骤，搭建一个 Storm 分布式集群。

练习二：已知文件tmalldata.txt中存储了以下用户订单数据（字段从左到右依次为：订单ID、用户昵称、下单时间、订单金额）：

```
100010   会飞的鱼    2022/3/1 10:11   89.9
100011   回忆里微笑   2022/3/1 12:21   199
100012   真心不如    2022/3/1 12:43   39.9
100013   qingfeng7  2022/3/1 13:11   167
```

使用Storm对上述用户下单总金额进行实时汇总（tmalldata.txt文件的数据每增加一条，将实时汇总结果），并将总金额实时打印到控制台。

# 第 14 章 Elasticsearch

本章首先介绍Elasticsearch的基本概念，包括索引、文档、分片等；然后介绍Elasticsearch的集群架构以及集群搭建步骤；最后讲解Elasticsearch的常用基本操作，如索引、搜索、数据的修改及Java API等。

**本章学习目标**

※ 了解Elasticsearch的基本概念和集群架构。
※ 掌握Elasticsearch的集群搭建、基本操作及Java API操作。

## 14.1 什么是Elasticsearch

Elasticsearch是一个分布式的、开源的全文搜索和分析引擎，其建立在Apache Lucene的基础之上，使用Java语言编写，通过提供一套简单一致的 RESTful API隐藏了Lucene的复杂性，从而使全文检索变得非常容易。

Elasticsearch将全文搜索、结构化搜索和数据分析三大功能整合在一起，能够以近实时的速度存储、搜索和分析大型数据集。

Elasticsearch的主要特点如下：

- 一个分布式的实时文档存储，每个字段都可以被索引与搜索。
- 一个分布式的实时分析搜索引擎。
- 能胜任上百个服务节点的扩展，并支持PB级别的结构化或者非结构化数据。

## 14.2 基本概念

本节讲解Elasticsearch的常用概念和术语，了解这些基本知识有利于后面更好地学习Elasticsearch。

### 14.2.1 索引、类型和文档

**1．索引（Index）**

索引是具有某些类似特征的文档的集合，相当于RDBMS中的"数据库"的概念。例如，可以将客户数据添加到Elasticsearch的索引中。每个索引由一个唯一名称进行标识（必须全部小写），当需要对索引中的文档执行搜索、更新和删除操作时，需要使用索引名称来定位到相应的文档数据。

在一个Elasticsearch集群中可以根据需要定义任意数量的索引。

#### 2．类型（Type）

类型是对索引中的文档的逻辑分类或划分，相当于RDBMS中的"表"的概念。例如，一种类型用于存储用户数据，另一种类型用于存储博客帖子数据。

需要注意的是，为了提高Lucene高效压缩文档的能力，Elasticsearch 6.x版本和之前版本有些不同，其规定一个索引只能有一个类型，推荐的类型名称是_doc，Elasticsearch 7.x版本以后则完全弃用类型（本书使用Elasticsearch 8.x）。

#### 3．文档（Document）

一个文档是一个可以被索引的基本信息单元，相当于RDBMS表中的一行记录。例如，可以为一个单独的客户建立一个文档，还可以为一个单独的订单建立一个文档。

### 14.2.2 分片和副本

#### 1．分片（Shard）

一个索引可以存储大量数据，这些数据可以超出单个节点的硬件限制。例如，一个包含10亿个文档的索引占用了1TB的磁盘空间，对单个节点来说可能无法满足磁盘空间需求，或者可能导致搜索请求速度过慢。

为了解决这个问题，Elasticsearch提供了将索引细分为多个分片的功能。当创建索引时，可以定义想要的分片的数量。每个分片本身都是一个功能齐全、独立的"索引"，可以托管在集群中的任何节点上。

分片有如下两个主要的特点：

- 它允许横向分割和伸缩容量。
- 它允许在分片（可能在多个节点上）之间分发和并行化操作，从而提高性能和吞吐量。

总结来说，一个索引可以拆分为多个分片，分布到不同的节点上。这点类似于HDFS的块机制。在实际开发中，只需要关注索引即可，Elasticsearch会自动管理集群中所有的分片。

#### 2．副本（Replica）

在任何时候都可能出现故障的网络环境中，有一个故障转移机制是非常有用的，为了防止分片脱机或因任何原因消失，Elasticsearch允许将索引的分片复制为多个副本分片，简称为副本。被复制的原始分片称为主分片。

副本有如下两个主要的特点：

- 它提供了在分片或节点失效时的高可用性。当主分片失败时，可以从副本分片中选择一个作为主分片。因此，副本分片从来不与主分片在同一个节点上。
- 它可以扩展搜索容量和吞吐量，因为搜索可以在所有副本上并行执行。

总的来说，分片可以没有副本也可以有多个副本，可以在创建索引时为索引定义分片和副本的数量。创建索引后，还可以随时动态更改副本数。也可以使用API更改现有索引的分片数，但相对比较麻烦，因此最好预先计划好分片的数量。

默认情况下，Elasticsearch集群中的每个索引都分配了5个主分片，并且每个主分片都有一个副本分片，这意味着Elasticsearch集群中默认每个索引将包含5个主分片和另外5个副本分片，总计为每个索引10个分片。

### 14.2.3 路由

我们已经知道，一个索引由多个分片组成，数据真正存储于索引的分片中，当向Elasticsearch添加/删除/修改一个文档时，系统需要决定这个文档存储在哪个分片上，这个过程就称为数据路由（Routing）。

Elasticsearch的数据路由算法如下：

```
shard_num = hash(routing) % number_of_primary_shards
```

算法中的Routing值默认为文档的_id值，每个文档默认都有一个_id值，可以手动指定该值，若不指定，Elasticsearch将自动生成；算法中的number_of_primary_shards为索引主分片的数量。当对文档进行增删改查时，系统首先会根据文档的_id值进行哈希计算，然后将计算结果和主分片数量进行取余操作，余数相当于主分片的编号，文档则会被放置到对应编号的主分片中。假设主分片个数为$n$，则余数的范围始终为0到$n-1$，这样可以保证具有相同哈希值的文档被分配到同一个主分片中，并且基本上会保证索引的所有文档数据均匀分布到该索引的所有主分片中。这种路由算法类似MapReduce的分区规则（具体见5.1.3节MapReduce的工作原理）。

## 14.3 集群架构

Elasticsearch集群由一个或多个节点（服务器）组成，这些节点一起保存Elasticsearch的所有数据，并提供跨所有节点的联合索引和搜索功能。集群由一个唯一的名称来标识，默认为"elasticsearch"（可以在配置文件中修改）。当某个节点被设置为相同的集群名称时，该节点才能加入集群。因此，如果有多个集群，需要确保每个集群的名称不能重复。

Elasticsearch中的每个索引都包含多个分片，分布在不同的节点上。每个分片都是一个最小工作单元，承载部分数据，并且具有完整的建立索引（当分片中的文档被修改后，需要重新对文档进行索引）和数据处理能力。

Elasticsearch中的每个文档只能存储在一个主分片及其对应的副本分片中，即同一个文档不会存储在多个主分片中。

Elasticsearch的集群架构如图14-1所示，其中P0、P1、P2为主分片，R0、R1、R2分别为与主分片相对应的副本分片。

Elasticsearch集群任意一个节点都可以接收客户端的请求，且每个节点都知道任意一个文档所在集群中的位置。

图 14-1　Elasticsearch 集群架构

### 1. 文档写入流程

当向集群写入文档时,系统首先会将文档写入主分片中,待主分片完全写入成功后,再将文档复制到不同的副本中,如图14-2所示。

图 14-2　Elasticsearch 文档写入流程

具体流程如下:

(1)客户端向节点3发起写入文档请求。

(2)节点3根据请求文档的_id值判断出该文档应该被存储在P1分片中(即路由算法),于是将请求转发给P1分片所在的节点(节点1)。

(3)节点1在P1主分片上执行请求。如果请求执行成功,节点1将并行地将该请求发给P1的所有副本。当所有副本都成功执行请求后,会向节点1回复一个成功确认,当节点1收到所有副本的确认信息后,则最后向用户返回一个写入成功的消息。

主分片向副本分片复制数据的过程默认是同步的,即主分片得到所有复制分片的成功响应后才返回,客户端接收到成功响应的时候,文档已成功被写入主分片和所有的复制分片。当然,该过程也可以设置成异步的,即当主分片成功写入后立刻返回给客户端,而不关心副本分片是否写入成功。这种异步的写入方式有可能导致数据丢失,因为客户端不知道副本分片是否写入成功,并且可能因为在不等待其他副本就绪的情况下,客户端发送过多的请求导致Elasticsearch负载过重。目前,Elasticsearch的写入速度已经非常快了,因此不推荐使用异步写入方式。

删除和更新文档与写入文档的流程一样,都是先在主分片中执行成功后再到副本分片中执行。需要注意的是,在更新文档时,会先在主分片中更新成功,然后转发整个文档的新版本到副本分片中,而不是转发更新请求。

### 2. 文档读取流程

在读取文档时,为了负载均衡,文档可以从主分片或任意一个副本分片中读取,若同时有多个请求,会将请求均匀分配到不同的分片中。文档读取流程如图14-3所示。

图 14-3　Elasticsearch 文档读取流程

具体流程如下：

（1）客户端向节点3发起读取文档请求。

（2）节点3根据请求文档的_id值判断出该文档存储在P1分片中（即路由算法），于是将请求转发给P1分片所在的节点，即节点1（也可能将请求转发给P1分片的副本分片R1所在的节点）。

（3）节点1在P1主分片上执行读取请求，然后将文档数据返回给节点3，最后返回给客户端。

## 14.4　集群环境搭建

本例仍然在三个节点（centos01、centos02和centos03）上搭建Elasticsearch集群。Elasticsearch的每个发行版中都内置了OpenJDK捆绑版本，而且是其推荐使用的版本，因此不需要单独配置JDK。Elasticsearch集群的搭建步骤如下：

### 1．下载并安装Elasticsearch

**01** 从官方网站（https://www.elastic.co/downloads/elasticsearch）下载Elasticsearch的二进制安装文件elasticsearch-8.1.1-linux-x86_64.tar.gz（本书以8.1.1版本为例）。

**02** 然后将安装文件上传到centos01节点的/opt/softwares目录，并解压至目录/opt/modules/，解压命令如下：

```
$ tar -zxvf elasticsearch-8.1.1-linux-x86_64.tar.gz -C /opt/modules/
```

### 2．创建新用户

由于Elasticsearch可以接收用户输入的脚本命令并且执行，出于系统安全考虑，Elasticsearch不允许直接使用root用户执行其中的命令，使用root用户执行命令时会报错。因此，我们需要新建一个用户并赋予该用户Elasticsearch安装目录的操作权限。

此处直接使用本书一直使用的用户，即hadoop用户。

### 3．修改配置文件

Elasticsearch的配置文件统一存放在安装目录下的config文件夹中。执行以下命令，修改配置文件elasticsearch.yml：

```
$ vim elasticsearch.yml
```

添加以下配置信息：

```
cluster.name: es_cluster
node.name: es-centos01
path.data: /opt/modules/elasticsearch-8.1.1/data
path.logs: /opt/modules/elasticsearch-8.1.1/logs
http.port: 9200
network.host: centos01
```

上述配置属性解析如下：

- cluster.name：自定义的集群名称，如果不指定，则默认为elasticsearch。Elasticsearch启动后会将具有相同集群名称的节点放到一个集群下。
- node.name：当前节点在Elasticsearch集群中所显示的唯一节点名称，每个节点要分别配置。
- path.data：Elasticsearch索引数据的存储路径。可以设置多个存储路径，用逗号隔开。若路径指定的目录不存在，Elasticsearch启动时会自动生成。
- path.logs：日志文件存储路径。
- http.port：对外服务的HTTP端口，默认为9200。可以通过该端口访问Elasticsearch中的数据。
- network.host：当前节点绑定的主机名或IP地址，每个节点要分别配置。

需要注意的是，参数前面不能有空格，且参数冒号后面的空格不能省略。

**4．复制Elasticsearch安装目录到集群其他节点**

执行以下命令，将Elasticsearch安装目录及其所有子目录远程复制到centos02和centos03节点：

```
$ scp -r /opt/modules/elasticsearch-8.1.1/ hadoop@centos02:/opt/modules/
$ scp -r /opt/modules/elasticsearch-8.1.1/ hadoop@centos03:/opt/modules/
```

**5．修改其他节点相应的配置项**

修改centos02节点的elasticsearch.yml文件的相应属性值，修改内容如下：

```
node.name: es-centos02
network.host: centos02
```

同理，修改centos03节点的elasticsearch.yml文件的相应属性值，修改内容如下：

```
node.name: es-centos03
network.host: centos03
```

**6．修改CentOS 7系统配置（每个节点都要修改）**

Elasticsearch集群配置完毕后，若直接启动，可能会报以下错误：

```
ERROR: [3] bootstrap checks failed
  [1]: max file descriptors [4096] for elasticsearch process is too low, increase to at least [65536]
  [2]: memory locking requested for elasticsearch process but memory is not locked
  [3]: max virtual memory areas vm.max_map_count [65530] is too low, increase to at least [262144]
```

出现以上错误的原因是，在Elasticsearch启动时，会对重要的操作系统配置进行检查，且在不同的模式下，Elasticsearch会进行不同的提示：

- 在开发模式下,Elasticsearch将错误信息打印到日志中(warnning)。
- 在生产环境下,Elasticsearch应直接启动报错,启动不了。

为了防止出现上述错误,需要将CentOS 7系统的允许打开文件最大数(nofile)、允许启动进程最大数(nproc)和最大锁定内存(memlock)进行修改,步骤如下:

**01** 执行以下命令,修改limits.conf文件:

```
$ sudo vi /etc/security/limits.conf
```

在文件末尾添加以下内容:

```
* soft nofile 65536
* hard nofile 131072
* soft nproc 2048
* hard nproc 4096
* soft memlock unlimited
* hard memlock unlimited
```

其中星号*表示对所有用户有效,也可以改成启动Elasticsearch的用户的用户名。soft代表软限制,hard代表硬限制。硬限制是严格的设定,一定不能超过这个设定的数值。软限制是警告的设定,可以超过这个设定的值,但是若超过,则有警告信息。

修改完毕后,需要重新登录系统用户,使limits.conf文件生效。

**02** 执行以下命令,修改sysctl.conf文件:

```
$ sudo vi /etc/sysctl.conf
```

在文件中添加以下内容:

```
vm.max_map_count=262144
```

max_map_count含义为一个进程最多可用的内存映射区数量,大部分程序使用数量不会超过1000,默认值65 536,使用Elasticsearch需要适当调大。

然后执行以下命令,使sysctl.conf的参数配置生效:

```
$ sudo sysctl -p
```

如果执行时出现如下错误:sysctl: cannot stat /proc/sys/-p: 没有那个文件或目录,则需要写绝对执行路径,改成下面的命令:

```
$ sudo /usr/sbin/sysctl -p
```

### 7. 启动 Elasticsearch 集群

从Elasticsearch 8.0开始,默认开启了安全功能,包括认证、授权、网络加密等,而在之前版本中需要手动启用。如果需要关闭安全功能,可在配置文件elasticsearch.yml中添加以下配置信息,将xpack.security.enabled的值设置为false(默认为true):

```
xpack.security.enabled: false
```

本例保持默认状态,即开启安全功能。

默认情况下,第一次启动Elasticsearch时,系统会自动进行如下安全配置:

- 为传输层和HTTP层生成TLS的证书和密钥,存储于Elasticsearch安装目录下的config/certs目录中。

- TLS配置信息将写入Elasticsearch配置文件elasticsearch.yml中。
- 为elastic用户生成密码。
- 为Kibana(开源的分析与可视化平台,用于与Elasticsearch一起使用,在14.5节将详细讲解)生成一个注册令牌(Token)。

(1)启动centos01节点上的Elasticsearch

在centos01节点中进入Elasticsearch安装目录,执行以下命令,在前台启动Elasticsearch(第一次启动建议在前台启动,方便观察输出的重要日志信息):

```
$ bin/elasticsearch
```

Elasticsearch启动的同时会向控制台打印安全认证信息,包括以下四部分重要信息:

- elastic用户的密码(登录Elasticsearch、访问Kibana的WebUI界面时需要)。elastic是内置的超级管理用户。
- HTTP CA证书SHA-256指纹。
- 用于Kibana连接当前Elasticsearch服务的注册令牌(从生成开始计时,有效期为30分钟)。
- 介绍了让其他节点加入当前Elasticsearch集群的操作步骤。

输出信息如图14-4所示。

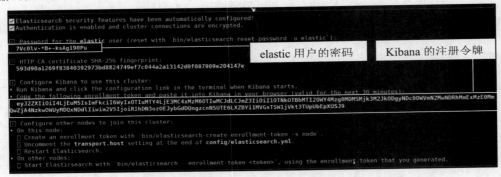

图 14-4 Elasticsearch 首次启动时控制台打印安全认证信息

图14-4中生成的注册令牌,用于启动Kibana时提供,以便能够安全地将Kibana与Elasticsearch连接起来。注册令牌有效期为30分钟,如果注册令牌过期了,可在Elasticsearch安装目录中执行以下命令重新生成注册令牌:

```
$ bin/elasticsearch-create-enrollment-token -s kibana
```

此时在Elasticsearch安装目录下的config文件夹中生成了一个certs文件夹,该文件夹包含了证书和密钥文件:

```
[hadoop@centos01 elasticsearch-8.1.1]$ ll config/certs/
总用量 24
-rw-rw----. 1 hadoop hadoop  1915 3月  28 16:42 http_ca.crt
-rw-rw----. 1 hadoop hadoop 10029 3月  28 16:42 http.p12
-rw-rw----. 1 hadoop hadoop  5822 3月  28 16:42 transport.p12
```

这些证书和密钥用于将客户端实例(例如Kibana实例)安全地连接到Elasticsearch集群,并加密节点间通信。证书和密钥文件说明如下:

- http_ca.crt：CA证书。用于签名此Elasticsearch集群HTTP层证书。
- http.p12：密钥存储库，包含此节点HTTP层的密钥和证书。
- transport.p12：密钥存储库，包含集群中所有节点的传输层的密钥和证书。

查看Elasticsearch配置文件elasticsearch.yml，发现在文件末尾自动生成了TLS证书、密钥等跟安全相关的配置信息，如下：

```
#启用安全特性
xpack.security.enabled: true
xpack.security.enrollment.enabled: true

#启用HTTP API客户端连接加密，如Kibana、Logstash和Agents
xpack.security.http.ssl:
  enabled: true
  keystore.path: certs/http.p12

#启用集群节点之间的加密和相互认证
xpack.security.transport.ssl:
  enabled: true
  verification_mode: certificate
  keystore.path: certs/transport.p12
  truststore.path: certs/transport.p12
#仅使用当前节点创建一个新集群。其他节点以后仍然可以加入集群
cluster.initial_master_nodes: ["es-centos01"]
```

如果只是搭建单节点Elasticsearch，此时直接进行后面的"验证是否启动成功"操作即可。如果需要搭建多节点Elasticsearch集群，需要继续进行下面的操作。

（2）启动 centos02 和 centos03 节点上的 Elasticsearch

centos02 和 centos03 节点的启动需要使用在 centos01 节点中生成的注册令牌，以便能够跟centos01 节点组成集群（即加入到同一个集群）。

首先在centos01节点的Elasticsearch安装目录中执行以下命令，生成用于新节点加入集群的注册令牌：

```
$ bin/elasticsearch-create-enrollment-token -s node
```

如图14-5所示。

```
[hadoop@centos01 elasticsearch-8.1.1]$ bin/elasticsearch-create-enrollment-token -s node
warning: ignoring JAVA_HOME=/opt/modules/jdk1.8.0_144; using bundled JDK
eyJ2ZXIiOiI4LjEuMSIsImFkciI6WyIxOTIuMTY4LjE3MC4xMzM6OTIwMCJdLCJmZ3IiOiIzZDIzNjBhMTUyMmVjMGIwMWI0YWV
hZDBjZDllM2I5NTQwMzk5N2QyMzA4ZTg5NDJlZGU3YmJmMGE1MjFkMDZkIiwia2V5IjoiX2Z0TTRIOEJJWUp0bGl1SE5vVEI6VG
9FYWdqRXdRNy0yTjRrRW56ZXJuUSJ9
```

图14-5　在centos01节点生成注册令牌

只要是新节点想要加入该集群，都可以使用该注册令牌，但是令牌有效期为30分钟，过期需要重新生成。

然后分别在centos02节点和centos03节点的Elasticsearch安装目录中，执行以下命令，使用在centos01节点生成的注册令牌，启动Elasticsearch：

```
$ bin/elasticsearch --enrollment-token <centos01节点生成的注册令牌> -d
```

上述命令中参数-d代表在后台运行，如不需要在后台运行，去掉-d即可。

以centos02节点为例，启动Elasticsearch的执行命令如图14-6所示。

```
[hadoop@centos02 elasticsearch-8.1.1]$ bin/elasticsearch --enrollment-token eyJ2ZXIiOiI4LjEuMSIsImFkciI6W
yIxOTIuMTY4LjE3MC4xMzM6OTIwMCJdLCJmZ3IiOiIzZDIzNjBhMTUyMmVjMGIwMWI0YWVhZDBjZDllM2I5NTQwMzk5N2QyMzA4ZTg5ND
JlZGU3YmJmMGE1MjFkMDZkIiwia2V5IjoiX2ZOTTRIOEJIWUp0bGxlSE5vVEI6V09FYWdqRXdRNy0yTjRrRW56ZXJuUSJ9 -d
```

图 14-6　在 centos02 节点使用注册令牌启动 Elasticsearch

启动成功后，使用jps命令查看启动的Java进程，可以看到，每个节点都启动了一个名为Elasticsearch的进程。

### 8．验证是否启动成功

在集群任意一个节点上进入Elasticsearch安装目录，执行以下命令，访问centos01节点（集群任意节点都可）的9200端口（由于开启了安全功能，需要指定CA证书的位置）：

```
$ curl https://centos01:9200 --cacert config/certs/http_ca.crt -u elastic
```

根据提示，输入elastic用户的密码，若能成功输出以下状态信息，则Elasticsearch集群启动成功：

```
{
  "name" : "es-centos01",
  "cluster_name" : "es_cluster",
  "cluster_uuid" : "vKfuJusCSiGN1RdCEHjIKw",
  "version" : {
    "number" : "8.1.1",
    "build_flavor" : "default",
    "build_type" : "tar",
    "build_hash" : "d0925dd6f22e07b935750420a3155db6e5c58381",
    "build_date" : "2022-03-17T22:01:32.658689558Z",
    "build_snapshot" : false,
    "lucene_version" : "9.0.0",
    "minimum_wire_compatibility_version" : "7.17.0",
    "minimum_index_compatibility_version" : "7.0.0"
  },
  "tagline" : "You Know, for Search"
}
```

### 9．修改密码

除了可以使用Elasticsearch首次启动生成的elastic用户的密码外，也可以修改elastic用户的密码。

（1）手动修改密码

如果读者记得密码，需要将密码修改为其他值，可以进行手动修改密码操作。例如，修改elastic用户的密码为123456，命令如下：

```
curl --cacert config/certs/http_ca.crt \
-u elastic -X POST "https://centos01:9200/_security/user/elastic/_password?pretty" \
-H 'Content-Type: application/json' \
-d '{ "password" : "123456"}'
```

执行上述命令时，将提示输入旧密码。旧密码输入正确才能修改为新密码。

（2）自动重置密码

如果读者忘记了密码，可以进行自动重置密码操作。例如，执行以下命令，将elastic用户的密码重置为一个自动生成的值，生成的密码将在控制台中打印出来：

```
$ bin/elasticsearch-reset-password -u elastic
```

仍然使用ssh命令进行测试登录即可。具体见本节手动复制方式的步骤（3）。

> **注意** Elasticsearch的密码是集群级别，而不是节点级别。即整个Elasticsearch集群的密码是统一的，所有节点使用同一密码。若在某个节点执行了更改密码操作，访问其他节点时需要使用最新更改的密码。此外，使用相关命令访问Elasticsearch集群的任意节点都可以操作集群数据，但是需要提供CA证书路径及集群elastic用户的密码。

## 14.5 安装 Kibana

Kibana是一个开源的分析与可视化平台，适合与Elasticsearch一起使用。我们可以用Kibana搜索、查看、交互存放在Elasticsearch索引里的数据，并使用各种不同的图表、表格、地图等进行可视化查看。

Kibana只需在集群的一个节点安装即可，安装步骤如下：

**01** 下载Kibana安装包。从Elasticsearch官方网站https://www.elastic.co/downloads/kibana下载Kibana 8.1.1的二进制安装包kibana-8.1.1-linux-x86_64.tar.gz。

**02** 上传并解压安装包。将kibana-8.1.1-linux-x86_64.tar.gz上传到服务器centos01节点的/opt/softwares目录中，并将其解压到/opt/modules/中，解压命令如下：

```
$ tar -zxvf kibana-8.1.1-linux-x86_64.tar.gz -C /opt/modules/
```

**03** 修改配置文件。修改Kibana安装目录下的config/kibana.yml文件，修改内容如下：

```
#Kibana服务器将绑定到的主机名或IP地址
#默认值是"localhost"，表示只能本地连接Kibana，远程机器将无法连接。此处的配置表示可以远程通过访问centos01域名来连接Kibana
server.host: "centos01"
#Kibana服务器名称
server.name: "centos01"
#Kibana的Web浏览器访问地址
server.publicBaseUrl: "http://centos01:5601"
```

**04** 启动并连接Kibana。进入Kibana安装目录，执行以下命令，在前台启动Kibana：

```
$ bin/kibana
```

首次启动Kibana时，会在控制台输出一个Kibana访问链接http://centos01:5601（Kibana默认端口为5601），如图14-7所示。

图 14-7 Kibana 首次启动时控制台打印访问链接

单击生成的链接，在浏览器中打开。粘贴启动Elasticsearch时在终端生成的注册令牌（若令牌过期，需要重新在Elasticsearch中生成）到文本框中，如图14-8所示。

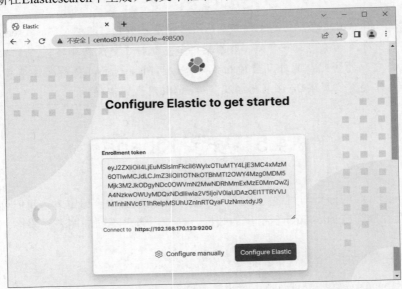

图 14-8　粘贴 Elasticsearch 提供给 Kibana 的注册令牌

然后单击【Configure Elastic】按钮，此时显示输入认证代码的界面，如图14-9所示。

图 14-9　输入 Kibana 服务器提供的认证代码

根据界面的提示，在Kibana安装目录中执行bin/kibana-verification-code命令，生成认证代码，如图14-10所示。

```
[hadoop@centos01 kibana-8.1.1]$ bin/kibana-verification-code
Your verification code is:  498 500
```

图 14-10　在 Kibana 中生成认证代码

填入生成的认证码后，单击【Verrify】按钮，系统会自动搜索Elasticsearch并进行相关安全配置。配置完毕后，输入Elasticsearch的账号密码登录即可（账号使用elastic），如图14-11所示。

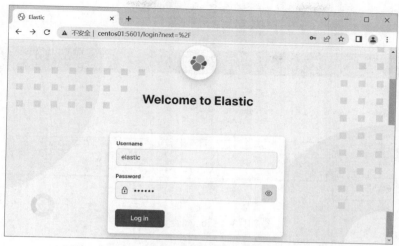

图 14-11　输入 Elasticsearch 的账号密码登录 Kibana

登录成功后，进入Kibana的WebUI界面的首页，如图14-12所示。

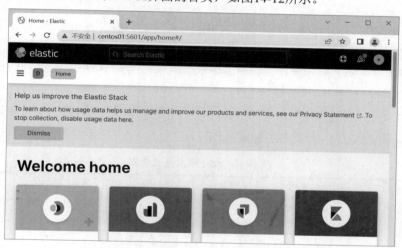

图 14-12　Kibana 的 WebUI 界面首页

到此，Kibana实例已与Elasticsearch连接起来。可以在Kibana中操作Elasticsearch中的数据了。后续启动Kibana可以直接执行以下命令，在后台启动：

```
$ nohup bin/kibana &
```

**05** Kibana界面操作。单击Kibana主界面左边菜单的开发工具选项【Dev Tools】，在右侧会出现开发者控制台，可以通过单击控制台的绿色三角按钮，执行需要的查询命令。例如，查询Elasticsearch集群所有节点信息，如图14-13所示。

**06** 停止Kibana。执行以下命令，查询Kibana的进程ID：

```
$ ps -ef | grep node
```

或者执行以下命令，查询监听端口5601的进程PID：

```
$ ss -lntp | grep 5601
```

然后将该进程杀掉即可。

图 14-13　Kibana 查询控制台

## 14.6　REST API

Elasticsearch提供了一个非常全面和强大的REST API，可以使用Linux curl命令发起一个HTTP请求与集群进行交互，也可以使用任何允许进行HTTP/REST调用的工具来发起请求。

一个基于HTTP协议（若集群开启了安全功能，则需要使用HTTPS协议）的curl请求的基本格式如下：

```
curl -X<VERB> '<PROTOCOL>://<HOST>:<PORT>/<PATH>?<QUERY_STRING>' -d '<BODY>'
```

其中被符号<>标记部分的含义如表14-1所示。

表 14-1　curl 请求格式含义

| 名称 | 说明 |
| --- | --- |
| VERB | HTTP 请求方法，取值为 GET、POST、PUT、HEAD 或 DELETE |
| PROTOCOL | 请求协议，取值为 http 或 https |
| HOST | Elasticsearch 集群任意一个节点的主机名 |
| PORT | Elasticsearch HTTP 服务端口号，默认为 9200 |
| PATH | 请求路径，也称为 API 端点 |
| QUERY_STRING | 查询字符串 |
| BODY | JSON 格式的请求体 |

REST API的主要功能如下：

- 检查集群、节点和索引的健康状况、状态和统计信息。
- 管理集群、节点、索引数据和元数据。
- 对索引执行CRUD（创建、读取、更新和删除）和搜索操作。
- 执行高级搜索操作，如分页、排序、过滤、脚本编制、聚合等。

本节讲解的所有命令，在Elasticsearch集群的任意节点上执行都可。

## 14.6.1 集群状态 API

可以使用REST API来查看集群的运行情况,具体步骤如下:

**01** 执行以下命令,可以了解当前Elasticsearch集群的健康情况:

```
$ curl -XGET 'centos01:9200/_cat/health?v'
```

若集群开启了安全功能,则需要指定HTTPS协议、CA证书的位置,并使用账号密码登录,命令如下:

```
$ curl -XGET 'https://centos01:9200/_cat/health?v' --cacert config/certs/http_ca.crt -u elastic
```

为了方便讲解,后续的操作命令将省略安全功能特有的参数,但并不代表在安全功能下可以省略。

执行上述命令的返回结果如图14-14所示。

```
epoch        timestamp  cluster      status node.total node.data shards pri relo init unassign pending_tasks max_task_wait_time active_shards_percent
1540780338   10:32:18   es_cluster   green           3         3      3   2    1    0        0             0                  -               100.0%
```

图 14-14 Elasticsearch 集群健康信息

结果中的字段status的含义有以下三种:

- green: 所有的主分片和副本分片都正常运行。
- yellow: 所有的主分片都正常运行,但不是所有的副本分片都正常运行。
- red: 存在至少一个主分片没能正常运行。

**02** 执行以下命令,查看Elasticsearch集群节点信息:

```
$ curl -XGET 'centos01:9200/_cat/nodes?v'
```

返回结果如图14-15所示。

```
ip               heap.percent ram.percent cpu load_1m load_5m load_15m node.role master name
192.168.170.133             8          95   5    0.14    0.48     0.54 mdi       *      es-centos01
192.168.170.134            10          94   3    0.01    0.55     0.65 mdi       -      es-centos02
192.168.170.135            14          93   4    0.00    0.48     0.58 mdi       -      es-centos03
```

图 14-15 Elasticsearch 集群节点信息

集群状态API允许获取整个集群的全面状态信息。

## 14.6.2 索引 API

### 1. 创建索引

创建索引API用于在Elasticsearch中手动创建索引。Elasticsearch中的所有文档都存储在一个索引或另一个索引中。

例如,执行以下命令,创建一个名称为customer的索引:

```
$ curl -XPUT 'centos01:9200/customer?pretty'
```

若在Kibana中执行,可将命令简化为:

```
$ PUT /customer?pretty
```

参数pretty的含义为将返回结果进行格式化输出。

若返回以下结果，代表创建成功：

```
{
  "acknowledged" : true,
  "shards_acknowledged" : true,
  "index" : "customer"
}
```

在创建索引时，还可以在body体中对索引进行相关设置。但是在body体中发送的内容类型必须在头部使用Content-Type指定，一般常用JSON数据类型。例如，创建名称为customer 3的索引，并设置分片数量为3（默认为1），副本数量为2（默认为1），命令如下：

```
$ curl -XPUT 'centos01:9200/customer3?pretty' -H 'Content-Type: application/json' -d
'{
    "settings" : {
        "number_of_shards" : 3,
        "number_of_replicas" : 2
    }
}'
```

若在Kibana中执行，可将命令简化为：

```
PUT /customer3?pretty
{
    "settings" : {
        "number_of_shards" : 3,
        "number_of_replicas" : 2
    }
}
```

### 2．查询索引

查询索引API允许检索一个或多个索引的信息。

例如，执行以下命令，查询索引customer的详细信息：

```
$ curl -XGET 'centos01:9200/customer?pretty'
```

还可以将索引名称替换为_all或者*，查询Elasticsearch集群中所有的索引信息，命令如下：

```
$ curl -XGET 'centos01:9200/_all?pretty'
```

### 3．打开和关闭索引

打开和关闭索引API允许关闭一个索引，之后也可以将其打开。一个关闭的索引在集群上几乎没有开销（除了维护它的元数据），并且读/写操作将被阻塞。

打开和关闭索引的REST请求的API端点为/{index}/_open和/{index}/_close。例如，关闭名为customer的索引，命令如下：

```
$ curl -XPOST 'centos01:9200/customer/_close?pretty'
```

返回如下信息代表操作成功：

```
{
  "acknowledged" : true
}
```

当然，也可以使用_all或*作为索引名打开或关闭所有索引。例如，打开所有索引，命令如下：

```
$ curl -XPOST 'centos01:9200/_all/_open?pretty'
```

**4．删除索引**

删除索引API允许删除一个存在的索引。

例如，删除索引customer，命令如下：

```
$ curl -XDELETE 'centos01:9200/customer?pretty'
```

返回以下信息代表操作成功：

```
{
  "acknowledged" : true
}
```

## 14.6.3 文档API

**1．添加文档**

在指定的索引中可以添加文档。请求方法为PUT，语法为：

```
PUT /<index>/_doc/<_id>
```

例如，在索引customer中添加一个name为Zhang San的文档，该文档的id为1，命令如下：

```
$ curl -H 'content-type:application/json' -XPUT 'centos01:9200/customer/_doc/1?pretty' -d '{"name":"Zhang San"}'
```

上述命令中使用参数-H指定内容类型为application/json。这是因为，在Elasticsearch 6.0版本之后，为了提高安全性，若使用curl或其他命令行工具将数据发送到Elasticsearch，则必须向任何包含主体的请求添加Content-Type报头，否则将添加失败。

在Kibana中可将命令简化为：

```
PUT customer/_doc/1
{
  "name" : "Zhang San"
}
```

返回以下结果代表文档添加成功：

```
{
  "_index" : "customer",
  "_id" : "1",
  "_version" : 1,
  "result" : "created",
  "_shards" : {
    "total" : 2,
    "successful" : 2,
    "failed" : 0
  },
  "_seq_no" : 0,
```

```
"_primary_term" : 1
}
```

上述结果中的_version表示当前文档的版本号，每次对文档进行修改（包括删除）时，版本号都将递增。

> **注意** 在对文档进行索引（添加文档）的时候，id字段是可选的，如果没有指定id字段，Elasticsearch集群会随机生成一个唯一的字符串id。此外，Elasticsearch会将请求定向到主分片，并在包含此分片的实际节点上执行。主分片操作完成后，如果需要，将在可用的副本上执行更新。

### 2. 查询文档

查询文档API允许根据id从索引中获取一个JSON格式的文档数据。请求方法为GET，语法为：

```
GET <index>/_doc/<_id>
```

例如，查询索引customer中id为1的文档数据，命令如下：

```
$ curl -XGET 'centos01:9200/customer/_doc/1?pretty'
```

查询结果如下：

```
{
  "_index" : "customer",
  "_id" : "1",
  "_version" : 1,
  "_seq_no" : 0,
  "_primary_term" : 1,
  "found" : true,
  "_source" : {
    "name" : "Zhang San"
  }
}
```

上述结果中的_source参数为该文档的完整JSON数据。默认情况下，文档的全部数据将存储在_source参数中，但是如果只需要返回文档的某些字段，可以将多个字段以逗号分隔。例如，只查询索引customer中id为1的文档的name和age字段，命令如下：

```
$ curl -XGET 'centos01:9200/customer/_doc/1?pretty&_source=name,age'
```

### 3. 更新文档

使用更新文档API可以对索引中的文档进行更新。但是Elasticsearch中的文档是不可变的，更新文档实际上是先删除原有文档，然后将新文档重新进行索引。请求方法为POST，语法为：

```
POST /<index>/_update/<_id>
```

例如，更新索引customer中id为1的文档的name字段为"Li Si"，命令如下：

```
curl -H 'content-type:application/json' -XPOST 'centos01:9200/customer/_update/1?pretty' -d '{"doc":{"name":"LiSi"}}'
```

需要注意的是，命令中的doc字段不属于文档的实际数据。

返回结果如下：

```
{
  "_index" : "customer",
  "_id" : "1",
  "_version" : 2,
  "result" : "updated",
  "_shards" : {
    "total" : 2,
    "successful" : 2,
    "failed" : 0
  },
  "_seq_no" : 1,
  "_primary_term" : 1
}
```

从结果中可以看到，_version的值变为了2。

也可以更新的同时向文档中添加字段。例如，将索引customer中id为1的文档更新为{"name":"LiSi","age":20}，即在原来的基础上添加age字段，命令如下：

```
$ curl -H 'content-type:application/json' -XPOST 'centos01:9200/customer/_update/1?pretty' -d '{"doc":{"name":"LiSi","age":20}}'
```

在更新文档的同时，还可以使用简单的脚本命令来实现一些功能。例如，使age字段在原有的基础上增加5，命令如下：

```
$ curl -H 'content-type:application/json' -XPOST 'centos01:9200/customer/_update/1?pretty' -d '{"script":"ctx._source.age+=5"}'
```

上述命令中，ctx._source表示当前文档。

#### 4．删除文档

删除文档API允许根据id从特定索引中删除文档数据。请求方法为DELETE，语法为：

```
DELETE /<index>/_doc/<_id>
```

例如，删除一个索引customer中id为1的文档，命令如下：

```
$ curl -H 'content-type:application/json' -XDELETE 'centos01:9200/customer/_doc/1?pretty'
```

返回结果如下：

```
{
  "_index" : "customer",
  "_id" : "1",
  "_version" : 5,
  "result" : "deleted",
  "_shards" : {
    "total" : 2,
    "successful" : 2,
    "failed" : 0
  },
  "_seq_no" : 6,
  "_primary_term" : 1
}
```

### 5. 批处理

除了可以对单独的文档进行索引、更新和删除外，Elasticsearch还提供了一种批处理API，使用它可以减少网络带宽和时间开销，进而高效地完成多种操作。

例如，以下命令将id为1、name为zhangsan和id为2、name为lisi的两个文档添加到索引customer中（若索引中不存在id相同的文档，则会创建文档。若存在id相同的文档，则会更新文档）：

```
$ curl -H 'Content-Type: application/json' -XPUT 'centos01:9200/_bulk?pretty' -d'
{ "index" : { "_index" : "customer", "_id" : "1"} }
{ "name" : "zhangsan"}
{ "index" : { "_index" : "customer", "_id" : "2"} }
{ "name" : "lisi"}
'
```

以下命令对id为1的文档进行了更新，对id为2的文档进行了删除：

```
$ curl -H 'Content-Type: application/json' -XPOST 'centos01:9200/customer/_bulk?pretty' -d'
{ "update" : { "_id" : "1" } }
{"doc":{ "name" : "wangwu" }}
{ "delete" : { "_id" : "2" } }
'
```

批量操作API，如果单个操作失败，后续操作仍将继续进行。批量操作会按照与执行操作相同的顺序返回执行结果，以便检查某个具体操作是否失败。

### 14.6.4 搜索API

Elasticsearch搜索请求有两种方式：一种可以在URI中添加请求参数，这样对于快速的"curl测试"非常方便，但这种方式只支持部分的搜索参数；另一种可以将请求参数放入body体中进行发送，这种方式具有更强的表述能力。下面分别对这两种方式进行讲解。

#### 1. URI方式

首先执行以下命令，向索引customer中添加两条数据：

```
$ curl -H 'Content-Type: application/json' -XPOST 'centos01:9200/customer/_bulk?pretty' -d'
{ "index" : { "_id" : "1" } }
{ "name" : "zhangsan","age":20 }
{ "index" : { "_id" : "2" } }
{ "name" : "lisi","age":22 }
'
```

然后执行以下命令，搜索customer索引中的所有文档并将结果按照age字段升序排列：

```
$ curl -XGET "centos01:9200/customer/_search?q=*&sort=age:asc&pretty"
```

上述命令中的参数q=*表示匹配所有文档。

返回结果如下：

```
{
  "took" : 762,
```

```
    "timed_out" : false,
    "_shards" : {
      "total" : 1,
      "successful" : 1,
      "skipped" : 0,
      "failed" : 0
    },
    "hits" : {
      "total" : {
        "value" : 2,
        "relation" : "eq"
      },
      "max_score" : null,
      "hits" : [
        {
          "_index" : "customer",
          "_id" : "1",
          "_score" : null,
          "_source" : {
            "name" : "zhangsan",
            "age" : 20
          },
          "sort" : [
            20
          ]
        },
        {
          "_index" : "customer",
          "_id" : "2",
          "_score" : null,
          "_source" : {
            "name" : "lisi",
            "age" : 22
          },
          "sort" : [
            22
          ]
        }
      ]
    }
}
```

上述结果中的关键字段解析如下：

- took：执行本次搜索所花费的时间，单位为毫秒。
- timed_out：本次搜索操作是否超时。
- _shards：本次搜索设计的分片数量，包括搜索成功和失败的分片数量。
- hits：搜索结果描述及结果数据。
- hits.total：满足搜索条件的文档数量。
- hits.hits：搜索实际结果数据。
- sort：排序序号。

## 2. body体方式

使用body体方式发送搜索参数,实现与URI方式相同的功能,命令如下:

```
$ curl -H 'Content-Type: application/json' -XGET "centos01:9200/customer/
    _search?pretty" -d '
{
  "query": {
     "match_all": { }
  },
  "sort": [
     {
        "age": "asc"
     }
  ]
}'
```

### 14.6.5 Query DSL

14.6.4节讲解的将搜索参数放入body体的请求方式在Elasticsearch中被称为领域特定语言(Domain Specific Language,DSL)。本节将详细讲解DSL的常用操作。

下面以查询索引bank中的文档数据为例进行讲解。

#### 1. 基本查询

执行以下命令,仅返回文档中account和balance两个字段:

```
$ curl -H 'Content-Type: application/json' -XGET "centos01:9200/bank/
    _search?pretty" -d '
{
  "query": {
     "match_all": { }
  },
  "_source":["account","balance"]
}'
```

执行以下命令,可以返回address字段中包含字符串"mill"的数据:

```
$ curl -H 'Content-Type: application/json' -XGET "centos01:9200/bank/
    _search?pretty" -d '
{
  "query": {
     "match": {"address":"mill"}
  }
}'
```

执行以下命令,可以将两个match查询组合在一起,从而返回所有address字段中包含"mill"和"lane"的数据:

```
$ curl -H 'Content-Type: application/json' -XGET "centos01:9200/bank/
    _search?pretty" -d '
{
  "query": {
    "bool": {
```

```
      "must": [
        {"match": {"address": "mill"}},
        {"match": {"address": "lane"}
        }
      ]
    }
  }
}'
```

上述命令使用了bool查询与must子句。bool查询允许用户使用布尔逻辑将较小的查询组合成更大的查询。must子句表示与其中的match查询都匹配的文档才可以被返回。

与must子句对应的是should子句。它表示与子句查询列表中的任一个相匹配的文档就可以被返回。例如执行以下命令，返回所有address字段中包含"mill"或"lane"的数据：

```
$ curl -H 'Content-Type: application/json' -XGET "centos01:9200/bank/
  _search?pretty" -d '
{
  "query": {
    "bool": {
      "should": [
        {"match": {"address": "mill"}},
        {"match": {"address": "lane"}
        }
      ]
    }
  }
}'
```

#### 2. 过滤

bool查询也支持过滤子句。例如执行以下命令，查询字段balance在大于或等于1000到小于或等于2000之间的所有数据：

```
$ curl -H 'Content-Type: application/json' -XGET "centos01:9200/bank/
  _search?pretty" -d '
{
  "query": {
    "bool": {
      "must": {
        "match_all": { }
      },
      "filter": {
        "range": {
          "balance": {
            "gte": 1000,
            "lte": 2000
          }
        }
      }
    }
  }
}'
```

上述命令中，range（范围）子句允许通过一组范围值来过滤文档，通常用于数字或日期筛选。

除了match、bool和range查询外，Elasticsearch还支持很多其他的查询方式，读者可参考官方网站进行学习，此处不再一一讲解。

### 3. 聚合

Elasticsearch中的聚合与关系型数据库中的GROUP BY或聚合函数类似，可以将数据进行分组并提取统计数据。

具体操作如下：

**01** 执行以下命令，向索引customer中添加三条数据：

```
$ curl -H 'Content-Type: application/json' -XPOST 'centos01:9200/customer/_bulk?pretty' -d'
{ "index" : { "_id" : "1" } }
{ "name":"zhangsan","age":20,"score":98 }
{ "index" : { "_id" : "2" } }
{ "name":"lisi","age":22,"score":68 }
{ "index" : { "_id" : "3" } }
{ "name":"wangwu","age":22,"score":88 }
'
```

**02** 然后执行以下查询命令，根据年龄字段age进行分组，且默认返回按每一组中的文档数量降序排列的前10个结果：

```
$ curl -H 'Content-Type: application/json' -XGET "centos01:9200/customer/_search?pretty" -d '
{
  "size": 0,
  "aggs": {
    "age_group": {
      "terms": {
        "field": "age"
      }
    }
  }
}'
```

上述命令中的age_group为自定义的结果集名称。size被设置为0，表示本次查询只返回统计结果数据，若未设置size，则会返回统计之前的实际文档数据。

上述命令可以用如下SQL进行表述：

```
SELECT age,count(*) FROM customer GROUP BY age ORDER BY count(*) DESC;
```

返回结果如下：

```
{
  "took" : 771,
  "timed_out" : false,
  "_shards" : {
    "total" : 1,
    "successful" : 1,
    "skipped" : 0,
    "failed" : 0
```

```
  },
  "hits" : {
    "total" : {
      "value" : 3,
      "relation" : "eq"
    },
    "max_score" : null,
    "hits" : [ ]
  },
  "aggregations" : {
    "age_group" : {
      "doc_count_error_upper_bound" : 0,
      "sum_other_doc_count" : 0,
      "buckets" : [
        {
          "key" : 22,
          "doc_count" : 2
        },
        {
          "key" : 20,
          "doc_count" : 1
        }
      ]
    }
  }
}
```

从结果中可以看出,结果集以数组的形式存放于age_group.buckets中,其中的key代表年龄age,doc_count代表同一年龄的文档数量。

**03** 聚合与聚合之间支持任意嵌套,以提取有效的统计信息。在上面的分组聚合age_group中嵌套一个自定义名称为score_avg的平均分聚合,根据score字段求出每一组的平均得分,命令如下:

```
$ curl -H 'Content-Type: application/json' -XGET "centos01:9200/customer/_search?pretty" -d '
{
    "size": 0,
    "aggs": {
        "age_group": {
            "terms": {
                "field": "age"
            },
            "aggs": {
                "score_avg": {
                    "avg": {
                        "field": "score"
                    }
                }
            }
        }
    }
}'
```

返回结果如下:

```
{
  "took" : 506,
  "timed_out" : false,
  "_shards" : {
    "total" : 5,
    "successful" : 5,
    "skipped" : 0,
    "failed" : 0
  },
  "hits" : {
    "total" : 3,
    "max_score" : 0.0,
    "hits" : [ ]
  },
  "aggregations" : {
    "age_group" : {
      "doc_count_error_upper_bound" : 0,
      "sum_other_doc_count" : 0,
      "buckets" : [
        {
          "key" : 22,
          "doc_count" : 2,
          "score_avg" : {
            "value" : 78.0
          }
        },
        {
          "key" : 20,
          "doc_count" : 1,
          "score_avg" : {
            "value" : 98.0
          }
        }
      ]
    }
  }
}
```

从结果中可以看出,age_group.buckets中多了一个score_avg对象,该对象中的value值即为每一组数据根据score字段得出的平均值。

## 14.7 Head 插件安装

Elasticsearch Head是一个用于监控Elasticsearch集群的Web插件,可以对Elasticsearch数据进行浏览和查询。Elasticsearch 5.0后需要单独下载安装,并以一个单独服务的形式运行。

Head插件使用Grunt进行启动。Grunt是一个JavaScript自动化构建工具,对于需要反复重复的任务,例如压缩(minification)、编译、单元测试等,自动化工具可以减轻工作量。使用Grunt只需在Gruntfile文件正确配置好任务，任务运行器就会自动帮你完成大部分工作。Grunt的具体使用读者可参考Grunt官方网站https://gruntjs.com/，此处不做过多讲解。

Grunt和Grunt插件是通过npm安装并管理的，而npm是Node.js的包管理器。也就是说，Grunt依赖于Node.js。

因此，在安装Head之前需要先安装Node.js与Grunt。

本例所有操作均在单节点（centos01节点）上执行，具体操作步骤如下。

### 1. 安装Node.js

**01** 下载并解压。执行以下命令，下载Node.js的二进制安装包，此处使用10.9.0版本：

```
$ wget https://nodejs.org/dist/v10.9.0/node-v10.9.0-linux-x64.tar.xz
```

下载完毕后，将安装包解压到指定位置/opt/modules/：

```
$ tar xf node-v10.9.0-linux-x64.tar.xz -C /opt/modules/
```

**02** 配置环境变量。修改环境变量文件：

```
$ sudo vi /etc/profile
```

添加以下内容，使在任何目录下都可以执行npm、node等命令：

```
export NODE_HOME=/opt/modules/node-v10.9.0-linux-x64
export PATH=$PATH:$NODE_HOME/bin
```

修改完后刷新环境变量文件：

```
$ source /etc/profile
```

**03** 验证。执行以下命令，若能成功输出Node.js的版本信息，说明安装成功：

```
$ node -v
v10.9.0
```

### 2. 安装Grunt

Grunt安装完成后就可以使用 grunt 命令来执行Head插件中的 Gruntfile.js 中定义的任务了。

执行以下命令，即可在全局范围安装grunt-cli（Grunt命令行工具）。也就是说，安装完成后即可在任何地方执行 grunt 命令。

```
$ npm install -g grunt-cli
```

### 3. 安装Head

**01** 下载并解压Head。执行以下命令，从GitHub官方网站下载Head插件安装包：

```
$ wget https://github.com/mobz/elasticsearch-head/archive/master.zip
```

下载完毕后，执行以下命令，将安装包解压到指定目录/opt/modules/：

```
$ unzip master.zip -d /opt/modules/
```

解压完毕后，将在目录/opt/modules/中出现一个elasticsearch-head-master文件夹。

**02** 安装Head依赖包。进入Head安装目录，执行以下命令，安装Head依赖包：

```
$ npm install
```

**03** 修改配置文件。修改Head安装目录下的Gruntfile.js文件,在connect->server->options属性内增加hostname属性,将值设置为0.0.0.0或"*",表示允许任何IP地址访问Head,内容如下:

```
connect: {
    server: {
        options: {
            port: 9100,
            base: '.',
            keepalive: true,
            hostname:'*'
        }
    }
}
```

修改Head安装目录下的_site/app.js文件,将this.base_uri = this.config.base_uri || this.prefs.get("app-base_uri") || "http://localhost:9200";中的localhost修改为centos01,使Head通过主机名centos01访问Elasticsearch。若不进行修改,Head默认访问Elasticsearch地址http://localhost:9200,需要确保可以通过localhost访问到Elasticsearch集群。

### 4. 修改Elasticsearch配置文件

修改 Elasticsearch安装目录下的config/elasticsearch.yml配置文件,在文件最后增加以下两个配置项,配置Elasticsearch允许跨域访问:

```
http.cors.enabled: true
http.cors.allow-origin: "*"
```

修改完毕后,重启Elasticsearch使配置生效。

### 5. 启动Head

进入Head安装目录,执行以下命令,启动Head:

```
$ grunt server
```

或者执行以下命令,在后台启动:

```
$ grunt server &
```

若输出以下内容表示启动成功:

```
Running "connect:server" (connect) task
Waiting forever...
Started connect web server on http://localhost:9100
```

### 6. 访问Head

Head的默认访问端口为9100,在浏览器中输入网址http://centos01:9100即可访问Head的Web主界面。在Head的Web主界面上输入Elasticsearch的数据访问地址http://centos01:9200后,单击【连接】按钮即可连接到Elasticsearch集群。

如果Elasticsearch开启了安全功能,则需要在Head的访问网址后面追加上Elasticsearch的账号和密码,例如http://centos01:9100/?auth_user=elastic&auth_password=1234567。并且在连接Elasticsearch时应使用HTTPS协议,例如https://centos01:9200/,以便能够正常连接到Elasticsearch集群。

如图14-16所示，使用Head连接上Elasticsearch后，可以看到该集群由三个节点组成，目前无任何索引信息。

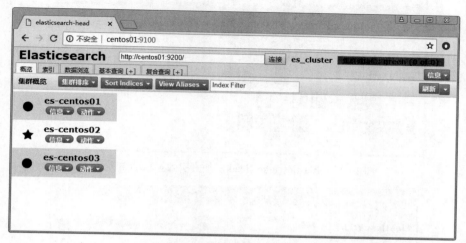

图 14-16　Elasticsearch Head 主界面

接下来向Elasticsearch中添加一个名称为customer的索引，并设置分片数量为5（默认为1），副本数量为1（默认为1），命令如下：

```
$ curl -XPUT 'centos01:9200/customer?pretty' -H 'Content-Type: application/json' -d
'{
   "settings" : {
      "number_of_shards" : 5,
      "number_of_replicas" : 1
   }
}'
```

然后执行以下命令，向customer索引添加三条数据：

```
$ curl -H 'Content-Type: application/json' -XPOST 'centos01:9200/customer/_bulk?pretty' -d'
{ "index" : { "_id" : "1" } }
{ "name":"zhangsan","age":20,"score":98 }
{ "index" : { "_id" : "2" } }
{ "name":"lisi","age":22,"score":68 }
{ "index" : { "_id" : "3" } }
{ "name":"wangwu","age":22,"score":88 }
'
```

添加完成后，刷新Head主界面，可以看到界面中出现了名称为"customer"的索引，并且出现了该索引的分片数量和分片分布信息：分片编号0到4，共10个分片，其中5个主分片和5个副本分片，均匀分布到三个节点上，如图14-17所示。

单击Head主界面中的【数据浏览】选项卡，可以查看当前Elasticsearch集群中的数据详细信息，如图14-18所示。

图 14-17　Elasticsearch Head 添加索引数据后的主界面

图 14-18　Elasticsearch Head 数据浏览

## 14.8　Java API 操作：员工信息

Elasticsearch本身使用Java开发，因此对Java的支持能力是最好的。本节通过对员工信息建立索引，并对索引数据进行添加、修改等，讲解Elasticsearch的相关Java客户端API的操作。

### 1．新建项目

在Eclipse中新建Maven项目elasticsearch_demo，在pom.xml文件中加入项目的依赖库，内容如下：

```xml
<dependency>
    <groupId>co.elastic.clients</groupId>
    <artifactId>elasticsearch-java</artifactId>
    <version>8.1.1</version>
</dependency>
<dependency>
    <groupId>com.fasterxml.jackson.core</groupId>
    <artifactId>jackson-databind</artifactId>
    <version>2.12.3</version>
</dependency>
```

项目目录结构如图14-19所示。

需要注意的是，由于本例使用的Elasticsearch版本为8.1.1，要求JDK版本在1.8及以上才能正常运行，因此需要修改项目关联的JDK版本为1.8。

**2. 编写代码**

在项目elasticsearch_demo中新建Java类EmployeeCRUDApp.java，并在main()方法中添加相应的代码。对于开启了安全认证的Elasticsearch集群，需要额外在代码中添加认证信息，具体步骤如下：

图14-19　Elasticsearch Maven 项目目录结构

**01** 复制CA证书文件到项目。在项目中创建源目录src/main/resources，并将Elasticsearch集群生成的CA证书文件http_ca.crt复制到该目录中，用于客户端进行认证。

**02** 加载CA证书，生成认证。在EmployeeCRUDApp.java类的main()方法中编写加载CA证书、生成认证的代码：

```
//1.加载CA证书，生成认证
//获取X.509证书的工厂实例。.crt文件是X.509常用的文件格式
CertificateFactory factory =CertificateFactory.getInstance("X.509");
Certificate trustedCa;
try ( InputStream in = EmployeeCRUDApp.class.getClassLoader().
                        getResourceAsStream("certs/http_ca.crt")) {
    //生成X.509证书
    trustedCa = factory.generateCertificate(in);
}
//加载pkcs12密钥库。pkcs12格式的常见后缀名是.p12，用于将加密对象存储为单个文件
//它可以用来存储密钥、私钥和证书
KeyStore trustStore = KeyStore.getInstance("pkcs12");
trustStore.load(null, null);
//给证书分配别名（ca）
trustStore.setCertificateEntry("ca", trustedCa);
```

X.509是密码学里公钥证书的格式标准，X.509证书里含有公钥、身份信息和签名信息等，用于识别互联网通信和计算机网络中的身份，保护数据传输安全。X.509最常见的用例是使用SSL证书让网站与用户之间实现HTTPS安全浏览。.crt文件则是X.509常用的文件格式，用于存放证书。关于X.509，此处不做过多讲解。

**03** 连接Elasticsearch集群。Elasticsearch Java API客户端由三个主要组件组成：

- JSON对象映射器（JacksonJsonpMapper）：将你的应用程序类映射到JSON，并将它们与API客户端无缝集成。
- 传输层实现（RestClientTransport）：传输层是处理所有HTTP请求的地方。
- API客户端类（ElasticsearchClient）：为Elasticsearch API提供了强类型的数据结构和方法。Elasticsearch的核心特性是在ElasticsearchClient类中实现的。通过API客户端对象ElasticsearchClient可以远程连接到Elasticsearch集群。

接下来在EmployeeCRUDApp.java类的main()方法中继续添加连接Elasticsearch集群的代码：

```
//2.创建低级别客户端
//创建SSL上下文构建器
```

```
SSLContextBuilder sslContextBuilder = SSLContexts.custom()
                                  .loadTrustMaterial(trustStore, null);
//构建SSL上下文
final SSLContext sslContext = sslContextBuilder.build();
//设置凭证信息
final CredentialsProvider credentialsProvider = new BasicCredentialsProvider();
credentialsProvider.setCredentials(
        AuthScope.ANY,  //匹配任何主机、端口、认证方案等
        new UsernamePasswordCredentials("elastic", "1234567")  //Elasticsearch
                                                                集群账号密码
);
//创建低级别客户端
RestClient restClient = RestClient.builder(
        new HttpHost("centos01", 9200, "https"),//Elasticsearch集群节点1
        new HttpHost("centos02", 9200, "https"),//Elasticsearch集群节点2
        new HttpHost("centos03", 9200, "https")  //Elasticsearch集群节点3
).setHttpClientConfigCallback(new HttpClientConfigCallback() {
    @Override
    public HttpAsyncClientBuilder customizeHttpClient(HttpAsyncClientBuilder
        httpClientBuilder) {
        //SSL上下文和默认凭证配置
        return httpClientBuilder.setSSLContext(sslContext)
                .setDefaultCredentialsProvider(credentialsProvider);
    }
}).build();

//3.使用Jackson映射器创建传输客户端
ElasticsearchTransport transport = new RestClientTransport(restClient,
                                  new JacksonJsonpMapper());
//4.创建API客户端
ElasticsearchClient client = new ElasticsearchClient(transport);
//5.验证是否连接成功。输出集群名称。
System.out.println(client.cluster().health().clusterName());
```

**04** 添加员工信息。在EmployeeCRUDApp.java类中编写将员工zhangsan的信息索引至Elasticsearch集群的company索引中的方法,代码如下:

```
/**
 * 添加员工信息
 */
public static void addEmploy(ElasticsearchClient client) throws Exception {
    //构建员工数据,使用Map或实体类对象都可
    Map<String,Object> docMap= new HashMap<String, Object>();
    docMap.put("name","zhangsan");
    docMap.put("age",27);
    docMap.put("position","software engineer");
    docMap.put("country","China");
    docMap.put("join_date","2018-10-21");
    docMap.put("salary","10000");

    //发起索引请求。使用Java lambda语法,更加方便快捷
    IndexResponse response =client.index(IndexRequest.of(x->{
        x.index("company");//索引
        x.id("1");//id值
        x.document(docMap);//文档数据
        return x;
    }));
```

```
//打印结果内容。成功"Created"
System.out.println(response.result());
}
```

上述代码中,首先创建了一个存储用户信息的Map对象(使用实体类对象也可),然后通过API客户端对象client将Map对象索引到了Elasticsearch集群中。

添加成功后,在Elasticsearch Head中查看company索引的数据,如图14-20所示。

| _index | _type | _id | _score | name | age | position | country | join_date | salary |
|---|---|---|---|---|---|---|---|---|---|
| company | | 1 | 1 | zhangsan | 27 | software engineer | China | 2018-10-21 | 10000 |

图14-20 company索引数据浏览

**05** 更新员工信息。在EmployeeCRUDApp.java类中编写将员工zhangsan的姓名改为lisi的方法,代码如下:

```java
/**
 * 更新员工信息
 */
public static void undateEmployee(ElasticsearchClient client) throws Exception
{
    //Map存储要修改的指定内容(使用实体类对象也可)
    Map<String,Object> docMap= new HashMap<String, Object>();
    docMap.put("name","lisi");//添加哪个字段就会修改哪个字段

    //执行更新操作。使用Java lambda语法,更加方便快捷
    UpdateResponse<Map> response=client.update(x -> x
            .index("company")//索引
            .id("1")//id值(修改id为1的文档信息)
            .doc(docMap), Map.class);

    //打印结果。成功输出"Updated"
    System.out.println(response.result());
}
```

**06** 查询员工信息。在EmployeeCRUDApp.java类中编写查询员工id为1的员工信息的方法,代码如下:

```java
/**
 * 查询员工信息
 */
public static void getEmployee(ElasticsearchClient client) throws IOException
{
    //执行查询,查询id为1的员工信息
    GetResponse<Map> response=client.get(x->x
            .index("company")//索引
            .id("1"),Map.class);//以Map集合的方式存储返回结果

    //打印结果内容。输出员工字段信息Map集合
    System.out.println(response.source());
}
```

**07** 删除员工信息。在EmployeeCRUDApp.java类中编写删除员工id为1的员工信息的方法,代码如下:

```
/**
 * 删除员工信息
```

```
 */
public static void delEmployee(ElasticsearchClient client) throws IOException
{
    //执行删除，删除id为1的员工信息。
    DeleteResponse response=client.delete(x -> x
        .index("company")//索引
        .id("1")//id值
    );
    //打印结果。成功输出"Deleted"
    System.out.println(response.result());
}
```

### 3．运行程序

直接在EmployeeCRUDApp.java类中的main()方法中，添加需要调用的方法即可。例如，在main()方法中调用查询员工信息的方法getEmployee()，部分代码如下：

```
public static void main(String[] args) throws Exception {
    //1.加载CA证书，生成认证
    代码省略
    //2.创建低级别客户端
    代码省略
    //3.使用Jackson映射器创建传输客户端
    ElasticsearchTransport transport = new RestClientTransport(restClient,
                                        new JacksonJsonpMapper());
    //4.创建API客户端
    ElasticsearchClient client = new ElasticsearchClient(transport);

    //调用查询员工信息方法
    getEmployee(client);
}
```

## 14.9 动 手 练 习

练习一：依照书中的操作步骤，搭建一个Elasticsearch分布式集群，并安装好Kibana和Head插件。

练习二：依照书中的14.8节，使用Java客户端API在Elasticsearch中创建员工信息索引，并对索引数据进行添加、修改等操作。

# 第 15 章 Scala

本章首先介绍Scala的基本概念，讲解了Scala在Windows和Linux中的安装；然后介绍了Scala的基础知识、集合、类和对象等；最后讲解了在两大开发工具Eclipse和IntelliJ IDEA中编写Scala程序。

**本章学习目标**

- ※ 掌握Scala的基础知识以及Scala在Windows和Linux中的安装步骤。
- ※ 掌握Scala中的集合、类和对象等的使用。
- ※ 掌握在Eclipse和IntelliJ IDEA中进行Scala程序的编写。

## 15.1 什么是 Scala

Scala是一种将面向对象和函数式编程结合在一起的高级语言，旨在以简洁、优雅和类型安全的方式表达通用编程模式。Scala功能强大，不仅可以编写简单脚本，还可以构建大型系统。

Scala运行于Java平台，Scala程序会通过JVM被编译成class字节码文件，然后在操作系统上运行。其运行时候的性能通常与Java程序不分上下，并且Scala代码可以调用Java方法、继承Java类、实现Java接口等，几乎所有Scala代码都大量使用了Java类库。

由于Spark主要是由Scala语言编写的，为了后续更好地学习Spark以及使用Scala编写Spark应用程序，需要首先学习Scala语言。

## 15.2 安装 Scala

由于Scala运行于Java平台，因此安装Scala之前需要确保系统安装了JDK。本书使用的Scala版本为2.12.7，要求JDK版本为1.8，JDK的安装此处不再讲解。

本节主要讲解Scala的两种安装方式：Windows和CentOS。

## 15.2.1 Windows 中安装 Scala

### 1. 下载安装Scala

到Scala官方网站https://www.scala-lang.org/download/下载Windows安装包scala-2.12.7.msi,然后双击打开并将其安装到指定目录(一直单击【Next】按钮安装即可)。此处安装于默认目录C:\Program Files (x86)\scala,安装界面如图15-1所示。

图 15-1  Scala 安装界面

### 2. 配置环境变量

设置Windows系统的环境变量,修改内容如下:

```
变量名:SCALA_HOME
变量值:C:\Program Files (x86)\scala
变量名:Path
变量值:%SCALA_HOME%\bin
```

通常,Scala安装完成后会自动将Scala的bin目录的路径添加到系统Path变量中。若Path变量中无该路径,则需要手动添加。

### 3. 测试

启动系统CMD命令行界面,执行scala -version命令,若能正确输出当前Scala版本信息,说明安装成功,如图15-2所示。

```
C:\Users\Administrator>scala -version
Scala code runner version 2.12.7 -- Copyright 2002-2018, LAMP/EPFL and Lightbend
, Inc.
```

图 15-2  输出 Scala 版本信息

此时执行scala命令,则会进入到Scala的命令行模式,在此可以编写Scala表达式和程序,如图15-3所示。

图 15-3　Scala 命令行模式

## 15.2.2　CentOS 7 中安装 Scala

**1．下载安装**

到Scala官方网站https://www.scala-lang.org/download/下载Linux安装包scala-2.12.7.tgz，并将其上传到CentOS系统的/opt/softwares目录。

然后执行以下命令，解压安装文件到目录/opt/modules/：

```
$ tar -zxvf scala-2.12.7.tgz -C /opt/modules/
```

**2．配置环境变量**

修改环境变量文件/etc/profile：

```
$ sudo vi /etc/profile
```

添加以下内容：

```
export SCALA_HOME=/opt/modules/scala-2.12.7/
export PATH=$PATH:$SCALA_HOME/bin
```

然后刷新环境变量文件使其生效：

```
$ source /etc/profile
```

**3．测试**

在任意目录执行scala -version命令，若能成功输出以下版本信息，说明Scala安装成功：

```
Scala code runner version 2.12.7 -- Copyright 2002-2018, LAMP/EPFL and Lightbend, Inc.
```

此时执行scala命令，则会进入到Scala的命令行模式，在此可以编写Scala表达式和程序：

```
$ scala
Welcome to Scala 2.12.7 (Java HotSpot(TM) 64-Bit Server VM, Java 1.8.0_144).
Type in expressions for evaluation. Or try :help.

scala>
```

# 15.3　Scala 基础

建议读者最初学习Scala的时候在Scala命令行模式中操作，最终程序的编写可以在IDE中进行。在Windows CMD窗口中或CentOS的Shell命令中执行scala命令，即可进入Scala的命令行操作模式。本节将在Scala的命令行操作模式中讲解Scala的基础知识。

## 15.3.1 变量声明

Scala中变量的声明使用关键字val和var。val类似Java中的final变量,也就是常量,一旦初始化将不可修改;var类似Java中的非final变量,可以被多次赋值,多次修改。

例如,声明一个val字符串变量str:

```
scala> val str="hello scala"
str: String = hello scala
```

上述代码中的第二行为执行第一行的输出信息,从输出信息中可以看出,该变量在Scala中的类型是String。

当然,也可以在声明变量时指定数据类型。与Java不同的是,数据类型需要放到变量名的后面,这使得面对复杂的数据类型时更易阅读:

```
scala> val str:String="hello scala"
str: String = hello scala
```

由于val声明的变量是不可修改的,若对上方声明的变量str进行修改,则会报以下错误:

```
scala> str="hello scala2"
<console>:12: error: reassignment to val
       str="hello scala2"
       ^
```

因此,如果希望变量可以被修改,需要使用var声明:

```
scala> var str="my scala"
str: String = my scala

scala> str="my scala2"
str: String = my scala2
```

如果需要换行输入语句,只需要在换行的地方按回车键,解析器就会自动在下一行以竖线进行分割:

```
scala> val str=
     | "hello everyone"
str: String = hello everyone
```

此外,还可以将多个变量放在一起进行声明:

```
scala> val x,y="hello scala"
x: String = hello scala
y: String = hello scala
```

Scala变量的声明,需要注意的地方总结如下:

- 定义变量需要初始化,否则会报错。
- 定义变量时可以不指定数据类型,系统会根据初始化值推断变量的类型。
- Scala中鼓励优先使用val(常量),除非确实需要对其进行修改。
- Scala语句不需要写结束符,除非同一行代码使用多条语句时才需要使用分号隔开。

## 15.3.2 数据类型

在Scala中，所有的值都有一个类型，包括数值和函数。图15-4说明了Scala的类型层次结构。

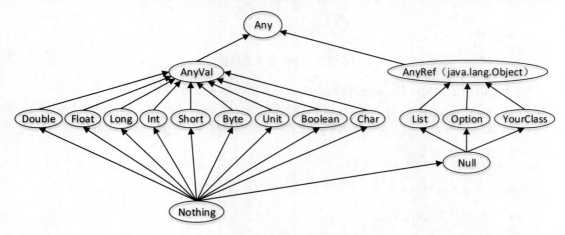

图15-4　Scala 类型层次结构

Any是Scala类层次结构的根，也被称为超类或顶级类。Scala执行环境中的每个类都直接或间接地从该类继承。该类中定义了一些通用的方法，例如equals()、hashCode()和toString()。Any有两个直接子类：AnyVal和AnyRef。

AnyVal表示值类型。其有9种预定义的值类型，它们是非空的Double、Float、Long、Int、Short、Byte、Char、Unit和Boolean。Unit是一个不包含任何信息的值类型，和Java语言中的void等同，用作不返回任何结果的方法的结果类型。Unit只有一个实例值，写成()。

AnyRef表示引用类型。所有非值类型都被定义为引用类型。Scala中的每个用户定义类型都是AnyRef的子类型。AnyRef对应于Java中的java.lang.Object。

例如，下面的例子定义了一个类型为List[Any]的变量list，list中包括字符串、整数、字符、布尔值和函数，由于这些元素都属于对象Any的实例，因此可以将它们添加到list中：

```
val list: List[Any] = List(
  "a string",
  732, //an integer
  'c', //a character
  true, //a boolean value
  () => "an anonymous function returning a string"
)
list.foreach(element => println(element))
```

上述代码的输出结果如下：

```
a string
732
c
true
<function>
```

Scala 中的值类型可以按照图15-5的方式转换，且转换是单向的。

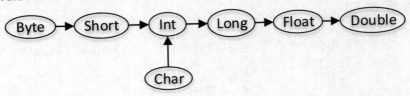

图 15-5　Scala 值类型转换

例如下面的例子，允许将Long型转换为Float型，Char型转换为Int型：

```
val x: Long = 987654321
val y: Float = x   //9.8765434E8  (注意在这种情况下会丢失一些精度)

val face: Char = '☺'
val number: Int = face   //9786
```

下面的转换是不允许的：

```
val x: Long = 987654321
val y: Float = x   //9.8765434E8
val z: Long = y   //不符合
```

此外，Scala还可以将引用类型转换为其子类型。

Nothing是所有类型的子类，在Scala类层级的最底端。Nothing没有对象，因此没有具体值，但是可以用来定义一个空类型，类似于Java中的标识性接口（如Serializable，用来标识该类可以进行序列化）。举个例子，如果一个方法抛出异常，则异常的返回值类型就是Nothing（虽然不会返回）。

Null是所有引用类型的子类，所以Null可以赋值给所有的引用类型，但不能赋值给值类型，这个和Java的语义是相同的。Null有一个唯一的单例值null。

### 15.3.3　表达式

Scala中常用的表达式主要有条件表达式和块表达式。

#### 1．条件表达式

条件表达式主要是含有if/else的语句块，如下代码所示，由于if和else的返回结果同为Int类型，因此变量result为Int类型：

```
scala> val i=1
i: Int = 1

scala> val result=if(i>0) 100 else -100
result: Int = 100
```

若if与else的返回类型不一致，则变量result为Any类型：

```
scala> val result=if(i>0) 100 else "hello"
result: Any = 100
```

当然，也可以在一个表达式中进行多次判断：

```
scala> val result=if(i>0) 100 else if(i==0) 50 else 10
```

```
result: Int = 100
```

#### 2. 块表达式

块表达式为包含在符号{}中的语句块。例如以下代码：

```
scala> val result={
     | val a=10
     | val b=10
     | a+b
     | }
result: Int = 20
```

代码中的竖线表示Scala命令行中的换行，在实际程序中不需要编写。

需要注意的是，Scala中的返回值是最后一条语句的执行结果，而不需要像Java一样单独写return关键字。

如果表达式中没有执行结果，则返回一个Unit对象，类似Java中的void。例如，以下代码：

```
scala> val result={
     | val a=10
     | }
result: Unit = ()
```

### 15.3.4 循环

Scala中的循环主要有for循环、while循环和do…while循环三种。

#### 1. for循环

for循环的语法如下：

```
for(变量<-集合或数组){
  方法体
}
```

表示将集合或数组中的每一个值循环赋给一个变量。

例如，循环从1到5输出变量i的值，代码如下：

```
scala> for(i<- 1 to 5) println(i)
1
2
3
4
5
```

1 to 5表示将1到5的所有值组成一个集合，且包括5。若不想包括5，可使用关键字until，代码如下：

```
scala> for(i<- 1 until 5) println(i)
1
2
3
4
```

使用这种方式可以循环输出字符串。例如，将字符串"hello"中的字符循环输出，代码如下：

```
scala> val str="hello"
str: String = hello

scala> for(i<-0 until str.length) println(str(i))
h
e
l
l
o
```

另外,还可以将字符串看作一个由多个字符组成的集合,因此上面的for循环写法可以更加简化,代码如下:

```
scala> for(i<-str) println(i)
h
e
l
l
o
```

Scala的嵌套循环比较简洁,例如以下代码,外层循环为i<-1 to 3,内层循环为j<-1 to 3 if (i!=j),中间使用分号隔开:

```
scala> for(i<-1 to 3;j<-1 to 3 if (i!=j)) println(j)
2
3
1
3
1
2
```

上述代码等同于以下的Java代码:

```
for (int i = 1; i <= 3; i++) {
  for (int j = 1; j <= 3; j++) {
    if(i!=j){
      System.out.println(j);
    }
  }
}
```

### 2. while循环

Scala的while循环与Java类似,语法如下:

```
while(条件)
{
    循环体
}
```

例如以下代码:

```
scala> var i=1
i: Int = 1

scala> while(i<5){
     |   i=i+1
```

```
    |   println(i)
    | }
2
3
4
5
```

**3. do…while循环**

与Java语言一样，do…while 循环与while循环类似，但是do…while循环会确保至少执行一次循环，语法如下：

```
do {
    循环体
} while(条件)
```

例如以下代码：

```
scala> do{
    |   i=i+1
    |   println(i)
    | }while(i<5)
2
3
4
5
```

## 15.3.5 方法与函数

**1. 方法**

Scala中的方法跟Java的类似，方法是组成类的一部分。
Scala中方法的定义使用def关键字，语法如下：

```
def 方法名 (参数列表):返回类型={
方法体
}
```

例如以下代码，将两个数字求和然后返回，返回类型为Int：

```
def addNum( a:Int, b:Int ) : Int = {
    var sum = 0
    sum = a + b
    return sum
}
```

只要方法不是递归的，可以省略返回类型，系统会自动推断返回类型。并且，返回值默认是方法体的最后一行表达式的值，当然也可以用return来执行返回值，但Scala并不推荐。

因此，可以对上方代码进行简写，去掉返回类型和return关键字，代码如下：

```
def addNum( a:Int, b:Int ) = {
    var sum = 0
    sum = a + b
    sum
}
```

方法的调用与Java一样，代码如下：

```
addNum(1,2)
```

如果方法没有返回结果，可以将返回类型设置为Unit，类似Java中的void，代码如下：

```
def addNum( a:Int, b:Int ) : Unit = {
    var sum = 0
    sum = a + b
    println(sum)
}
```

在定义方法参数时，可以为某个参数指定默认值，在方法被调用时可以不为带有默认值的参数传入实参。例如以下方法，指定参数a的默认值为5：

```
def addNum( a:Int=5, b:Int ) = {
    var sum = 0
    sum = a + b
    sum
}
```

上述方法可以用如下代码调用，通过指定参数名称，只传入参数b：

```
addNum(b=2)
```

也可以将a、b两个参数都传入：

```
addNum(1,2)
```

需要注意的是，当未被指定默认值的参数不是第一个时，参数名称不能省略。例如，下面的调用是错误的：

```
addNum(2)//错误调用
```

当方法需要多个相同类型的参数时，可以指定最后一个参数为可变长度的参数列表，只需要在最后一个参数的类型之后加入一个星号即可。例如以下方法，参数b可以是0到多个Int类型的参数：

```
def addData( a:String,b:Int* ) = {
    var res=0
     for (i <- b)
       res=res+i
    a+res
}
```

在方法内部，重复参数的类型实际上是一个数组。因此，上述方法中的参数b的类型实际上是一个Int类型的数组，即Array[Int]。可以使用如下代码对上述方法进行调用：

```
val res=addData("hello",3,4,5)
println(res)
```

输出结果为：hello12。

但是如果直接向方法addData()传入一个Int类型的数组，编译器反而会报错：

```
val arr=Array(3,4,5)
val res=addData("hello",arr)//此写法不正确
println(res)
```

此时需要在数组参数后添加一个冒号和一个_*符号，这样告诉编译器把数组arr的每个元素分别当作参数，而不是将数组当作单一的参数传入，代码如下：

```
val arr=Array(3,4,5)
val res=addData("hello",arr:_*)
println(res)
```

输出结果同样为：hello12。

### 2. 函数

函数的定义与方法不一样，语法如下：

```
(参数列表)=>函数体
```

例如如下代码，定义了一个匿名函数，参数为a和b，且都是Int类型，函数体为a+b，返回类型由系统自动推断，推断方式与方法相同：

```
( a:Int, b:Int ) =>a+b
```

如果函数体有多行，可以将函数体放入一对{}中，并且可以通过一个变量来引用函数，变量相当于函数名称，代码如下：

```
val f1=( a:Int, b:Int ) =>{ a+b }
```

此时，可以通过如下代码对其进行调用：

```
f1(1,2)
```

当然，函数也可以没有参数，代码如下：

```
val f2=( ) =>println("hello scala")
```

此时，可以通过如下代码对其进行调用：

```
f2()
```

### 3. 方法与函数的区别

（1）方法是类的一部分，而函数是一个对象并且可以赋值给一个变量。

（2）函数可以作为参数传入到方法中。

例如，定义一个方法m1，参数f要求是一个函数，该函数有两个Int类型参数，且函数的返回类型为Int，方法体中直接调用该函数，代码如下：

```
def m1(f: (Int, Int) => Int): Int = {
  f(2, 6)
}
```

定义一个函数f1，代码如下：

```
val f1 = (x: Int, y: Int) => x + y
```

调用方法m1，并传入函数f1：

```
val res = m1(f1)
println(res)
```

此时，输出结果为8。

（3）方法可以转换为函数。

当把一个方法作为参数传递给其他的方法或者函数时，系统会自动将该方法转换为函数。

例如，有一个方法m2，代码如下：

```
def m2(x:Int,y:Int) = x+y
```

调用上面的m1方法，并将m2作为参数传入，此时系统会自动将m2方法转换为函数：

```
val res = m1(m2)
println(res)
```

此时，输出结果为8。

除了系统自动转换外，也可以手动进行转换。在方法名称后加入一个空格和一个下划线，即可将方法转换为函数。代码如下：

```
//将方法m2转换为函数
val f2=m2 _
val res=m1(f2)
println(res)
```

此时，输出结果仍然为8。

## 15.4 集　　合

Scala集合分为可变集合和不可变集合。可变集合可以对其中的元素进行修改、添加、移除，而不可变集合永远不会改变，但是仍然可以模拟添加、移除或更新操作。这些操作都会返回一个新的集合，原集合的内容不发生改变。

### 15.4.1 数组

Scala中的数组分为定长数组和变长数组，定长数组初始化后不可对数组长度进行修改，而变长数组则可以修改。

#### 1. 定长数组

（1）数组定义

定义数组的同时可以初始化数据，如下代码：

```
val arr=Array(1,2,3)//自动推断数组类型
```

或者

```
val arr=Array[Int](1,2,3)//手动指定数据类型
```

也可以定义时指定数组长度，稍后对其添加数据，如下代码：

```
val arr=new Array[Int](3)
arr(0)=1
arr(1)=2
arr(2)=3
```

### （2）数组遍历

可以使用for循环对数组进行遍历，输出数组所有的元素，如下代码：

```
val arr=Array(1,2,3)
for(i<-arr){
  println(i)
}
```

### （3）常用方法

Scala对数组提供了很多常用的方法，使用起来非常方便，如下代码：

```
val arr=Array(1,2,3)
//求数组中所有数值的和
val arrSum=arr.sum
//求数组中的最大值
val arrmAx=arr.max
//求数组中的最小值
val arrMin=arr.min
//对数组进行升序排序
val arrSorted=arr.sorted
//对数组进行降序排序
val arrReverse=arr.sorted.reverse
```

## 2．变长数组

### （1）数组定义

变长数组使用类scala.collection.mutable.ArrayBuffer进行定义，例如以下代码：

```
//定义一个变长Int类型数组
val arr=new ArrayBuffer[Int]()
//向其中添加三个元素
arr+=1
arr+=2
arr+=3
println(arr)
```

上述代码输出结果为：

```
ArrayBuffer(1, 2, 3)
```

也可以使用-=符号对变长数组中的元素进行删减。例如，去掉数组arr中值为3的元素：

```
arr-=3
```

若数组中有多个值为3的元素，将从前向后删除第一个匹配的值。

### （2）数组合并

Scala支持使用++=符号将两个变长数组进行合并。例如，将数组a2的所有元素追加到数组a1中，代码如下：

```
val a1=ArrayBuffer(1,2,3,4,5)
val a2=ArrayBuffer(6,7)
println(a1++=a2)
```

输出结果如下：

```
ArrayBuffer(1, 2, 3, 4, 5, 6, 7)
```

（3）固定位置插入元素

使用insert()方法可以在数组指定的位置插入任意多个元素。例如，在数组arr的下标为0的位置插入两个元素1和2，代码如下：

```
arr.insert(0,1,2)
```

（4）固定位置移除元素

使用remove()方法可以在数组的固定位置移除指定数量的元素。例如，从数组arr的下标为1的位置开始移除两个元素，代码如下：

```
val arr=ArrayBuffer[Int](1,2,3,4,5)
arr.remove(1, 2)
println(arr)
```

输出结果如下：

```
ArrayBuffer(1, 4, 5)
```

## 15.4.2 List

Scala中的List分为可变List和不可变List，默认使用的List为不可变List。不可变List也可以增加元素，但实际上生成了一个新的List，原List不变。

### 1．不可变List

例如，创建一个Int类型的List，名为nums，代码如下：

```
val nums: List[Int] = List(1, 2, 3, 4)
```

在该List的头部追加一个元素1，生成一个新的List：

```
val nums2=nums.+:(1)
```

在该List的尾部追加一个元素5，生成一个新的List：

```
val nums3=nums:+5
```

List也支持合并操作。例如，将两个List合并为一个新的List，代码如下：

```
val nums1: List[Int] = List(1, 2, 3)
val nums2: List[Int] = List(4, 5, 6)
val nums3=nums1++:nums2
println(nums3)
```

输出结果如下：

```
List(1, 2, 3, 4, 5, 6)
```

此外，常用的还有二维List：

```
//二维List
val dim: List[List[Int]] =
  List(
    List(1, 0, 0),
    List(0, 1, 0),
    List(0, 0, 1)
  )
```

## 2. 可变List

可变List需要使用scala.collection.mutable.ListBuffer类。

例如，创建一个可变List并初始化数据：

```
val listBuffer= ListBuffer(1, 2, 3)
```

或者创建时不初始化数据而是通过后面添加元素：

```
val listBuffer= new ListBuffer[Int]()
listBuffer+=1
listBuffer+=2
listBuffer+=3
```

也可以将两个List进行合并：

```
val listBuffer= ListBuffer(1, 2, 3)
val listBuffer3= ListBuffer(4, 5, 6)
println(listBuffer++listBuffer3)
```

输出结果为：

```
ListBuffer(1, 2, 3, 4, 5, 6)
```

## 15.4.3　Map 映射

Scala中的Map也分可变Map和不可变Map，默认为不可变Map。

### 1. 不可变Map

创建一个不可变Map的代码如下：

```
val mp = Map(
"key1" -> "value1",
"key2" -> "value2",
"key3" -> "value3")
```

也可以使用以下写法：

```
val mp = Map(
   ("key1" , "value1"),
   ("key2" , "value2"),
   ("key3" , "value3")
   )
```

循环输出上述Map中的键值数据的代码如下：

```
mp.keys.foreach {
i =>
print("Key = "+i)
println(" Value = "+mp(i))
}
```

也可以使用for循环代替：

```
for((k,v)<-mp){
   println(k+":"+v)
}
```

## 2. 可变Map

创建可变Map需要引入类scala.collection.mutable.Map，创建方式与上述不可变Map相同。

如果要访问Map中key1的值，代码如下：

```
val mp = Map(
    ("key1" , "value1"),
    ("key2" , "value2")
    )
println(mp("key1"))
```

若键key1不存在，则返回-1：

```
if(mp.contains("key1"))
    mp("key1")
else
    -1
```

上述代码也可以使用getOrElse()方法代替，该方法第一个参数表示访问的键，第二个参数表示若值不存在，则返回默认值：

```
mp.getOrElse("key1", -1)
```

若要修改键key1的值为value2，代码如下：

```
mp("key1")="value2"
```

上述代码当key1存在时执行修改操作，若key1不存在，则执行添加操作。

当然，向Map中添加元素也可以使用+=符号，代码如下：

```
mp+=("key3" -> "value3")
```

或者

```
mp+=(("key3","value3"))
```

与此相对应，从Map中删除一个元素可以是-=符号，代码如下：

```
mp-="key3"
```

## 15.4.4 元组

元组是一个可以存放不同类型对象的集合，元组中的元素不可以修改。

### 1. 定义元组

例如，定义一个元组t：

```
val t=(1,"scala",2.6)
```

也可以使用以下方式定义元组，其中Tuple3是一个元组类，代表元组的长度为3：

```
val t2 = new Tuple3(1,"scala",2.6)
```

目前，Scala支持的元组最大长度为22，即可以使用Tuple1到Tuple22。元组的实际类型取决于元素数量和元素的类型，例如(20,"shanghai")的类型是Tuple2[Int,String]，(10,20,"beijing","shanghai","guangzhou")的类型是Tuple5[Int,Int,String,String,String]。

### 2. 访问元组

可以使用方法_1、_2、_3访问其中的元素。例如，取出元组中第一个元素：

```
println(t._1)
```

与数组和字符串的位置不同，元组的元素下标从1开始。

### 3. 迭代元组

使用Tuple.productIterator()方法可以迭代输出元组的所有元素：

```
val t = (4,3,2,1)
t.productIterator.foreach{ i =>println("Value = " + i )}
```

### 4. 元组转为字符串

使用Tuple.toString()方法可以将元组的所有元素组合成一个字符串：

```
val t = new Tuple3(1, "hello", "Scala")
println("连接后的字符串为: " + t.toString() )
```

上述代码输出结果为：

```
连接后的字符串为: (1,hello,Scala)
```

## 15.4.5 Set

Scala Set集合存储的对象不可重复。Set集合分为可变集合和不可变集合，默认情况下，Scala 使用的是不可变集合，如果要使用可变集合，则需要引用 scala.collection.mutable.Set 包。

### 1. 集合定义

可以使用如下方式定义一个不可变集合：

```
val set = Set(1,2,3)
```

### 2. 元素增减

与List集合一样，对于不可变Set进行元素的增加和删除，实际上会产生一个新的Set，原来的Set并没有改变，代码如下：

```
//定义一个不可变set集合
val set = Set(1,2,3)
//增加一个元素
val set1=set+4
//减少一个元素
val set2=set-3
println(set)
println(set1)
println(set2)
```

上述代码输出结果如下：

```
Set(1, 2, 3)
Set(1, 2, 3, 4)
Set(1, 2)
```

### 3. 集合方法

常用的集合方法如下代码所示：

```
val site = Set("Ali", "Google", "Baidu")
//输出第一个元素
println(site.head)
//取得除了第一个元素的所有元素的集合
val set2=site.tail
println(set2)
//查看元素是否为空
println(site.isEmpty)
```

使用++运算符可以连接两个集合：

```
val site1 = Set("Ali", "Google", "Baidu")
val site2 = Set("Faceboook", "Taobao")
val site=site1++site2
println(site)
```

上述代码输出结果为：

```
Set(Faceboook, Taobao, Google, Ali, Baidu)
```

使用Set.min方法可以查找集合中的最小元素，使用Set.max方法可以查找集合中最大的元素。代码如下：

```
val num = Set(5,8,7,20,10,66)
//输出集合中的最小元素
println(num.min)
//输出集合中的最大元素
println(num.max)
```

使用Set.&方法或Set.intersect方法可以查看两个集合的交集元素。代码如下：

```
val num1 = Set(5,2,9,10,3,15)
val num2 = Set(5,6,10,20,35,65)
//输出两个集合的交集元素
println(num1.&(num2))
//输出两个集合的交集元素
println(num1.intersect(num2))
```

上述代码输出结果为：

```
Set(5, 10)
Set(5, 10)
```

## 15.5 类和对象

### 15.5.1 类的定义

我们已经知道，对象是类的具体实例。类是抽象的，不占用内存；而对象是具体的，占用存储空间。

Scala中一个最简单的类定义是使用关键字class，类名必须大写。类中的方法用关键字def定义，例如以下代码：

```
class User{
  private var age=20
  def count(){
    age+=1
  }
}
```

如果一个类不写访问修饰符，则默认访问级别为Public。这与Java是不一样的。
关键字new用于创建类的实例。例如，调用上述代码中的count()方法，可以使用以下代码：

```
new User().count()
```

### 15.5.2 单例对象

Scala中没有静态方法或静态字段，但是可以使用关键字object定义一个单例对象，单例对象中的方法相当于Java中的静态方法，可以直接使用"单例对象名.方法名"方式进行调用。单例对象除了没有构造器参数外，可以拥有类的所有特性。

例如以下代码，定义了一个单例对象Person，该对象中定义了一个方法showInfo()：

```
object Person{
  private var name="zhangsan"
  private var age=20
  def showInfo():Unit={
    println("姓名: "+name+", 年龄: "+age)
  }
}
```

可以在任何类或对象中使用代码Person.showInfo()对方法showInfo()进行调用。

### 15.5.3 伴生对象

当单例对象的名称与某个类的名称一样时，该对象被称为这个类的伴生对象。类被称为该对象的伴生类。

类和它的伴生对象必须定义在同一个文件中，且两者可以互相访问其私有成员。例如以下代码：

```
class Person() {
  private var name="zhangsan"
  def showInfo(){
    //访问伴生对象的私有成员
    println("年龄: "+Person.age)
  }
}
object Person{
  private var age=20
  def main(args: Array[String]): Unit = {
    var per=new Person()
    //访问伴生类的私有成员
    println("姓名: "+per.name)
    per.showInfo()
  }
}
```

运行上述伴生对象Person的main()方法,输出结果如下:

```
姓名: zhangsan
年龄: 20
```

## 15.5.4 get 和 set 方法

Scala默认会根据类的属性的修饰符生成不同的get和set方法,生成原则如下:

- val修饰的属性,系统会自动生成一个私有常量属性和一个公有get方法。
- var修饰的属性,系统会自动生成一个私有变量和一对公有get/set方法。
- private var修饰的属性,系统会自动生成一对私有get/set方法,相当于类的私有属性,只能在类的内部和伴生对象中使用。
- private[this]修饰的属性,系统不会生成get/set方法,即只能在类的内部使用该属性。

例如有一个Person类,代码如下:

```
class Person {
  val id:Int=10
  var name="zhangsan"
  private var gender:Int=0
  private[this] var age:Int=20
}
```

将该类编译为class文件后,再使用Java反编译工具将其反编译为Java代码,代码如下:

```
public class Person{
  private final int id = 10;
  public int id()
  {
    return this.id;
  }
  private String name = "zhangsan";
  public String name()
  {
    return this.name;
  }
  public void name_$eq(String x$1)
  {
    this.name = x$1;
  }
  private int gender = 0;
  private int gender()
  {
    return this.gender;
  }
  private void gender_$eq(int x$1)
  {
    this.gender = x$1;
  }
  private int age = 20;
}
```

使用name属性举例，在Scala中，get和set方法并非被命名为getName和setName，而是被命名为name和name_=，由于JVM不允许在方法名中出现=，因此=被翻译成$eq。

从上述代码可以看出，由于属性id使用val修饰，因此不可修改，只生成了与get方法对应的id()；属性name使用var修饰，因此生成了与get和set方法对应的name()和name_$eq()方法，且都为public；属性gender由于使用private var修饰，因此生成了private修饰的get和set方法；属性age由于使用private[this]修饰，因此没有生成get和set方法，只能在类的内部使用。

此时，可以使用如下代码对Person类中的属性进行访问：

```
object test{
  def main(args: Array[String]): Unit = {
    var per:Person=new Person()
    per.name="lisi"
    println(per.id)
    println(per.name)//将调用方法per.name()
    per.id=20//错误，不允许修改
  }
}
```

除了系统自动生成get和set方法外，也可以手动进行编写，例如以下代码：

```
class Person {
  //声明私有变量
  private var privateName="zhangsan"
  //定义get方法
  def name=privateName
  //定义set方法
  def name_=(name:String): Unit ={
    this.privateName=name
  }
}
object test{
  def main(args: Array[String]): Unit = {
    var per:Person=new Person()
    //访问变量
    per.name="lisi"//修改
    println(per.name)//读取
  }
}
```

当然，也可以使用如下的Java风格定义get和set方法：

```
class Person {
  //声明私有变量
  private var name="zhangsan"
  //定义get方法
  def getName(): String ={
    this.name
  }
  //定义set方法
  def setName(name:String): Unit ={
    this.name=name
  }
```

```
}
object test{
  def main(args: Array[String]): Unit = {
    var per:Person=new Person()
    //访问属性
    per.setName("wangwu")
    println(per.getName())
  }
}
```

## 15.5.5 构造器

Scala中的构造器分为主构造器和辅助构造器。

### 1. 主构造器

主构造器的参数直接放在类名之后,且将被编译为类的成员变量,其值在初始化类时进行传入,例如以下代码:

```
//定义主构造器，年龄age默认为18
class Person(val name:String,var age:Int=18) {

}
object Person{
  def main(args: Array[String]): Unit = {
//调用构造器并设置name和age字段
    var per=new Person("zhangsan",20)
    println(per.age)
    println(per.name)
    per.name="lisi"//错误，val修饰的变量不可修改
  }
}
```

可以通过对主构造器的参数添加访问修饰符来控制参数的访问权限。例如以下代码,将参数age设置为私有的,参数name设置为不可修改(val):

```
class Person(val name:String, private var age:Int) {

}
```

构造参数也可以不带val或var,此时默认为private[this] val,代码如下所示:

```
class Person(name:String,age:Int) {

}
```

在主构造器被执行时,类定义中的所有语句同样会被执行。例如以下代码中的println语句是主构造器的一部分,每当主构造器被执行时,该部分代码同样会被执行,可以在这里做一些类的初始化工作:

```
class Person(var name:String,var age:Int) {
  println(name)
  println(age)
  //初始化语句...

}
```

如果需要将整个主构造器设置为私有的，只需要添加private关键字即可，例如以下代码：

```
class Person private(var name:String,var age:Int) {
}
```

注意　主构造器也可以没有参数，一个类中如果没有显式定义主构造器，则默认有一个无参构造器。

### 2. 辅助构造器

Scala类除了可以有主构造器外，还可以有任意多个辅助构造器。辅助构造器的定义需要注意以下几项：

- 辅助构造器的方法名称为this。
- 每一个辅助构造器的方法体中必须首先调用其他已定义的构造器。
- 辅助构造器的参数不能使用var或val进行修饰。

例如以下代码，定义了两个辅助构造器：

```
class Person {
  private var name="zhangsan"
  private var age=20
  //定义辅助构造器一
  def this(name:String){
    this()//调用主构造器
    this.name=name
  }
  //定义辅助构造器二
  def this(name:String,age:Int){
    this(name)//调用辅助构造器一
    this.age=age
  }
}
```

上述构造器可以使用如下三种方式进行调用：

```
var per1=new Person//调用无参主构造器
var per2=new Person("lisi")//调用辅助构造器一
var per3=new Person("lisi",28)//调用辅助构造器二
```

除此之外，主构造器还可以与辅助构造器同时使用。在这种情况下，一般辅助构造器的参数要多于主构造器，如下代码所示：

```
//定义主构造器
class Person(var name:String,var age:Int) {
  private var gender=""
  //定义辅助构造器
  def this(name:String,age:Int,gender:String){
    this(name,age)//调用主构造器
    this.gender=gender
  }
}
object Person{
  def main(args: Array[String]): Unit = {
    //调用辅助构造器
```

```
    var per=new Person("zhangsan",20,"male")
    println(per.name)
    println(per.age)
    println(per.gender)
  }
}
```

上述代码运行的输出结果为:

```
zhangsan
20
male
```

## 15.6　抽象类和特质

### 15.6.1　抽象类

Scala的抽象类使用关键字abstract定义，具有以下特征：

- 抽象类不能被实例化。
- 抽象类中可以定义抽象字段（没有初始化的字段）和抽象方法（没有被实现的方法），也可以定义被初始化的字段和被实现的方法。
- 若某个子类继承了一个抽象类，则必须实现抽象类中的抽象字段和抽象方法，且实现的过程中可以添加override关键字也可以省略。若重写了抽象类中已经实现的方法，则必须添加override关键字。

例如，定义一个抽象类Person，代码如下：

```
//定义抽象类Person
abstract class Person {
  //抽象字段
  var name:String
  var age:Int
  //普通字段
  var address:String="北京"
  //抽象方法
  def speak()
  //普通方法
  def eat():Unit={
    println("吃东西")
  }
}
```

定义一个普通类Teacher，并继承抽象类Person，实现Person中的抽象字段和抽象方法，并重写方法eat()，代码如下：

```
//继承了抽象类Person
class Teacher extends Person{
  //实现抽象字段
  var name: String = "王丽"
  var age: Int = 28
```

```
//实现抽象方法
def speak(): Unit = {
  println("姓名: "+this.name)
  println("年龄: "+this.age)
  println("地址: "+this.address)//继承而来
  println("擅长讲课")
}
//重写非抽象方法,必须添加override关键字
override def eat():Unit={
  println("爱吃中餐")
}
}
```

定义一个测试对象,调用Teacher类中的方法,代码如下:

```
object AppTest{
  def main(args: Array[String]): Unit = {
    val teacher=new Teacher()
    //调用方法
    teacher.speak()
    teacher.eat()
  }
}
```

输出结果如下:

```
姓名: 王丽
年龄: 28
地址: 北京
擅长讲课
爱吃中餐
```

需要注意的是,上述Teacher类中speak()方法的地址字段(address)是从父类(抽象类Person)中继承而来的。由于该字段在Person中有初始化值,不是抽象字段,若需要在Teacher类中修改该字段的值,可以在Teacher类的构造函数或其他方法中使用this.address对其重新赋值。例如将地址改为"上海",可以使用以下代码:

```
this.address="上海"
```

由于Person类中的address字段使用var修饰,而Scala不允许对抽象类中var修饰的非抽象字段进行重写,因此在Teacher类中对address字段进行重写将报编译错误,除非该字段在Person类中的声明是不可变的,即使用val修饰。

## 15.6.2 特质

Scala特质使用关键字trait定义,类似Java 8中使用interface定义的接口。特质除了有Java接口的功能外,还有一些特殊的功能,下面分别进行讲解。

Scala特质中字段和方法的定义与Scala抽象类一样,可以定义抽象字段和抽象方法、非抽象字段和非抽象方法。例如以下代码,定义了一个特质Pet:

```
//定义特质(宠物)
trait Pet {
  //抽象字段
```

```
  var name:String
  var age:Int
  //抽象方法
  def run
  //非抽象方法
  def eat: Unit ={
    println("吃东西")
  }
}
```

类可以使用关键字extends实现特质,但必须实现特质中未实现的字段和方法(抽象字段和抽象方法),这一点与继承抽象类是一致的。例如以下代码,定义了一个普通类Cat,实现了上述特质Pet:

```
//定义类(猫)继承特质(宠物)
class Cat extends Pet{
  //实现抽象字段
  var name:String="john"
  var age:Int=3
  //实现抽象方法
  def run: Unit = {
    println("会跑")
  }
  //重写非抽象方法
  override def eat: Unit ={
    println("吃鱼")
  }
}
```

如果需要实现的特质不止一个,可以通过with关键字添加额外特质,但位于最左侧的特质必须使用extends关键字。例如,类Dog同时实现了特质Pet、Animal和Runable,代码格式如下:

```
trait Animal{
}
trait Runable{
}
//类Dog实现了三个特质
class Dog extends Pet with Animal with Runable{
  //省略代码
}
```

在类实例化的时候,也可以通过with关键字混入多个特质,从而使用特质中的方法。例如以下代码,定义了两个特质Runable、Flyable和一个类Bird:

```
//定义两个特质
trait Runable{
  def run=println("会跑")
}
trait Flyable{
  def fly=println("会飞")
}
//定义一个类
class Bird{
}
```

在类Bird实例化时混入特质Runable和Flyable,代码如下:

```
val bird=new Bird() with Runable with Flyable
bird.run //输出结果"会跑"
bird.fly //输出结果"会飞"
```

## 15.7 使用 Eclipse 创建 Scala 项目

本节讲解在Windows中使用Scala for Eclipse IDE编写Scala程序。

### 15.7.1 安装 Scala for Eclipse IDE

Scala for Eclipse IDE为纯Scala和混合Scala与Java应用程序的开发提供了高级编辑,并且有非常好用的Scala调试器、语义突出显示、更可靠的JUnit测试查找器等。

Scala for Eclipse IDE的安装有两种方式:一种是在Eclipse中单击【Help】菜单,然后选择【Install new Software...】进行在线安装Scala插件;另一种是直接下载已经集成好Scala IDE的Eclipse。此处讲解第二种安装方式,步骤如下:

**01** 访问官方网站http://scala-ide.org/下载Scala for Eclipse IDE最新版,本例为4.7.0,该版本基于Eclipse 4.7 (Oxygen),适用于Scala 2.12、Scala 2.10和Scala 2.11项目,要求JDK 1.8以上。下载界面如图15-6所示。

图 15-6  Scala for Eclipse IDE 下载界面

**02** 单击下载界面中的【Download IDE】按钮,进入操作系统版本选择页面,此处选择【Windows 64 bit】进行下载,如图15-7所示。

图 15-7  Scala IDE 操作系统版本选择

**03** 下载完成后,将安装文件解压到指定目录,然后双击目录中的【eclipse.exe】选项进行启动即可。启动成功后的主界面如图15-8所示,其中左上角的scala-workspace为当前工作空间的名称。

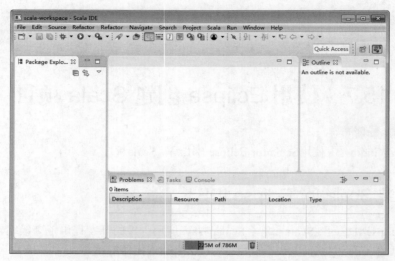

图15-8　Scala for Eclipse IDE 主界面

## 15.7.2　创建 Scala 项目

在Scala IDE菜单栏中单击选择【File】|【New】|【Scala Project】命令，新建一个Scala项目，如图15-9所示。

图15-9　新建 Scala 项目

在弹出的【New Scala Project】窗口中填写项目名称，然后单击【Finish】按钮即可创建一个Scala项目。

Scala项目创建完成后，即可在该项目中创建相应的包及Scala类，编写Scala程序。Scala项目的包和类的创建方法与Java项目相同，此处不再赘述。

# 15.8　使用 IntelliJ IDEA 创建 Scala 项目

IntelliJ IDEA（简称IDEA）是一款支持Java、Scala和Groovy等语言的开发工具，主要用于企业应用、移动应用和Web应用的开发。IDEA在业界被公认为是最好的Java开发工具之一，尤其是智能代码助手、代码自动提示、重构、J2EE支持等功能非常强大。

## 15.8.1　IDEA 中安装 Scala 插件

IDEA中安装Scala插件的操作步骤如下。

1. 下载安装IDEA

访问IDEA官方网站https://www.jetbrains.com/idea/download，选择开源免费的Windows版进行下载，如图15-10所示（本例版本为2021.3.3）。

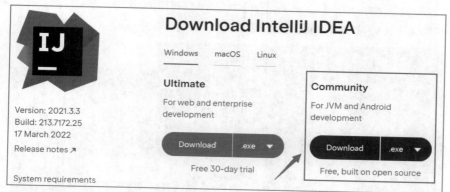

图15-10　IDEA下载主界面

下载完成后，双击下载的安装文件，安装过程与一般Windows软件安装过程相同，根据提示安装到指定的路径即可。

2. 安装Scala插件

Scala插件的安装有两种方式：在线和离线。此处讲解在线安装方式。

启动IDEA，在欢迎界面中单击【Plugins】菜单，在右侧出现的插件列表中选择【Scala】插件（或者在上方的搜索框中搜索"Scala"关键字，然后选择搜索结果中的【Scala】插件），然后单击【Install】按钮进行安装，如图15-11所示。

安装成功后，重启IDEA使其生效。

图15-11　IDEA在线安装Scala插件

## 15.8.2 创建 Scala 项目

### 1. 创建Scala项目

在IDEA的欢迎界面中单击【New Project】按钮，在弹出的窗口中选择左侧的【Scala】选项，然后选择右侧的【IDEA】选项，单击【Next】按钮，如图15-12所示。

图 15-12　创建 Scala 项目

在弹出的窗口中填写项目名称，选择项目存放路径。若【Scala SDK】选项显示为"No library selected"，则需要单击其右侧的【Create】按钮，选择本地安装的Scala SDK。确保JDK、Scala SDK都关联成功后，单击【Finish】按钮，如图15-13所示。

图 15-13　Scala 项目信息填写并关联相应 SDK

到此，Scala项目"HelloScala"即创建成功。

### 2. 创建Scala类

接下来在项目的src目录上右击，选择【New】|【Package】命令，创建一个包scala.demo，如图15-14所示。

图 15-14　给项目创建一个包

然后在包scala.demo上右击，选择【New】|【Scala Class】命令，创建一个Scala类MyScala.scala，如图15-15所示。

图 15-15　在包上创建一个 Scala 类

创建完成后的项目结构如图15-16所示。

图 15-16　Scala 项目结构

Scala类创建成功后，即可编写Scala程序了。

## 15.9　动手练习

练习一：使用Scala语言输出一个9×9乘法口诀表。

练习二：利用 Scala 条件表达式的嵌套，将学习成绩 90 分以上（含 90）分的同学用 A 表示，60-89 分之间的用 B 表示，60 分以下（含 60）的用 C 表示。

练习三：使用 Scala 语言编写程序。输入一个整数，将这个整数的所有约数放入一个数组，并打印数组。

# 第 16 章 Spark

本章主要讲解Spark的两个核心组件Spark RDD和Spark SQL的具体使用。通过单词计数案例，讲解Spark RDD和Spark SQL的实际应用；通过与Hive集成的案例，讲解Spark SQL操作Hive数据仓库的应用；通过读写MySQL案例，讲解Spark SQL作为客户端读写RDBMS数据库的应用。

**本章学习目标**

※ 了解Spark的概念、主要构成组件并掌握其运行架构。
※ 掌握Spark集群环境的搭建与Spark HA的搭建。
※ 掌握Spark任务的提交和Spark Shell的使用。
※ 掌握Spark RDD和Spark SQL的使用。

## 16.1 Spark 概述

Apache Spark是一个快速通用的集群计算系统。它提供了Java、Scala、Python和R的高级API，以及一个支持通用的执行图计算的优化引擎。它还支持一组丰富的高级工具，包括使用SQL进行结构化数据处理的Spark SQL、用于机器学习的MLlib、用于图处理的GraphX，以及用于实时流处理的Spark Streaming。

Spark的主要特点如下。

**1. 快速**

我们已经知道，MapReduce主要包括Map和Reduce两种操作，且将多个任务的中间结果存储于HDFS中。与MapReduce相比，Spark可以支持包括Map和Reduce在内的更多操作，这些操作相互连接形成一个有向无环图（Directed Acyclic Graph，DAG），各个操作的中间数据则会被保存在内存中。因此，处理速度比MapReduce更加快。

Spark通过使用先进的DAG调度器、查询优化器和物理执行引擎，从而能够高性能地实现批处理和流数据处理。

## 2. 易用

Spark可以使用Java、Scala、Python、R和SQL快速编写应用程序。

Spark提供了超过80个高级算子（关于算子，本章后续会详细讲解），使用这些算子可以轻松构建并行应用程序，并且可以从Scala、Python、R和SQL的Shell中交互式地使用它们。

## 3. 通用

Spark拥有一系列库，包括SQL和DataFrames、用于机器学习的MLib、GraphX、Spark Streaming。用户可以在同一个应用程序中无缝地组合这些库。

## 4. 到处运行

Spark可以使用独立集群模式运行（使用自带的独立资源调度器，称为Standalone模式），也可以运行在Amazon EC2、Hadoop YARN、Mesos（Apache下的一个开源分布式资源管理框架）、Kubernetes之上，并且可以访问HDFS、Cassandra、HBase、Hive等数百个数据源中的数据。

## 16.2 Spark 主要组件

如图16-1所示，Spark是由多个组件构成的软件栈，Spark 的核心（Spark Core）是一个对由很多计算任务组成的、运行在多个工作机器或者一个计算集群上的应用进行调度、分发以及监控的计算引擎。

图 16-1　Spark 主要组件

在Spark Core的基础上，Spark提供了一系列面向不同应用需求的组件，例如Spark SQL结构化处理和MLib机器学习等。这些组件关系密切并且可以相互调用，这样可以方便地在同一应用程序中组合使用。

Spark自带一个简易的资源调度器，称为独立调度器（Standalone）。若集群中没有任何资源管理器，则可以使用自带的独立调度器。当然，Spark也支持在其他的集群管理器上运行，包括Hadoop YARN、Apache Mesos等。

Spark本身并没有提供分布式文件系统，因此Spark的分析大多依赖于HDFS，也可以从HBase和Amazon S3等持久层读取数据。

下面分别对Spark的各个核心组件进行讲解。

1. Spark Core

Spark Core是Spark的核心模块，主要包含两部分功能：一是负责任务调度、内存管理、错误恢复、与存储系统交互等；二是其包含了对弹性分布式数据集（Resilient Distributed Dataset，RDD）的API定义。RDD表示分布在多个计算节点上可以并行操作的元素集合，是Spark主要的编程抽象。Spark Core提供了创建和操作这些集合的多个API。

关于RDD，本章后续将详细讲解。

2. Spark SQL

Spark SQL是一个用于结构化数据处理的Spark工具包，提供了面向结构化数据的SQL查询接口，使用户可以通过编写SQL或基于Apache Hive的HiveQL来方便地处理数据。当然，Spark SQL也可以查询数据仓库Hive中的数据，相当于数据仓库的查询引擎，提供了很强大的计算速度。

Spark SQL还支持开发者将SQL语句融入Spark应用程序开发过程中，使用户可以在单个的应用中同时进行SQL查询和复杂的数据分析。

3. Spark Streaming

Spark Streaming是Spark提供的对实时数据进行流式计算的组件（比如，生产环境中的网页服务器日志或网络服务中用户提交的状态更新组成的消息队列都是数据流），它是将流式的计算分解成一系列短小的批处理作业，支持对实时数据流进行可伸缩、高吞吐量、容错的流处理。数据可以从Kafka、Flume、Kinesis和TCP套接字等许多来源获取，可以对数据使用map、reduce、join和window等高级函数表示的复杂算法进行处理。最后，可以将处理后的数据发送到文件系统、数据库和实时仪表盘。事实上，也可以将Spark的机器学习和图形处理算法应用于数据流。

Spark Streaming提供了用来操作数据流的API，并且与Spark Core中的RDD API高度对应，可以帮助开发人员高效地处理数据流中的数据。从底层设计来看，Spark Streaming支持与Spark Core同级别的容错性、吞吐量以及可伸缩性。

Spark Streaming通过将流数据按指定时间片累积为RDD，然后将每个RDD进行批处理，进而实现大规模的流数据处理。

4. MLlib

MLlib是Spark的机器学习（Machine Learning，ML）库。它的目标是使机器学习具有可扩展性和易用性。其中提供了分类、回归、聚类、协同过滤等常用机器学习算法，以及一些更加底层的机器学习原语。

5. GraphX

GraphX是Spark中图形和图形并行计算的一个新组件，可以用其创建一个顶点和边都包含任意属性的有向多重图。此外，GraphX还包含越来越多的图算法和构建器，以简化图形分析任务。

## 16.3 Spark 运行时架构

Spark有多种运行模式，可以运行在一台计算机上，称为本地（单机）模式；也可以以YARN

或Mesos作为底层资源调度系统以分布式的方式在集群中运行；还可以使用Spark自带的Standalone模式（自带资源调度系统）。

本地模式是将Spark运行在单台计算机上，通过多线程模拟分布式计算，通常用于对应用程序的简单测试。本地模式在提交应用程序后，将会在本地生成一个名为"SparkSubmit"的进程，该进程既负责程序的提交又负责任务的分配、执行和监控等。

接下来将重点讲解其他几种常用的集群模式的运行架构。

### 16.3.1 Spark Standalone 模式

Spark Standalone模式为经典的Master/Slave架构，资源调度是Spark自己实现的，如图16-2所示。

图 16-2　Standalone 模式架构（client 运行方式）

集群的主节点称为Master节点，在集群启动时会在主节点启动一个名为"Master"的守护进程，类似YARN集群的ResourceManager；从节点称为Worker节点，在集群启动时会在各个从节点上启动一个名为"Worker"的守护进程，类似YARN集群的NodeManager。

Spark在执行应用程序的过程中会启动Driver和Executor两种JVM进程。

Driver为主控进程，负责执行应用程序的main()方法，创建SparkContext对象（负责与Spark集群进行交互），提交Spark作业，并将作业转化为Task（一个作业由多个Task任务组成），然后在各个Executor进程间对Task进行调度和监控。通常用SparkContext代表Driver。在图16-2所示的架构中，Spark会在客户端启动一个名为"SparkSubmit"的进程，Driver程序则运行于该进程。

Executor为应用程序运行在Worker节点上的一个进程，由Worker进程启动，负责执行具体的Task，并将数据存储在内存或磁盘上。每个应用程序都有各自独立的一个或多个Executor进程。在Spark Standalone模式和Spark On YARN模式中，Executor进程的名称为"CoarseGrainedExecutorBackend"，类似运行MapReduce程序所产生的"YarnChild"进程，并且同时与Worker、Driver都有通信。

在Standalone模式中，根据应用程序提交的方式不同，Driver在集群中的位置也有所不同。应用程序的提交方式主要有两种：client和cluster，默认是client。可以在向Spark集群提交应用程序时使用--deploy-mode参数指定提交方式。当提交方式为client时，运行架构如图16-2所示；当提交方式为cluster时，运行架构如图16-3所示。

图 16-3　Standalone 模式架构（cluster 运行方式）

Standalone cluster运行方式，客户端仍然会产生一个名为"SparkSubmit"的进程，但是该进程会在应用程序提交给集群之后就立即退出。当应用程序执行时，Master会在集群中选择一个Worker进程启动一个名为"DriverWrapper"的子进程，该子进程即为Driver进程，所起的作用相当于YARN集群的ApplicationMaster角色，类似MapReduce程序运行时所产生的"MRAppMaster"进程。

具体Spark应用程序的提交及参数的设置，本章16.6节会详细讲解。

## 16.3.2　Spark On YARN 模式

Spark On YARN模式遵循YARN的官方规范，YARN只负责资源的管理和调度，运行哪种应用程序由用户自己决定，因此可能在YARN上同时运行MapReduce程序和Spark程序，YARN很好地对每一个程序实现了资源的隔离。这使得Spark与MapReduce可以运行于同一个集群中，共享集群存储资源与计算资源。

Spark On YARN 模式与 Standalone 模式一样，也分为 client 和 cluster 两种运行方式。

Spark On YARN 的 client 运行方式的主要进程有：SparkSubmit、ResourceManager、NodeManager、CoarseGrainedExecutorBackend、ExecutorLauncher，运行架构如图 16-4 所示。

图 16-4　Spark On YARN 模式架构（client 运行方式）

与Standalone模式的client运行方式类似,客户端会产生一个名为"SparkSubmit"的进程,Driver程序则运行于该进程中,且ResourceManager的功能类似于Standalone模式的Master;NodeManager的功能类似于Standalone模式的Worker。当Spark程序运行时,ResourceManager会在集群中选择一个NodeManager进程启动一个名为"ExecutorLauncher"的子进程,该子进程是Spark的自定义实现,承担YARN中的ApplicationMaster角色,类似MapReduce的"MRAppMaster"进程。

使用Spark On YARN的client运行方式提交Spark应用程序的执行步骤如下:

01 客户端向YARN的ResourceManager提交Spark应用程序。客户端本地启动Driver。
02 ResourceManager收到请求后,选择一个NodeManager节点向其分配一个Container,并在该Container中启动ApplicationMaster(指ExecutorLauncher进程),该ApplicationMaster中不包含Driver程序,只负责启动和监控Executor(指CoarseGrainedExecutorBackend进程),并与客户端的Driver进行通信。
03 ApplicationMaster向ResourceManager申请Container。ResourceManager收到请求后,向ApplicationMaster分配Container。
04 ApplicationMaster请求NodeManager,NodeManager在获得的Container中启动CoarseGrainedExecutorBackend。
05 CoarseGrainedExecutorBackend启动后,向客户端的Driver中的SparkContext注册并申请Task。
06 CoarseGrainedExecutorBackend得到Task后,开始执行Task,并向SparkContext汇报执行状态和进度等信息。

Spark On YARN的cluster运行方式的主要进程有:SparkSubmit、ResourceManager、NodeManager、CoarseGrainedExecutorBackend、ApplicationMaster,运行架构如图16-5所示。

图 16-5  Spark On YARN 模式架构(cluster 运行方式)

与Standalone模式的cluster运行方式类似,客户端仍然会产生一个名为"SparkSubmit"的进程,且ResourceManager的功能类似于Standalone模式的Master;NodeManager的功能类似于Standalone模式的Worker。ResourceManager会在集群中选择一个NodeManager进程启动一个名为"ApplicationMaster"的子进程,该子进程即为Driver进程(Driver程序运行在其中),同时作为一个YARN中的ApplicationMaster向ResourceManager申请资源,进一步启动Executor(这里指CoarseGrainedExecutorBackend)以运行Task。

使用Spark On YARN的cluster运行方式提交Spark应用程序的执行步骤如下：

**01** 客户端向YARN的ResourceManager提交Spark应用程序。

**02** ResourceManager收到请求后，选择一个NodeManager节点向其分配一个Container，并在该Container中启动ApplicationMaster，ApplicationMaster中包含了SparkContext的初始化。

**03** ApplicationMaster向ResourceManager申请Container。ResourceManager收到请求后，向ApplicationMaster分配Container。

**04** ApplicationMaster请求NodeManager，NodeManager在获得的Container中启动CoarseGrainedExecutorBackend。

**05** CoarseGrainedExecutorBackend启动后，向ApplicationMaster的Driver中的SparkContext注册并申请Task（这一点与Spark On YARN的client方式不一样）。

**06** CoarseGrainedExecutorBackend得到Task后，开始执行Task，并向SparkContext汇报执行状态和进度等信息。

无论是Spark On YARN的client运行方式还是Standalone的client运行方式，由于Driver运行在客户端本地，因此适合需要与本地进行交互的场合，例如Spark Shell。此种方式下，客户端可以直接获取运行结果，监控运行进度，常用于开发测试与调试。但缺点是，客户端存在于整个应用程序的生命周期，一旦客户端断开连接，应用程序的执行将关闭。

Spark On YARN的cluster运行方式和Standalone的cluster运行方式，Driver都运行于服务端的ApplicationMaster角色中，客户端断开并不影响应用程序的执行，此种方式适用于生产环境。

## 16.4 Spark 集群环境搭建

本节讲解Spark的两种集群运行模式：Spark Standalone模式和Spark On YARN模式的集群搭建。Standalone模式需要启动Spark集群，而Spark On YARN模式不需要启动Spark集群，只需要启动YARN集群即可。

本节分别讲解上述两种模式的集群环境搭建，依然使用三个节点centos01、centos02、centos03。

由于Spark本身是用Scala写的，运行在Java虚拟机（JVM）上，因此在搭建Spark集群环境之前需要先安装好JDK，建议JDK版本在1.8以上。JDK的安装此处不再赘述，可以参考本书2.2节。

### 16.4.1 Spark Standalone 模式

Spark Standalone模式的搭建需要在集群的每个节点都安装Spark，集群角色分配如表16-1所示。

表 16-1 Spark 集群角色分配

| 节　　点 | 角　　色 |
| --- | --- |
| centos01 | Master |
| centos02 | Worker |
| centos03 | Worker |

集群搭建的操作步骤如下。

### 1. 下载并解压安装包

访问Spark官方网站http://spark.apache.org/downloads.html下载预编译的Spark安装包，选择Spark版本为3.2.1，包类型为"Pre-built for Apache Hadoop 3.3 and later"（Hadoop 3.3及之后版本的预编译版本）。

将下载的安装包spark-3.2.1-bin-hadoop3.2.tgz上传到centos01节点的/opt/softwares目录，然后进入该目录，执行以下命令，将其解压到目录/opt/modules/中：

```
$ tar -zxvf spark-3.2.1-bin-hadoop3.2.tgz -C /opt/modules/
```

然后进入目录/opt/modules/中，重命名Spark安装目录：

```
$ mv spark-3.2.1-bin-hadoop3.2/ spark
```

### 2. 修改配置文件

Spark的配置文件都存放于安装目录下的conf目录，进入该目录，执行以下操作：

（1）修改 workers 文件

workers文件必须包含所有需要启动的Worker节点的主机名，且每个主机名占一行。

执行以下命令，复制workers.template文件为workers文件：

```
$ cp workers.template workers
```

然后修改workers文件，将其中默认的localhost改为以下内容：

```
centos02
centos03
```

上述配置表示将centos02和centos03节点设置为集群的从节点（Worker节点）。

（2）修改 spark-env.sh 文件

执行以下命令，复制spark-env.sh.template文件为spark-env.sh文件：

```
$ cp spark-env.sh.template spark-env.sh
```

然后修改spark-env.sh文件，添加以下内容：

```
export JAVA_HOME=/opt/modules/jdk1.8.0_144
export SPARK_MASTER_IP=centos01
export SPARK_MASTER_PORT=7077
```

上述配置属性解析如下：

- JAVA_HOME：指定JAVA_HOME的路径。若集群中每个节点在/etc/profile文件中都配置了JAVA_HOME，则该选项可以省略，Spark集群启动时会自动读取。为了防止出错，建议此处将该选项配置上。
- SPARK_MASTER_IP：指定集群主节点（Master）的主机名或IP地址。此处为centos01。
- SPARK_MASTER_PORT：指定Master节点的访问端口。默认为7077。

### 3. 复制Spark安装文件到其他节点

在centos01节点中执行以下命令，将Spark安装文件复制到其他节点：

```
$ scp -r /opt/modules/spark/ hadoop@centos02:/opt/modules/
$ scp -r /opt/modules/spark/ hadoop@centos03:/opt/modules/
```

#### 4．启动Spark集群

在centos01节点上进入Spark安装目录，执行以下命令，启动Spark集群：

```
$ sbin/start-all.sh
```

查看start-all.sh的源码，其中有以下两条命令：

```
# Start Master
"${SPARK_HOME}/sbin"/start-master.sh
# Start Workers
"${SPARK_HOME}/sbin"/start-workers.sh
```

可以看到，当执行start-all.sh命令时，会直接在本地执行start-master.sh命令启动Master，而Worker的启动会读取workers文件中的配置。因此，为了防止后续出错，必须在spark-env.sh中的SPARK_MASTER_IP属性指定的节点中启动Spark集群。

启动完毕后，分别在各节点执行jps命令，查看启动的Java进程。若在centos01节点存在Master进程，centos02节点存在Worker进程，centos03节点存在Worker进程，说明集群启动成功。

此时可以在浏览器中访问网址http://centos01:8080，查看Spark的Web界面，如图16-6所示。

图16-6　Spark Web 界面

### 16.4.2　Spark On YARN 模式

Spark On YARN模式的搭建比较简单，仅需要在YARN集群的一个节点上安装Spark即可，该节点可作为提交Spark应用程序到YARN集群的客户端。Spark本身的Master节点和Worker节点不需要启动。

使用此模式，需要修改Spark配置文件$SPARK_HOME/conf/spark-env.sh，添加Hadoop相关属性，指定Hadoop与配置文件所在目录，内容如下：

```
export HADOOP_HOME=/opt/modules/hadoop-3.3.1
export HADOOP_CONF_DIR=$HADOOP_HOME/etc/hadoop
```

修改完毕后，即可运行Spark应用程序。例如，运行Spark自带的求圆周率的例子（注意提前将Hadoop HDFS和YARN启动），并且以Spark On YARN的cluster模式运行，命令如下：

```
$ bin/spark-submit \
--class org.apache.spark.examples.SparkPi \
--master yarn \
--deploy-mode cluster \
/opt/modules/spark/examples/jars/spark-examples_2.12-3.2.1.jar
```

程序执行过程中，可在YARN的ResourceManager对应的Web界面中查看应用程序执行的详细信息，如图16-7所示。

图16-7　在YARN Web界面中查看应用程序运行状态

Spark On YARN的cluster模式运行该例子的输出结果不会打印到控制台中，可以在图16-7所示的Web界面中单击Application ID，在Application详情页面的最下方单击【Logs】超链接，然后在新页面中单击【stdout】超链接，即可显示输出日志，而运行结果则在日志中，整个查看日志的过程如图16-8、图16-9所示。

图16-8　查看应用程序输出日志步骤1

图16-9　查看应用程序输出日志步骤2

可看到输出结果如下：

```
Pi is roughly 3.1447157235786l8
```

## 16.5　Spark HA 搭建

Spark Standalone和大部分Master/slave模式一样，都存在Master单点故障问题，解决方式可以基于ZooKeeper实现两个Master无缝切换，类似HDFS的NameNode HA（High Availability，高可用）或YARN的ResourceManager HA。

Spark可以在集群中启动多个Master，并使它们都向ZooKeeper进行注册，ZooKeeper利用自身的选举机制保证同一时间只有一个Master是活动状态（active）的，其他的都是备用状态（standby）。

当活动状态的Master出现故障时，ZooKeeper会从其他备用状态的Master选出一台成为活动Master，整个恢复过程大约在1分钟。对于恢复期间正在运行的应用程序，由于应用程序在运行前已经向Master申请了资源，运行时Driver负责与Executor进行通信，管理整个应用程序，因此Master的故障对应用程序的运行不会产生影响，但是会影响新应用程序的提交。

以Spark Standalone模式的client运行方式为例，其HA的架构如图16-10所示。

图 16-10　Spark HA 架构图

下面接着16.4.1节搭建好的Spark Standalone集群继续进行Spark HA的搭建，搭建前的角色分配如表16-2所示。

表 16-2　Spark HA 集群角色分配

| 节　　点 | 角　　色 |
| --- | --- |
| centos01 | Master<br>QuorumPeerMain |
| centos02 | Master<br>Worker<br>QuorumPeerMain |
| centos03 | Worker<br>QuorumPeerMain |

具体搭建步骤如下：

**01** 停止Spark集群。

```
$ sbin/stop-all.sh
```

**02** 修改配置文件。在centos01节点中修改Spark配置文件spark-env.sh，删除其中的SPARK_MASTER_IP属性配置，添加以下配置：

```
export SPARK_DAEMON_JAVA_OPTS="-Dspark.deploy.recoveryMode=ZOOKEEPER
-Dspark.deploy.zookeeper.url=centos01:2181,centos02:2181,centos03:2181
-Dspark.deploy.zookeeper.dir=/spark"
```

上述配置参数解析如下：

- spark.deploy.zookeeper.url：指定ZooKeeper集群各节点的主机名与端口。
- spark.deploy.zookeeper.dir：指定Spark在ZooKeeper中注册的znode节点名称。

然后同步修改后的配置文件到集群其他节点，命令如下：

```
$ scp conf/spark-env.sh hadoop@centos02:/opt/modules/spark/conf/
$ scp conf/spark-env.sh hadoop@centos03:/opt/modules/spark/conf/
```

**03** 启动ZooKeeper集群。

**04** 启动Spark集群。在centos01节点上进入Spark安装目录，启动Spark集群，命令如下：

```
$ sbin/start-all.sh
```

需要注意的是，在哪个节点上启动的Spark集群，活动状态的Master就存在于哪个节点上。在centos02节点上进入Spark安装目录，启动第二个Master（备用状态Master），命令如下：

```
$ sbin/start-master.sh
```

**05** 查看各节点进程。在各节点执行jps命令，查看启动的Java进程：

centos01节点：

```
$ jps
5825 QuorumPeerMain
6105 Master
6185 Jps
```

centos02节点：

```
$ jps
6115 Jps
5701 QuorumPeerMain
5974 Worker
6056 Master
```

centos03节点：

```
$ jps
5990 Jps
5913 Worker
5645 QuorumPeerMain
```

**06** 测试Spark HA。可以进入Spark Web界面查看两个Master的状态。默认Master的Web界面访问端口为8080，若与其他程序端口冲突（例如8080端口可能与ZooKeeper冲突），可以在Spark的配置文件spark-env.sh中添加以下内容，更改Master的Web界面访问端口（例如更改为8070）：

```
SPARK_MASTER_WEBUI_PORT=8070
```

若更改了Web界面的访问端口，需重新启动Spark集群。

此时centos01节点Master的状态为ALIVE（即active，活动状态），如图16-11所示。

图16-11 centos01节点Master状态

centos02节点Master的状态为STANDBY（备用状态），如图16-12所示。

图 16-12　centos02 节点 Master 状态

使用kill -9 命令杀掉centos01节点的Master进程，稍等几秒后多次刷新centos02节点的Web界面，发现Master的状态由STANDBY首先变为RECOVERING（恢复，该状态持续时间非常短暂），最后变为ALIVE，如图16-13和图16-14所示。

图 16-13　RECOVERING 状态的 Master

图 16-14　ALIVE 状态的 Master

到此，Spark HA搭建完成。

此时，若需要连接Spark集群执行操作，--master参数的连接地址需改为spark://centos02:7077，例如以下代码：

```
$ bin/spark-shell \
--master spark://centos02:7077
```

## 16.6　Spark 应用程序的提交

Spark提供了一个客户端应用程序提交工具spark-submit，使用该工具可以将编写好的Spark应用程序提交到Spark集群。

spark-submit的使用格式如下：

```
$ bin/spark-submit [options] <app jar> [app options]
```

格式中的options表示传递给spark-submit的控制参数；app jar表示提交的程序jar包（或Python脚本文件）所在位置；app options表示jar程序需要传递的参数，例如main()方法中需要传递的参数。

例如，在Standalone模式下，将Spark自带的求圆周率的程序提交到集群。进入Spark安装目录，执行以下命令：

```
$ bin/spark-submit \
--master spark://centos01:7077 \
--class org.apache.spark.examples.SparkPi \
./examples/jars/spark-examples_2.12-3.2.1.jar
```

上述命令中的--master参数指定了Master节点的连接地址。该参数根据不同的Spark集群模式，其取值也有所不同，常用取值如表16-3所示。

表 16-3　spark-submit 的 --master 参数取值介绍

| 取值 | 描述 |
| --- | --- |
| spark://host:port | Standalone 模式下的 Master 节点的连接地址，默认端口为 7077 |
| yarn | 连接到 YARN 集群。若 YARN 中没有指定 ResourceManager 的启动地址，则需要在 ResourceManager 所在的节点上进行应用程序的提交，否则将因找不到 ResourceManager 而提交失败 |
| local | 运行本地模式，使用 1 个 CPU 核心 |
| local[N] | 运行本地模式，使用 N 个 CPU 核心。例如，local[2]表示使用 2 个 CPU 核心运行程序 |
| local[*] | 运行本地模式，尽可能使用最多的 CPU 核心 |

若不添加--master参数，默认使用本地模式local[*]运行。

除了--master参数，spark-submit还提供了一些控制资源使用和运行时环境的参数。在Spark安装目录中执行以下命令，列出所有可以使用的参数：

```
$ bin/spark-submit --help
```

spark-submit常用参数解析如表16-4所示。

表 16-4　spark-submit 的常用参数介绍

| 参数 | 描述 |
| --- | --- |
| --master | Master 节点的连接地址。取值为 spark://host:port、mesos://host:port、yarn、k8s://https://host:port 或 local（默认为 local[*]） |
| --deploy-mode | 运行方式。取值为"client"或"cluster"。"client"表示在本地客户端启动 Driver 程序，"cluster"表示在集群内部的工作节点上启动 Driver 程序。默认为"client" |

（续表）

| 参数 | 描述 |
| --- | --- |
| --class | 应用程序的主类（Java 或 Scala 程序） |
| --name | 应用程序名称，会在 Spark Web UI 中显示 |
| --jars | 应用依赖的第三方的 jar 包列表，以逗号分隔 |
| --files | 需要放到应用工作目录中的文件列表，以逗号分隔。此参数一般用来放需要分发到各节点的数据文件 |
| --conf | 设置任意的 SparkConf 配置属性。格式为"属性名=属性值" |
| --properties-file | 加载外部包含键值对的属性文件。如果不指定，则默认读取 Spark 安装目录下的 conf/spark-defaults.conf 文件中的配置 |
| --driver-memory | Driver 进程使用的内存量。例如"512MB"或"1GB"，单位不区分大小写。默认为 1024MB |
| --executor-memory | 每个 Executor 进程所使用的内存量。例如"512MB"或"1GB"，单位不区分大小写。默认为 1GB |
| --driver-cores | Driver 进程使用的 CPU 核心数，仅在集群模式中使用。默认为 1 |
| --executor-cores | 每个 Executor 进程所使用的 CPU 核心数，默认为 1 |
| --num-executors | Executor 进程数量，默认为 2。如果开启动态分配，则初始 Executor 的数量至少是此参数配置的数量。需要注意的是，此参数仅在 Spark On YARN 模式中使用 |

例如，在Standalone模式下，将Spark自带的求圆周率的程序提交到集群，并且设置Driver进程使用内存为512MB，每个Executor进程使用内存为1GB，每个Executor进程所使用的CPU核心数为2，运行方式为cluster（即Driver进程运行在集群的工作节点中），执行命令如下：

```
$ bin/spark-submit \
--master spark://centos01:7077 \
--deploy-mode cluster \
--class org.apache.spark.examples.SparkPi \
--driver-memory 512m \
--executor-memory 1g \
--executor-cores 2 \
./examples/jars/spark-examples_2.12-3.2.1.jar
```

在Spark On YARN模式下，以同样的应用配置运行上述例子，只需将参数--master的值改为"yarn"即可，命令如下：

```
$ bin/spark-submit \
--master yarn \
--deploy-mode cluster \
--class org.apache.spark.examples.SparkPi \
--driver-memory 512m \
--executor-memory 1g \
--executor-cores 2 \
./examples/jars/spark-examples_2.12-3.2.1.jar
```

> **注意** Spark不同集群模式下应用程序的提交，提交命令主要是参数--master的取值不同，其他参数的取值相同。

## 16.7 Spark Shell 的使用

Spark带有交互式的Shell，可在Spark Shell中直接编写Spark任务，然后提交到集群与分布式数据进行交互。Spark Shell提供了一种学习Spark API的简单方式，可以使用Scala或Python语言进行程序的编写（本书使用Scala语言进行讲解）。

进入Spark安装目录，执行以下命令，可以查看Spark Shell的相关使用参数：

```
$ bin/spark-shell --help
```

Spark Shell在Spark Standalone模式和Spark On YARN模式下都可执行，与16.6节中使用spark-submit进行任务提交时可以指定的参数及取值一样。唯一不同的是，Spark Shell本身为集群的client运行方式，不支持cluster运行方式，即使用Spark Shell时，Driver运行于本地客户端，而不能运行于集群中。

### 1. Spark Standalone模式下Spark Shell的启动

在任意节点进入Spark安装目录，执行以下命令，启动Spark Shell终端：

```
$ bin/spark-shell --master spark://centos01:7077
```

上述命令中的--master参数指定了Master节点的访问地址，其中的centos01为Master所在节点的主机名。

Spark Shell的启动过程如图16-15所示。

图 16-15　Spark Shell 的启动过程

从启动过程的输出信息可以看出，Spark Shell启动时创建了一个名为"sc"的变量，该变量为类SparkContext的实例，可以在Spark Shell中直接使用。SparkContext存储Spark上下文环境，是提交Spark应用程序的入口，负责与Spark集群进行交互。除了创建"sc"变量外，还创建了一个"spark"变量，该变量是类SparkSession的实例，也可以在Spark Shell中直接使用（"spark"变量的使用见16.10.2节Spark SQL基本使用）。

若启动命令不添加--master参数，则默认以本地（单机）模式启动，即所有操作任务只是在当前节点，而不会分发到整个集群。

启动完成后，访问Spark Web界面http://centos01:8080/，查看运行的Spark应用程序，如图16-16所示。

| Application ID | | Name | Cores | Memory per Executor | Resources Per Executor | Submitted Time | User | State | Duration |
| --- | --- | --- | --- | --- | --- | --- | --- | --- | --- |
| app-20220404151929-0004 | (kill) | Spark shell | 2 | 1024.0 MiB | | 2022/04/04 15:19:29 | hadoop | RUNNING | 16 min |

图 16-16　查看 Spark Shell 启动的应用程序

可以看到，Spark启动了一个名为"Spark shell"的应用程序（如果Spark Shell不退出，该应用程序则一直存在）。这说明，Spark Shell实际上底层调用了spark-submit进行应用程序的提交。与spark-submit不同的是，Spark Shell在运行时，会先进行一些初始参数的设置，并且Spark Shell是交互式的。

若需退出Spark Shell，可以执行以下命令：

```
scala>:quit
```

### 2. Spark On YARN模式下Spark Shell的启动

Spark On YARN模式下Spark Shell的启动与Standalone模式所不同的是，--master的参数值为yarn。例如以下启动命令：

```
$ bin/spark-shell --master yarn
```

若启动过程中报如图16-17所示的错误，说明Spark任务的内存分配过小，YARN直接将相关进程杀掉了。此时，只需要在Hadoop的配置文件yarn-site.xml中加入以下内容即可：

```xml
<!--关闭物理内存检查-->
<property>
<name>yarn.nodemanager.pmem-check-enabled</name>
<value>false</value>
</property>
<!--关闭虚拟内存检查-->
<property>
<name>yarn.nodemanager.vmem-check-enabled</name>
<value>false</value>
</property>
```

```
Container killed on request. Exit code is 143
Container exited with a non-zero exit code 143
For more detailed output, check the application tracking page: http://centos02:8088/cluster/app/application_1546562405718_0011 Then click on
links to logs of each attempt.
. Failing the application.
        at org.apache.spark.scheduler.cluster.YarnClientSchedulerBackend.waitForApplication(YarnClientSchedulerBackend.scala:94)
        at org.apache.spark.scheduler.cluster.YarnClientSchedulerBackend.start(YarnClientSchedulerBackend.scala:63)
        at org.apache.spark.scheduler.TaskSchedulerImpl.start(TaskSchedulerImpl.scala:178)
        at org.apache.spark.SparkContext.<init>(SparkContext.scala:501)
        at org.apache.spark.SparkContext$.getOrCreate(SparkContext.scala:2520)
```

图 16-17　Spark On YARN 模式下 Spark Shell 启动错误输出

上述配置属性解析如下：

- yarn.nodemanager.pmem-check-enabled：是否开启物理内存检查，默认为true。若开启，NodeManager会启动一个线程检查每个Container中的Task任务使用的物理内存量，如果超出分配值，则直接将其杀掉。

- yarn.nodemanager.vmem-check-enabled：是否开启虚拟内存检查，默认为true。若开启，NodeManager会启动一个线程检查每个Container中的Task任务使用的虚拟内存量，如果超出分配值，则直接将其杀掉。

需要注意的是，yarn-site.xml文件修改完毕后，记得将该文件同步到集群其他节点，然后重启YARN集群。

16.8 节将使用 Spark Shell 进行具体操作。

## 16.8 Spark RDD

Spark提供了一种对数据的核心抽象，称为弹性分布式数据集（Resilient Distributed Dataset，RDD）。每个 RDD 被分为多个分区，这些分区运行在集群中的不同节点上。也就是说，RDD是跨集群节点分区的元素集合，并且这些元素可以并行操作。

在编程时，可以把RDD看作是一个数据操作的基本单位。Spark中对数据的操作主要是对RDD的操作。

### 16.8.1 创建 RDD

RDD中的数据来源可以是程序中的对象集合，也可以来源于外部存储系统中的数据集，例如共享文件系统、HDFS、HBase或任何提供Hadoop InputFormat的数据源。

下面使用 Spark Shell 讲解创建 RDD 的常用两种方式。

#### 1. 从对象集合创建RDD

Spark可以通过parallelize()或makeRDD()方法将一个对象集合转化为RDD。

例如，将一个List集合转化为RDD，代码如下：

```
scala> val rdd=sc.parallelize(List(1,2,3,4,5,6))
rdd: org.apache.spark.rdd.RDD[Int] = ParallelCollectionRDD[0]
```

或者

```
scala> val rdd=sc.makeRDD(List(1,2,3,4,5,6))
rdd: org.apache.spark.rdd.RDD[Int] = ParallelCollectionRDD[1]
```

从返回信息可以看出，上述创建的RDD中存储的是Int类型数据。实际上，RDD也是一个集合，与常用的List集合不同的是，RDD集合的数据分布于多台计算机上。

#### 2. 从外部存储系统创建RDD

Spark的textFile()方法可以读取本地文件系统或外部其他系统中的数据，并创建RDD。所不同的是，数据的来源路径不同。

（1）读取本地系统文件

读取本地系统文件需要以本地模式启动Spark。以本地模式启动Spark Shell的命令如下：

```
$ bin/spark-shell --master local
```

例如，本地CentOS系统中有一个文件/home/words.txt，该文件的内容如下：

```
hello hadoop
hello java
scala
```

使用textFile()方法将上述文件内容转化为一个RDD，并使用collect()方法（该方法是RDD的一个行动算子，在16.8.2节会详细讲解）查看RDD中的内容，代码如下：

```
scala> val rdd=sc.textFile("/home/words.txt")
rdd: org.apache.spark.rdd.RDD[String] = /home/words.txt MapPartitionsRDD[1]

scala> rdd.collect
res1: Array[String] = Array("hello hadoop ", "hello java ", "scala ")
```

从上述rdd.collect的输出内容可以看出，textFile()方法将源文件中的内容按行拆分成了RDD集合中的多个元素。

（2）读取 HDFS 系统文件

将本地系统文件/home/words.txt上传到HDFS系统的/input目录，然后读取文件/input/ words.txt中的数据，代码如下：

```
scala> val rdd=sc.textFile("hdfs://centos01:9000/input/words.txt")
rdd: org.apache.spark.rdd.RDD[String] = hdfs://centos01:9000/input/words.txt MapPartitionsRDD[2]

scala> rdd.collect
res2: Array[String] = Array("hello hadoop ", "hello java ", "scala ")
```

## 16.8.2 RDD 算子

RDD被创建后是只读的，不允许修改。Spark提供了丰富的用于操作RDD的方法，这些方法被称为算子。一个创建完成的RDD只支持两种算子：转化（Transformation）算子和行动（Action）算子。

### 1．转化算子

转化算子负责对RDD中的数据进行计算并转化为新的RDD。Spark中的所有转化算子都是惰性的，因为它们不会立即计算结果，而只是记住对某个RDD的具体操作过程，直到遇到行动算子才会与行动算子一起执行。

（1）map()算子

例如，map()是一种转化算子，它接收一个函数作为参数，并把这个函数应用于RDD的每个元素，最后将函数的返回结果作为结果RDD中对应元素的值。

如下代码所示，对rdd1应用map()算子，将rdd1中的每个元素加1并返回一个名为rdd2的新RDD：

```
scala> val rdd1=sc.parallelize(List(1,2,3,4,5,6))
scala> val rdd2=rdd1.map(x => x+1)
```

上述代码中，向算子map()传入了一个函数x=>x+1。其中x为函数的参数名称，也可以使用其他字符，例如a=>a+1。Spark会将RDD中的每个元素传入该函数的参数中。当然，也可以将参数使用下划线"_"代替。例如以下代码：

```
scala> val rdd1=sc.parallelize(List(1,2,3,4,5,6))
scala> val rdd2=rdd1.map(_+1)
```

上述代码中的下划线代表rdd1中的每个元素。rdd1和rdd2中实际上没有任何数据，因为parallelize()和map()都为转化算子，调用转化算子不会立即计算结果。

若需要查看计算结果可使用行动算子collect()。例如以下代码中的rdd2.collect表示执行计算，并将结果以数组的形式收集到当前Driver。因为RDD的元素为分布式的，可能分布在不同的节点上：

图16-18　map()算子运行过程

```
scala> rdd2.collect
res1: Array[Int] = Array(2, 3, 4, 5, 6, 7)
```

上述使用map()算子的运行过程如图16-18所示。

其他常用转化算子介绍如下：

（2）filter(func)算子

通过函数func对源RDD的每个元素进行过滤，并返回一个新的RDD。

例如以下代码，过滤出rdd1中大于3的所有元素，并输出结果。

```
scala> val rdd1=sc.parallelize(List(1,2,3,4,5,6))
scala> val rdd2=rdd1.filter(_>3)
scala> rdd2.collect
res1: Array[Int] = Array(4, 5, 6)
```

上述代码中的下划线"_"代表rdd1中的每个元素。

（3）flatMap(func)算子

与map()算子类似，但是每个传入给函数func的RDD元素会返回0到多个元素，最终会将返回的所有元素合并到一个RDD。

例如以下代码，将集合List转化为rdd1，然后调用rdd1的flatMap()算子将rdd1的每个元素按照空格分割成多个元素，最终合并所有元素到一个新的RDD。

```
scala> val rdd1=sc.parallelize(List("hadoop hello scala","spark hello"))
scala> val rdd2=rdd1.flatMap(_.split(" "))
scala> rdd2.collect
res3: Array[String] = Array(hadoop, hello, scala, spark, hello)
```

上述代码使用flatMap()算子运行的过程如图16-19所示。

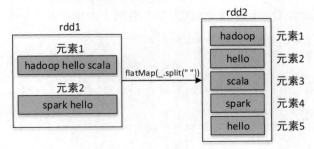

图16-19　flatMap()算子运行过程

### (4) reduceByKey(func)算子

reduceByKey()算子的作用对象是元素为(key,value)形式（Scala元组）的RDD，可以将相同key的元素聚集到一起，最终把所有相同key的元素合并成为一个元素。该元素的key不变，value可以聚合成一个列表或者进行求和等操作。最终返回的RDD的元素类型和原有类型保持一致。

例如，有两个同学zhangsan和lisi，zhangsan的语文和数学成绩分别为98、78，lisi的语文和数学成绩分别为88、79，现需要分别求zhangsan和lisi的总成绩，代码如下：

```
scala> val list=List(("zhangsan",98),("zhangsan",78),("lisi",88),("lisi",79))
scala> val rdd1=sc.parallelize(list)
rdd1: org.apache.spark.rdd.RDD[(String, Int)] = ParallelCollectionRDD[1]
scala> val rdd2=rdd1.reduceByKey((x,y)=>x+y)
rdd2: org.apache.spark.rdd.RDD[(String, Int)] = ShuffledRDD[2]
scala> rdd2.collect
res5: Array[(String, Int)] = Array((zhangsan,176), (lisi,167))
```

上述代码使用了reduceByKey()算子，并传入了函数(x,y)=>x+y，x和y代表key相同的两个value值。该算子会寻找相同key的元素，当找到这样的元素时会对其value执行(x,y)=>x+y处理，即只保留求和后的数据作为value。

此外，上述代码中的rdd1.reduceByKey((x,y)=>x+y)也可以简化为以下代码：

```
rdd1.reduceByKey(_+_)
```

整个运行过程如图16-20所示。

图16-20　reduceByKey()算子运行过程

### (5) union()算子

该算子将两个RDD合并为一个新的RDD，主要用于对不同的数据来源进行合并，两个RDD中的数据类型要保持一致。

例如以下代码，通过集合创建了两个RDD，然后将两个RDD合并成一个RDD：

```
scala> val rdd1=sc.parallelize(Array(1,2,3))
rdd1: org.apache.spark.rdd.RDD[Int] = ParallelCollectionRDD[1]
scala> val rdd2=sc.parallelize(Array(4,5,6))
rdd2: org.apache.spark.rdd.RDD[Int] = ParallelCollectionRDD[2]
scala> val rdd3=rdd1.union(rdd2)
rdd3: org.apache.spark.rdd.RDD[Int] = UnionRDD[3]
scala> rdd3.collect
res8: Array[Int] = Array(1, 2, 3, 4, 5, 6)
```

（6）sortBy(func)算子

该算子将RDD中的元素按照某个规则进行排序。该算子的第一个参数为排序函数，第二个参数是一个布尔值，指定升序（默认）或降序。若需要降序排列，则将第二个参数置为false。

例如，一个数组中存放了三个元组，将该数组转化为RDD集合，然后对该RDD按照每个元素中的第二个值进行降序排列。代码如下：

```
scala> val rdd1=sc.parallelize(Array(("hadoop",12),("java",32),("spark",22)))
scala> val rdd2=rdd1.sortBy(x=>x._2,false)
scala> rdd2.collect
res2: Array[(String, Int)] = Array((java,32),(spark,22),(hadoop,12))
```

上述代码sortBy(x=>x._2,false)中的x代表rdd1中的每个元素。由于rdd1的每个元素是一个元组，因此使用x._2取得每个元素的第二个值。当然，sortBy(x=>x._2,false)也可以直接简化为sortBy(_._2,false)。

### 2. 行动算子

Spark中的转化算子并不会立即进行运算，而是在遇到行动算子时才会执行相应的语句，触发Spark的任务调度。

Spark常用的行动算子及其介绍如表16-5所示。

表16-5　Spark 行动算子及其介绍

| 行动算子 | 介绍 |
| --- | --- |
| reduce(func) | 将 RDD 中的元素进行聚合计算 |
| collect() | 向 Driver 以数组形式返回数据集的所有元素。通常对于过滤操作或其他返回足够小的数据子集的操作非常有用 |
| count() | 返回数据集中元素的数量 |
| first() | 返回数据集中第一个元素 |
| take(n) | 返回包含数据集的前 n 个元素的数组 |
| takeOrdered(n, [ordering]) | 返回 RDD 中的前 n 个元素，并以自然顺序或自定义的比较器顺序进行排序 |
| saveAsTextFile(path) | 将数据集中的元素持久化为一个或一组文本文件，并将文件存储在本地文件系统、HDFS 或其他 Hadoop 支持的文件系统的指定目录中。Spark 会对每个元素调用 toString()方法，将每个元素转化为文本文件中的一行 |
| saveAsSequenceFile(path) | 将数据集中的元素持久化为一个 Hadoop SequenceFile 文件，并将文件存储在本地文件系统、HDFS 或其他 Hadoop 支持的文件系统的指定目录中。实现了 Hadoop Writable 接口的键值对形式的 RDD 可以使用该操作 |
| saveAsObjectFile(path) | 将数据集中的元素序列化成对象，存储到文件中。然后可以使用 SparkContext.objectFile().对该文件进行加载 |
| countByKey() | 统计 RDD 中 key 相同的元素的数量，仅元素类型为键值对(key,value)的 RDD 可用，返回的结果类型为 map |
| foreach(func) | 对 RDD 中的每一个元素运行给定的函数 func |

下面对其中的几个行动算子进行实例讲解：

（1）reduce(func)算子

将数字1到100所组成的集合转化为RDD，然后对该RDD进行reduce()算子计算，统计RDD中所有元素值的总和。代码如下：

```
scala> val rdd1 = sc.parallelize(1 to 100)
rdd1: org.apache.spark.rdd.RDD[Int] = ParallelCollectionRDD[1]

scala> rdd1.reduce(_+_)
res2: Int = 5050
```

上述代码中的下划线"_"代表RDD中的元素。

（2）count()算子

统计RDD集合中元素的数量，代码如下：

```
scala> val rdd1 = sc.parallelize(1 to 100)
scala> rdd1.count
res3: Long = 100
```

（3）countByKey()算子

List集合中存储的是键值对形式的元组，使用该List集合创建一个RDD，然后对其进行countByKey()的计算，代码如下：

```
scala> val rdd1 = sc.parallelize(List(("zhang",87),("zhang",79),("li",90)))
rdd1: org.apache.spark.rdd.RDD[(String, Int)] = ParallelCollectionRDD[1]

scala> rdd1.countByKey
res1: scala.collection.Map[String,Long] = Map(zhang -> 2, li -> 1)
```

（4）take(n)算子

返回集合中前5个元素组成的数组，代码如下：

```
scala> val rdd1 = sc.parallelize(1 to 100)
scala> rdd1.take(5)
res4: Array[Int] = Array(1, 2, 3, 4, 5)
```

## 16.9　案例分析：使用 Spark RDD 实现单词计数

关于单词计数（WordCount），本书在5.3节中使用MapReduce程序进行了讲解，实际上使用Spark提供的RDD算子可以更加轻松地实现单词计数。

本节讲解在IntelliJ IDEA中新建Maven管理的Spark项目，并在该项目中使用Scala语言编写Spark的WordCount程序，最后将项目打包提交到Spark集群（Standalone模式）中运行。具体操作步骤如下。

### 1．新建Maven管理的Spark项目

在IDEA中单击选择【File】|【New】|【Project...】命令，在弹出的窗口中选择左侧的【Maven】选项，然后勾选右侧的【Create from archetype】并选择下方出现的【scala-archetype-simple】选项（表示使用scala-archetype-simple模板构建Maven项目）。注意上方的【Project SDK】应为默认的JDK 1.8，

若不存在，则需要单击右侧的【New...】按钮进行关联JDK。最后单击【Next】按钮，如图16-21所示。

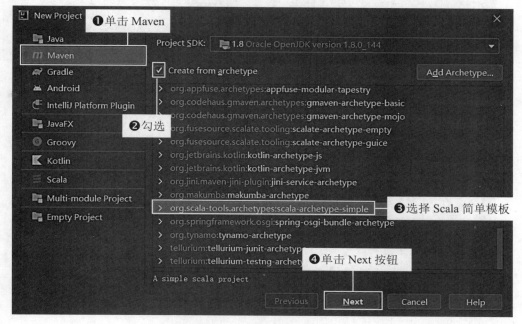

图 16-21　选择 Maven 项目

在弹出的窗口中填写项目名称、GroupId和ArtifactId，版本号Version默认即可。然后单击【Next】按钮，如图16-22所示。

图 16-22　填写项目信息

在弹出的窗口中从本地系统选择Maven安装的主目录路径、Maven的配置文件settings.xml的路径以及Maven仓库的路径。然后单击【Finish】按钮，如图16-23所示。

图 16-23 选择 Maven 主目录、配置文件以及仓库的路径

接下来在生成的Maven项目中的pom.xml中添加以下内容，引入Scala和Spark的依赖库。若该文件中默认引用了Scala库，则将其修改为需要使用的版本（本例使用的Scala版本为2.12）。

```xml
<!--引入Scala依赖库-->
<dependency>
    <groupId>org.scala-lang</groupId>
    <artifactId>scala-library</artifactId>
    <version>2.12.8</version>
</dependency>
<!--引入Spark核心库-->
<dependency>
    <groupId>org.apache.spark</groupId>
    <artifactId>spark-core_2.12</artifactId>
    <version>3.2.1</version>
</dependency>
```

需要注意的是，Spark核心库spark-core_2.12中的2.12代表使用的Scala版本，必须与引入的Scala库的版本一致。

到此，基于Maven管理的Spark项目就搭建完成了。项目默认结构如图16-24所示。

图 16-24 基于 Maven 管理的 Spark 项目

### 2．编写WordCount程序

在项目的spark.demo包中新建一个WordCount.scala类，然后向其写入单词计数的程序。程序完整代码如下：

```scala
import org.apache.spark.rdd.RDD
import org.apache.spark.{SparkConf, SparkContext}
/**Spark单词计数程序**/
object WordCount {
```

```
def main(args: Array[String]): Unit = {
  //创建SparkConf对象,存储应用程序的配置信息
  val conf = new SparkConf()
  //设置应用程序名称,可以在Spark Web UI中显示
  conf.setAppName("Spark-WordCount")
  //设置集群Master节点访问地址
  conf.setMaster("spark://centos01:7077");❶

  //创建SparkContext对象,该对象是提交Spark应用程序的入口
  val sc = new SparkContext(conf);❷

  //读取指定路径(取程序执行时传入的第一个参数)中的文件内容,生成一个RDD集合
  val linesRDD:RDD[String] = sc.textFile(args(0))❸
  //将RDD的每个元素按照空格进行拆分并将结果合并为一个新的RDD
  val wordsRDD:RDD[String] = linesRDD.flatMap(_.split(" "))
  //将RDD中的每个单词和数字1放到一个元组里,即(word,1)
  val paresRDD:RDD[(String, Int)] = wordsRDD.map((_,1))
  //对单词根据key进行聚合,对相同的key进行value的累加
  val wordCountsRDD:RDD[(String, Int)] = paresRDD.reduceByKey(_+_)
  //按照单词数量降序排列
  val wordCountsSortRDD:RDD[(String, Int)] = wordCountsRDD.sortBy(_._2,false)
  //保存结果到指定的路径(取程序执行时传入的第二个参数)
  wordCountsSortRDD.saveAsTextFile(args(1))
  //停止SparkContext,结束该任务
  sc.stop();
 }
}
```

上述代码解析如下:

❶ SparkConf对象的setMaster()方法,用于设置Spark程序提交的URL地址。若是Standalone集群模式,指Master节点的访问地址;若是本地(单机)模式,需要将地址改为local或local[N]或local[*],分别指使用1个、N个和多个CPU核心数,具体取值与16.6节讲解的Spark任务提交时的--master参数的取值相同。本地模式可以直接在IDE中运行程序,不需要Spark集群。

此处也可不进行设置,若将其省略,则使用spark-submit提交该程序到集群时必须使用--master参数进行指定。

❷ SparkContext对象用于初始化Spark应用程序运行所需要的核心组件,是整个Spark应用程序中最重要的一个对象。启动Spark Shell后默认创建的名为sc的对象即为该对象。

❸ textFile()方法需要传入数据来源的具体路径,可以是外部的数据源(HDFS、HBase、AmazonS3等)也可以是本地系统中的文件(Windows或Linux系统)。该方法将读取的文件中的内容按行进行拆分并组成一个RDD集合。

假设读取的文件为txt,则上述代码的具体数据转化流程如图16-25所示。

### 3. 提交程序到集群

程序编写完成后,需要提交到Spark集群中运行,具体提交步骤如下:

**01** 打包程序。展开IDEA右侧的【Maven Projects】窗口,双击其中的【install】选项,将编写好的Spark项目进行编译和打包,如图16-26所示。

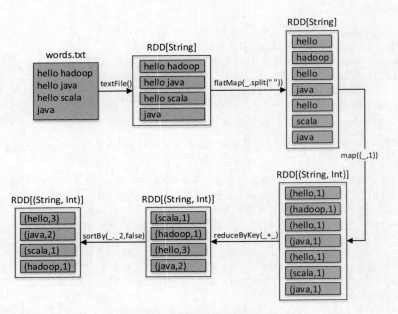

图 16-25　SparkWordCount 执行流程图

02 上传程序。将打包好的 spark.demo-1.0-SNAPSHOT.jar 上传到 centos01 节点的 /opt/softwares 目录。

03 启动 Spark 集群（Standalone 模式）。在 centos01 节点中进入 Spark 安装目录，执行以下命令，启动 Spark 集群：

```
$ sbin/start-all.sh
```

04 启动 HDFS。本例将 HDFS 作为外部数据源，因此需要启动 HDFS。

05 上传单词文件到 HDFS。新建文件 words.txt，并向其写入以下单词内容（单词之间以空格分隔）：

图 16-26　编译打包项目

```
hello hadoop
hello java
hello scala
java
```

然后将文件上传到 HDFS 的 /input 目录中，命令如下：

```
$ hdfs dfs -put words.txt /input
```

06 执行 WordCount 程序。在 centos01 节点中进入 Spark 安装目录，执行以下命令，提交 WordCount 应用程序到集群中运行：

```
$ bin/spark-submit \
--master spark://centos01:7077 \
--class spark.demo.WordCount \
/opt/softwares/spark.demo-1.0-SNAPSHOT.jar \
hdfs://centos01:9000/input \
hdfs://centos01:9000/output
```

上述参数解析如下：

- --master：Spark Master节点的访问路径。由于在WordCount程序中已经通过setMaster()方法指定了该路径，因此该参数可以省略。
- --class：SparkWordCount程序主类的访问全路径（包名.类名）。
- hdfs://centos01:9000/input：单词数据的来源路径。该路径下的所有文件都将参与统计。
- hdfs://centos01:9000/output：统计结果的输出路径。与MapReduce一样，该目录不应提前存在，Spark会自动创建。

程序运行的过程中，可以访问Spark的Web界面 http://centos01:8080/，查看正在运行的任务，如图16-27所示。

| Application ID | | Name | Cores | Memory per Executor | Resources Per Executor | Submitted Time | User | State | Duration |
| --- | --- | --- | --- | --- | --- | --- | --- | --- | --- |
| app-20220404220025-0008 | (kill) | Spark-WordCount | 2 | 1024.0 MiB | | 2022/04/04 22:00:25 | hadoop | RUNNING | 0.7 s |

图 16-27　Spark Web 界面中正在运行的任务

可以看到，有一个名为"Spark-WordCount"的任务正在运行，该名称即为SparkWordCount程序中通过方法setAppName("Spark-WordCount")所设置的值。

**07** 查看执行结果。使用HDFS命令查看目录/output中的结果文件，代码如下：

```
$ hdfs dfs -ls /output
Found 5 items
-rw-r--r--   3 hadoop supergroup          0 2022-04-04 21:55 /output/_SUCCESS
-rw-r--r--   3 hadoop supergroup          6 2022-04-04 21:55 /output/part-00000
-rw-r--r--   3 hadoop supergroup         54 2022-04-04 21:55 /output/part-00001
-rw-r--r--   3 hadoop supergroup          9 2022-04-04 21:55 /output/part-00002
-rw-r--r--   3 hadoop supergroup        105 2022-04-04 21:55 /output/part-00003
```

可以看到，与MapReduce一样，Spark会在结果目录中生成多个文件。_SUCCESS为执行状态文件，结果数据则存储在文件part-00000至part-00003中。

执行以下命令，查看该目录中的所有结果数据：

```
$ hdfs dfs -cat /output/*
(hello,3)
(java,2)
(scala,1)
(hadoop,1)
```

到此，使用Scala语言编写的Spark版WordCount程序运行成功。

## 16.10　Spark SQL

Spark SQL是Spark用于结构化数据计算的一个组件，本节主要讲解Spark SQL的相关概念与基本使用。

## 16.10.1　DataFrame 和 Dataset

DataFrame是Spark SQL提供的一个编程抽象，与RDD类似，也是一个分布式的数据集合。但与RDD不同的是，DataFrame的数据都被组织到有名字的列中，就像关系型数据库中的表一样。此外，多种数据都可以转化为DataFrame，例如Spark计算过程中生成的RDD、结构化数据文件、Hive中的表、外部数据库等。

DataFrame在RDD的基础上添加了数据描述信息（Schema，即元信息），因此看起来更像是一张数据库表。例如，在一个RDD中有图16-28所示的三行数据。

将该RDD转换成DataFrame后，其中的数据可能如图16-29所示。

使用DataFrame API结合SQL处理结构化数据比RDD更加容易，而且通过DataFrame API或SQL处理数据，Spark优化器会自动对其优化，即使写的程序或SQL不高效，也可以运行得很快。

Dataset也是一个分布式数据集，是Spark1.6中添加的一个新的API。相对于RDD，Dataset提供了强类型支持，在RDD的每行数据加了类型约束。而且使用Dataset API同样会经过Spark SQL优化器的优化，从而提高了程序执行效率。

同样是对于图16-30中的RDD数据，将其转换为Dataset后的数据可能如图16-30所示。

图 16-28　RDD 中的数据　　　图 16-29　DataFrame 中的数据　　　图 16-30　Dataset 中的数据

## 16.10.2　Spark SQL 基本使用

Spark Shell启动时除了默认创建一个名为"sc"的SparkContext实例外，还创建了一个名为"spark"的SparkSession实例，该"spark"变量也可以在Spark Shell中直接使用。

SparkSession 只是在 SparkContext 基础上的封装，应用程序的入口仍然是 SparkContext。SparkSession允许用户通过它调用DataFrame和Dataset相关API来编写Spark程序，支持从不同的数据源加载数据，并把数据转换成DataFrame，然后使用SQL语句来操作数据。

例如，在HDFS中有一个文件/input/person.txt，文件内容如下：

```
1,zhangsan,25
2,lisi,22
3,wangwu,30
```

现需要使用Spark SQL将该文件中的数据按照年龄降序排列，步骤如下：

**01** 加载数据为Dataset。调用SparkSession的API read.textFile()可以读取指定路径中的文件内容，代码如下：

```
scala> val d1=spark.read.textFile("hdfs://centos01:9000/input/person.txt")
```

```
d1: org.apache.spark.sql.Dataset[String] = [value: string]
```

从变量d1的类型可以看出，textFile()方法将读取的数据转换为了Dataset。除了使用textFile()方法读取文本内容外，还可以使用csv()、jdbc()、json()等方法读取CSV文件、JDBC数据源、JSON文件等数据。

调用Dataset中的show()方法可以输出Dataset中的数据内容。查看d1中的数据内容，代码如下：

```
scala> d1.show()
+-------------+
|        value|
+-------------+
|1,zhangsan,25|
|    2,lisi,22|
|  3,wangwu,30|
+-------------+
```

从上述内容可以看出，Dataset将文件中的每一行看作一个元素，并且所有元素组成了一列，列名默认为"value"。

**02** 给Dataset添加元数据信息。定义一个样例类Person，用于存储数据描述信息，代码如下：

```
scala> case class Person(id:Int,name:String,age:Int)
defined class Person
```

导入SparkSession的隐式转换，以便后续可以使用Dataset的算子，代码如下：

```
scala> import spark.implicits._
```

调用Dataset的map()算子将每一个元素拆分并存入Person类中，代码如下：

```
scala> val personDataset=d1.map(line=>{
     | val fields = line.split(",")
     | val id = fields(0).toInt
     | val name = fields(1)
     | val age = fields(2).toInt
     | Person(id, name, age)
     | })
personDataset: org.apache.spark.sql.Dataset[Person] = [id: int, name: string ... 1 more field]
```

此时查看personDataset中的数据内容，代码如下：

```
scala> personDataset.show()
+---+--------+---+
| id|    name|age|
+---+--------+---+
|  1|zhangsan| 25|
|  2|    lisi| 22|
|  3|  wangwu| 30|
+---+--------+---+
```

可以看到，personDataset中的数据类似于一张关系数据库的表。

**03** 将Dataset转换为DataFrame。Spark SQL查询的是DataFrame中的数据，因此需要将存有元数据信息的Dataset转换为DataFrame。

调用Dataset的toDF()方法，将存有元数据的Dataset转换为DataFrame。代码如下：

```
scala> val pdf = personDataset.toDF()
pdf: org.apache.spark.sql.DataFrame = [id: int, name: string ... 1 more field]
```

**04** 执行SQL查询。在DataFrame上创建一个临时视图"v_person",代码如下:

```
scala> pdf.createTempView("v_person")
```

使用SparkSession对象执行SQL查询,代码如下:

```
scala> val result = spark.sql("select * from v_person order by age desc")
result: org.apache.spark.sql.DataFrame = [id: int, name: string ... 1 more field]
```

调用show()方法输出结果数据,代码如下:

```
scala> result.show()
+---+--------+---+
| id|    name|age|
+---+--------+---+
|  3|  wangwu| 30|
|  1|zhangsan| 25|
|  2|    lisi| 22|
+---+--------+---+
```

可以看到,结果数据已按照age字段降序排列。

## 16.11 案例分析:使用 Spark SQL 实现单词计数

本节讲解使用Spark SQL实现经典的单词计数WordCount。数据来源仍然是HDFS中的/input/words.txt文件,该文件内容如下:

```
hello hadoop
hello java
hello scala
java
```

具体操作步骤如下:

**01** 新建Maven项目。在IDEA中新建Maven项目的操作步骤,请参考16.9节,此处不再讲解。在Maven项目的pom.xml中添加Spark SQL的Maven依赖库,代码如下:

```xml
<dependency>
    <groupId>org.apache.spark</groupId>
    <artifactId>spark-core_2.12</artifactId>
    <version>3.2.1</version>
</dependency>
<dependency>
    <groupId>org.apache.spark</groupId>
    <artifactId>spark-sql_2.12</artifactId>
    <version>3.2.1</version>
</dependency>
```

**02** 编写程序。在Maven项目中新建单词计数程序类SparkSQLWordCount.scala,完整代码如下:

```scala
import org.apache.spark.sql.{DataFrame, Dataset, Row, SparkSession}
/**Spark SQL单词计数程序**/
object SparkSQLWordCount {
  def main(args: Array[String]): Unit = {
    //创建SparkSession对象,并设置应用名称、运行模式
    val session=SparkSession.builder()
      .appName("SparkSQLWordCount")
      .master("local[*]")
      .getOrCreate()
    //读取HDFS中的单词文件
    val lines: Dataset[String] = session.read.textFile(
      "hdfs://centos01:9000/input/words.txt")
    //导入session对象中的隐式转换
    import session.implicits._
    //将Dataset中的数据按照空格进行切分并合并
    val words: Dataset[String] = lines.flatMap(_.split(" "))
    //将Dataset中默认的列名value改为word,同时转换为DataFrame
    val df: DataFrame = words.withColumnRenamed("value","word")
    //给DataFrame创建临时视图
    df.createTempView("v_words")
    //执行SQL,从DataFrame中查询数据,按照单词进行分组
    val result: DataFrame = session.sql(
      "select word,count(*) as count from v_words group by word order by count desc")
    //显示查询结果
    result.show()
    //关闭SparkSession
    session.close()
  }
}
```

上述代码中,SparkSession.builder()返回的是一个Builder类型的构建器,然后调用Builder的getOrCreate()方法获取已有的SparkSession,如果不存在,则根据配置的参数创建一个新的SparkSession。

**03** 运行程序。可以直接在IDEA中运行上述单词计数程序,也可以将master("local[*]")中的local[*]改为Spark集群的Master地址,然后提交到Spark集群中运行。

直接在IDEA中运行程序,输出结果如下:

```
+------+-----+
|  word|count|
+------+-----+
| hello|    3|
|  java|    2|
|hadoop|    1|
| scala|    1|
+------+-----+
```

可以看出,结果分为了两列,且按照单词数量count进行了降序排列。
本例中的数据转化流程如图16-31所示。

图 16-31　Spark SQL 单词计数数据转化流程

## 16.12　案例分析：Spark SQL 与 Hive 整合

　　Spark SQL与Hive整合后，可以在Spark SQL中使用HiveQL轻松操作数据仓库。与Hive不同的是，Hive的执行引擎为MapReduce，而Spark SQL的执行引擎为Spark RDD。

　　Spark SQL与Hive的整合比较简单，总体来说只需要以下两步：

**01** 将$HIVE_HOME/conf中的hive-site.xml文件复制到$SPARK_HOME/conf中。
**02** 在Spark配置文件spark-env.sh中指定Hadoop及其配置文件的主目录。

　　Hive的安装不是必须的，如果没有安装Hive，可以手动在$SPARK_HOME/conf中创建hive-site.xml，并加入相应配置信息。Spark SQL相当于一个命令执行的客户端，只在一台计算机上配置即可。

　　本例以MySQL作为元数据库配置Spark SQL与Hive整合，Spark集群使用Standalone模式，且集群中未安装Hive客户端。

　　在Spark集群中选择一个节点作为Spark SQL客户端，进行以下操作：

**01** 创建Hive配置文件。在$SPARK_HOME/conf目录中创建Hive的配置文件hive-site.xml，内容如下：

```
<configuration>
 <!--MySQL数据库连接信息 -->
 <property><!--连接MySQL的驱动类 -->
  <name>javax.jdo.option.ConnectionDriverName</name>
  <value>com.mysql.cj.jdbc.Driver</value>
 </property>
 <property><!--MySQL连接地址，此处连接远程数据库，可根据实际情况进行修改 -->
  <name>javax.jdo.option.ConnectionURL</name>
```

```
    <value>jdbc:mysql://192.168.1.69:3306/hive_db?createDatabaseIfNotExist=
true</value>
  </property>
  <property><!--MySQL用户名 -->
    <name>javax.jdo.option.ConnectionUserName</name>
    <value>hive</value>
  </property>
  <property><!--MySQL密码 -->
    <name>javax.jdo.option.ConnectionPassword</name>
    <value>hive</value>
  </property>
</configuration>
```

Spark SQL启动时会读取该文件，并连接MySQL数据库。

通过在数据库连接字符串中添加createDatabaseIfNotExist=true，可以在MySQL中不存在元数据库的情况下，让Spark SQL自动创建。

**02** 修改Spark配置文件。修改Spark配置文件$SPARK_HOME/conf/spark-env.sh，加入以下内容，指定Hadoop及配置文件的主目录：

```
export HADOOP_HOME=/opt/modules/hadoop-3.3.1
export HADOOP_CONF_DIR=/opt/modules/hadoop-3.3.1/etc/hadoop
```

**03** 启动HDFS。

```
$ start-dfs.sh
```

**04** 启动Spark SQL。进入Spark安装目录，执行以下命令，启动Spark SQL，并指定Spark集群Master的地址和MySQL连接驱动的路径：

```
$ bin/spark-sql \
--master spark://centos01:7077 \
--driver-class-path /opt/softwares/mysql-connector-java-8.0.11.jar
```

上述命令中的参数--driver-class-path表示指定Driver依赖的第三方jar包，多个以逗号分隔。该参数会将指定的jar包添加到Driver端的classpath中，此处指定MySQL的驱动包。

Spark SQL启动后，浏览器访问Spark Web界面地址 http://centos01:8080/，发现有一个正在运行的名称为"SparkSQL::192.168.170.133"的应用程序，如图16-32所示。

| Application ID | | Name | Cores | Memory per Executor | Resources Per Executor | Submitted Time | User | State | Duration |
|---|---|---|---|---|---|---|---|---|---|
| app-20220404223246-0011 | (kill) | SparkSQL::192.168.170.133 | 2 | 1024.0 MiB | | 2022/04/04 22:32:46 | hadoop | RUNNING | 14 s |

图16-32　Spark SQL 启动的应用程序

如果Spark SQL不退出，该应用程序将一直存在，与Spark Shell启动后产生的应用程序类似。

此时，在MySQL中查看数据库列表，发现新增了一个数据库hive_db，该数据库即为Hive的元数据库，存储表的元数据信息，如图16-33所示。

切换到元数据库hive_db，查询表DBS的所有内容。可以看到，Spark SQL默认的数据仓库位置为"hdfs://centos01:9000/user/hive/warehouse"，与使用Hive时相同，如图16-34所示。

图16-33　查看 MySQL 数据库列表

若HDFS中不存在数据仓库目录，Spark SQL在第一次向表中添加数据时会自动创建。

```
mysql> use hive_db;
Reading table information for completion of table and column names
You can turn off this feature to get a quicker startup with -A

Database changed
mysql> select * from DBS;
+-------+-----------------------+------------------------------------------+---------+------------+------------+
| DB_ID | DESC                  | DB_LOCATION_URI                          | NAME    | OWNER_NAME | OWNER_TYPE |
+-------+-----------------------+------------------------------------------+---------+------------+------------+
|     1 | Default Hive database | hdfs://centos01:9000/user/hive/warehouse | default | public     | ROLE       |
+-------+-----------------------+------------------------------------------+---------+------------+------------+
1 row in set (0.00 sec)
```

图 16-34　查看数据仓库位置

**05** Spark SQL操作。Spark SQL启动后，可以使用HiveQL命令对数据仓库进行操作。

例如，列出当前所有数据库，代码如下：

```
spark-sql> show databases;
default
Time taken: 3.66 seconds, Fetched 1 row(s)
```

可以看到，默认有一个名为"default"的数据库。

创建表student，其中字段id为整型，字段name为字符串，代码如下：

```
spark-sql> CREATE TABLE student(id INT,name STRING);
Time taken: 1.351 seconds
```

向表student中插入一条数据，代码如下：

```
spark-sql> INSERT INTO student VALUES(1000,'xiaoming');
Time taken: 10.338 seconds
```

此时查看HDFS的数据仓库目录，可以看到，在数据仓库目录中生成了一个文件夹student，表"student"的数据则存放于该文件夹中，如图16-35所示。

```
[hadoop@centos01 ~]$ hdfs dfs -ls -R /user/hive/warehouse
drwxrwxrwx   - hadoop supergroup          0 2022-04-04 22:37 /user/hive/warehouse/student
-rwxrwxrwx   2 hadoop supergroup         14 2022-04-04 22:37 /user/hive/warehouse/student/part-00000-21e4f6db-38e3-4256-9bfd-bc26dd98c648-c000
```

图 16-35　查看数据仓库生成的目录

## 16.13　案例分析：Spark SQL 读写 MySQL

本例讲解使用Spark SQL的JDBC API读取MySQL数据库（版本为8.0.18）中的表数据，并将DataFrame中的数据写入到MySQL表中。Spark集群仍然使用Standalone模式。

具体操作步骤如下。

### 1．MySQL数据准备

在MySQL中新建一个用于测试的数据库spark_db，命令如下：

```
mysql> create database spark_db;
```

在该数据库中新建表"student"并添加三列，分别为id（学号）、name（姓名）、age（年龄），命令如下：

```
mysql> use spark_db;
mysql> create table student (id int, name varchar(20), age int);
```

向表"student"中插入三条测试数据，命令如下：

```
mysql> insert into student values(1,'zhangsan',23);
mysql> insert into student values(2,'lisi',19);
mysql> insert into student values(3,'wangwu',25);
```

查询该表中的所有数据，命令如下：

```
mysql> select * from student;
+------+----------+------+
| id   | name     | age  |
+------+----------+------+
|    1 | zhangsan |   23 |
|    2 | lisi     |   19 |
|    3 | wangwu   |   25 |
+------+----------+------+
3 rows in set (0.00 sec)
```

#### 2．读取MySQL表数据

为了演示方便，本次使用Spark Shell进行操作。

首先进入Spark安装目录，执行以下命令，启动Spark Shell：

```
$ bin/spark-shell \
--master spark://centos01:7077 \
--jars /opt/softwares/mysql-connector-java-8.0.11.jar
```

上述命令中的参数--jars表示指定Driver和Executor依赖的第三方jar包，多个以逗号分隔。该参数会将指定的jar包添加到Driver端和Executor端的classpath中，此处指定MySQL的驱动包。

> **注意** 在Spark Shell中，Driver运行于客户端，负责读取MySQL中的元数据信息；Executor运行于Worker节点上，负责读取实际数据。两者都需要连接MySQL，因此使用--jars参数指定两者需要的驱动。

然后在Spark Shell中使用Spark SQL读取MySQL表"student"的所有数据。若命令代码分多行，可以先执行:past命令，将整段代码粘贴到命令行。粘贴完毕后，按回车键另起一行，然后按Ctrl+D组合键结束粘贴并执行该命令，命令代码如下所示：

```
scala> :past
//Entering paste mode (ctrl-D to finish)

val jdbcDF = spark.read.format("jdbc")
    .option("url", "jdbc:mysql://192.168.1.69:3306/spark_db")
    .option("driver","com.mysql.cj.jdbc.Driver")
    .option("dbtable", "student")
    .option("user", "root")
    .option("password", "123456")
    .load()

//Exiting paste mode, now interpreting.

jdbcDF: org.apache.spark.sql.DataFrame = [id: int, name: string ... 1 more field]
```

执行上述代码后，虽然没有触发任务，但是Spark SQL连接了MySQL数据库，并从表"student"中读取了数据描述信息，然后存储到了变量jdbcDF中。变量jdbcDF为DataFrame类型。

最后调用show()方法,执行任务,显示DataFrame中的数据,代码如下:

```
scala> jdbcDF.show()
+---+--------+---+
| id|    name|age|
+---+--------+---+
|  1|zhangsan| 23|
|  2|    lisi| 19|
|  3|  wangwu| 25|
+---+--------+---+
```

JDBC的连接属性设置方式有很多种,除了依次调用option()方法添加外,也可以直接将所有属性放入一个Map中,然后将Map传入方法options(),代码如下:

```
//新建Map,存储JDBC连接属性
val mp = Map(
  ("driver","com.mysql.cj.jdbc.Driver"),//驱动
  ("url", "jdbc:mysql://192.168.1.69:3306/spark_db"),//连接地址
  ("dbtable", "student"),//表名
  ("user", "root"),//用户名
  ("password", "123456")//密码
)
//加载数据
val jdbcDF = spark.read.format("jdbc").options(mp).load()
//显示数据
jdbcDF.show();
```

还可以使用Java的Properties(需提前导入java.util.Properties类)存放部分连接属性,然后调用jdbc()方法传入Properties对象。这种方式可以使连接属性中的用户名、密码与数据库、表名分离,降低编码耦合度,代码如下:

```
//创建Properties对象用于存储JDBC连接属性
val prop = new Properties()
prop.put("driver", "com.mysql.cj.jdbc.Driver")
prop.put("user", "root")
prop.put("password", "123456")
//读取数据
val jdbcDF=spark.read.jdbc(
  "jdbc:mysql://192.168.1.69:3306/spark_db","student",prop)
//显示数据
jdbcDF.show()
```

上述几种方式讲解的都是查询MySQL中的整张表,若需查询表的部分数据,可在设置表名时,将表名替换为相应的SQL语句。例如,查询"student"表中的前两行数据,在Spark Shell中的执行过程如图16-36所示。

### 3. 写入数据到MySQL表

有时候需要将RDD的计算结果写入到关系型数据库中,以便用于前端展示。本例使用Spark SQL将DataFrame中的数据通过JDBC直接写入到MySQL中,具体步骤如下:

图16-36 使用SQL查询MySQL表数据

**01** 编写程序。在IDEA中新建SparkSQLJDBC.scala类，完整代码如下：

```scala
import org.apache.spark.sql.SparkSession
import org.apache.spark.sql.types._
import org.apache.spark.sql.Row
/**将RDD中的数据写入到MySQL**/
object SparkSQLJDBC {

  def main(args: Array[String]): Unit = {
    //创建或得到SparkSession
    val spark = SparkSession.builder()
      .appName("SparkSQLJDBC")
      .getOrCreate()
    //创建存放两条学生信息的RDD
    val studentRDD = spark.sparkContext.parallelize(
      Array("4 xiaoming 26", "5 xiaogang 27")
    ).map(_.split(" "))
    //通过StructType指定每个字段的schema
    val schema = StructType(
      List(
        StructField("id", IntegerType, true),
        StructField("name", StringType, true),
        StructField("age", IntegerType, true))
    )
    //将studentRDD映射为rowRDD，rowRDD中的每个元素都为一个Row对象
    val rowRDD = studentRDD.map(line =>
      Row(line(0).toInt, line(1).trim, line(2).toInt)
    )
    //建立rowRDD和schema之间的对应关系
    val studentDF = spark.createDataFrame(rowRDD, schema)
    //将结果追加到MySQL的student表中
    studentDF.write.mode("append")//保存模式为追加，即在原来的表中追加数据
      .format("jdbc")
      .option("url","jdbc:mysql://192.168.1.69:3306/spark_db")
      .option("driver","com.mysql.cj.jdbc.Driver")
      .option("dbtable","student")  //表名
      .option("user","root")
      .option("password","123456")
      .save()
  }
}
```

上述代码的执行过程如下：

（1）构建一个结果数据集studentRDD（RDD[String]）。

（2）将studentRDD中的元素映射为对象Row，即将studentRDD转换为rowRDD（RDD[Row]）。

（3）将rowRDD与schema进行关联，转换为studentDF（DataFrame）。

（4）将studentDF中的数据追加到MySQL表"student"中。

**02** 打包提交程序。将程序打包为spark.demo-1.0-SNAPSHOT.jar，然后上传到Spark集群任意一个节点。进入Spark安装目录，执行以下命令，提交程序到集群：

```
$ bin/spark-submit \
--master spark://centos01:7077 \
--jars /opt/softwares/mysql-connector-java-8.0.11.jar \
```

```
--class spark.demo.SparkSQLJDBC \
/opt/softwares/spark.demo-1.0-SNAPSHOT.jar
```

**03** 查看结果。查看MySQL中的student表数据,发现增加了两条数据:

```
mysql> select * from spark_db.student;
+------+----------+------+
| id   | name     | age  |
+------+----------+------+
|    1 | zhangsan |   23 |
|    2 | lisi     |   19 |
|    3 | wangwu   |   25 |
|    5 | xiaogang |   27 |
|    4 | xiaoming |   26 |
+------+----------+------+
5 rows in set (0.01 sec)
```

## 16.14　动　手　练　习

练习一:依照书中的操作步骤,搭建一个 Spark Standalone 模式的分布式集群。

练习二:在 Spark Standalone 模式下,将 Spark 自带的求圆周率的程序提交到集群。

练习三:使用 Spark RDD 对输入文件中的学生 3 科成绩进行计算,得出每个学生的平均成绩。输入文件中的每行内容均为一个学生的姓名和其相应的成绩,每门学科为一个文件。要求输出结果中每行有两列数据,其中第一列代表学生的姓名,第二列代表其平均成绩。

输入的3个文件内容如下。

math.txt文件内容如下:

```
张三    88
李四    99
王五    66
赵六    77
```

chinese.txt文件内容如下:

```
张三    78
李四    89
王五    96
赵六    67
```

english.txt文件内容如下:

```
张三    80
李四    82
王五    84
赵六    86
```

期望输出结果如下:

```
张三    82
李四    90
王五    82
赵六    76
```